THOMAS LEIF

Beraten & verkauft

Buch

In Deutschland existieren rund 14 000 Consulting-Firmen mit 68 000 Mitarbeitern. McKinsey und Roland Berger stehen mit einem Jahresumsatz von 600 Millionen bzw. 330 Millionen Euro an der Spitze. Wo Ratlosigkeit in den Management-Etagen und in den politischen Stäben grassiert und die Kompetenzen unter dem zunehmendem Wettbewerbsdruck zu versagen drohen, bieten Berater ihre scheinbar einfachen Lösungen an. Sie strukturieren Arbeitsplätze zu Tausenden weg und scheuen gleichzeitig die Öffentlichkeit wie der Teufel das Weihwasser. Ihre Arbeitsweise ist undurchsichtig, ihr Erfolg umstritten. Mit Power-Point-Präsentationen bieten sie extrem vereinfachte Rezepte für die Lösung komplexer Prozesse und den Umgang mit gewachsenen Strukturen. Mit ihrem elitären Habitus und dem sie umgebenden Mythos grenzenloser Kompetenz entlasten sie Entscheidungsträger in Wirtschaft und Politik. Nur Verantwortung für die Folgen der Empfehlungen übernehmen die Berater nicht.
Der Journalist und Politikwissenschaftler Thomas Leif zeigt die Innenansicht einer Branche, die sich als Schweige-Kartell abschottet. Er enthüllt ihre Methoden, Strategien und Ergebnisse anhand von internen Berichten, vertraulichen Dokumenten, Interviews mit Insidern, Fallstudien und nach Einsicht in Analysen des Bundesrechnungshofes. Sein ernüchterndes und zugleich erschreckendes Fazit: Die Berater-Manie einer McKinsey-Gesellschaft vernichtet gewaltige private und öffentliche Mittel, gefährdet die Zukunft von Unternehmen und untergräbt die Kernaufgaben von Parlamenten und Verwaltungen.

Autor

Thomas Leif, geboren 1959, ist promovierter Politikwissenschaftler und Chefreporter Fernsehen beim SWR in Mainz, Gründer und Vorsitzender von netzwerk recherche e.V. www.netzwerkrecherche.de
Zahlreiche Buchveröffentlichungen, zuletzt: »Die fünfte Gewalt. Lobbyismus in Deutschland« (Herausgeber und Autor, 2006)

Thomas Leif

Beraten & verkauft

McKinsey & Co. – der große Bluff
der Unternehmensberater

GOLDMANN

Für Nina F.

FSC
Mix
Produktgruppe aus vorbildlich
bewirtschafteten Wäldern und
anderen kontrollierten Herkünften

Zert.-Nr. SGS-COC-1940
www.fsc.org
© 1996 Forest Stewardship Council

Verlagsgruppe Random House FSC-DEU-0100
Das für dieses Buch verwendete FSC-zertifizierte Papier
München Super liefert Mochenwangen.

1. Auflage
Aktualisierte und erweiterte Taschenbuchausgabe März 2008
Wilhelm Goldmann Verlag, München
in der Verlagsgruppe Random House GmbH
Copyright © der Originalausgabe 2006
by C. Bertelsmann Verlag, München
in der Verlagsgruppe Random House GmbH
Umschlaggestaltung: Design Team München
in Anlehnung an die Umschlaggestaltung der Hardcoverausgabe
von Roland Eschlbeck und Rosemarie Kreuzer
Umschlagmotiv: Getty Images/Stone/Antonio M. Rosario
KF · Herstellung: Str.
Satz: Uhl + Massopust, Aalen
Druck und Bindung: GGP Media GmbH, Pößneck
Printed in Germany
ISBN 978-3-442-15485-2

www.goldmann-verlag.de

Inhalt

Vorwort zur Taschenbuchausgabe: Annäherung an eine unnahbare Branche 13

Teil I – Der Beratermarkt

1. *Hinter der Chinesischen Mauer:*
   Aus dem Innenleben der Berater-Szene 31
   Der Berater-Clan, die Konkurrenz und die Kunden 33
   Ein Blick zurück 39 – Der Beratererfolg ist kaum messbar 42
   Kontakte sind der Schmierstoff der Branche 43 – »Innovation um jeden Preis« 47 – Die Rekrutierungsmaschine: ausprobieren, prägen, ausbrennen, trennen 49 – Ständiges Polieren an der Unternehmenskultur 52 – Kleidung als genormter Schutzschild 56 – Die Consultant-Sprache: Bluff auf Englisch 57
   Das Prinzip der Vertraulichkeit: Voraussetzung für das Schweigekartell 59 – Berater legitimieren Entscheidungen des Managements 60 – Bestellte Wahrheiten dominieren die Berichterstattung über die Branche 61 – Fazit: Exklusivität als Marketinginstrument 62

   »Ich kaufe Loyalität und Legitimation«
   Interview mit einem Berater, der seine Anonymität wahren möchte 64

2. *McKinsey, der ungeliebte Marktführer* 83
   Drei Wochen BWL für Dumme: Der Branchenprimus von innen 83 – »In vierzig Tagen habe ich mein Jahresgehalt verdient« 90 – In den Fußstapfen der Zahnärzte 98 – Der Enron-

Skandal: Ein Fanal für die Branche 101 – Immer dabei im öffentlichen Sektor 102 – »McKinsey bildet« 105 – Der Fall Grohe: ein Symbol für die Berater-Branche 106 – McKinsey denkt und lenkt beim DGB 110 – Recruiting bei McKinsey: Ein Erfahrungsbericht von Julia Friedrichs 115

3. *Im Zentrum der Politik:*
   Roland Berger Strategy Consultants 174
   Ein dichtes Netzwerk mit System 174 – Blendende Geschäfte mit Niedersachsen 177 – Der neue Mann aus dem Management: Burkhard Schwenker 181 – Interne Beurteilungen des Berger-Managements 183

   »Neutralität, Objektivität und Unabhängigkeit sind unverzichtbar«
   Interview mit Dr. Burkhard Schwenker, Chef von Roland Berger Strategy Consultants 194

4. *Weitere Big Player der Branche* 211
   Verschwiegen wie ein Grab: Boston Consulting Group (BCG) 211 – Die BCG-Roadshow: Erstkontakt mit der Berater-Szene 216 – Rip-Off! David Craigs Einblicke in das US-Beratergeschäft 234 – Informationstechnologie – eine Goldgrube für Beraterfirmen 239

   »Es ist ein bisschen ›Jugend forscht‹«
   Interview mit einem Berater, der seine Anonymität wahren möchte 220

   »Der Bluff-Anteil liegt vielleicht bei dreißig Prozent«
   Interview mit Dr. Harald Lührmann, Ex-Berater bei Accenture 245

   »Wir haben sehr effiziente Qualitätsmanagement-Prozesse«
   Fragen zur Berater-Praxis an Holger Bill, Geschäftsführer von Accenture, Büro Berlin 270

Teil II – Berater, öffentliche Hand und Politik

1. *Die Berater-Branche und die Ermittlungen des Bundesrechnungshofs* 275

   Die Beratung von Politik und Verwaltungsführung 275
   »Fachlicher Offenbarungseid« 277 – Externe Beratung ist meist überflüssig 281 – Mangelhafte Qualifikation des Personals 283
   Falsche Zeitplanung und verspätete Ergebnisvorlagen 285
   Wirtschaftlichkeit: Fehlanzeige 286 – Neunzig Prozent der Beratungsleistungen werden »freihändig« vergeben 287
   Verzicht auf Projektcontrolling, Dokumentation und Wissensmanagement 289 – Fundierte Analyse, aber folgenlose Beratung der Rechnungshöfe? 291 – Alternativen: Zwanzig Schritte für den sinnvollen Einsatz von externen Beratern 294

2. *Immer dabei: Berater auf Landes- und auf Bundesebene* 300

   Merkwürdiges und Kurioses: Gutachten von Nordrhein-Westfalen bis Baden-Württemberg 300 – Gender-Mainstreaming in Jützenbach: Beratung als Selbstzweck 304 – Anatomie des Beratermarkts auf Bundesebene 307 – Verträge in der rechtlichen Grauzone 308 – Grenzen der Auskunftspflicht 310
   Saarland & Friends und die INSM 311 – Die Berater-Verträge der saarländischen Staatskanzlei und der Ministerien 316

3. *Auf Wachstumskurs: Politikberatung und Politikmanagement* 320

   Politiker und ihr Agenturen-Netzwerk 320 – Lobbying und PR in einem Boot: Die Berliner Thinktanks 326 – Im journalistischen Tarnmantel: Die PR-Instrumente der INSM 334 – Das intime Verhältnis der INSM zu den Medien 334 – Sprachrohr der Metallindustrie: Die politischen Ziele der INSM 339 – Die Veränderung der Politik durch Lobbying und Marketing 342

   »Der Markt wird wachsen und sich weiter spezialisieren«
   Fragen an Sebastian Turner, Agentur Scholz & Friends 344

4. Medien und Politikberatung 346
Mythos Spindoctor 347 – Gedämpfte Medienmacht 350
Welche Rolle bleibt den Medien? 355 – Sondersituation
Wahlkampf 361 – Die Attacke Schröders in der Wahlnacht
2005 365 – Mediale Beratung durch Nähe 320

Teil III – Die Reform von staatlichen Einrichtungen

*1. Die Beratung der Berater oder: Die Privatisierung der
Bundeswehr 375*
Die Gründung der g.e.b.b. 376 – Das »Kompetenzzentrum
Modernisierung« 379 – Unter Druck: Die g.e.b.b. und der
Bundesrechnungshof 382 – Jenseits der Fakten: Die g.e.b.b. und
ihr Selbstdarstellungs-Mantra 391

»Der Veränderungsbedarf in der öffentlichen Verwaltung ist enorm«
Fragen an Andreas von Schoeler, CSC Ploenzke AG   396

*2. Berater bei der Arbeit: Das Consulter-Paradies in der
Bundesagentur für Arbeit 400*
Ein Whistleblower brachte den Skandal an die Öffentlichkeit 400 – In der Hand der Consultants 409 – Der Einsatz von
McKinsey: Wie die Spinne im Netz 412

*3. Der Bundesrechnungshof durchleuchtet den »virtuellen
Arbeitsmarkt« 415*
»Standing und Akzeptanz bei den Profis der Nation« 417
Opulent und überflüssig: Die PR der Bundesagentur 422
Fehlende Erfolgskontrolle und mangelhafter Leistungsvergleich
im Weiterbildungsmarkt 423

*4. Traurige Bilanz trotz Beratern:
Die Ergebnisse der Hartz-Reform 426*

»Manchmal gibt es kollektive Irrtümer«
Interview mit einem Insider der Berater-Branche 431

Fazit: Zehn zusammenfassende Thesen zum Beratermarkt –
Anatomie des Schattenmanagements   450

Anmerkungen   471
Literaturverzeichnis   495
Personenregister   498
Sachregister   501

Ein junger Mann mit Aktentasche trifft auf einen Schäfer mit riesiger Herde. »Gibst du mir ein Schaf, wenn ich dir sage, wie groß deine Herde ist?«, fragt der Fremde. Der Schäfer willigt ein. Der Jüngling wirft seinen Computer nebst modernster Satellitentechnik an und gibt nach drei Minuten die Antwort: 2398 Schafe. Der Hirte überreicht ihm ein Tier. »Bekomme ich meine Bezahlung zurück, wenn ich dir sage, welchen Beruf du hast?«, fragt jetzt der Schäfer. Der Fremde nickt. »Du bist Berater.« Der Jüngling staunt und fragt, woher er das wisse. Der Schäfer: »Ganz einfach. Du bist ungefragt gekommen und hast mir gesagt, was ich schon wusste – kann ich jetzt meinen Hund wiederhaben?«

Ein auch von Politikern gern erzählter Beraterwitz

Vorwort zur Taschenbuchausgabe:
Annäherung an eine unnahbare Branche

»Doch den Beratern fällt meist nichts anderes ein, als Leute zu entlassen. Der McKinsey-Gott fordert immer und überall neue Menschenopfer.«

Der frühere SAT.1-Chef Roger Schawinski im *Spiegel*-Gespräch (20. 8. 2007)

Es war ein besonderer Termin für das gesamte Berater-Team. Einen ganzen Tag lang nisteten sich hochbezahlte Berater in einem Hamburger Luxushotel ein.

Auf der Tagungsordnung stand nur ein einziger Punkt: »Welche *neuen* Aufträge können wir unseren Kunden nach Abschluss des laufenden Projekts zur ›Rationalisierung in der Stahlindustrie‹ verkaufen?« Eine typische Situation: Es ging hier nicht vorrangig um die Lösung der diagnostizierten Probleme im Sinne der Auftraggeber, sondern vor allem um das begehrte Neugeschäft. »Offside« nennen die Berater solche internen Geschäftsanbahnungen; selbstverständlich ging die Rechnung in Höhe von rund 20 000 Euro für dieses exklusive Treffen an den Kunden. Unter den Spitzen der Top-Berater bei McKinsey heißt die wichtigste Frage im Geschäft deshalb auch: »Wer bringt wen mit zur Party?« Mit anderen Worten: Wer beschafft bei den Kunden neue Aufträge?

Die sogenannte »Offside«-Politik illustriert die zentrale Geschäftsidee der Unternehmensberater. Sie sind moderne Drückerkolonnen mit Schlips und Kragen, extrem einflussreich, kaum durchschaubar und bislang in ihrer Arbeitsweise und Wirkung weitgehend unbeobachtet und unkrontolliert.

Susanne Eiber in der Pressestelle von McKinsey begründet das »Prinzip Schweigen« so: »Wir arbeiten sehr eng mit den Mitarbeitern unserer Klienten zusammen. Da Verschwiegenheit eines unserer wichtigsten Prinzipien ist, geben wir grundsätzlich keine Auskunft über die Namen unserer Klienten oder den Inhalt unserer Arbeit.«

Dieses System der Intransparenz gilt auch für die anderen großen Anbieter im Beratergeschäft. Das Schweige-Kartell hat einen großen Vorteil: Die Leistung der Berater ist nicht überprüfbar und entzieht sich damit der fachlichen Kritik und Reflexion. Eine aufschlussreiche Kostprobe dieser Kommunikationspolitik gab Roland Berger in einem Interview zu seinem 70. Geburtstag in der *Welt*. Frage des Reporters: »Und die von Ihnen so gelobte Ehe von Daimler und Chrysler? Die ist heute geschieden. Da lagen Sie daneben.« Antwort des Kommunikations-Genies Roland Berger: »Das Konzept war doch nicht falsch. Es sind grundsätzlich immer zwei Seiten einer Medaille: Einerseits muss die Strategie stimmen, andererseits die Umsetzung. Und immer braucht man auch Glück zum Erfolg.« (*Die Welt*, 22.11.2007) Was sich auf den ersten Blick wie eine Satire anhört, ist nur ein Fallbeispiel der Berater-Kommunikation mit der Öffentlichkeit. Das Muster: Ignorieren, schwadronieren und prozessieren. Kaum eine andere Branche hat die Kultur der hochpolierten Desinformation zu einer vergleichbaren Perfektion getrieben.

Gleichwohl gibt die jüngste Kunden-Befragung zum Beratermarkt 2006 (Fink-Umfrage) genügend Anlass für grundlegende Korrekturen. Das eindeutige Fazit: »Immer noch geben die Firmen jährlich Hunderte Millionen Euro für Projekte aus, mit deren Resultaten sie ›unzufrieden‹ oder ›sehr unzufrieden‹ sind. Viele Anforderungen, die den Kunden besonders wichtig sind, erfüllen die Berater nur begrenzt. Zwischen Anspruch und Wirklichkeit klafft in vielen Fällen eine große Lücke«, bilanziert das *manager magazin*, eine Art Hauszeitschrift der Beraterszene, in einer Titelgeschichte im August 2007 (*mm*, 8/07 : 31).

Es gilt das »Prinzip 47.11« – immer dabei

»Das CDU-Wahlprogramm für die Bundestagswahl 2006 hätte auch von McKinsey geschrieben sein können.« Seine Analyse formuliert der Duisburger Politikwissenschaftler Karl-Rudolf Korte zwar noch im Konjunktiv. Aber sicher ist – die enge Frundschaft zwischen der Kanzlerin Angela Merkel und dem früheren McKinsey-Chef Jürgen Kluge hat Früchte getragen. Die »Meckies« – so die Eigenbezeichnung – hatten für die CDU die umstrittene »Kopfpauschale« – das Herzstück der Unions-Gesundheitsreform – entwickelt. Mit falschen Zahlen, nicht belegten Annahmen und einer großen Portion Ideologie, wie erfahrene Gesundheitsexperten der Union beklagten. Aber selbst sie wurden von den McKinsey-Experten aus den wichtigen Entscheidungsrunden verdrängt. Ihr Konzept wurde zur Chefsache erklärt, ein typisches Muster aus dem Instrumenten-Kasten der Berater: Ihre Partner sind die ›einsamen Entscheider‹, nicht die Fachleute an der Spitze der Unternehmen oder Institutionen. Erfahrungswissen ist nur zu Beginn der »Abschöpfungsphase« interessant; später stört diese Expertise.

Die Durchsetzung der »Kopfpauschale« im Interesse der deutschen Versicherungsindustrie könnte ein Beispiel aus dem Lehrbuch der Unternehmensberater sein. Sie prägen diverse Entscheidungen auf den Reformbaustellen des Staates. Hier wurden immer wieder die selbsternannten Experten und Spezialisten in den vergangenen Jahren mit millionenschweren Aufträgen bedacht: Die Hartz-Gesetze und der gesamte Umbau der Bundesagentur für Arbeit (BA) samt der laut Bundesrechnungshof verfassungsrechtlich unhaltbaren »Kundenprogramme« gehen auf das Konto von Unternehmensberatern. (Siehe Dokumente im Anhang S. 458 ff.) Die grandios gescheiterte Privatisierung von Dienstleistungen in der Bundeswehr – mit dem Firmennamen g.e.b.b. – war vor allem das Werk überforderter Berater. Auch die Privatisierung der Bahn wird von Beratern unter anderem mit frisierten und »gewichteten« Zahlen, fragwürdigen politischen Konzepten und rigider Lobby-Arbeit auf die Schiene gesetzt. Vorläufig ist dieses Vorhaben jedoch gescheitert.

Auch bei der krisengeschüttelten Telekom und der Post AG haben die »Top-Berater Deutschlands« die zum Teil bereits gescheiterten Geschäftsmodelle vorangetrieben.

Nachgewiesenes Missmanagement wie etwa bei der Telekom scheinen den Ruf der Berater als »Krisenmanager« oder »Erlöser« nicht zu erschüttern. Schlittert ein Unternehmen wie der hoch verschuldete schwäbische Automobilzulieferer Schefenacker in die Krise, tauchen sofort Unternehmensberater auf. In diesem Fall wurde Burghard Knolle und die Unternehmensberatung A.T. Kearney mit dem »operativen Restrukturierungsprogramm« beauftragt. Ganz gleich, ob in der Industrie, in Staat, Kultur oder Gesellschaft: Berater sind bei »Umstrukturierungen« schnell zur Stelle, aber kaum sichtbar. Für die Berater gilt das »Prinzip 47.11« – sie sind immer dabei. Verantwortung für ihre Empfehlungen in Studien und Gutachten müssen sie nicht übernehmen.

Beratung nach Schema F

Ganz gleich, ob Berater staatliche Einrichtungen mit der »Droge Privatisierung« narkotisieren, ob sie »Effizienzsteigerungen« oder »Produktionsauslagerungen« in der Wirtschaft organisieren, sie arbeiten *stets* mit den immer gleichen Instrumenten.

Am Anfang steht ein großes, meist nicht überprüfbares Versprechen, das die Auftraggeber anfixen und die Belegschaften verunsichern soll. Ein lautes Signal wie beispielsweise »Kosteneinsparung von 20 Prozent sind möglich«. Dazu kommt eine deutliche Ansage in den Betrieben, dass die Berater uneingeschränkt von allen Mitarbeitern unterstützt werden müssen. »Wer nicht mitspielt, wird aufgeschrieben und gemeldet«, berichtet ein Senior-Berater, der seit Jahren lukrative Projekte der Telekom umsetzt.

Dann folgen fünf Schritte, die immer nach dem gleichen Muster ablaufen:

- Vorhandenes Firmen-Wissen sowie die gesamte vorliegende, interne Expertise werden von den Mitarbeitern und den Vorständen beschafft, recycelt und neu verpackt. Die Informationsbeschaffung erfolgt hoch professionell und wird in den Beratungsfirmen intensiv trainiert.
- Neue Methoden der vermeintlichen Problemlösung entpuppen sich als wechselnde Mode. Mal steht »Auslagerung« auf dem Programm, ein anderes Mal soll wieder alles »im Haus« erledigt werden.
- Standardware – meist in englischer Sprache konfektioniert – wird von geschickten Marketing-Experten und versierten Sprachschmieden als exklusive Lösung verkauft. Dabei stützen sich viele Berater auf die »bewährten Raster« aus früheren Beratungsprojekten, auch der Konkurrenz.
- Die Lösungen werden in bunte Folien verpackt und »gnadenlos vereinfacht«. Berater sind Vereinfachungs-Experten und Meister in der Reduktion von Komplexität der ihnen übertragenen Aufgaben.
- Wenn es aber um die konkrete Umsetzung der »Lösungsvorschläge« geht, sind die Berater meist schon bei ihren neuen Kunden. Die lästige Implementierung gehört nicht zu ihrem Kerngeschäft. Dieses wesentliche Defizit wird auch in der vorliegenden Forschung seit Jahren von den Auftraggebern kritisiert.

Eine weitere Besonderheit des Beratungsgeschäft: Die Arbeit der Berater ist nur schwer überprüfbar, weil sie gezielt intransparent vorgehen und selbst ihren Auftraggebern nur ganz wenige Dokumente zeigen. Der Leitspruch der Branche »for your eyes only« (nur für deine Augen) wird mit großem Kontrollaufwand in der Praxis gehegt und gepflegt. Auch deshalb ist es möglich, dass sich hinter der Kulisse des Märchens von der Effizienz meist die Banalität des Bluffs verbirgt. Ein extrem dichtes Kontrollnetz mit ständigen schriftlichen und mündlichen Befragungen, ein System von Paten und betreuenden »peer groups« (Bezugsgruppen) sorgt für eine »Rund-um-die-Uhr-Kontrolle«, die die Berater in einer normierten, genau geregelten Welt gefangen hält.

Manche Aussteiger sprechen in diesem Zusammenhang von »sektenhaften Zügen der Unternehmenskultur«, die an den katholischen Geheimbund Opus Dei erinnert. Die religiöse Überhöhung der Arbeit, der elitäre Habitus, die extrem dichte Kontrolle fördern Abhängigkeit und züchten ein in sich geschlossenes Angstsystem.

Dass eine führende Unternehmensberatung ihren Beraterinnen die Anti-Baby-Pille bezahlt und damit indirekt Einblicke in die Privatsphäre der Mitarbeiterinnen erhält, ist nur ein Detail. Allerdings ein bemerkenswertes Detail, das das nahezu totalitäre Denken einer Institution illustriert.

Ein besonderes Kennzeichen der Branche ist zudem das Schweigekartell der Aussteiger oder Umsteiger. Kaum jemand ist zu vertraulichen Gesprächen bereit; nicht einmal die Zusicherung des absoluten Informantenschutzes motiviert selbst (Ex)-Berater zu Insider-Informationen. Wer »auspackt« und »auffliegt« wird von der gesamten Branche ausgeschlossen.

Hohes Schmerzensgeld –
Anatomie eines privilegierten Gewerbes

Die Beraterhonorare sind astronomisch hoch. Tagessätze zwischen 2500 und 4000 Euro sind keine Ausnahme. Und doch gilt auch hier das Drückerkolonnen-System, allerdings auf sehr hohem Niveau. Moderne Unternehmensberatungen arbeiten nach dem Prinzip des Strukturvertriebs mit nahezu militärischem Drill und einem »klugen Prinzip«. Schon nach 40 Arbeitstagen hat ein normaler Berater sein Jahresgehalt von rund 100 000 Euro »eingespielt«. Den Rest kassiert der jeweilige »Partner«, der stets zu Beginn und bei der Präsentation des Projekts auftaucht. Kein Wunder, dass solch ein rigides System auch Opfer produziert. Mindestens 20 Prozent der Berater verlassen jedes Jahr ihre Arbeitgeber. Bei McKinsey arbeiten beispielsweise 1900 Mitarbeiter, die Firma erwirtschaftet einen Umsatz von 600 Millionen Euro (2006). Um die Abgänge auszugleichen, wird die Rekrutierungs-Maschine mit großem Aufwand angefeuert. »Den Druck des Systems, die hohe zeitliche Belastung und die Arbeit am Limit hält man nur wenige Jahre aus«, bilanziert ein Projektleiter, der allerdings auch die Vorzüge der hohen Bezahlung und Privilegien der First-Class-Flüge und -Hotels zu schätzen weiß. Diese Problemlage ist dem neuen McKinsey-Chef Frank Mattern bekannt. Der 45-jährige Betriebswirt gibt sich geschmeidiger als sein Vorgänger Kluge: »Wir wollen aus den oft kopfgesteuerten jungen Hochschulabsolventen Menschen machen, die mit der Seele, dem Herzen und dem ganzen Verstand arbeiten können. Diese Reise musste ich auch machen.« (*SZ-Beilage Berufsziel,* 2/07)

»Ich warne vor einer sehr linearen Karrierelogik: Bei McKinsey ist der Begriff Karriereorientierung negativ belegt. Wir mögen es nicht, wenn Mitarbeiter ständig die Frage stellen, welche Belohnung sie für eine Aufgabe bekommen. Unsere Antwort ist:

Mach deine Sache gut, dann werden schon weitere gute Dinge passieren.« Der Hauch einer »Kloster-Andechs-Rhetorik« umweht dieses Gespräch mit dem »Weihnachtskind mit einem guten Stern im Leben«. »Aus Enttäuschungen habe ich immer gelernt«, beichtet Mattern. Aber über konkrete Enttäuschungen spricht er in dem Interview nicht.

Offenbar hat sich das teuer erkaufte Image der Berater als moderne Wissens- und Lösungselite verbraucht. Nicht zuletzt die fundierten Analysen des Bundesrechnungshofs und des Landesrechnungshofs Baden-Württemberg haben am Mythos der »Show-Branche« gekratzt und wohl zu mehr Nachdenklichkeit geführt. Die Beamten hatten festgestellt, dass die meisten Studien und Gutachten kaum Substanz hatten und meist nach dem Prinzip »Gelesen. Gelacht. Gelocht« von den Auftraggebern abgelegt wurden. Der eindeutige Nachweis, dass etwa in der Bundesagentur für Arbeit mit der Macht der Berater auch der gesetzlich normierte »sozialpolitische Auftrag« der Arbeitsmarktvermittler verschwand, wird die verantwortlichen Politiker noch beschäftigen. »Das McKinsey-Modell macht die Starken stark und die Schwachen schwächer«, bilanziert ein Experte, der die Nürnberger-McKinsey-Politik seit Jahren beobachtet. (Siehe interne Dokumente im Anhang S. 458 ff.)

Warum werden Unternehmensberater trotzdem eingekauft? Zur Anatomie des Schattenmanagements

Die Aufträge für die Berater kommen meist aus den Chefetagen von Wirtschaft und Politik. Ihre vorrangige Aufgabe ist der Aufbau eines »Schattenmanagements« jenseits der oft langwierigen Verfahren, verbunden mit einem »individuellen Coaching-System«. Viele Manager sind mit den wuchernden, oft unüberschaubaren Problemen und dem daraus resultierenden Entscheidungsdruck überfordert. Hier setzen die Berater auf der Sachebene *und* der persönlichen Ebene an. Loyal und frei von internem Konkurrenzdruck erledigen sie die gewünschten Aufträge aus der Chefebene. Sensibel und verschwiegen fangen sie die oft überforderten Manager auf. Schließlich verfügen sie über ein Kompetenzfeld, das *in* den Unternehmen und Institutionen nur sehr selten anzutreffen ist. Sie sind oft Experten in der Steuerung von Prozessen. Das heißt, sie zergliedern ein großes Problem – im Manager-Deutsch ›Thema‹ – in viele kleine Teile und machen die skizzierten Entscheidungsprozesse in ständiger Fortschreibung sichtbar.

Während dieser Prozess-Steuerung stellen professionelle Berater nicht selten die richtigen strategischen Fragen, unabhängig davon, ob diese zentralen Fragen auch nachhaltig beantwortet und daraus resultierende Maßnahmen praktisch umgesetzt werden.

»Macht ist die Schaffung von Ungewissheitszonen« – diesem Lehrsatz sind Management und Berater gleichsam verbunden. Mit Hilfe der Berater kann das Management unangenehme Aufgaben delegieren und wahlweise entscheiden, ob später öffentlich oder nichtöffentlich agiert wird. Dazu gehören:

- heikle Themen wie etwa die Restrukturierung, Rationalisierung oder den Verkauf von Unternehmensteilen anzugehen. Im Erfolgsfall nutzen die Auftraggeber das Vorhaben als Beleg für ihre Entschlossenheit. Bei Misserfolg sind die – längst weitergezogenen – Berater »schuld«.
- die Zuständigkeit für Entlassungen und Auslagerungen an die Berater zu »delegieren« und so die Verantwortung für »negative Themen« abzufedern.
- Innovationsfähigkeit und Handlungsdrang vorzutäuschen, da die Umsetzung später meist nicht mehr verantwortet werden muss.
- Beschaffung von wichtigen Informationen zu Innovationen der Konkurrenz (»moderne Form der Spionage«) als Gegenleistung für Aufträge.

- Check des internen Konkurrenzumfeldes im Unternehmen; die Berater werden als Spürhunde – quasi als Revisoren in geheimem Auftrag – eingesetzt, die Zugang zu allen Informationen haben und nur dem Auftraggeber an der Spitze (geheim) »berichten«. Sie agieren also im geschützten Raum.
- Beschaffung von »exklusiven Daten und Fakten«, um die oft diagnostizierte Entscheidungsunsicherheit abzufedern oder die möglichen Entscheidungsalternativen zu priorisieren. Von den Beratern wird die Objektivierung von Handlungsalternativen erwartet.

Diese Handlungsstränge bündeln sich zu einer eigenständigen Form des Schattenmanagements, das für die auftraggebenden Manager eine Steigerung ihrer Handlungsoptionen ermöglicht. Da in großen Unternehmen nur wenige wirklich wichtige Entscheidungen zu treffen sind, profitieren die Berater von dem Wunsch ihrer Kunden, das Entscheidungsdilemma durch ihre »Expertise« etwas zu lindern.

Der »Professor für Unternehmensberatung« an der Fachhochschule Bonn, Dietmar Fink, hat zusammen mit Bianka Knoblach die Hintergründe dieses Geschäftsmodells analysiert. Die Berater fungieren – so schreiben sie in der Consulting-Beilage der *Süddeutschen Zeitung* – als »Handlanger für die dunkle Seite des eigenen Ichs« der Unternehmer. Auffallend ist dabei, dass »nur die Zahlen zählen: Die Methoden der Großen gelten als unantastbar«. Die beiden Wissenschaftler erläutern die Hintergedanken des Managements bei der Auftragsvergabe: »Im Schatten ihrer Projekte schwelen oft grundlegende Machtkämpfe, und die Beteiligten versuchen mit allen Mitteln, die externen Experten auf ihre Seite zu ziehen. Nicht jeder bekennt sich dabei offen zu seinen Zielen und Interessen. Man schafft vielmehr Fakten, ohne eine Möglichkeit zur Prüfung oder Diskussion. Der Berater wird mit angeblich objektiven Informationen versorgt, die die eigene Position stützen und die der Gegenseite schwächen« (*SZ*, 17./18. 11. 2007). Heikle Entscheidungen werden so samt möglicher negativer Konsequenzen einfach delegiert. *Berater als Instrumente im Schattenmanagement der Auftraggeber?*

Unternehmensberater als Symbol für die Krise von Wirtschaft und Politik

Unternehmensberater sind in diesem Sinne Wetterleuchten für die Krise der Gesellschaft. Sie zementieren den Stillstand. Denn ihnen geht es nicht um wirkliche Lösungen von Problemen in Staat, Wirtschaft und Gesellschaft in sinnvoller Kooperation und Kommunikation mit den beteiligten und betroffenen Mitarbeitern. Ihnen geht es vor allem um die Beschaffung neuer Aufträge und die Durchsetzung ihrer Geschäftsideologie, die geprägt ist vom Prinzip der Kostenreduktion, der Rationalisierung von Prozessen sowie der Renditesteigerung um jeden Preis.

In diesem Sinne sind die Unternehmensberater mit ihren Millionen-Aufträgen ein Symbol für die Sinnkrise vieler Manager in Politik und Wirtschaft, die die anstehenden Aufgaben nicht mit dem vorhandenen (Spitzen-)Personal bewältigen. Jürgen Heraeus (70), Miteigentümer und Aufsichtsratschef der Hanauer Industriegruppe bringt diese zentrale Kritik auf den Punkt: »In der Regel sollte das Management seine Probleme selbst lösen. Denn dafür wird es gut bezahlt« (*mm*, 8/07 : 31). Doch gegen diese nüchterne – auch von anderen Spitzenmanagern geteilte – Einschätzung wird von den Berater-Firmen eine aufwendige Marketing-Maschine in Stellung gebracht.

Den Beratern ist durch geschickte PR, verbunden mit teuren Anzeigeninvestitionen, eine nahezu perfekte Mythenbildung gelungen. Sie sind die Götter, Helden und Dämonen einer Erfolgsgesellschaft. Ihr Leistungsversprechen eines besinnungslosen Effizienzprinzips reicht manchen Kunden aus, um ihre Ideenlosigkeit, Innovationsschwäche und Überforderung mit der Vergabe von teuren Beratungsaufträgen auszugleichen. Dieses Prinzip funktioniert nur, weil die Berater sich von der Öffentlichkeit abschotten, ihre »Ergebnisse« geheim halten und kritischen Rückfragen ausweichen. Anders als in Wissenschaft und Politik besteht im Feld der Unternehmensberatung kein Zwang zur öffentlichen Legitimation und rationalen Überprüfung von Analysen und Interpretationen. Unternehmensberater können sich auf Grund ihrer Funktionalisierung als Schattenmanager darauf verlassen, dass die »bestellten Wahrheiten« ihrer PR-Abteilungen geduldig gedruckt, gesendet und publiziert werden.

Denn auch die führenden Wirtschaftsredaktionen in Deutschland profitieren von den diskreten Informationen und Hinweisen aus dem Kreis der Unternehmensberater. Ihre Anzeigen und bezahlten Beilagen sind willkommen, ihre Sponsorengelder begehrt, ihre Informationen und Tipps aus dem Inneren der Konzerne nützlich. Das Prinzip »Wess' Brot ich ess, dess' Lied ich sing« kann sich im Schutz eines großen Schattens voll entfalten.

Alle in diesem Buch zusammengeführten Quellen stehen in krassem Kontrast zum aufwendig gepflegten Bild der Berater-Branche; zahlreiche Klischees wie etwa des oft versprochenen Konzepts der »maßgeschneiderten Lösungen«, des angeblich gebotenen »Premiumwissens«, der »erstklassigen Methoden-Kompetenz« oder der ausgelobten »zehnfachen Rendite der eingesetzten Honorarsumme« verwandeln sich bei genauer Prüfung oft in das glatte Gegenteil. Insider sprechen von »Standardware bei den Lösungsansätzen«, von angesammeltem Kundenwissen als »Eintrittskarte in die Entscheidungs-Etagen«, vom »willkürlichen Wechsel der Methoden je nach Mode« und insgesamt von teuren Beratungs-Fehlinvestitionen. Die hier präsentierten Kontrastinformationen gewinnen eine besondere Bedeutung, da der überquellende Markt von Consultingliteratur, Karriere-Guides, Beraterbüchern und gefälligen Selbstdarstellungen in Prospekten und im Internet stets aus den bestellten Wahrheiten der großen Beraterfirmen besteht. Sie reichen fast nie über den Horizont der allein auf PR getrimmten Homepages von McKinsey bis Boston Consulting hinaus.

Man muss der Branche schon das Kompliment machen, dass ihr auf dem Feld der Öffentlichkeitssteuerung wirkliche »Premiumleistungen« gelungen sind. Weder in der Publizistik noch in der sozialwissenschaftlichen Literatur gibt es – bis auf ganz wenige Ausnahmen – Analysen zur Anatomie der Berater-Branche, die über geschickt platzierte Rankings, knappe Selbstdarstellungen und Binsenweisheiten hinausgehen. Die Abschottung von der Öffentlichkeit wurde von den Top-Beratern im Lauf der Jahre perfektioniert. Pressesprecher – im Jargon der »Head of Press Department« – arbeiten als Wachhunde, Kontrolleure und Informationsverhinderer. Im Lauf von zwei Jahrzehnten journalistischer Arbeit habe ich noch keine Branche kennen gelernt, die das Kommunikationsziel der gezielten Intransparenz und der gesteuerten Information konsequenter und entschlossener durchsetzt als die Berater-Branche. Es ist einfacher, an Insider-Informationen der Nachrichtendienste oder des Bundeskriminalamts heranzukommen, als die Chinesische Mauer rund um die Berater-Branche zu durchdringen.

Auffällig ist auch, wie hermetisch Mitarbeiter auf allen Stufen der Berater-Hierarchie dichthalten und damit ihr Schweigegelübde konsequent befolgen. Angst beherrscht das System. Immer wieder wollten Informanten ihre Aussagen mir gegenüber zurückziehen, selbst nach intensiven Vorgesprächen, zahlreichen Begegnungen und der garantierten Zusicherung absoluter Anonymität. Die Angst vor arbeitsrechtlichen Konsequenzen oder anderen Sanktionen war bei allen Akteuren spürbar, selbst nach einem Berufswechsel in die private Wirtschaft.

Bemerkenswert zudem, dass das System nahezu perfekt funktioniert. Die Beraterfirmen leisten sich ein aufwendiges internes Kontrollsystem, das jede Abweichung von der vorgegebenen Norm frühzeitig identifiziert und dem jeweiligen Management die Chancen zur Intervention und geeigneten Sanktion bis zur Kündigung mit oder ohne Abfindung gibt. Diese häufig wiederholten Kontrollen (»Audits«) sind mit ein Indiz für das »geschlossene System«, in dem die Berater funktionieren müssen. Ein typisches Befragungs- und Kontrollraster nach der 360-Grad-Methode wird hier erstmals dokumentiert und kann als Handreichung verstanden werden für alle, die sich solch einem permanenten Röntgenvorgang unterziehen müssen. Im Zuge dessen können sie gleich mit analysieren, was aus George Orwells Überwachungsvisionen geworden ist.

Die Berater-Kultur verändert nicht nur wirtschaftliche und politische Prozesse. Sie entscheidet durch ihre Expertisen, Studien und Handlungsempfehlungen auch wesentlich mit, welchem Leitbild unsere Gesellschaft folgt. Der SPD-Politiker Sigmar Gabriel hat die mit diesem Konzept verbundene Grundlinie in einem Namensbeitrag für den *Spiegel* als »McKinsey-Gesellschaft« charakterisiert und im Umfeld der »Heuschreckendebatte« zugespitzt: »Diese Frage wird die wichtigste Konflikt-Linie im politischen Wettbewerb sein: Merkels McKinsey-Gesellschaft – oder eine Erneuerung der sozialen Marktwirtschaft.«[1] Heute dient Gabriel als Minister unter Angela Merkel und hat das selbst aufgeworfene Thema wohl wieder unter den Aktenbergen begraben.

Über die Innenausstattung der ideologiegetriebenen und einseitig profitorientierten Berater-Szene ist wenig bekannt. Es ist unwahrscheinlich, dass handelnde Politiker hier zur Aufklärung beitragen werden, denn oft sind sie persönlich mit den Beratern verwoben. Zudem sind sie durchaus fasziniert von der Chance, schnell mal ein Thesenpapier oder Handout zu einem aufkeimenden Thema zu ordern. Die Welt der Politik und die Welt der Berater hat durchaus verwandte Züge, wenn man den Showcharakter in den Blick nimmt.

Wenn Politiker sich aus dem parlamentarischen Betrieb verabschieden, entscheiden sie sich oft für eine Anschlusskarriere als Berater. Die Kanzler Helmut Kohl und Gerhard Schröder haben diesen Weg gewählt, Joschka Fischer, der »RWE-Mitarbeiter« und ehemalige CDA-Chef Hermann-Josef Arentz und sogar Ex-Verfassungsminister Otto Schily gehören dazu.

Schily heuerte als juristischer Berater bei Siemens an. Der frühere Aufsichtsratschef Heinrich von Pierer nutzte seine Justiz-Kontakte in der Bundesregierung. Berater hatten in dem von ihm geführten Unternehmen stets eine Doppelrolle. Sie dienten auch dazu, ein aufwendig gepflegtes Bestechungssystem zur Beschaffung von Aufträgen zu organisieren. Nahezu paradox mutet es an, dass eine andere Gruppe von Beratern später den Korruptionskomplex bei dem Weltunternehmen wieder analysieren musste. Die Aufklärung der größten Korruptionsaffäre der deutschen Nachkriegsgeschichte durch Berater hat den Elektronikkonzern bis zum Herbst 2007 allein 188 Millionen Euro gekostet. Die »Berater-Tätigkeit« von mehreren Firmen ist jedoch bis heute nicht beendet. (Siehe interne Dokumente im Anhang S. 467 ff.)

All diese Informationen über die »black box consulting« wären ohne fachkundige Informanten, Whistleblower (verborgene Hinweisgeber), Archivare, Dokumentare und zahlreiche Experten in den Beratungsunternehmen nicht bekannt geworden. Ihnen danke ich für die vertrauensvolle Zusammenarbeit.

Dr. Thomas Leif
Wiesbaden, im Januar 2008

> *McKinsey war trotz wiederholter Nachfragen nicht bereit, Interviews für dieses Buch zu geben oder Auskünfte zu erteilen. Gleichwohl wurde versucht, die Veröffentlichung des Buchs zu verhindern. Nach intensiven Bemühungen kam McKinsey dann doch zu einer realistischen Einschätzung. In einer Mail vom 8.5.2006 schrieb der frühere Pressesprecher von McKinsey, Rolf Antrecht, ein ausführliches »Memorandum« zum Buch an alle Mitarbeiter von McKinsey. »Rein rechtlich haben wir keine Handhabe, gegen diesen Titel vorzugehen. Das Interesse der Öffentlichkeit an der Arbeit der Beratungen ist höher zu bewerten als das Recht auf unsere eigene Marke.«*

Aktuelle Zahlen aus der »Fink-Umfrage« zu Beratungsfirmen finden Sie unter:
www.manager-magazin.de/unternehmen/beratertest/
0,2828,494192,00.html

Detaillierte Ergebnisse zum Beratermarkt finden Sie unter:
www.luenendonk.de

Teil I
Der Beratermarkt

»*Der Vorstand, der die Definition seiner Strategie einem Berater überlässt, hat selbst ein Problem. Das wäre fast ein intellektueller Offenbarungseid.*«

                Prof. Dr. Utz Claassen,
                Ex-McKinsey-Berater und Ex-Vorstandschef
                des Energieversorgers EnBW[1]

1. Hinter der Chinesischen Mauer: Aus dem Innenleben der Berater-Szene

Fast alle großen Unternehmen arbeiten mit Strategieberatern, manche mehr, manche weniger. Und manche sind richtige »Beratungsjunkies, die jedes Problem mit einem Beratungsgutachten munitionieren«[2]. Beratung kann süchtig machen. Doch was ist das Geschäft der Unternehmensberater? Wie ködern und binden sie ihre Kunden? Im Grunde ist das Rezept ganz simpel: Berater verkaufen Problemdiagnosen und -lösungen, sie handeln also mit Methoden, Wissen und Erfahrungen.[3] Ein großer Teil des Wissens wird von den Beratern während der Arbeit und im Kundenkontakt gewonnen. Das neue Wissen ist damit zunächst einmal implizit, das heißt an die Person der Berater gebunden. Diesen zentralen Prozess der Informationsgewinnung umschreiben sie mit anglophiler Partnerschaftsrhetorik: »Working with the client in partnership.«[4]

Unternehmensberatungen umgeben sich mit dem Glanz der Elite, weltmännischer Erfahrung und dem Ruf eiskalter Entscheidungen. Bewundert und gefürchtet, gepriesen und verachtet, umgibt ihre Häuser die Aura von Macht. Begehrt sind die Jobs, faszinierend die Umsätze – Berater stehen wie kaum eine andere Sparte für Erfolg und Geld.

Doch um sich erfolgreich am hart umkämpften Markt zu positionieren, sind Unternehmensberatungen auf Strategien angewiesen, die ihre Kompetenzen wirksam in der Öffentlichkeit darstellen. Als »Duftmarken«[5] werden Listen erfolgreicher Projekte und Hinweise auf die außergewöhnlich hohe Qualifikation der Mitarbeiter eingesetzt. Wichtig ist dabei der Transfer von nichtphysischen Werten wie Markenname, Image, Reputation und

Verfahrensroutinen. Auch das Wissen über zentrale Kunden wird mitverkauft.[6]

»Berater schüren Angst«, sagt der Mannheimer Betriebswirtschaftsprofessor Alfred Kieser trocken. »Und dann offerieren sie Lösungen, um die Angst zu lindern.« Consulting als ökonomisches Perpetuum mobile, lautet seine These.[7] Berater erzeugen Furcht mit modischen Managementtheorien, argumentiert der Ökonom weiter: »Gemeinkostenwertanalyse«, »Total Quality Management«, »Balanced Scorecard«, »Best Practice« oder »Reengineering« sind Begriffe aus der Consultingprosa, die die Kunden verunsichern und glauben lassen, dass sie einen Berater brauchen, um ihre Probleme in den Griff zu bekommen. Berater definieren also mit, was analysiert werden soll. »In keiner anderen Branche kann ein Anbieter so viel Einfluss auf die Nachfrageseite nehmen«, erklärt Kieser.

Mit anderen Worten: Die Unternehmensberater schaffen die Nachfrage nach ihrer Expertise quasi selbst, indem sie ökonomische und gesellschaftliche Probleme überhaupt erst als solche identifizieren, um dann zu versprechen, sie mit wissenschaftlichen Methoden zu lösen.[8] Dass es den Unternehmensberatern nicht zuletzt dank ihrer breiten Ressourcenbasis gelungen ist, die Definitionsmacht in vielen Themenfeldern zu erringen, zahlt sich so im wahrsten Sinne aus und verbessert damit die Voraussetzungen für die Behauptung dieser Position.[9] Price Waterhouse Coopers (PWC) und KPMG veröffentlichen beispielsweise Studien über die explodierende Wirtschaftskriminalität in der Industrie. Die Unternehmensberater alarmieren dadurch ihre Kunden und bieten – aufbauend auf der Analyse – gleich die Lösungsansätze an.

Der Berater-Clan, die Konkurrenz und die Kunden

Unternehmensberater kann sich jeder nennen, »Unternehmensberatung« ist keine gesetzlich geschützte Berufsbezeichnung, sie ist schlicht und einfach keine Profession.[10] So analysiert Hedwig Rudolph, Direktorin der Abteilung Organisation und Beschäftigung am Wirtschaftszentrum Berlin (WZB) und Universitätsprofessorin an der TU Berlin, in ihrem Buch *Wer anderen einen Rat erteilt*: »Es gibt keine institutionalisierten Qualifikationsvoraussetzungen oder Zulassungsregeln für das Tätigkeitsfeld, und ethische Standards der Berufsausübung sind nicht kodifiziert.«[11] Richtlinien von Verbänden, zum Beispiel des Bundes Deutscher Unternehmensberater, gelten nur für Mitglieder. Verstöße können nicht sanktioniert werden.

So kann die Branche ungehindert wachsen. Consultingfirmen schießen wie Pilze aus dem Boden: Das geringe Startkapital, attraktive Honorarsätze, der fehlende Professionsstatus und immer wieder publizierte positive Wachstumsprognosen führten bislang zur Gründung einer Vielzahl von Beratungsunternehmen mit unterschiedlichstem Hintergrund.[12] Dabei macht die Heterogenität der Branche es für Kunden oft schwierig, die Qualität der Beratungen einzuschätzen. Mittlerweile existieren in Deutschland vierzehntausend[13] Beratungsfirmen mit achtundsechzigtausend Mitarbeitern. Nur in den USA gibt es noch mehr Berater, Tendenz steigend.

Unternehmensberater stehen im Wettbewerb vor allem mit Wirtschaftsprüfern, Steuerberatern und Rechtsanwaltskanzleien. Der Branchen-Experte Dietmar Fink sieht in diesem Bereich neue Konkurrenz für die führenden Beraterfirmen. »Fast alle großen Wirtschaftsprüfer arbeiten zurzeit an konkreten Plänen, in das lukrative Beratergeschäft zurückzukehren. Und zwar nicht wie früher als reine IT-Spezialisten, sondern mit einem überaus attraktiven Angebotsmix: Strategie, Technologie, Prozessmanagement, Prüfungswesen und Rechtsberatung – alles unter einem Dach.«[14] Im Gegensatz zu dieser mit Professionsstatus versehenen Konkurrenz können sich die Unternehmensberatungen nicht auf deren Feld betätigen.[15] Eine zweite Gruppe, die auf den Markt der Unternehmensberatungen drängt, ist die der Finanzdienstleister und Industrieunternehmen.[16] Zahlreiche Industrieunternehmen haben mittlerweile eigene Stabsstellen und Projektteams zur Beratung ihrer Kunden.[17] Insbesondere Soft- und Hardwarehersteller haben in der Vergangenheit häufig Beratungsunternehmen gegründet.[18] Auch Finanzdienstleister unterstützen ihre Kunden durch eigene Beratungskapazitäten. Einige Firmen haben einen anderen Weg eingeschlagen und eine »Inhouse-Beratung« aufgebaut, so etwa Siemens oder Degussa.

Auch andere Konzerne haben aus den Berater-Flops gelernt. Vor einigen Jahren hat beispielsweise der Ludwigshafener Chemiekonzern BASF seinen Beratereinkauf in einer Stabsstelle gebündelt. Hier werden alle Berater-Projekte koordiniert, Synergien herbeigeführt und die einzelnen Bereiche bei der Definition und Strukturierung neuer Berater-Projekte unterstützt.

Die Marktlage ändert sich also. Dabei macht eine neue Form der Geldgeber den großen Beraterfirmen Kopfzerbrechen: So genannte »Geierfonds« – in der Bankensprache »Private Equity« genannt – engagieren sich in Not leidenden Betrieben; bei der Sanierung gehen sie in der Regel mit einer hierzulande ungekannten Härte ans Werk. Private-Equity-Firmen wie Fortress, Cerberus oder Apollo haben ihre eigenen Methoden, mit kränkelnden Firmen umzugehen.[19] Sie verhandeln hart über den Preis der Kredite und wollen dabei prinzipiell nur einen Bruchteil des Nennwerts zahlen. Schließlich rechnet sich ihr Geschäft nur bei niedrigen Einstandskursen. Dann wenden die Käufer gern ein raffiniertes Verfahren[20] an, das in der angelsächsischen Welt als »Debt-to-Equity-Swap« bekannt ist – sie wandeln ihre Schuldscheine in Eigenkapital um. Pech für die Vorbesitzer: Sie werden komplett hinausgedrängt oder müssen sich mit geringem Restbesitz begnügen.

Nach der Übernahme verkaufen die Geierfonds die Firmen in der Regel rasch weiter.

Auch andere Wettbewerber mit neuen Geschäftsmethoden treten an, wie die amerikanischen Alix Partners, die in den Pleitefirmen selbst das Management übernehmen. Die Unternehmensberatung Roland Berger hat bereits einen Berater an die Saniererkonkurrenz verloren.[21] Die Übergänge in der Szene sind also fließend.

Hinsichtlich ihrer Herkunft lassen sich die heute in Deutschland tätigen großen Beratungsunternehmen in drei Gruppen einteilen:

1. international agierende Beratungen US-amerikanischer Herkunft wie Boston Consulting Group oder McKinsey,

2. Unternehmensberatungen, die ursprünglich aus großen Wirtschaftprüfungsgesellschaften hervorgingen, wie KPMG (jetzt Bearing Point), Price Waterhouse Coopers (PWC), Deloitte oder Arthur Anderson (jetzt Accenture),

3. große nationale Beratungen wie Roland Berger, die auch international tätig sind.[22]

Bei den klassischen Unternehmensberatungen stehen McKinsey mit einem Jahresumsatz von 600 Millionen Euro und Roland Berger mit ca. 300 Millionen – in Deutschland im Jahr 2006 im Beratermarkt vorne, gefolgt von Boston Consulting Group mit 305 Millionen Euro.[23] Die restlichen Millionen teilen sich Deloitte, A.T. Kearney, Booz Allen Hamilton, Droege & Company, Mercer Consulting und andere.

Ein echter Aufsteiger ist Bain & Company mit Franz-Josef Seidensticker als Chef. Bain ist mittlerweile bei den Bluechip-Kunden etwa auf Augenhöhe mit McKinsey und Boston Consulting. Der Umsatz wuchs im Jahr 2006 auf schätzungsweise 158 Millionen Euro. Die Erfolgsgeschichte dürfte sich allerdings nur fortsetzen, wenn es gelingt, das gute Standing in den Topetagen mit Folgeaufträgen zu unterfüttern.[24]

Auffällig ist, dass gerade die Traditionsmarken der Branche

TOP 25 der Managementberatungs-Unternehmen in Deutschland 2006

	Unternehmen
1	McKinsey & Company Inc. Deutschland, Düsseldorf
2	Roland Berger Strategy Consultants, München *) [1]
3	The Boston Consulting Group GmbH, München *)
4	Oliver Wymann Group, München [2]
5	Booz Allen Hamilton GmbH, Düsseldorf
6	Bearing Point GmbH, Frankfurt am Main *) [3]
7	Capgemini Consulting Deutschland GmbH, Berlin [4]
8	Steria Mummert Consulting AG, Hamburg
9	Deloitte Consulting GmbH, Hannover
10	A.T. Kearney GmbH, Düsseldorf
11	Bain & Company Germany Inc., München
12	Droege & Comp. GmbH, Düsseldorf *) [5]
13	Arthur D. Little GmbH, Wiesbaden
14	zeb/rolfes.schierenbeck.associates gmbh, Münster
15	MC Marketing Corporation AG, Bad Homburg *)
16	Towers Perrin Inc., Frankfurt am Main
16	Simon, Kucher & Partners GmbH, Bonn *)
18	Management Engineers GmbH & Co. KG, Düsseldorf
19	Horváth AG (Horváth & Partners-Gruppe), Stuttgart
20	Kienbaum Management Consultants GmbH, Düsseldorf *)
21	The Information Management Group IMG GmbH, München
22	Dornier Consulting GmbH, Friedrichshafen
23	Monitor Group, München
23	d-fine GmbH, Frankfurt am Main
25	Kurt Salmon Associates GmbH, Düsseldorf

1 2006 ohne Umsatz des Marktforschungs- und des Personalberatungsbereichs
2 bis Mai 2007: Mercer Consulting Group
3 Umsatzrückgang durch Änderung des Konsolidierungskreises
4 ohne IT-Beratung und Systemintegration
5 inkl. Erfolgshonoraransprüche

*) Umsatz- und/oder Mitarbeiterzahlen teilweise geschätzt.

Umsatz in Deutschland in Mio. Euro		Mitarbeiterzahl in Deutschland		Gesamtumsatz in Mio. Euro (nur Unternehmen mit Hauptsitz in Deutschland)	
2006	2005	2006	2005	2006	2005
600,0	560,0	1900	1900		
330,0	330,0	710	670	555,0	550,0
305,0	265,0	1200	1108		
239,0	209,0	560	545		
229,0	205,0	525	475		
209,0	249,0	1516	1635		
208,0	187,0	948	885		
198,0	184,0	1423	1277		
197,0	184,0	890	850		
174,0	165,0	488	407		
158,0	144,0	370	335		
84,7	81,6	215	210	119,5	115,1
77,5	73,5	270	290		
69,5	56,0	456	339	87,6	62,9
54,6	50,3	241	225	67,1	61,3
52,0	49,0	290	290		
52,0	42,2	190	173	64,0	52,7
48,6	42,3	131	144	55,0	47,0
48,0	38,9	190	162	63,8	58,4
40,0	39,1	170	159	44,0	43,0
30,8	26,4	210	177		
30,5	35,8	140	148	38,0	46,5
30,0	27,0	95	90		
30,0	25,0	144	130	33,0	27,0
29,0	28,5	137	136		

Wegen präziser Abgrenzung der Definition »Inlands- und Auslandsumsätze« teilweise geänderte Vergleichsdaten 2005. Aufnahmekriterium für diese Liste: Mehr als 60 Prozent des Umsatzes werden mit klassischer Unternehmensberatung wie Strategie, Organisation, Führung, Marketing erzielt. Die Rangfolge des Rankings basiert auf kontrollierten Selbstauskünften der Unternehmen über in Deutschland bilanzierte/erwirtschaftete Umsätze.
COPYRIGHT: Lünendonk GmbH, Bad Wörishofen 2007– Stand 29.05. 2007 (Keine Gewähr für Firmenangaben)

2004 kein sonderlich gutes Jahr hatten. Zu den Umsatzverlierern zählen neben McKinsey noch Deloitte Consulting, A.T. Kearney, Arthur D. Little sowie Kurt Salmon Associates. Die mittelgroßen und kleinen Unternehmen mit teils hoher Spezialisierung hinsichtlich Beratungsthemen oder Branchen legten dagegen teilweise deutlich zu. Hierzu zählen etwa Celerant Consulting mit einem Umsatzplus von 21,2 Prozent, die auf Preisstrategien spezialisierte Bonner Beratung Simon, Kucher & Partners (plus 20,2 Prozent) oder Dornier Consulting (plus 20,1 Prozent).[25]

Lünendonk hat zusätzlich eine so genannte »Anbieterstudie« veröffentlicht. Am stärksten nachgefragt wurden demnach im Jahr 2004 »Dienstleistungen nach Strategieberatung für mittel- und langfristige Wettbewerbsvorteile sowie Projekte, die kurzfristige Kosteneinsparungen versprechen«. Das Ergebnis: »Fast 40 Prozent ihres Umsatzes erwirtschafteten die Management-Beratungen 2004 durchschnittlich mit Industrie-Unternehmen. Mit Abstand folgen Finanzdienstleister (15,6%), Telekommunikations- (15,1%) sowie Energie/Verkehrs-Unternehmen (13,2%). Der öffentliche Dienst liegt bei 4,3 Prozent.«[26]

In einer weiteren Studie über »Kriterien für den Einkauf von strategischer Management-Beratung in Deutschland 2005« (Kostenpunkt: 4500 Euro) fanden die Lünendonk-Interviewer heraus, dass eine »Professionalisierung der Einkaufsprozesse« festzustellen sei. Das Ziel: »Kostenreduzierung auf der einen und Prozess- und Qualitätsoptimierung auf der anderen Seite«. Die Einkäufer nutzten als Werkzeug eine »Liste bevorzugter Beratungspartner«. Gleichzeitig wurde erheblicher Optimierungsbedarf bei der Überprüfung der Berater festgestellt. »Nur wenige Unternehmen stellen die Berater in kontinuierlichen Abständen auf die Probe oder führen in Abständen von zwei bis drei Jahren Assessmentcenter durch.«[27]

Lünendonk hat auch nachgefragt, nach welchen Kriterien Unternehmen ihre Berater auswählen: An der Spitze steht die Methodenkompetenz (4,4 auf einer Skala von 5 = sehr wichtig bis 1 = unwichtig). Gleichauf werden interne Referenzen (4,4) gewichtet, gefolgt von Umsetzungskompetenz (4,1), Preis/Nutzen (4,0), Reputation/Ruf (3,9) und Sozialkompetenz (3,8). Hier gibt es wohl Defizite. 16 Prozent der Unternehmen verlangen von »den Beratern eine höhere soziale Kompetenz«. Die trauen sie eher den erfahrenen Spezialisten als den Juniorpartnern zu. Ein weiterer Trend: »62,5 Prozent haben mit ihren Beratungsfirmen schon Basishonorare plus Erfolgsanteile vereinbart.«[28] Jesuitenpater Rupert Lay und Markenberater Dr. Frank Höselbarth haben von Juni bis September 2005 eine empirische Umfrage unter 127 Führungskräften aus Firmen mit einem Umsatz von über 250 Millionen Euro Umsatz durchgeführt. Hier wurde »zum dritten Mal in Folge die Unternehmensberatung McKinsey als die führende Beratungs-Marke aus Sicht der Unternehmen gekürt«.[29]

Ein Blick zurück

Die Bundesregierung unter Helmut Kohl berief – nach Rücksprache mit Roland Berger – je einen Vertreter von McKinsey, von KPMG und von Treuarbeit, einer deutschen Wirtschaftsprüfungsgesellschaft, in den vierköpfigen Leitungsausschuss der Treuhandanstalt. Dies kann man als die Geburtsstunde des Vordringens der Beratungsunternehmen in Deutschland verstehen. Später kam als fünfter Mann noch ein Berger-Vertreter hinzu, die Treuarbeit wurde von der US-Konkurrenz Price Waterhouse Coopers (PWC) aufgekauft. Die Beratung der Treuhandanstalt war für die beauftragten Firmen ein lukratives Geschäft. Die hier begonnene Privatisierung war für die Unternehmensberatungen ein wichtiges Trainingsfeld.

Im Juni 2001 stellte Verteidigungsminister Rudolf Scharping unter Beteiligung von Roland Berger das Projekt Bundeswehrreform vor, das vor allem aus der Privatisierung von Dienstleistungen und der Kasernen- und Grundstücksverwaltung bestehen sollte. Fast genau fünf Jahre konnten die Berater bei der Bundeswehr frei experimentieren. Anfang Juli 2006 brach der neue Verteidigungsminister Franz-Josef Jung (CDU) dann mit dem jahrelang heftig kritisierten Modernisierungskurs des früheren Verteidigungsministers Rudolf Scharping (SPD). Das Handelsblatt titelte: »Jung bremst Privatisierer beim Bund – Verteidigungsminister schlägt neuen Kurs ein: Bürokratieabbau wichtiger als Kooperation mit Unternehmen« (Handelsblatt, 7./8./9.7.2006:1). Das Beispiel der gescheiterten Bundeswehr-Privatisierung illustriert die nahezu pathologische Lernunfähigkeit öffentlicher Institutionen mit den Beratern. Das Gleiche gilt für ein neues Beraterthema: Das Zauberwort heißt »Private Public Partnership« (ppp). Ebenfalls im Jahr 2001 legte der frühere Verkehrsminister Kurt Bodewig ein entsprechendes Konzept vor. Die potenziellen Kunden in den Ländern und Kommunen sollten mit dem Zukunftsthema »ppp« vertraut gemacht werden. Der Geist des Konzeptes fand sich später in einem Gesetz wieder, das von interessierten Anwaltskanzleien ins Parlament getragen worden war.

Markus Rohwetter hat in der *Zeit* diesen Prozess der »Gesetzgebung durch Anwaltskanzleien« genau analysiert: »Neue Spieler haben die Berliner Arena betreten und beginnen, im politischen Leben ihre Spuren zu hinterlassen. Es sind weltweit operierende Rechtskonzerne, von denen sich in Berlin inzwischen gut zwei Dutzend niedergelassen haben. Ihre juristische Expertise ist zunehmend gefragt, unabhängig davon, wer gerade regiert. Ihre Handschrift findet sich im Gesundheits- ebenso wie im Energie-, Telekommunikations- oder Arbeitsrecht.«[30] Die beteiligten Parlamentarier sehen keinerlei Probleme, wenn die Gesetzestexte in großen Teilen von und mit Anwaltskanzleien geschrieben werden.

Ob Bundeswehr, Hartz-Kommission oder Autobahnmaut – in allen Fällen wurden Berater engagiert. Wie stark der Einfluss von Beratern auf die zentralen Reformprojekte des Staates ist, lässt sich besonders anschaulich am Beispiel der Bundesagentur für Arbeit (BA) belegen. Hier gelang es vor allem McKinsey, die gesamte Arbeitsverwaltung rein betriebswirtschaftlich aufzustellen. Die Folge: So genannte »Betreuungskunden« – also ältere Arbeitnehmer – sollten nicht in den Arbeitsmarkt integriert, sondern aus ihm entfernt werden. Der Bundesrechnungshof kritisierte dieses von Beratern entwickelte »Handlungsprogramm« als »rechtswidrig« und mit dem sozialpolitischen Auftrag der BA »nicht vereinbar« (Bericht des Bundesrechnungshofes vom Juli 2006; vgl. Bericht »Report« Mainz, 25.9.2006). Der frühere BA-Chef Florian Gerster stolperte im Frühjahr 2004 über einen wesentlich harmloseren »Berater-Skandal«. Er geriet darüber hinaus wegen eines Public-Relations-Auftrags mit WMP EuroCom in Höhe von 1,3 Millionen Euro, der nicht ausgeschrieben worden war, unter Druck und musste zurücktreten. In der Folgezeit wurden Verträge der BA mit fünf Beraterfirmen und einem Gesamtvolumen von 38 Millionen Euro bekannt.

Nachdem sich ihr Umsatz von 1992 bis 2000 von 5,9 Milliarden Euro auf 12,2 Milliarden mehr als verdoppelt und 2001 mit 12,9 Milliarden einen Spitzenwert erreicht hatte, musste die Berater-Branche in den Krisenjahren 2002 und 2003 einen Rückschlag hinnehmen.[31] Eine heftige Pleitenserie brachte die große Ernüchterung. »Die Berater haben das Internetfieber kräftig angeheizt und ihre Kunden zu gewaltigen Fehlinvestitionen verleitet«, urteilt der Journalist Rainer Steppan in seinem Buch *Versager im Dreiteiler – Wie Unternehmensberater die Wirtschaft ruinieren*.[32] Dazu kam der Imageverlust durch internationale Prüfungsskandale wie Enron oder Swissair, die sich seit Mitte 2001 negativ auswirkten.[33]

Auch das Geschäft mit den privaten Kunden litt unter Auftragsrückgang. »Im Jahr 2003 ging es allen nicht besonders gut«, sagt Heinz Streicher vom Marktforschungsunternehmen Lünendonk[34], das auf Analysen der Berater-Branche spezialisiert ist. Die Consultants suchten daher neue Einnahmequellen. Der Weg in die Politik erschien lukrativ: Fast die Hälfte des Bruttoinlandsprodukts befindet sich in öffentlicher Hand.[35] Heute blüht das Beratergeschäft mit Politik und Behörden. Während Aufträge aus der Industrie stärker schwanken, scheint der öffentliche Sektor ein stabiler Wachstumsmarkt, sagt René Perillieux, Partner und Vice President der Unternehmensberatung Booz Allen Hamilton.[36] »Dieser Bereich wächst«, erklärt McKinseys ehemaliger Deutschland-Chef Jürgen Kluge. Von den rund tausend deutschen McKinsey-Beratern sind vierzig bis fünfzig ständig im öffentlichen Dienst engagiert. »Die Beratung der Verwaltung nimmt stark zu«, weiß auch Klaus Reiners vom Bund der Unternehmensberater.[37] Jährlich wächst dieses Geschäft um sechs bis sieben Prozent und macht inzwischen rund 1,1 Milliarden Euro aus[38] – neun Prozent des gesamten Branchenumsatzes.

Der Beratererfolg ist kaum messbar

Erfolge in der Berater-Branche sind zweifelhaft. Das gilt besonders für Strategieberatung, auf die sich die großen Namen wie Boston Consulting Group, McKinsey und Roland Berger konzentrieren. »44 Prozent der Beratergelder fließen in Projekte, die nicht den gewünschten Erfolg bringen«, sagt der Bonner Wirtschaftsprofessor und Spezialist für Unternehmensberatungen Dietmar Fink auf Basis einer Umfrage unter 45 der hundert umsatzstärksten Firmen in Deutschland sowie 53 weiteren Großunternehmen.[39] Hermann Simon, Gründer und Chef der Bonner Firma Simon, Kucher & Partner, räumt jedenfalls ein: »Die Beraterschelte ist berechtigt, in Teilen zumindest.«[40] Die Qualität variiere extrem.

Um die Unsicherheit in Sachen Qualität zu reduzieren und sich als professionelle Anbieter von Beratungsleistungen darzustellen, schlagen Beratungsfirmen unterschiedliche Wege ein: Hochselektive Auswahl und fortlaufende Qualifizierung des Personals sowie aktive Öffentlichkeitsarbeit sind nur einige Aspekte; dazu kommen Reputationsaufbau, Referenzlisten und Kooperationen. Der Aufbau eines Marken- und Qualitätsimages, zum Beispiel durch die Entwicklung neuer Managementmethoden, gilt dabei als besonders wirksam. Diese Chance haben jedoch auf Grund des erforderlichen Kompetenz- und Kapitalbedarfs mehr die großen Beratungsunternehmen. Kleinere Unternehmen sind hier wegen begrenzter Mittel und weniger reputationsträchtiger Kunden im Nachteil.[41]

Die mediale Präsenz von Ex-McKinsey-Chef Jürgen Kluge und Consulting-Urgestein Roland Berger hat sich gelohnt: Wenn Deutschlands Unternehmer an Berater denken, fallen ihnen zuerst die beiden von ihren PR-Abteilungen geschickt präsentierten Figuren ein. Aber auch die Auftritte von Boston-Consulting-Weltchef Hans-Paul Bürkner und seinem früheren Deutschland-Primus Dieter Heuskel auf Fachkonferenzen und Unternehmertagungen bleiben offenbar haften. Dies ergab eine Studie von Dietmar Fink[42].

Zugleich wird fast durchgehend den Global Players McKinsey und Boston Consulting die höchste Kompetenz für bestimmte Branchen oder Beratungsfragen eingeräumt. Imagepflege lohnt sich.

Kontakte sind der Schmierstoff der Branche

»Manche Berater akquirieren durch Leistung, andere durch Beziehungen«, erklärt Hermann Simon, Chef von Simon, Kucher & Partner. Gerade Roland Berger und McKinsey sehen sich Vorwürfen ausgesetzt, ihre Firmen verdankten Aufträge oft Seilschaften und Netzwerken. Einmal, nach einer gewonnenen Wahl, traute sich auch ein prominenter Politiker an einen der prominenten Unternehmensberater: Der niedersächsische Ministerpräsident Christian Wulff griff Roland Berger in der Sendung »Sabine Christiansen« am 25. Januar 2004 scharf an. Er stützte sich auf eine umfangreiche interne Studie seiner Staatskanzlei, in der die Berater-Flops der Vorgängerregierungen detailliert analysiert worden waren.

Christian Wulff wurde sehr deutlich: »Ja, es wird eine Menge Verflechtung aufgebaut, wo Sie dann immer in der Gefahr sind, Gefälligkeitsgutachten zu machen. Wenn das dann schiefgeht, wie es in der Vergangenheit häufiger schiefgegangen ist, dann zahlen eben nicht Sie und die, die es gemacht haben, sondern dann zahlt der Steuerzahler dafür, dass Millionen oder Milliarden in den Sand gesetzt wurden. Die Expo-Gutachten – zwei Milliarden Defizit für den Steuerzahler – da hatten Sie die Gutachten gemacht. (…) Es gibt in diesem Land Kartelle, Seilschaften, Beziehungsgeflechte. Die bringen die gesamte Berater-Branche in Misskredit.«[43]

Fest steht: Raffinierte Strategien sorgen für immer neue, lukrative Aufträge. Dabei herrscht meist ein ehernes Prinzip: kein Auftrag ohne Folgeauftrag. Beratungsfälle werden so gesteuert, dass am Ende zwangsläufig weiterer Bedarf zutage tritt. Die Konsequenz: Zwei Drittel des gesamten Beratungsumsatzes stammen aus Folgeaufträgen.[44] Auch bei der Bundeswehrreform legte Berger die Grundlage durch die so genannte »Unterstützungsmaßnahme Integriertes Reformmanagement der Bundeswehr« (IRM). Aus dem »Pfadfindervertrag« zum Start, wie die Branche den Mechanismus nennt, erwuchsen in den folgenden 19 Monaten neun weitere Verträge.[45] Langfristige Kundenbindung rechnet sich auch bei McKinsey: Viele »Meckies« werden von beratenen Unternehmen abgeworben. Dort sorgen sie als »McKinsey Alumni« dafür, dass Aufträge an den Ex-Arbeitgeber fließen. Namhafte Top-Manager haben dort ihre Karriere begonnen: BMW-Chef Helmut Panke, seine Kollegen Carl Forster (Opel), Klaus Zumwinkel (Post AG) und Wulf von Schimmelmann (Postbank). All diese Unternehmen sind denn auch langjährige Kunden von McKinsey.

Eine Riege ehemaliger Politiker in den Beratungsunternehmen sorgt zudem für enge Kontakte zur öffentlichen Hand – nach der Politikkarriere ergibt sich wie selbstverständlich Anschlussverwendung in der Berater-Szene. Bei Roland Berger spielte Jobst Fiedler, der ehemalige Oberstadtdirektor von Hannover, eine Schlüsselrolle. Er wechselte 1996 die Seiten und arbeitet heute in der Leitung der Hertie School of Government in Berlin. Frankfurts Ex-Oberbürgermeister und Ex-Forschungsminister Volker Hauff (SPD) engagierte sich nach dem Ende seiner politischen Karriere bei der KPMG. Dort hat auch Ex-Verkehrsminister Kurt Bodewig (SPD) einen Beratervertrag. Ein zweiter Frankfurter Ex-OB, Andreas von Schoeler (SPD), hat bei CSC Ploenzke angeheuert. Der Ex-Bundesgeschäftsführer der SPD und heutige Staatssekretär im Umweltministerium, Matthias Machnig, war Partner bei der BBDO Consulting, und Ex-Staatsminister Christoph Palmer (CDU) aus Baden-Württemberg verdient sein Geld mittlerweile bei Roland Berger.[46] Politiker in Beraterfirmen sind immer auch Türöffner für potenzielle Auftraggeber.

Zum erfolgreichen Geschäftsmodell gehören der rasche Wechsel innerhalb der Berater-Branche und die Job-Rotation in der Wirtschaft. Kontakte sind der Schmierstoff der Branche. Dieser Beziehungskreislauf ermöglicht zahlreiche »Kick-back-Geschäfte«. Die Vernetzungsaktivitäten reichen dabei von losen Kontakten bis hin zu regelmäßigen Infoveranstaltungen und Events: »Wir haben gerade vor einigen Wochen eine Alumni-Veranstaltung gehabt, wo wir mit denen einfach mal essen gegangen sind, uns ein bisschen über das Unternehmen informiert haben, Golf spielen gewesen sind, um einfach mal in Kontakt zu bleiben«, erzählt der Personalchef einer großen Unternehmensberatung.[47] »Die werden von uns auch mit Informationen versorgt. Und natürlich versuchen wir auch dranzubleiben, wie sie sich weiterentwickeln, bei welchem Arbeitgeber sie sind, und – natürlich auch ganz eigennützig – ob es da auch ein Interesse gibt, mit uns Projekte zu machen.«

Das Alumni-Netz der deutschen Dependance von McKinsey umfasst mittlerweile rund 1800 Manager. Die Verbindungen reichen bis in die Führungsetagen der Wirtschaft. In den Vorständen der Dax-30-Konzerne sitzen elf ehemalige Meckies. Auch Wolfgang Bernhard, Ex-Vorstand bei VW, gehört dazu.[48] Bernhard hat allerdings die Schwachstellen der Berater-Branche bereits während seiner Tätigkeit bei Daimler-Chrysler schonungslos analysiert. Eine solche Aufrichtigkeit, die bisher diskret aus der Öffentlichkeit herausgehalten wurde, ist von keinem anderen Abgänger bekannt.

Ex-McKinsey-Kollegen regieren auch in den Vorständen der M-Dax-Unternehmen Postbank, ProSiebenSat 1 sowie K+S, agieren als Entscheider in großen Familienunternehmen oder feilen auf zweiter oder dritter Führungsebene an ihren Karrieren. Produziere Sieger und rede darüber: Auf www.mckinsey.com informiert ein Pressespiegel über das Fortkommen von Ex-Kollegen – inklusive ihrer Amtszeit und Bürozugehörigkeit.

Auch aus der Boston-Consulting-Schule stammen zahlreiche Manager der Finanz- und Medienbranche: Commerzbank-Vorstand Eric Strutz, der Finanzchef der Deutschen Börse, Mathias Hlubek, ebay-Deutschland-Geschäftsführer Stefan Groß-Selbeck, Bertelsmann-Vorstand Ewald Walgenbach oder n-tv-Chef Johannes Züll.[49] Auffällig: Frauen haben kaum Zutritt zum exklusiven Club – von den 37 Vorständen der Dax- und M-Dax-Unternehmen sind lediglich zwei weiblich.[50]

Die Kaderschmieden pflegen den Kontakt: Das Netzwerk ebnet Wege für Beratungsverträge und Geschäftspartner, liefert Informationen und hilft bei der Suche nach Talenten und Posten. »Die Hälfte des Geschäfts läuft über persönliche Beziehungen, Sympathie, Erfahrung, Vertrauen«, sagt Managementprofessor Michael Domsch von der Universität der Bundeswehr in Hamburg.[51] Man kennt sich, man hilft sich.

Das Prinzip, Talente, die das Haus verlassen haben, weiter an sich zu binden, stammt von US-amerikanischen Eliteuniversitäten. Vor allem die Ivy-League-Hochschulen werben professionell um ihre Zöglinge – und kassieren großzügige Spenden als Dank für das vermittelte Karriererüstzeug. Weitere Beispiele sind die European Business School (EBS), die in Oestrich-Winkel residiert, die Hochschule St. Gallen mit HSG-Alumni oder das Netzwerk der Wissenschaftlichen Hochschule für Unternehmensführung (WHU) bei Koblenz.

»Innovation um jeden Preis«

Consultingfirmen profilieren sich am Markt dadurch, dass sie spezielle Beratungsprodukte kreieren und als ihre Beratungsphilosophie verkaufen. So machten Gemini-Consulting mit einem »Business-Transformations-Ansatz«, McKinsey mit einem »Komplexitätsreduktionsansatz« und Accenture mit einem »Business-Integrations- und Enterprise-Transformationsansatz« von sich reden.[52]

Trotz der nichtssagenden Titel: Die Philosophie bleibt immer die gleiche. Für Berater heißt Veränderung Innovation – und die empfehlen sie immer. »Unternehmensberatungen streben nicht nach Wahrheit, sondern nach Gewinn, Shareholder Value und nach anderen Zielen, denen erwerbswirtschaftliche Unternehmen generell gerecht werden müssen«, analysiert der Betriebswirtschafts-Professor Alfred Kieser.[53] Wenn es eine Berater-Philosophie gibt, dann ist es die Innovation um jeden Preis:

- Kostensenkung und Effizienzgewinn um jeden Preis
- Kundenorientierung um jeden Preis
- Technikorientierung um jeden Preis

Zwei grundlegende Strategien multinationaler Beratungsunternehmen sind Kommodifizierung und Kolonisierung.[54] »Kommodifizierung« bedeutet die Kodifizierung individuellen Wissens und die Abstraktion der Rohinformation. Es geht darum, Wissen in Produkte zu fassen. Damit wird innerhalb eines Unternehmens eine Standardisierung der Probleme und Lösungsansätze erreicht. Dies ermöglicht den Einsatz junger – und das heißt letztlich billiger – Mitarbeiter.

»Kolonisierung« steht für die Anwendung des vorhandenen Wissens auf neue professionelle Felder. Im Falle der so genannten Big Five (Price Waterhouse Coopers, Ernst & Young, Deloitte Touche, Accenture, KPMG) handelt es sich um die Expansion multinationaler Wirtschaftsprüfungsunternehmen in den Bereich Unternehmensberatung seit Ende der achtziger Jahre.[55] Die damit verbundene Vermischung von Tätigkeitsfeldern birgt große Probleme. Wirtschaftsprüfer sollen auch fragwürdige Tendenzen im Geschäftsbereich anmahnen; Unternehmensberater dagegen Geschäftsfelder tendenziell ausweiten. Je nach Anweisung und Empfehlung der Verantwortlichen können die Prüfer Bewertungen etwa von Immobilien extrem variieren, den Firmenwert entsprechend anpassen und zwischen bilanziellen und außerbilanziellen Geschäften hin- und herjonglieren. Durch die unterschiedlichen nationalen steuerlichen Regelungen kann es unter Mithilfe findiger Berater zur Fiktion zweier oder noch mehr steuerlicher Eigentümer eines identischen Objektes kommen. Alle können dann gleichzeitig und jeder für sich ein- und dasselbe Wirtschaftsgut steuerlich abschreiben.[56]

Inzwischen ist es den Unternehmensberatungen gelungen, Konzepte von Management-Diskursen in den verschiedensten Bereichen von Gesellschaft, Politik und Wirtschaft zu etablieren und damit den Kolonisierungsprozess ihrer Werte fortzusetzen.[57] In Ministerien, Sportvereinen, Kirchengemeinden, Nichtregierungsorganisationen und sogar beim DGB – überall ist die Rede von »Aufstellung am Markt«, von »Kosten-Leistungs-Rechnung«, »Best Practice« oder »Benchmarking«. Das reduzierte, oft eindimensionale, nur ökonomisch abgeleitete Gedankengut der Berater diffundiert so Zug um Zug in die Gesellschaft.

Antworten auf die Frage nach den Gründen für den – trotz Skandalen und Pleiten – anscheinend nicht zu bremsenden Siegeszug dieser Konzepte und ihrer Logik finden sich, so Hedwig Rudolph vom Wissenschaftszentrum Berlin, auf zwei Ebenen:[58] Zum einen habe sich die Vorstellung durchgesetzt, dass die wachsende Komplexität sozio-ökonomischer und politischer Zusammenhänge grundlegende Veränderungen unabdingbar macht. Damit sei das jeweilige Management überfordert. Zum anderen erhalte, so Rudolph, die Beratungsbranche massive Unterstützung durch das weltweit zunehmende Gewicht neoliberaler politischer Positionen. »In dem Effizienz verheißenden Expertenwissen der Unternehmensberater sind die politischen Polarisierungen, die ihre historischen Wurzeln nährten (nämlich die Kontroverse ›Wissen und Freiheit‹ versus ›Ideologie und Totalitarismus‹), sedimentiert und damit unsichtbar geworden«, analysiert die frühere WZB-Direktorin. Im Rahmen der Markterschließungsstrategien der Unternehmensberater werde so ihr zentrales neoliberales Paradigma folgenreich für die Gestaltung von immer mehr gesellschaftlichen Bereichen. Diese Kolonialisierungsprozesse werfen die grundlegenden Fragen politischer Machtverhältnisse und ihrer Legitimation auf, resümiert Rudolph.

Die Rekrutierungsmaschine:
ausprobieren, prägen, ausbrennen, trennen

Unternehmensberatungen sind attraktive Arbeitgeber für so genannte High Potentials: Gute Einkommens- und Karrierechancen bieten ambitionierten Aufsteigern viele Möglichkeiten. Für junge Uni-Absolventen sind Consultingfirmen beliebte Arbeitgeber. Allein McKinsey sucht im Jahr zweihundert neue Mitarbeiter, auch weil der Verschleiß an Personal ständig kompensiert werden muss. In vielen Fällen funktioniert das nach der Methode: ausprobieren, prägen, ausbrennen, trennen. Consultingfirmen sind für Studienabgänger oft eine bloße Durchgangsstation: In der Regel bleiben sie nur drei bis fünf Jahre Berater, bevor sie zu einem früheren Kunden in die Industrie gehen, sich selbständig machen oder schlimmstenfalls arbeitslos werden.

Kern der Personalstrategie von Unternehmensberatungen ist das Recruiting. Mit überregionalen Treffen bietet beispielsweise McKinsey hervorragenden Studenten und Doktoranden die Möglichkeit, die Welt der Berater kennen zu lernen. Unkompliziert soll es zugehen, partnerschaftlich und auf Augenhöhe. Mehr dazu im Kapitel »Recruiting bei McKinsey«, in dem Julia Friedrichs ihren Bewerbungsweg schildert.

Je größer ein Beratungsunternehmen und damit in der Regel je größer seine Reputation ist, desto härter werden die Einstellungskriterien. So verlangen die großen Beratungsunternehmen überdurchschnittliche Studienleistungen, teilweise ein Zweitstudium, einen Abschluss als Master of Business Administration (MBA) oder eine Promotion, sehr gute analytische Fähigkeiten, mehrmonatige Auslandsaufenthalte, verbunden mit sehr guten Englischkenntnissen, und qualifizierte Praktika.[59] Neun von zehn Unternehmen betonen, die Bedeutung von Praxiserfahrung und speziellem fachlichem Hintergrund seien Kriterien der Personalauswahl. Der Akzent auf Praxiserfahrung nimmt allerdings ab mit steigender Unternehmensgröße.[60] Demgegenüber haben die Qualifikationskriterien Universitätsabschluss, überdurchschnittliche Studienleistungen und internationale Erfahrung Priorität in der Bewertung großer Unternehmen. Inwieweit die Unternehmensberatungen in ihren eigenen Firmen »Best Practice« – also die Orientierung an den nachgewiesenen besten Praxisleistungen – umsetzen, ist allerdings zweifelhaft.

»Erstklassige Akademiker« mit »Spitzenleistungen« sind also gewünscht. Die gebetsmühlenartig wiederholte Erstklassigkeit hat einen simplen Grund. Der in der Werbung und in Stellenanzeigen dokumentierte Exzellenz-Anspruch soll sich auf die Gesamtanmutung der versprochenen Dienstleistung übertragen, nach dem Motto: Wer nur die Besten rekrutiert, darf auch extrem hohe Honorare verlangen.

Unterschiedliche Fachrichtungen der Berater stehen für Vielfalt – Naturwissenschaftler, Mathematiker und Wirtschaftswissenschaftler arbeiten ebenso für Unternehmensberatungen wie Geisteswissenschaftler, Mediziner und Juristen. Rund die Hälfte der Berater bei McKinsey hat einen nicht-wirtschaftswissenschaftlichen Hintergrund. Ein selbstironisches Fazit fehlt nicht: »Kommen Sie zu uns, und Sie haben ständig Probleme«, steht auf der Karriereseite der Meckies im Internet.

Probleme hat McKinsey tatsächlich – die Branche leidet unter Nachwuchssorgen. Vom Traumjob Consultant ist schon lange keine Rede mehr. »Das Image des Berater-Jobs hat in den vergangenen Jahren deutlich gelitten«, sagt Norbert Wangnick, Vorstand des Kölner Recruiting-Dienstleisters Access.[61] Infolge des gravierenden Imageverlustes des Berater-Jobs stellte McKinsey im Jahr 2004 rund siebzig Consultants weniger ein als geplant. Ex-Deutschland-Chef Jürgen Kluge erklärte, der Umsatz sei vielleicht auch deshalb um 8,4 Prozent gesunken.[62] Im Lauf des Jahres 2006 sollen wieder zweihundert neue Berater bei McKinsey eingestellt werden, auch um die Abgänge auszugleichen. Ihre hohen Ansprüche an Bewerber können die Consultants aber kaum herunterschrauben, würden sie damit doch ihr bestes Argument im Kampf um Aufträge schwächen. »Berater leben davon«, bestätigt auch der Bonner Professor für Unternehmensberatung, Dietmar Fink.[63]

Um die Besten für sich zu gewinnen, veranstalten die Großen der Branche beispielsweise mehrtägige Treffen in Prag, Helsinki, Lissabon oder Kitzbühel. Egal, ob Skitour oder Gletscherwanderung – die Recruiting-Veranstaltungen stehen unter leuchtenden Mottos wie »Passion Wanted«, »Spuren hinterlassen«[64] oder »Crossboarders – Mit Volldampf in ferne Märkte«[65]. Nicht die Auswahl stehe dabei im Vordergrund, erklärt dazu ein Mitarbeiter von McKinsey, sondern die Präsentation von McKinsey selbst. Junge Berater begleiten die Tour und stehen als Ansprechpartner zur Verfügung. Die Hochschulabsolventen sollen sich wohl fühlen und etwas geboten bekommen.

McKinsey selbst beschreibt die Beratersuche folgendermaßen: »Wir wollen die hellsten Köpfe für uns gewinnen, dafür investieren wir gern in unsere Zukunft. Unser Recruiting ist breit aufgestellt und Kern unserer Personalstrategie. Mit unseren überregionalen (...) Events bieten wir hervorragenden Studenten und Doktoranden die Möglichkeit, unsere Consultants und die Arbeit als Berater unkompliziert und aus der Nähe kennen zu lernen. Auch auf lokaler Ebene veranstalten wir regelmäßig Vorträge und Workshops an den Top-Universitäten. Wir arbeiten außerdem eng mit dem Karrierenetzwerk e-fellows.net zusammen. Mit maßgeschneiderten Programmen, wie zum Beispiel unserem neuen Mentor-Angebot, möchten wir die besten Absolventen für uns gewinnen. Unsere besten Praktikanten nehmen wir in unser McKinsey College auf.«[66]

Die Ressource Personal hat also den höchsten Stellenwert, will sich eine Beraterfirma als reputierlicher Anbieter ausweisen. Dabei geht es nicht nur darum, möglichst hoch qualifizierte Fachkräfte zu gewinnen und langfristig an sich zu binden; es gilt auch, diese Qualifikation nach außen darzustellen[67] – gegenüber den Kunden, dem Netzwerk, möglichen Interessenten und nicht zuletzt gegenüber potenziellen Nachwuchskräften. Es scheint fast, als dienten die Recruiting-Events vor allen Dingen einem zentralen Ziel: mit einem hochselektiven Auswahlverfahren ein elitäres Selbstbild aufzubauen.[68]

Ständiges Polieren an der Unternehmenskultur

Ein »einzigartiges Wertesystem« verbinde alle McKinsey-Mitarbeiter weltweit, heißt es in einer offiziellen Erklärung der McKinsey-Personalabteilung: »Dazu gehören das ›Client-first-Prinzip‹,

Professionalität, die enge Zusammenarbeit mit dem Klienten, der Top-Management-Bezug und die Teamarbeit.« Auch »Talentförderung« und der »Leistungsgedanke« spielten eine wichtige Rolle. Vielfalt wird also propagiert – aber wird sie auch praktiziert?

Berater sind in der Regel vier Tage pro Woche »auf dem Projekt« – oft außerhalb ihres Wohnorts – und einen Tag pro Woche, den so genannten »Office Day«, im Büro. Je höher die Berater in der internen Hierarchie aufsteigen, desto mehr Projektverantwortung tragen sie. Ein ständiges Pendeln zwischen mehreren zu betreuenden Projektteams und -orten prägt also den Arbeitsalltag.

Laut Mikrozensus von 1997 arbeiteten rund 45 Prozent aller Berater bis zu 49 Stunden die Woche, weitere 23 Prozent hatten eine 50- bis 59-Stunden-Woche, und ein Fünftel brachte es auf 60 bis 69 Stunden pro Woche; 13 Prozent lagen sogar bei über 70 Wochenstunden. Auf den Internetseiten der großen Unternehmensberatungen wird aus der hohen Arbeitsbelastung kein Hehl gemacht. Nur wer sich davon nicht abschrecken lässt, gehört zur Zielgruppe der Neurekrutierungen. Bemerkenswert ist in dem Zusammenhang, dass es nur in einer von zwanzig Unternehmensberatungen einen Betriebsrat gibt.[69]

Berater leben also zwei Leben in einem. Immerhin verdienen sie dafür das Zwei- bis Dreifache im Vergleich zu anderen Hochschulabsolventen. Jungberater steigen mit durchschnittlich 47 000 Euro ein – bei Top-Beratungen bis zu 70 000 Euro.[70] Partner, die oft schon mit Anfang dreißig diese Position erreichen, bringen es in der Regel auf einen Jahresverdienst von 156 000 Euro[71]. Nach oben ist die Skala offen. Dabei fällt schon mal ein ironischer Kommentar: »Die hohen Beratersätze sind Schmerzensgeld. (...) Die Kollegen sind zwölf Stunden am Tag auf dem Projekt, und das irgendwo«, sagt ein ehemaliger Berater.[72] Die Firmen selbst räumen jedenfalls ein, dass die langen Arbeitszeiten und die ständige Reisetätigkeit nur schwer mit einem »normalen« Privatleben zu vereinbaren seien.

Über die Höhe ihrer Honorare schweigt sich die Branche ansonsten aus. Aus gutem Grund, rechnen die Consultants doch Tagessätze ab, die schon mal den durchschnittlichen Monatsverdienst von Beschäftigten in der beratenen Firma übersteigen. Der Wirtschaftsjournalist Rainer Steppan[73] nennt als Minimum tausend Euro pro Tag, bei Berger oder McKinsey liegen die Tagessätze oft zwischen zweitausend und viertausend Euro. Nach oben gibt es fast keine Grenzen. Zehntausend Euro werden schon mal fällig, wenn Roland Berger persönlich oder der langjährige McKinsey-Chef Herbert Henzler vor einem Unternehmensvorstand oder Aufsichtsrat referiert.

Als Anreiz für potenzielle neue Mitarbeiter führen viele Unternehmen das gute Arbeitsklima an. Es werden beispielsweise Getränke gesponsert, Geburtstage gemeinsam gefeiert, Ausflüge gemacht und regelmäßige Feedback-Gespräche geführt. »Feedback ist das Wesentliche. Also eine ganz klare Rückmeldung über die Arbeitsleistungen. Das finde ich (am wichtigsten) – persönlich wahrgenommen zu werden«, sagt ein Berater einer kleinen Unternehmensberatung.[74] Die geforderte Höchstleistung wird zudem durch Anreiz- und Vergünstigungsstrukturen stimuliert. »Work hard, party hard«, lautet das Motto bei McKinsey. Da werden schon mal Flugzeuge gechartert, um das gesamte Personal mit Kind und Kegel ans Mittelmeer zu fliegen. Und trotzdem ist die Fluktuation hoch. Mehr als dreißig Prozent der Berater wechseln früher oder später den Beruf.[75] Eine Befragung des BDU-Arbeitskreises »Internationale Unternehmensberatungen« ergab, dass über die Hälfte aller abgehenden Mitarbeiter zu Unternehmen auf der Kundenseite wechseln.[76]

Bei McKinsey Deutschland arbeiten die Berater in insgesamt zwölf »Industriesektoren« zusammen. Dabei analysieren diese Industriesektoren – beispielsweise Automotive oder Telecoms – nicht nur ihre jeweiligen Branchen, sondern entwerfen auch Szenarien für andere Sektoren und entwickeln daraus neue Geschäftsmodelle.

Beraterfirmen müssen immer auch neue Beratungstheorien und Trends selbst entwickeln. Diese Aufgabe sollen die »Functional Practices« leisten und so durch die reflektierte Praxis neues Know-how in den klassischen Managementdisziplinen Marketing, Organisation, Strategie und Risk Management entwickeln.

Nach außen präsentieren sich Unternehmensberatungen in der Regel gern als Organisationen mit ausgesprochen flachen Hierarchien. Eigeninitiative ist gefragt. »Konzepte verschwinden nicht in einer Schublade, stattdessen erlebt man die Wirkung des eigenen Handelns«, wirbt McKinsey bei seinen Mitarbeitern. Intern gibt es jedoch klare Unterscheidungen nach verschiedenen Hierarchieebenen. Auch die Höhe der Tagessätze, die Firmenwagenpolitik und das System der Personalbeurteilung lassen erkennen, dass große Unternehmensberatungen alles andere als hierarchiefrei sind.[77] Je nach Unternehmensgröße gibt es unterschiedlich viele Karrierestufen, die von einem Einstieg als Business Analyst oder Junior Consultant über den Project Manager bis hin zum Partnerstatus reichen. Mit jeder Stufe sind genau justierte Akquisitionsmargen verbunden.

Die Anforderungen an das Beratungspersonal hinsichtlich der Leistungsentwicklung der Mitarbeiter sind in großen Unternehmensberatungen sehr hoch. In der Regel sind feste Zeitabschnitte vorgegeben, innerhalb derer die Berater signifikante Entwicklungen und Leistungen vorweisen müssen, um die nächste Karrierestufe zu erklimmen. Andernfalls werden sie aufgefordert, das Unternehmen zu verlassen. Es gilt das so genannte »Up-or-out«-Prinzip: aufsteigen oder rausfliegen.[78] Der durch die hohen Anforderungen vorgegebene rasche Aufstieg erklärt, warum Berater die Stufe der Senior Consultants durchschnittlich mit Mitte zwanzig erreichen, bereits mit dreißig Jahren Project Manager oder Senior Project Manager sind und etwa Mitte dreißig zum Partner aufsteigen.[79]

Vermutlich spielt jedoch das »Up-or-out«-Prinzip in der alltäglichen Praxis eine wesentlich geringere Rolle, als die Selbstdarstellungen der Beratungsunternehmen suggerieren.[80] Es ist wohl eher auf den fehlenden Professionsstatus der Consultants und auf die Notwendigkeit, den Kunden gegenüber als extrem selektiv zu erscheinen, zurückzuführen.[81] Die Botschaft soll lauten: Kundenunternehmen können überdurchschnittlich qualifiziertes, engagiertes und leistungsstarkes Personal erwarten. Vor allem wenn das Einschalten eines Beratungsunternehmens auch dazu dienen soll, Entscheidungen des Managements zu legitimieren oder zu delegieren, ist eine hohe Reputation gefragt, die auf einem strikten System der Personalauswahl und Personalentwicklung beruht. »Impression Management«, also die Kunst, durch äußeren Eindruck zu überzeugen, ist somit von besonderer Bedeutung.[82] Auf diese Weise legitimieren die Beratungen nicht nur Topmanagement-Entscheidungen, sondern gleichzeitig auch ihre eigene Mission und nicht zuletzt ihre Honorare.

Kleidung als genormter Schutzschild

Berater müssen mindestens genauso gut angezogen sein wie ihre Kunden, denn diese wollen schon am Äußeren erkennen, dass man auf gleicher Augenhöhe verhandelt. Der korrekte Habitus gegenüber Kunden ist das wichtigste Know-how im Beraterberuf. Konzeptionelle Fehler dürfen bei der Beratung schon mal unterlaufen, Fehler im Auftreten aber nicht. Consultants kleiden sich daher in der Regel dunkel, konservativ. Extreme Abweichungen werden als berufsschädigend gesehen. Weiße Socken sind tabu. Mit jeder Faser verströmen Berater gegenüber ihren Kunden eine Aura der Distinktion. Kleidung, Gestik und Mimik sollen die Ruhe der Erfahrung und die soziale Distanz zum Untersuchungsobjekt symbolisieren, Kultiviertheit und Überlegenheit den Eindruck von Souveränität vermitteln.

Inhaltliche Kompetenz können sich die Berater durch die Kontakte zu ihren Klienten erarbeiten. Die soziale Kompetenz des bürgerlich richtigen Auftretens muss gegeben sein: »In Sprache wie Körperhaltung bestimmt sich bürgerliche Distinktion stets als entspannt und gespannt zugleich, also ebenso gewandt in der Haltung wie in der Zurückhaltung«, schreibt ein Ex-Berater unter dem Pseudonym »Jörg Staute« in seinem exzellenten Buch *Der Consulting-Report – Vom Versagen der Manager zum Reibach der Berater*[83]. Der Berater-Habitus dient somit als psychologischer Schutzschild. Schließlich bietet er genormte Verhaltensweisen, die verhindern, dass man persönlich als Mensch den Kunden gegenübertritt – auch ein junger Uni-Absolvent kann sich dahinter verstecken.[84] In ihrem Auftreten setzen sich Consultants auf diese Weise vom »gewöhnlichen Volk« ab. Wer nichts Besseres ist, sollte wenigstens so aussehen.[85]

Das Aussehen und der damit demonstrierte Status dienen also einem wichtigen Ziel: die eigene Reputation zur Schau zu stellen. Wichtig ist es, dieses Bild auch nach außen zu vermitteln.[86] Einheitlichkeit wird demonstriert, das Individuum tritt dahinter zurück. So soll ein elitäres Selbstbild aufgebaut werden.[87] Schließlich gilt es, das Kundenunternehmen und mögliche Interessenten von Integrität und Ernsthaftigkeit der Beratung zu überzeugen.

Die Consultant-Sprache: Bluff auf Englisch

Beraterworte klingen schön und sind modern. Der Erfahrungswelt der Insider stellen Berater ihre eigene Erfahrungswelt entgegen, die sie »Berater-Know-how« nennen. Sie können noch so grünschnabelig daherkommen: »Berater-Know-how« wirkt auf den ersten Blick glaubwürdig und klingt weltmännisch. Beispiele für die Bluff-Vokabeln der Consultants:[88]

Komplexe Erklärungsvariable: Ursache
Konzeptioneller Ansatz: Gedanke
Key-Concept: guter Gedanke
Best-Practice-Flow: beste Organisation der Abläufe
Performance-Optimierung: Verbesserung der Abläufe
Cost-Cutting: Senkung der Kosten
Suboptimal: schlecht
Sukzessiv: schrittweise
Revolutionär: neu
Mittels gewichteter Mittelwerte ermittelt: irgendwie errechnet
Datenbasis plausibilisieren: Daten zurechtbiegen
Modularer Aufbau: beliebige Zusammenstellung
Benefits: Vorteile
Entlastung von Aufgaben: Stellenstreichung

Andere schöne Begriffe sind: Null-Basis-Budgetierung, dezentrale Ressourcenverantwortung, Wertkettenanalyse, kombinierte Matrixstruktur oder Information-Flow. Es scheint, als ob Consultants klare Gedankengänge mit ihrem sprachlichen Werkzeug bewusst verwässern. Vokabeln können mal dieses, mal jenes bedeuten. Je mehrdeutiger die Sprachbildungen sind, desto weniger besteht eine Verpflichtung, genau zu arbeiten und präzise Aussagen zu treffen. Beispiele mehrdeutiger Vokabeln:[89]

Zeitnah anzustrebende Perspektive: Sofortlösung oder kurzfristiges Ziel
Anzugehendes Organisationskonzept: kurzfristiges oder mittelfristiges Ziel
Leitbild: mittelfristiges oder langfristiges Ziel
Vision: langfristiges Ziel (handlungseinleitend) oder Zukunftsbild ohne praktische Relevanz
Konzeptionelle Ansätze: Beginn einer Konzeption oder Beschreibung eines Problems

Alles wird hübsch verpackt. Doch der Transfer von schönen Beraterworten in die Firmen- oder Verwaltungsrealität klappt nicht immer. Hinter den Kulissen der vor Kompetenz strotzenden Berater-Show-Welt wird eben auch nur mit Wasser gekocht. »Erfolgreich« waren die Protagonisten des Denglisch auch bei der Bundesagentur für Arbeit: Job-Floater, Ein-Euro-Jobs und so weiter gehören heute zum Grundvokabular der Behörde, die eine Agentur sein will. Ihr Präsident Frank-Jürgen Weise hat die Übernahme der von den Beratern vorgegebenen Worterfindungen in einem Gespräch mit dem Autor im Oktober 2005 als einen seiner größten Fehler bezeichnet.

Das Prinzip der Vertraulichkeit: Voraussetzung für das Schweigekartell

Erfahrungen, auf die sich die Berater stützen, können noch so diffus angedeutet sein – hinterfragen kann sie niemand. Denn das wichtigste Argument ist Vertraulichkeit. Nicht umsonst lautet der Leitspruch von McKinsey: »Sealed lips, clean desk, guarded doors, safe script and safe screen« – versiegelte Lippen, leerer Schreibtisch, bewachte Türen, geschützte Dokumente und sicherer PC.

Beratungsunternehmen sind dazu übergegangen, auf schriftliche Berichte zugunsten von isoliert kaum zu verstehenden Präsentationsunterlagen zu verzichten und diese darüber hinaus mit einem Kopierschutz zu versehen. Mit solchen Gutachten arbeiten etwa A.T. Kearney und Roland Berger.[90] Der Kopierschutz kann wie folgt aussehen: Es werden nur nummerierte Exemplare ausgegeben, die Zuordnung von Nummern und Gutachtenempfängern wird sorgfältig festgehalten. Die Nummer des Exemplars ist auf jeder Seite der Unterlage grau unterlegt. Wo immer auch nur eine Kopie des Materials auftaucht, kann nachgewiesen werden, wer seine Unterlagen weitergegeben hat. So versiegelt man Expertenwissen und kann undichte Stellen im Unternehmen rasch identifizieren.[91] Die Aussagen der Beraterinnen und Berater werden dadurch zur exklusiven Information.

Zur Aufdeckung des so genannten Korruptionsskandals beauftragte beispielsweise der VW-Konzern die Wirtschaftsprüfungsgesellschaft KPMG mit den Ermittlungen. Selbst die nummerierten Berichte der Berater für den Aufsichtsrat wurden gezielt gezinkt, um im Falle von Veröffentlichungen die Informanten sofort identifizieren zu können. Diese strikt praktizierte Misstrauenskultur blieb nicht ohne Folgen: Bis heute ist der vollständige KPMG-Bericht nicht öffentlich bekannt.

Andere sehen das Prinzip der Vertraulichkeit kritisch: »Jeder Berater kann etwas behaupten und sich im Zweifelsfall darauf zurückziehen, er hätte dies exakt nachgewiesen, dürfe aber aus Gründen der Vertraulichkeit nicht weiter ins Detail gehen«[92], schreibt der Ex-Unternehmensberater Jörg Staute. Es scheint so, als ob Consultants nicht dafür bezahlt würden, damit man ihnen in die Karten schauen kann. Vielmehr wollen Kunden gerade das Blendwerk kaufen, damit ihre eigene Argumentation umso strahlender wirkt.

Berater legitimieren Entscheidungen des Managements

Wenn das Management eines Unternehmens genau weiß, was es will, braucht es eigentlich keine externe Beratung. Damit aber die Verantwortlichen ihre Entscheidungen besser legitimieren und mit dem Siegel der objektiven Empfehlung versehen können, wahren sie den Schein. Deshalb geben sie häufig hohe Beträge für Gutachten aus. Eine Absicherung durch externe Berater macht sich immer gut. Und falls die vom Management gewollte Entscheidung sich als Fehler entpuppen sollte, ist es leicht, die Schuld hinterher auf die Consultants abzuwälzen.

Berater als Sündenböcke? McKinsey & Co haben Erfahrungen

gesammelt: In den achtziger Jahren »waren sich die Manager für die Entlassungen zu fein«, erinnert sich Jürgen Ringbek, Lead-Partner bei Booz Allen Hamilton. An diesem Punkt kamen Consultants ins Spiel, erledigten die Aufgabe in einem geordneten Prozess und halfen dabei, das Management reinzuwaschen und die Unternehmen wieder konkurrenzfähig zu machen[93] – eine Win-win-Situation. Das Prinzip funktioniert auch heute noch.

Solche Entscheidungen haben nichts mit zu großer Komplexität der Probleme, mit geringen wirtschaftlichen Spielräumen oder mit der Angst vor Betriebsblindheit zu tun. Dass es Gefälligkeitsgutachten gibt, bestreitet in der Branche niemand ernsthaft. Dieter Heuskel, Ex-Geschäftsführer bei Boston Consulting, erklärte dazu: »Eine Feasibility-Studie zur Verkleinerung des Controlling-Ressorts kann in Wahrheit ein Gefälligkeitsgutachten kaschieren, um den Posten des Controlling-Vorstands in Frage zu stellen.«[94]

Man sucht Legitimation und will Legitimationswissen. Nicht selten wollen die Kunden als Entscheidungsträger Verantwortung delegieren können – immer schön nach dem Motto: Wenn eine Beratungsfirma das vorgeschlagen hat, muss es gut sein. Und wenn es schiefgeht, ist sie auch dafür verantwortlich.

Bestellte Wahrheiten dominieren die Berichterstattung über die Branche

Berater scheuen die Öffentlichkeit, Intransparenz ist das Schmieröl der Branche. Gleichzeitig gelingt es den Beratungsfirmen mit perfekt gesteuerter Öffentlichkeitsarbeit, auch in Qualitätsmedien den Nimbus »professioneller Wissensmanager« zu vermitteln.

Ein Beispiel ist Burkhard Schwenker: Der seit Herbst 2004 tätige neue Chef der Firma Roland Berger ist ziemlich zurückhaltend, wenn es um Interviews geht (vgl. Seite 194–210) Gleichzeitig platziert seine Presseabteilung aber große Starporträts in der

Zeit, dem *manager-magazin* oder der *Welt am Sonntag* – alle unter dem Titel »Macher des Jahres«.

Bei vielen redaktionellen Beilagen wie etwa der *Handelsblatt*-Beilage »Consulting« vom 1. März 2006 ist für den normalen Leser nicht mehr klar, ob es sich um eine Werbebeilage der renommierten Zeitung handelt oder um ein journalistisches Produkt. Immerhin dürfen die wichtigsten Firmen eigene Texte im Umfeld ihrer Anzeigen schreiben. Auch der Titel der Beilage, »Eine Branche startet durch«, und der Leitartikel »Unternehmensberater strotzen vor Zuversicht« dürften den Marketing-Verantwortlichen in den Beratungsfirmen gut gefallen.

Die Öffentlichkeitsmacht der Berater ist durchaus ein Marktvorteil. Das Lobkartell funktioniert: Berger lobt den Ex-Kanzler, der Ex-Kanzler lobt Berger und schiebt ihm weiter Gutachten zu – auch ein Aspekt möglicher »weicher Korruption«.

Die Abschottung nach außen hat System. In den Beraterverträgen werden die »Nicht-Veröffentlichung der Ergebnisse« und das absolute »Schweigegebot« für alle Parteien festgesetzt. Dies hat für die Berater einen handfesten Vorteil: Sie können ihre »verkauften Informationen« später erneut nutzen und an andere Kunden weiterverkaufen.

Fazit: Exklusivität als Marketinginstrument

Berater arbeiten mit Nachdruck an der Magie der eigenen Branche. Sie ist faktisch unkontrolliert, bedient sich eines eigenen Dresscodes, einer eigenen Sprache und besonderer Rekrutierungsmethoden. Man setzt vor allem deshalb auf junge, unerfahrene Hochschulabsolventen, um die Imprägnierung der Mitarbeiter mit der Mission des Unternehmens und des Verhaltenscodes möglichst effektiv vorzunehmen.

Der Verdacht der Kungelei mit den Kundenunternehmen ist für Berater nur schwer zu entkräften.[95] Heikel wird es jedenfalls, wenn Berater in staatlichen Gremien wie etwa der Hartz-Kommission mitwirken. Dort beeinflussen und verändern sie die Agenda der Debatten, die Analyseraster und Bewertungsmaßstäbe. Das heißt, sie definieren die Rahmenbedingungen der Ausschreibungen wesentlich mit und schreiben sich damit de facto ihre eigenen Aufträge.

Wichtig werden Berater, wenn es schnell gehen muss und die Zeit nicht reicht, um interne Ressourcen zu mobilisieren – oder wenn schlicht die Kompetenz fehlt. Was in der Privatwirtschaft taugt, sei auch im öffentlichen Sektor praktikabel, sagt ein Berater, der nicht genannt werden will, und fragt rhetorisch: »Glaubt jemand allen Ernstes, die Bundesanstalt für Arbeit könne sich selbst reformieren?«[96]

Der Kunde kauft also Legitimation, Akzeptanz und Loyalität sowie Beratungs-Know-how, um in internen Konflikten zu bestehen. Was allerdings erstaunlich ist: In der Regel erhalten die Kunden Standardware. Trotzdem erkennen die Unternehmenschefs nicht einmal, dass ihnen Standardware vorgesetzt wird. Sie halten das, was ihnen präsentiert wird, für etwas Exklusives, glauben, die Berater hätten Kompetenz. Doch in Wirklichkeit lernt das jeweilige Team in der Anfangszeit beim Kunden überhaupt erst einmal das Geschäftsfeld kennen. Der Kunde hat einen großen Aufwand, den zum Teil sehr jungen Menschen beizubringen, wie sein Unternehmen und die Branche eigentlich funktionieren. Und dieser Aufwand kostet zusätzliches Geld.

Dabei haben die großen Beratungsfirmen einen Vorteil gegenüber ihren kleineren Konkurrenten: Sie verfügen über internationale Erfahrung auf bestimmten Projektgebieten. Auf solche Ergebnisse greifen sie dann auch vielfach standardmäßig zurück. Doch solche Nullachtfünfzehn-Ware ist für Unternehmen oftmals alles andere als hilfreich.

Ein Großteil der Consulter-Vorschläge wird nie realisiert. Im Gegenteil: Es werden schon mal Berater beauftragt, die dann das genaue Gegenteil von dem vorschlagen, was sie vor einigen Jahren umgesetzt haben. Denn auch Unternehmensberater unterliegen wechselnden Moden und Trends. Was bleibt, ist der Eindruck einer gewissen Beliebigkeit, die – so das Fazit aus Gesprächen mit führenden Beratern – nur einem Ziel dient: der Ausweitung laufender Projekte und der möglichst dauerhaften Sicherung neuer Aufträge.

»Ich kaufe Loyalität und Legitimation«

Interview mit einem Berater,
der seine Anonymität wahren möchte[97]

Wenn man die Berater-Szene betrachtet, fällt auf, dass sie sich bei den Erfolgsbilanzen kaum in die Karten schauen lässt. Warum der Kult um die Vertraulichkeit?

Zunächst muss man eines ganz klar sagen: Der Kunde erwartet absolute Vertraulichkeit. Er holt natürlich auch deshalb Unternehmensberater, weil es eine gewisse Skepsis, Distanz und immer einen Loyalitätsverdacht oder Illoyalitätsverdacht gegenüber dem eigenen Apparat gibt. Das ist einer der Gründe, Externe reinzuholen.

Zweitens: Man sucht Legitimation. Man will Legitimationswissen.

Drittens will man auch im Zweifelsfalle Verantwortung als Entscheidungsträger delegieren können. Wenn Beratungsfirma XY das vorgeschlagen hat, dann muss es gut sein. Wenn es schiefgeht, sind die auch dafür verantwortlich. Man kauft also Legitimation, Akzeptanz und Loyalität ein. Was allerdings erstaunlich ist: Eigentlich bekommen alle Standardware. Diese Standardware ist für Unternehmen manchmal gar nicht hilfreich. Und ein Großteil der Vorschläge wird nie realisiert.

Wie sieht denn Standardware aus?

Die Standardware hat ganz unterschiedliche Facetten. Ich will mal ein Beispiel nennen: Karstadt-Quelle. Die gleichen Berater, die vor einigen Jahren Vorschläge gemacht haben, wie sich das Unternehmen verändern soll – Onlinehandel aufbauen und Kerngeschäft reduzieren –, werden Jahre später wieder eingestellt, um das genaue Gegenteil von dem vorzuschlagen, was sie vor ein paar Jahren gemacht haben. Daran merkt man die Beliebigkeit und dass Unternehmensberater auch bestimmten Moden, Beratungsmoden und Trends unterliegen.

Was sind zum Beispiel solche Moden?

Vor ein paar Jahren gab es den großen Trend zum Outsourcen. Alles ist outgesourct worden – EDV, Zulieferung und so weiter. Heute gibt es den anderen Trend: Bei großen Unternehmen wird zum Teil wieder ingesourct, weil die festgestellt haben, dass es beim Outsourcen ein paar Probleme gibt – Qualität der Dienstleistung, Kostenprobleme, die plötzlich auftauchen, und so weiter. Es gibt da durchaus eine gewisse Beliebigkeit.

Warum erkennen die Chefs nicht, dass ihnen oft Standardware geliefert wird?

Weil sie nicht wissen, was Standardware ist. Die halten das, was ihnen vorgetragen wird, für etwas Exklusives. Das ist ja auch Teil der Gags und Tricks.

Zweitens gehen sie zum Teil von völlig falschen Voraussetzungen aus. Sie glauben, die Leute, die dort kommen, haben Kompetenz. Aber es ist so: Das jeweilige Team, das beim Kunden ist, lernt in der Anfangszeit zunächst mal vom Unternehmen überhaupt das Geschäftsfeld kennen. Eigentlich müssten sie ja Kompetenz von außen mitbringen und dann sagen: »Nach unseren Erfahrungen empfehlen wir das und das.« Aber de facto lernen sie zunächst mal was über die Branche, über das Unternehmen. Sie haben allerdings einen Vorteil, zumindest die Großen: Sie haben schon weltweit bestimmte Projekte zu bestimmten Fragen gemacht. Auf solche Ergebnisse wird dann zum Teil standardmäßig zurückgegriffen. Aber der Punkt bleibt: Die Berater lernen beim Kunden. Der Kunde muss zunächst mal mit viel Aufwand den Beratern – und das sind ja zum Teil sehr, sehr junge Menschen – beibringen, wie das Unternehmen eigentlich funktioniert.

Wie erklären Sie sich dann, dass so viel Geld gezahlt wird?

Das ist einfach: Ich kaufe Loyalität, die ich in meinem Unternehmen zum Teil nicht habe. Zweitens kaufe ich Legitimation. Drittens kann ich als derjenige, der das Projekt in Auftrag gibt, mich jederzeit von den Ergebnissen, wenn sie sich denn als falsch erweisen, distanzieren. Der vierte Punkt ist, dass Unternehmensberatungen zum Teil das Nachdenken und das übernehmen, was ich eigentlich als Führungsperson leisten muss: nämlich zu entscheiden.

Es ist sozusagen der Bequemlichkeitsfaktor?

Ich würde es gar nicht bequem nennen, sondern Sicherheitsdenken. Eines ist doch klar: Der Opportunismus in Wirtschaftsunternehmen ist gigantisch. Jeder weiß: Ich werde nur Karriere machen, wenn ich mich zu hundert Prozent anpasse. Es kommen ja nicht diejenigen in Spitzenfunktionen, die Treiber, die Kritiker sind, die mal Fragen stellen. Sondern es sind diejenigen, die sich am intelligentesten so anpassen können, dass sie systemfunktional sind.

Trotzdem könnten Unternehmen dieses Know-how doch auch bei ihren eigenen Leuten abrufen.

Das ist eben falsch. Im Unternehmen gibt es Interessen, beispielsweise die Interessen innerhalb einer Abteilung. Wenn ich unternehmensintern Projekte aufsetze, die abteilungs- oder konzernübergreifend agieren, habe ich eine solche Interessenvielfalt, dass zwei Dinge passieren: Ich kann die Ergebnisse nicht mehr kontrollieren oder nicht mehr steuern, weil es natürlich schon eine klare Vorstellung davon gibt, welches Ergebnis gewünscht ist. Zweitens dauert der Prozess viel länger. Bis sich in einem Großkonzern unterschiedliche Betriebsteile, unterschiedliche Abteilungen auf irgendwas verständigt haben, kann das Jahre dauern.

Das heißt, es gibt in den großen Unternehmen auch eine Komplexitätsfalle wegen gegeneinanderlaufender Interessen?

Eindeutig. John Kenneth Galbraith, eine der Ikonen der Wirtschaftswissenschaften in den USA, weist in einem seiner Bücher darauf hin, wie Begriffe umgewertet werden. Bei Unternehmen, auch bei Großunternehmen, spricht man immer von Management. Letztlich sind das aber Bürokratien wie in der Politik und wie in Behörden. Diese Bürokratien haben natürlich ein bestimmtes Eigenleben, eine bestimmte Kultur. Sie haben bestimmte Seilschaften, bestimmte Interessengegensätze, die aufeinanderprallen.

Aber es gibt auch signifikante Defizite und fast lächerliche Pannen bei den Ergebnisberichten. Jeder kann auf den ersten Blick erkennen, dass das nicht der große Wurf war. Warum fällt das nicht auf?

Weil natürlich Namen, Brands, immer für eine Kompetenzvermutung stehen. Roland Berger und McKinsey beispielsweise stehen für eine Kompetenzvermutung.

Was wollen die Kunden?

Die Basis, auf der Entscheidungen auf der Top-Ebene getroffen werden, ist ja gar nicht so breit. Die Entscheider in den Kundenunternehmen wollen eine Verdichtungsleistung, eine Reduktion auf banale oder einfache Alternativen.

Die gute Leistung besteht dann also in der »Banalisierung«?

Nicht Banalisierung, Reduktion ist wichtig. Die Welt ist komplex. Alles hängt mit allem zusammen. Das Ziel, klare Alternativen zu haben, würde ich deshalb gar nicht gering schätzen. Ich halte es schon für vernünftig zu sagen: Wir sehen zwei, drei Entwicklungspfade, die man so und so beschreiten kann. Bürokratien neigen nämlich dazu, Komplexität immer komplexer zu machen, so dass am Ende niemand mehr in der Lage ist, überhaupt Entscheidungsalternativen zu erkennen.

Wie funktioniert die Arbeitsteilung zwischen unten und oben – zwischen jungen Beratern und erfahrenen Partnern?

Die jungen Menschen, die beim Kunden sitzen, sind ja zum Teil Hochschulabsolventen. Sie kommen zusammen mit ein, zwei erfahrenen Beratern. Ab und zu stößt auch noch der Partner dazu, der das Projekt verkauft hat. Aber die eigentliche Basisarbeit machen die jungen Berater. Und die sind fleißig, das kann man nicht anders sagen. Die sitzen da vierzehn, fünfzehn, sechzehn Stunden täglich, um den Wahnsinn beherrschbar zu machen. Sie werden richtiggehend ausgebeutet, das ist ein System des Manchester-Kapitalismus.

Was heißt das?

Die Jungen werden geködert mit relativ hohen Einstiegssummen – siebzig-, achtzigtausend Euro plus Auto und so weiter. Das setzt aber voraus, dass man dem Unternehmen wirklich komplett zur Verfügung steht, von montags neun bis freitags um Mitternacht. Wenn die jungen Berater in den Projekten sind, gehen sie vor elf, zwölf nachts häufig nicht nach Hause. Ob immer alles sinnvoll ist, was da angefasst wird, ist eine andere Frage. Aber zunächst mal herrscht eine hohe Präsenz und eine hohe Arbeitsintensität.

Nach zwei Jahren werden die Jungen bewertet. Es gilt das »Up-or-out«-Prinzip. Zehn, fünfzehn Leute aus dem Consultingunternehmen werden zu einer bestimmten Person befragt. Die Sekretärin soll sagen: Ist der nett, kollegial und so weiter? Der Partner muss beurteilen: Ist der kompetent, hat er Fachwissen, hat er den richtigen Fit zum Kunden, kann er Projekte verkaufen, kann er aus alten Projekten neue entwickeln? All das fließt in die Beurteilung ein, und nach zwei oder drei Jahren wird festgestellt: Den wollen wir behalten, der geht auf das nächste Level. Nächstes Level heißt: mehr Geld, zum Teil auch ein bisschen personen- und projektbezogen führen. Oder man wird eben rausgeschmissen.

Die Chefs wissen: Der Druck – auch der Anpassungsdruck, was bestimmte Standards angeht – auf die Leute ist so groß, dass es keiner extra Kontrolle bedarf. Schließlich wollen die Mitarbeiter ja im Unternehmen weiter aufsteigen. Ich übersetze das mal politisch: Jeder ist potenziell informeller Mitarbeiter. Das ist schon ein ziemliches Druck- und Überwachungsinstrument.

Trifft dieses System auch auf die nächste Stufe zu?

Auf alle, sogar auf so genannte Partner. Auch Partner werden vor die Tür gesetzt, wenn sie irgendwann mal bestimmte Umsatzziele nicht mehr erreichen. Das System funktioniert, weil es natürlich auch die eine oder andere Attraktivität besitzt: Erstens kannst du in jungen Jahren viel Geld verdienen, zweitens Praxiserfahrung sammeln. Die meisten Berater haben ja BWL studiert oder Jura. Manchmal sind sie sich nach dem Studium noch gar nicht sicher, in welche Branche sie jetzt eintreten sollen. Das ist das Interessante an der Arbeit in einer großen Unternehmensberatung: Da kann ich heute mal Automobil – VW oder Mercedes – machen, übermorgen einen Energieversorger, überübermorgen Luftfahrtindustrie oder was auch immer. Das heißt, ich lerne auf diesem Weg unterschiedliche Bereiche und unterschiedliche Unternehmenskulturen kennen, um mich dann irgendwann festzulegen und zu sagen: Das will ich gerne machen, vielleicht die nächsten zwanzig Jahre. Das ist der Anreiz, das ist für die Leute attraktiv.

Gibt es eine starke Rotation? Oftmals wachsen ja Berater in die Kundenunternehmen hinein.

Eindeutig sehr viele. McKinsey ist dort sehr erfolgreich. Die lassen die Leute natürlich auch gerne gehen: Die Wahrscheinlichkeit, dass ein McKinsey-Mann an der Spitze eines Unternehmens wieder McKinsey als Unternehmensberatung reinholt, ist relativ hoch. Das Gleiche gilt für Roland Berger oder andere. Im Kern kann man sagen: Nach vier, fünf, sechs Jahren ist der gesamte Personalstamm einer Unternehmensberatung – bis auf eine ganz kleine Spitzengruppe, die Partner und eine Ebene darunter – komplett ausgetauscht.

Es gibt auch innerhalb der großen Beraterfirmen eine gewisse Austauschbeziehung. Warum gibt es da keine Firewalls?

Die wollen natürlich Know-how vom anderen zukaufen, obwohl sich die Berater in ihren Verträgen ausdrücklich verpflichten, keine Unterlagen und kein Wissen aus den Unternehmen zur Konkurrenz mitzunehmen. Und es gibt Ausschlussklauseln, dass man erst nach einem halben oder einem Jahr zu einer anderen Beratung gehen kann.

Aber die anderen kaufen ja nicht nur Know-how ein, die wollen auch Kundenbeziehungen einkaufen. Denn das Beratungsgeschäft ist ein sehr persönliches Geschäft. Da hängen Partner an ein, zwei Figuren in bestimmten Unternehmen, von denen man glaubt, dass man mit ihnen über lange Zeit ein Geschäft aufbauen kann. Die bekommen dann tatsächlich über einen längeren Zeitraum von immer denselben immer wieder die gleichen Aufträge.

Haben Sie Fallbeispiele für solche Pannen?

Absurdeste Züge hatte das bei der Deutschen Bahn. Es gab in den neunziger Jahren mehr als eine dreistellige Zahl von Projekten, die parallel liefen, und zwar in den unterschiedlichsten Abteilungen, die überhaupt nicht aufeinander bezogen waren. Jeder drehte im Getriebe an irgendwelchen Stellschrauben, ohne dass klar war, was da eigentlich passierte.

Die Klauseln in den Arbeitsverträgen der Berater sind recht hart. Halten sich die Leute in der Praxis daran? Wird oftmals Wissen aus den Firmen mitgenommen?

Sicher. Jeder hat doch ein Gefühl, ob er gehen muss oder ob er gehen will. Natürlich nehmen die dann Informationen mit.

Sind das auch wertvolle Informationen?

Ja, das sind Projekte, Projektberichte und so weiter. Das ist meiner Ansicht nach aber nicht das Entscheidende. Das Entscheidende ist das Know-how, wie man etwas macht, und die Kontaktstruktur.

Haben die Beratungsunternehmen zusätzlich zum Know-how bestimmte Philosophien, wie man an Projekte rangeht, wie man es genau macht?

Eindeutig, es gibt ganz klare Phasenpläne. So und so ist ein Projekt aufzubauen, das sieht immer gleich aus. Es gibt auch immer die gleichen Strukturen: An der Spitze steht ein Lenkungsausschuss. Darunter gibt es verschiedene Unterausschüsse. Dann gibt es einen Phasenplan, der fast immer identisch ist, und natürlich müssen – das ist der absolute Irrsinn – auch die Präsentationen nach einem bestimmten Format, nach einer bestimmten Regel realisiert werden.

Ist das wissensbasiert?

Ich sage mal: Es ist nicht blöd. Viele große Beratungsunternehmen existieren schon lange. Die älteste, Arthur D. Little, wurde 1883 gegründet. Die zweite war Booz Allen 1914, dann 1926 McKinsey. Selbst die Firma Roland Berger besteht jetzt über vierzig Jahre. Sie haben sich mit ihren Standards am Markt durchgesetzt.

Woran liegt es, dass bei den Ergebnissen sehr viel Wert auf die Charts, auf die Visualisierung, gelegt wird?

Weil Führungskräfte so funktionieren. Sie wollen keine langen Papiere lesen. Sie wollen sehr prägnant, präzise, möglichst plakativ die

Entscheidungsalternativen, die Daten, Zahlen, Fakten vorgetragen haben. Es gibt eine Managementfassung, die hat dann vielleicht zwanzig Seiten. Es gibt auch längere Analysen mit zweihundert Seiten. Das ist sehr unterschiedlich und hängt von der Führungskraft ab.

Gibt es in den Kundenunternehmen einen Mittelbau, der die Ergebnisse genau analysiert und studiert?

Es kommt darauf an, wo ein Projekt aufgesetzt ist. Wenn es vom Vorstand aufgesetzt ist, will man überhaupt nicht, dass der Mittelbau die Ergebnisse kennt. Das ist dann das Herrschaftswissen der Führungskräfte.

Es gibt also Studien, die im engen Kreis bleiben?

Absolut.

Wie ist die Rekrutierungskultur? Welche Leute suchen Beraterfirmen? Was müssen sie am Anfang bringen?

Das System, das sich da etabliert hat, ist schon extraordinär. Es wird viel Zeit und viel Geld in die Rekrutierung gesteckt.

Welche Kriterien gibt es dafür?

Zum Teil haben die Firmen an den einzelnen Hochschulen – etwa im Bereich BWL oder in den Naturwissenschaften – Professoren, die ihnen sagen: Das sind die zehn, fünfzehn Prozent der Besten dieses Jahrgangs. Das heißt, die kennen sie schon. Dann gehen sie auf die Studenten zu. Sie werden zu bestimmten Seminaren, Workshops und ähnlichen Veranstaltungen eingeladen und bekommen eine Aufgabe, einen »case«, einen Fall, und müssen daran zeigen, wie kreativ sie mit dem Fall, mit der Methodik umgehen können. Das wird dann bewertet. Es wird aber auch noch etwas anderes bewertet: Wie anpassungsfähig sind die Kandidaten? Wie ist ihr Auftreten? Wie verbindlich, wie sicher sind sie in der Präsentation? Und vor allen Dingen: Wie schnell kann man sie streamlinen? Charaktere sind dort nicht unbedingt gefragt.

Was heißt streamlinen?

Streamlinen bedeutet, sofort die Assets oder die Grundlagen der Unternehmenskultur zu inhalieren. Die Firmen suchen gezielt junge Leute, die man so früh prägen kann, dass sie sich reibungslos einfügen.

Gibt es da keine Unterschiede in der Kultur? Wenn einer sehr gut ist, widerspricht das doch oftmals der Bereitschaft, sich anzupassen.

Das kommt immer sehr auf den Studiengang an. Bei BWL-Studenten zumindest kann ich das nicht sehen. Auch das Studium funktioniert nach genau diesen Kriterien.

Gibt es im Beratersystem funktionierende Seilschaften und verlässliche Kontaktnetze?

Ich habe gerade von den Eliten in den jeweiligen Jahrgängen gesprochen. Diese Kontakte bleiben zum Teil über Jahre, Jahrzehnte bestehen. Das sind informelle Seilschaften beispielsweise zwischen einer Beratungsfirma und Leuten, die in Unternehmen sitzen. Sie helfen sich wechselseitig, was Aufträge angeht, was die Vermittlung von lukrativen Jobs angeht. Dieses Alumni-Network funktioniert auch in Deutschland. Es ist nicht so präzise, aber bestimmte Jahrgänge kennen sich. Da macht man den kurzen Dienstweg: Wenn man bei einer Unternehmensberatung ist und einen ehemaligen Studienkollegen kennt, der jetzt bei DaimlerChrysler oder wer weiß wo ist, dann kann man den mal anrufen. Auf diese Weise kriegt man leichter einen Job oder einen Auftrag.

Birgt das Rekrutierungssystem nicht auch eine gewisse Irrationalität mit sich? Die besten Leute, die besten Abschlüsse – und trotzdem müssen sie zum Schluss eine relativ dünne Soße abgeben?

Die Klügeren – es gibt ja auch kluge Unternehmensberatungen – versuchen, die Monokultur aus Betriebswirten und Juristen zu knacken, und stellen auch Geisteswissenschaftler oder Kommunikationswissenschaftler ein. Manchmal nehmen sie sogar Theologen, weil man von denen will, dass sie die Dinge durch eine andere Brille sehen.

Diejenigen, die das aus meiner Sicht am besten kultiviert haben und die ich auch für die kreativste Beratungsfirma halte, ist die Boston Consulting Group. Andere bieten eben Konfektionsware, industrielle Produktion. Man muss sich das vorstellen: Große Unternehmensberatungen haben weltweit zehn-, fünfzehntausend Mitarbeiter. Solche Firmen werden geführt wie Industrieunternehmen.

Zum Thema Dresscode: Wenn man die Mitarbeiter und Mitarbeiter-

innen von Beratungsunternehmen anschaut, fällt auf, dass es eine ziemlich einheitliche Figuration ist: gleiche Klamotten, ähnlicher Auftritt. Sie scheinen habituell sehr gestreamt. Warum?

Weil die Firmen ganz bestimmte Typen aussuchen. Die zehn Prozent der Besten im BWL-Jahrgang sind in etwa vom gleichen Schlag. Ich würde fast sagen, das sind die, vor denen ich meine Kinder früher immer gewarnt habe: spießig, konservativ. Sie sind leistungsorientiert, was ja nicht schlecht ist, aber sehr verengt, sekundärtugendgesteuert. Zweitens gibt es natürlich bestimmte Standards, wie man sich zu kleiden hat – dunkler Anzug, Krawatte, bis auf den Casual Friday. Wenn man nicht beim Kunden ist, kann man an Freitagen auch in Jeans kommen.

Gibt es auch Inspiratoren, ältere, beratende, gute, clevere Typen, die sich die Zwischenergebnisse anhören und diese kommentieren?

Ja, klar.

Welche politischen Grundhaltungen trifft man im Berater-Milieu? Dominieren die Konservativen und die neoliberalen Kräfte?

Ich würde sagen, wenn man das Ganze parteipolitisch betrachten würde, kämen Rot und Grün zusammen in Beratungsunternehmen nicht über die Zehn-Prozent-Hürde. Die FDP ist doppelt bis dreifach so stark wie Rot/Grün. Der Rest ist konservativ.

Wie viel wird für die Schulung investiert, wenn man im Job ist?

Viel. Schon diejenigen, die neu kommen, durchlaufen eine bestimmte Maschinerie. Verbindlich ist eine Woche, wenn man in einem Beratungsunternehmen anfängt, und zwar weltweit. Da gibt es auch Psychospielchen – Gruppenverhalten und so weiter. Zum Repertoire gehören außerdem gemeinsame Ausflüge, Skifahren in St. Moritz etwa oder Abenteuerurlaub auf der Insel Soundso. Aber auch dort gilt immer: Wer ist der schnellste Skifahrer? Wer ist der mutigste Kletterer? Das Leistungsprinzip zieht sich zum Teil bis in die so genannten Kreativ- oder sonstigen Wochenenden und wird auch angenommen. Es gilt sogar als Teil der Qualifikation, auch im Privatleben ehrgeizig zu sein. Sie erwarten von dir, dass du gut aussiehst, dass du fit wirkst und dass du einen bestimmten Lebenswandel hast.

Geht das nicht sehr weit? Machen das alle mit? Bestehen alle diese Kriterien?

Ein Großteil macht das, aber viele gehen irgendwann. Wer das nicht mitmacht, der scheitert.

Gibt es Bonussysteme?

Ja, es gibt Bonussysteme. Man bekommt ein Basisgehalt, und wenn das Unternehmen sehr erfolgreich ist, gibt es eine Sonderzahlung. Die kann manchmal siebzig, achtzig Prozent des Jahreseinkommens betragen. Spitzenleute verdienen inklusive Bonus fünf-, sechs-, siebenhunderttausend Euro, und die, die ganz oben stehen, ein bis zwei Millionen.

Warum zahlen Kunden die horrend hohen Tagessätze von Unternehmensberatern?

Weil sie glauben, Qualität zu kaufen. Und das Geschäftsmodell funktioniert auch nur so. Das sind meistens amerikanisch geführte Unternehmen mit bestimmten Profitabilitätsvorgaben – zwanzig bis dreißig Prozent Profit sind da gefordert. Ich möchte mal ein normales Wirtschaftsunternehmen sehen, das so einen hohen Profit machen könnte. Zweitens sind gute Leute – oder die sich dafür halten – teuer. Drittens: Die Spitzenkräfte wollen viel verdienen. Wenn ich einen Stamm von siebzig, achtzig Partnern habe, und alle wollen eine halbe Million verdienen, dann muss ich schon ein bisschen Geld organisieren. Es wird viel in EDV investiert, in Knowledge-Management-Systeme und in die Qualifikation. Und es gibt natürlich – das wird aber häufig vom Kunden bezahlt – Reisekosten und Spitzenhotels.

Hängen die Tagessätze auch mit dem Glauben zusammen, dass nur das etwas ist, was auch etwas kostet?

Ja, natürlich, Qualität muss auch teuer sein.

Da gibt es auch keine Diskussion?

Doch, in den vergangenen Jahren sind die Beratungen schon unter Druck gekommen. Nach der New-Economy-Blase war es plötzlich nicht mehr möglich, eben mal Tagessätze von drei- bis viertausend Euro abzurechnen.

Es gibt auch Kritik – Beispiel Niedersachsen – im öffentlichen Be-

reich. Der Bundesrechnungshof hat analysiert, dass die Studien vielfach nicht umgesetzt werden.

Das ist häufig so. Wenn Betriebswirte glauben, der öffentliche Sektor würde funktionieren wie ein Markt oder ein Unternehmen, dann ist das falsch. Der öffentliche Sektor funktioniert nicht nach Marktprinzipien – eben deswegen ist er ja auch ein staatlicher Sektor. Der absolute GAU ist doch das, was Roland Berger bei der Bundesanstalt für Arbeit abgeliefert hat. Vieles funktioniert ja nicht!

Es gab die reinsten Bewerberkolonnen von Unternehmensberatungen bei der Bundesagentur für Arbeit, aber da ist jetzt die Ineffizienz mit Händen zu greifen. Warum hat das keine Konsequenzen?

Die Berater haben doch Insiderwissen über Leute, über Strukturen. So weit, dass sie die Akteure erpressen können, würde ich nicht gehen. Aber sie haben Insiderwissen. Das Zweite ist: Der Vorstand, der die Berater eingestellt hat, müsste dann ja noch ein zweites Mal begründen, warum er sie eingestellt hat, obwohl die Ergebnisse so verheerend schlecht sind.

Sind das Abhängigkeiten?

Natürlich sind das Abhängigkeiten. Warum gibt es so viele Partner in Unternehmen? Weil jeder eben zwei, drei Kontakte hat, die dafür sorgen, dass das Geschäft mobilisiert wird. Genau aus diesem Grund haben große Consultingunternehmen sechzig, siebzig, hundert Partner in Deutschland. Die Partner haben die Kontakte, sie machen die Verträge. Daran werden sie auch gemessen. Es geht dabei nicht darum, was sie im Kopf haben. Ich habe da die abenteuerlichsten Typen gesehen. Sie waren bar eines jeden Kreativgedankens oder jeglicher strategischer Kompetenz. Aber die saßen eben an bestimmten Kanälen.

Bei der Bundesagentur für Arbeit hatte McKinsey in wichtigen Fragen ein ganz anderes Konzept als Roland Berger. Das Ergebnis: Keiner flog raus, sondern man teilte sich die Märkte innerhalb der Bundesagentur auf.

Das ist ein beliebtes Spiel. Weil es ein Riesenetat war, haben sich unglaublich viele Berater bei der Bundesagentur beworben. Man hat schließlich auf die beiden renommiertesten hier in Deutschland gesetzt. Das sind nach wie vor McKinsey und Roland Berger. Auch in diesem Fall spielten natürlich Kontakte eine Rolle. Roland Berger trifft sich mit Politikern und sagt: »Was kann ich für dich tun?« Darin ist er Meister, so hat er sein Geschäft aufgebaut. Es ist ja seit Jahren bekannt, dass auch Herr Kluge (heute Ex-Direktor von McKinsey, Anm. d. Verf.) und Frau Merkel sehr gute Kontakte pflegen.

Das heißt, es ist durchaus lukrativ, wenn die Spitzen der Berater zu den Spitzen der Politik Kontakt halten?

Nein, der öffentliche Sektor ist kein Top-Feld.

Es heißt aber, der Markt habe in den letzten Jahren angezogen.

Ja, das ist richtig, aber der Aufwand ist gigantisch hoch; gleichzeitig sind die Tagessätze im öffentlichen Bereich viel geringer als in der Privatwirtschaft. Auch die Ausschreibungen sind viel komplizierter. Bei der Bundesanstalt muss ich vier, fünf dicke Aktenordner einreichen, wenn ich mich bewerbe. Das läuft in der Privatindustrie ganz anders. Da treffe ich mich mit dem Vorstandsvorsitzenden, rede mit ihm und lege ihm zwei Seiten hin mit ein paar »Bullet-Points«. Anschließend wird ein Vertrag gemacht.

Was ist die Motivation der Spitzenpolitiker oder der Minister und der Ministerialbürokratie, in ihren Bereichen Unternehmensberatungen einzuschalten?

Sie haben die gleichen Probleme wie die Privatwirtschaft: Loyalitätsprobleme in Ministerien, den Kampf der unterschiedlichen Abteilungen gegeneinander oder auch des Ministeriums mit den nachgeordneten Behörden. Außerdem gibt es zum Teil tradierte Verwaltungsvorstellungen. Staatsunternehmen haben ja auch ihre eigene Kultur. Da ist es tatsächlich schwierig, dass Reformimpulse und intellektueller Input aus den Häusern selbst kommen.

Der Rechnungshof stellte viele Defizite in der Berater-Praxis fest. Trotzdem hat der Haushaltsausschuss kaum darauf reagiert. Wie ist das zu erklären?

Das ist doch ganz klar: Alle Parteien, die schon mal in der Verantwortung waren – ob im Bund oder in den Ländern –, haben irgendwann mal auf Unternehmensberatungen zurückgegriffen. Wenn man da anfängt, würde man das ganze System in Frage stellen.

Der Bundesrechnungshof hat herausgefunden, dass die Ergebnisse von Beratungen im öffentlichen Sektor ganz selten genutzt werden. Wie ist das zu erklären?

Weil sie häufig mit der Realität gar nichts zu tun haben. Es sind nur ideale Welten, die man sich baut, die aber keinen Bezug zur realen Kultur, zur realen Struktur haben, zum Teil nicht einmal zu rechtlichen und sonstigen Aspekten. Man kann eben im öffentlichen Sektor nicht so agieren, wie man das im Privatunternehmen kann. Der Nutzen ist reduziert.

Aber es gibt unterschiedliche Projekte: erfolgreiche und weniger erfolgreiche. Ein paar sind total danebengegangen, zum Beispiel g.e.b.b. (im Rahmen der Bundeswehrprivatisierung, Anm. d. Verf., siehe Kapitel III/1), ein Irrsinnsprojekt. Die g.e.b.b. ist eine Totgeburt. Der Chef der g.e.b.b. ist jemand von McKinsey, von dem jeder weiß, dass er nicht gerade der Qualifizierteste ist.

Warum stellt die Politik so was dann nicht ab?

Politiker haben die Berater geholt und sind somit für die vorgelegten Ergebnisse verantwortlich.

Sind die Berater den Politikern überlegen?

Nein, überhaupt nicht, es ist eher umgekehrt. Es sind zum Teil absolut naive Leute, die zu Unternehmensberatungen gehen, Zahlenklopper. Die können Akten durchgehen, Zahlen durchschauen, aber eine Idee für einen intelligenten Umbauprozess oder einen politisch oder organisatorisch neuen Ansatz habe ich noch nicht gesehen.

Wer entscheidet über die Auftragsvergabe von Gutachten: die politische Spitze in den Ministerien oder eher die Ministerialbürokratie?

Das ist unterschiedlich. Manche Top-Projekte gehen von oben aus. Ein Großteil der Projekte kommt aber aus dem mittleren Management, aus der mittleren Behördenstruktur. Die Ministerialräte haben Budgets, sie werden hofiert. Sie werden zum Essen eingeladen, sind plötzlich wichtig, bekommen eine Bedeutung, die sie in der Ministerialbürokratie eigentlich gar nicht besitzen. Sie können plötzlich ein

Projekt steuern. Das macht die Leute natürlich stolz. Es ist auch ein Ausbruch aus der Routine.

Welche Rolle spielt der PR-Sektor in der Beratung?

Darüber haben wir bis jetzt noch gar nicht gesprochen: Die größte Verarschung liegt tatsächlich im PR-Bereich. Was der öffentlichen Hand hier als PR verkauft wird, ist ja zum Teil abenteuerlich.

Ein Beispiel: Die Firma B. sollte 2004 für Ulla Schmidts Gesundheitsministerium eine PR-Kampagne zur Begleitung der Gesundheitsreform entwickeln. Wenn ich eine PR-Kampagne mache, müsste anschließend ja festzustellen sein, dass sich etwas bewegt, dass irgendwas vom Ergebnis her besser geworden ist. Aber nein: Ministerin Ulla Schmidt ist die unbeliebteste Ministerin, und das GMG (GKV-Modernisierungsgesetz, Anm. d. Verf.) wird von siebzig Prozent der Bevölkerung abgelehnt. Es hat sich also nichts bewegt.

Dann schaue ich mir mal die Instrumente an: Ich habe einmal mit dem berühmten Klaus Vater (Sprecher des Bundesministeriums für Gesundheit und Soziale Sicherung, Anm. d. Verf.) auf dem Podium gesessen und es fast nicht ausgehalten. Er hat die Maßnahmen der PR-Kampagne vorgestellt: Es wurden zwei, drei Anzeigen geschaltet, und zwar an dem Tag, als das Gesetz verabschiedet wurde. In der Headline der Anzeigen kam das Thema »gesund« vor. Die Ablehnung des Gesetzes war zu dem Zeitpunkt schon gigantisch hoch. Als Zweites wurde ein fahrbarer so genannter Gesundheitspavillon durch Deutschland geschickt. Und das Dritte – für mich das Abenteuerlichste: Es wurde ein so genanntes Redaktionsbüro im Ministerium eingerichtet. Da saßen vier, fünf Leute, deren Job es war, das Fachchinesisch der Bürokratie in eine journalistisch nachvollziehbare Sprache zu übersetzen. Das wurde dann an Journalisten gegeben.

Aber wenn man Journalisten fragt, stellt man fest: Kein Mensch hat jemals auf einen dieser Texte zugegriffen. Allein dieses Redaktionsbüro hat zwei Millionen Euro gekostet. Eine gigantische Fehlinvestition.

Ein anderes Beispiel ist die Agentur A. (Name anonymisiert). Die arbeiten fürs Bundespresseamt, irrsinnige Nummern, die die da geritten haben, für viel Geld. Aber ich frage mich: Was ist da eigentlich gemacht worden? Beispiel Agenda-Kommunikation: Ich habe noch nie einen solchen Schrott gesehen. Die haben außerdem immer zu einem Zeitpunkt Anzeigen zur Reformpolitik der Bundesregierung geschaltet, als die Frustrations- und Protestwelle gerade am höchsten war, sodass sie natürlich total untergingen. Wenn ich ein bisschen was von Kommunikation verstehe, muss ich immer in den Wellentälern versuchen, meine Kommunikation unterzubringen, und nicht auf den Peaks der Protestwelle. Da werde ich überhaupt nicht wahrgenommen. Das ist verbranntes Geld.

So gibt es zig Beispiele, wo man sich fragt, was das eigentlich soll. Aber auch da gibt es immer eine ganz klare Regel: Ein schwacher Regierungssprecher hat sich eine schwache Agentur geholt. Das Einzige, was Herr X. bislang vorzuweisen hat, ist, dass er im Juso-Bundesvorstand gesessen hat.

Gibt es Alternativen zu den beschriebenen Defiziten?

Wenn es Ärger an irgendeiner Politikfront gibt, dann müssen ja Politiker zeigen, dass sie was tun. Und womit können sie das zeigen? Indem sie eine Anzeige schalten. Das beruhigt die Fraktion, aber es ist eben Quatsch. Ich würde ganz andere Instrumente einsetzen. Ich könnte beispielsweise für sechs Cent Briefe an dreißig Millionen Bürgerinnen und Bürger versenden. Das käme alles in allem mit Druckkosten auf ungefähr drei, vier Millionen Euro. Mit diesen vier Millionen könnte ich jeden Haushalt persönlich anschreiben. Das sind vier oder fünf ganzseitige Anzeigen in der *Bild*. Aber solche Instrumente werden gar nicht genutzt.

Warum ist die PR so schlecht? Warum fällt das keinem auf? Es gibt doch auch intelligente Kommunikationsleute.

Ganz einfach: Weil die sich nicht durchsetzen können.

Kann man das Niveau der PR-Beratung mit den Leistungen in anderen Arbeitsfeldern von Beratern vergleichen?

Die sind noch schlechter.

Ist in Berlin eine Professionalisierung der Berater erkennbar? Lobbyismus ist ja auch ein Feld von Beratung.

Ja, eindeutig. Es gibt immer mehr, die unter dem Deckmantel der PR in diesen Bereich hineingehen. De facto machen die Agenturen Lobbyarbeit.

Einer zum Beispiel ist Detlev Samland (ehemaliger SPD-Minister in Nordrhein-Westfalen, Geschäftsführer von ECC Public Affairs, einer Tochterfirma von Pleon Kohtes Klewes, Anm. d. Verf.). Unter dem Stichwort PR vertritt er letztlich Unternehmensinteressen. Zumindest ökonomisch ist er sehr erfolgreich, das kann man nicht von der Hand weisen. Ob das immer gut ist, weiß ich nicht. Ich kenne Kunden, die über die PR-Dinge, die von P. (anonymisiert) kommen, nur sagen: Scheiße, absolute Scheiße. Aber er hat es an ein paar Stellen, im Energie- und anderen Bereichen, schon ganz gut gemacht.

Wie ist zu erklären, dass es über und um das Thema »Berater-Industrie« in Deutschland kaum Fachliteratur gibt?

Weil die Beraterfirmen überhaupt kein Interesse an Öffentlichkeit haben, das erschwert ihr Geschäft. Wenn Loyalität eine Schlüsselgröße im Verhältnis Beratung/Kunde ist, dann will ich als Kunde eines sichergestellt haben: Die Berater sind mir und nur mir verpflichtet. Nichts dringt nach außen, häufig nicht mal innerhalb der Unternehmen, und vor allem nicht an die Öffentlichkeit.

Zum Trend der Zukunft: Wird die Beratungsszene weiter wachsen?

Ich hoffe nicht. Aber hoffen ist nicht wissen – ich weiß es nicht. Ich glaube, dass die Beratungsstrukturen heute völlig falsch aufgebaut sind. Beispiel: Kommunikation und Content sind eigentlich gar nicht zu trennen. Ich darf, wenn ich darüber nachdenke, wie ich ein Unternehmen umbaue, nicht nur von der fachlichen Seite herangehen. Ich muss auch von der kommunikativen Seite her denken – nach innen und nach außen. Ich muss beispielsweise Kommunikationsdenken, strategisches Denken und Fachdenken zusammenführen. Das findet bisher in der Regel so gut wie nicht statt.

Außerdem müsste das Set von Leuten, die ich auf Projekten brauche, ein anderes sein. Die Leute müssten aus vielen unterschiedlichen Fachrichtungen kommen. Ich bräuchte einen Juristen und einen Betriebswirt, aber ich bräuchte auch jemanden für Strategie und Kommunikation sowie ein paar organische Know-how-Träger aus den jeweiligen Institutionen.

Welche Trends sehen Sie in der Verbindung von Lobbying und Beratung?

Im Bereich PR und Lobbying gibt es interessante Entwicklungen: Es gibt immer mehr Anwaltskanzleien, in denen die Mitarbeiter gar nicht als Anwälte, sondern als Lobbyisten arbeiten – das amerikanische Modell. In Amerika gibt es sehr große Anwaltskanzleien, die gar nicht die klassisch juristische, sondern die Lobbying-Tätigkeit für große Unternehmen machen. Das nimmt auch in Deutschland inzwischen zu, zum Teil, weil Leute gezielt eingekauft werden, sogar Politiker.

Herr Wissmann (Matthias Wissmann, ehemaliger CDU/CSU-Verkehrsminister, Anm. d. Verf.) ist in einer großen Anwaltskanzlei, Herr Merz (Friedrich Merz, früher Vorsitzender der CDU/CSU-Fraktion, Anm. d. Verf.) ist in einer großen Anwaltskanzlei. Frau Däubler-Gmelin (Herta Däubler-Gmelin, ehemalige Bundesministerin der Justiz, Anm. d. Verf.) ist in einer großen Anwaltskanzlei. Auch der berühmte Ludwig Stiegler (stellvertretender Vorsitzender der SPD-Bundestagsfraktion, Anm. d. Verf.) ist in einer großen Anwaltskanzlei. Sie machen dort nicht nur Rechtsberatung, sondern natürlich tragen Klienten auch bestimmte Anliegen vor. Dann wird von den Auftraggebern versucht, über diese Politiker spezielle Interessen auch einfließen zu lassen.

Wird sich infolge der Kritik des Bundesrechnungshofs etwas ändern an der Auftragsvergabe durch Ministerien?

Nein, weil das überhaupt keine durchschlagende Wirkung hat. Das kontrolliert auch niemand.

Das Einzige, was sich verändern wird – zumal im öffentlichen Bereich –, sind die finanziellen Spielräume. Angesichts der sich dramatisch verschlechternden Situation in öffentlichen Haushalten wird das der größte Veränderungsdruck sein.

Wie mächtig ist insgesamt die Ministerialbürokratie? Ist das eine unterschätzte Größe in Deutschland?

Eindeutig – sie ist sehr mächtig. Beispiel Steuerreform, Veräußerungsgewinne, Steuerfreiheit: Ich bin ziemlich sicher, Hans Eichel wusste gar nicht, dass das im Gesetzentwurf steht. Das hat sein Staatssekretär Herr Zitzelsberger (Heribert Zitzelsberger, Anm. d. Verf.) reingeschrieben, der früher im Übrigen der Chef-Steuerexperte bei BASF war.

Jetzt lässt sich sogar der DGB von McKinsey beraten.

Das streitet der DGB ja ab. Ich sage nur eines: Den DGB mit McKinsey reformieren zu wollen ist so ähnlich, als wollte man den DFB über Herrn Bernhard (VW-Markenchef Wolfgang Bernhard, Anm. d. Verf.) reformieren.

2. McKinsey, der ungeliebte Marktführer

»Vielen Dank für Ihre freundliche Anfrage. Leider ist mir nicht ganz klar, worauf Sie in diesem Buch hinauswollen. Einige Antworten auf die Fragen in Ihrem Katalog finden Sie in unseren Presseunterlagen, die Sie sich aus dem Netz herunterladen können. Auf andere können wir mit Rücksicht auf die Vertraulichkeit unserer Klientenarbeit nicht antworten.«

Rolf Antrecht, Ex-Pressesprecher McKinsey, 5. Oktober 2005

Drei Wochen BWL für Dumme:
Der Branchenprimus von innen

»The obligation to dissent« – die Pflicht zum Widerspruch – war der Lieblingswert des Ex-Deutschland-Chefs von McKinsey. Nach außen postulierte Jürgen Kluge diese radikale Haltung gerne. Der langjährige Leitwolf von 1900 Mitarbeitern in Deutschland steigerte seine Anleihen bei der Kritischen Theorie noch: »Es ist ein wunder Punkt, dass Kritik nicht hinreichend belohnt wird. Diesen Part übernehmen oft Beratungsfirmen.« Außerdem protegiert Kluge einen Wert, den sonst nur Korruptionsgegner postulieren: »Ich bin ein Fan von Transparenz.«

Zumindest bei der Innenarchitektur blieb Kluge seinem Anspruch treu. Sein Büro in Düsseldorf war vom Flur nur durch eine Glaswand getrennt. Das »Haifischbecken«, wie Kluges Schaltzentrale mit Blick auf Partner und Mitarbeiter intern hieß, sollte eine Fassade aufbauen, die mit der Realität allerdings nicht viel zu tun hat. Widerspruch? Kritik? Transparenz in der Praxis? All das galt nicht gegenüber den Medien: Interviews wurden barsch abgelehnt oder mit arrogantem Unterton abgewiesen. Die schlichten Selbstdarstellungen auf der Homepage des Unternehmens werden als ideale Informationsplattform empfohlen.

»Build your own McKinsey« gilt als Versprechen gegenüber den Mitarbeitern, und individueller Gestaltungsfreiraum wird großgeschrieben. »McKinsey hat eine offene Unternehmenskultur, die den Widerspruch fördert«, heißt es in einer offiziellen Erklärung der Personalabteilung. Leistungsfähigkeit steht im Vordergrund – böse Zungen sprechen von Nützlichkeit. Die McKinsey-Grundsätze: Nie über eigene Erfolge reden, nie über Kunden und nie über Mitbewerber.

Die »Pflicht zum Widerspruch« hat auch Dirk Kurbjuweit kennen gelernt. Der *Spiegel*-Journalist wollte sein 2003 erschienenes Buch, in dem er sich mit den kulturellen und gesellschaftlichen Auswirkungen der »besonders fanatischen Propheten der Effizienz« beschäftigt, eigentlich unter dem Titel »Die McKinsey-Gesellschaft« veröffentlichen. Der Grund: »McKinsey ist zum Symbol für die Diktatur der Effizienz geworden.« Doch der Titel passte McKinsey nicht. Im Vorwort zum Buch steht deshalb lakonisch: »Die Firma hat Titelschutz beansprucht. Deshalb heißt das Buch ›Unser effizientes Leben‹. Aber es geht um die McKinsey-Gesellschaft.«[1]

In einem seiner Interviews mit der »Karriere-Beilage« der *Süddeutschen Zeitung*[2] predigte Ex-McKinsey-Chef Jürgen Kluge darüber hinaus den McKinsey-Spruch »Wir nehmen nur die Besten«. Sein Argument: »Jede Gesellschaft braucht ihre Eliten. Um ausnahmsweise Lenin zu zitieren: ›Eliten sind dazu da, in einer Gesellschaft die Richtung und das Tempo vorzugeben.‹«

Kluge konnte diese Erkenntnisse beispielsweise auch in einem Expertenteam aus Unternehmern und Managern einbringen, das der nordrhein-westfälische Ministerpräsident Jürgen Rüttgers im August 2005 einberufen hat. Kluge soll zusammen mit anderen Beratern und Industrievorständen Vorschläge unterbreiten, wie der NRW-Haushalt bis zur nächsten Wahl 2010 saniert werden kann.[3]

Diese hehren Ansprüche zerbröseln rasch, wenn man mit McKinsey-Beratern offen spricht, die nicht zur Haifisch-Hierarchie gehören. Selbst Direktoren sehen den Beratungsalltag nüchterner, abgeklärter. Den wichtigsten Grundsatz erläutert ein Spitzenberater, der namenlos bleiben will, gleich zu Anfang unseres Gesprächs. »You can't be a consulter, if you have no clients.« Die Kunden bestimmen also den Takt der Beratung, Kritik wird nur dosiert nach Lage verabreicht, Widerspruch vertragen nicht alle. »Viele Kunden wollen sich nicht richtig auf die Probleme einlassen. Das ist der Auftrag der Berater«, erklärt der McKinsey-Mann. Zu den wichtigsten Fähigkeiten zählt er, der sich als »alter Hase im Beratungsgeschäft« bezeichnet, vor allem »Analytik«. Außerdem müsse ein guter Berater »Probleme strukturieren können«, sie für den Auftraggeber »durchdringbar« machen und am Ende reduzieren. Geniale Vereinfachung scheint das Erfolgsrezept zu sein. Oftmals sind die einfachen Lösungen in einer Weise simplifiziert, dass die Berater selbst verwundert vor ihren Charts stehen.

Schließlich müsse man eine Organisation entwickeln, die nicht »top-down« funktioniere. »Den Laden führbar machen«, das sei das wesentliche Geschäft. Außerdem müsse man bereit sein, »wie ein Gestörter zu arbeiten«. Daran scheiterten viele Berater. Wer etwas bewegen und Erfolg haben wolle, brauche »Überzeugungskraft« und »präzise Zusammenfassungen«. Ohne »Präsentation« sei dieser Erfolg nicht zu erreichen. Der Berater müsse seinen Kunden eine Geschichte erzählen, brauche eine »Storyline«. »Action Titles« müssten her, a., b., c. – drei »Bullet Points«, klar strukturiert, verständlich präsentiert. Berater als Experten für erfolgreiche Vereinfachungen und klare Strukturen – das ist wohl der Kern der Profession.

Ein guter Berater brauche zudem eine große Portion Intuition und Neugier, denn »Innovation entsteht immer an den Schnittstellen, zwischen den Sektoren«. Um dies herauszufinden, brauche man Detailkenntnisse, Sachkunde und Wissen über die einzelnen Abläufe. »Lösungsorientierte Tiefenschärfe« sei das Zauberwort.

Wer im streng hierarchisch aufgebauten System nach oben kommen wolle, müsse vor allem neue Kunden akquirieren. »Wer hat neue Leute zur Party gebracht?« – das sei die entscheidende Frage für den umkämpften »Transformationsmarkt«. Die Rekrutierung von Personal gehöre ebenfalls zu den zentralen Aufgaben eines Direktors. »Wo Rauch ist, ist auch Feuer«, lautet die Devise des versierten Beraters. »Ich suche richtig engagierte Leute.«

Leidenschaftlich. Belastbar. Anpassungsfähig. Dies sei die ideale Trilogie. Das ökonomische Wissen sei nicht entscheidend, das könne nachgeschult werden in den Anfängerkursen zugespitzt formuliert: »Drei Wochen BWL für Dumme« reichten aus, um als Berater zu bestehen. Besonderes Ziel sei es, gute Leute in den Firmen der Kunden zu platzieren. Sie seien die beste Garantie für neue Aufträge. Und das sei schließlich das Wesentliche.

Blinder Egoismus führe allerdings nicht allein zum Erfolg. Nicht nur Führungskräfte würden regelmäßig von den eigenen Leuten bewertet; es spiele auch eine Rolle, ob der Leiter die Projekte sinnvoll steuere und als Partner auch »anderen helfe, Projektleiter zu werden«. Die ständigen Bewertungen würden dazu beitragen, ein »McKinsey-Gefühl« zu erzeugen, das gepflegt und gehegt werde. Schließlich gelte der Grundsatz: »Das einzige Kapital sind die Leute.« Der häufig geäußerte Vorwurf an die Berater – »They won the war, but they burnt the village« – könne nur durch eine aufwendige Rekrutierung und eine intensive »Feedback-Schleife« abgefedert werden. Die nassforschen »Insecure Overachievers« könnten auf diese Weise aussortiert werden. Deren Erfolg sei am »Ende des Tages eher begrenzt«.

Vier erfolglose Anrufe, sechs Mails – und trotz persönlicher Kontaktbrücke wollte der junge, aufstrebende McKinsey-Mana-

McKinsey's Mission Statement

To help our clients make distinctive, lasting, and substantial improvements in their performance and…

…to build a great Firm that is able to attract, develop, excite, and retain exceptional people.

McKinsey&Company

McKinsey's Leitbild

Wir wollen unseren Klienten helfen, deutliche, andauernde und beträchtliche Leistungsverbesserungen zu erreichen und…

…eine großartige Firma zu schaffen, der es möglich ist, außergewöhnliche Menschen anzulocken, zu entwickeln, zu begeistern und sie im Dienst des Unternehmens zu halten.

Quelle: interne Schulungsdokumente von McKinsey

ger zunächst kein Interview geben, nicht einmal ein paar Fragen beantworten. »Das gehört nicht zur Politik des Hauses.« Die Kommentierung von internen Vorgängen, die Bewertung des Berateralltags sei – wenn überhaupt – nur die Sache von ganz wenigen Partnern an der Spitze des Branchenprimus.

Der Berater hält die Personalrekrutierung bei McKinsey für »hochgradig ineffizient«. Es werde sehr viel Geld und Zeit in die Nachwuchsbeschaffung investiert. »Die Firma lebt ja von den Leuten.« Die Rekrutierung nach dem Prinzip »bester Nachwuchs, den man bestens entwickeln müsse« sei mit hohen Kosten verbunden. »Das Recruiting ist ein Marathon.« Zu den wichtigsten Aufgaben von Beratern gehöre es, den Kundenunternehmen einen »großen Wert zu stiften«, das Management zu kritisieren und neue Lösungen zügig zu adaptieren. Entscheidend sei die Frage: »Workstream delivered?«

Gute Berater, so der McKinsey-Aufsteiger, müssten vor allem »belastungsfähig« sein, »analytische Fähigkeiten« haben, »ihr Umfeld bewegen können«. »Strukturierungs- und Priorisierungsfähigkeiten« seien genauso gefragt wie ein »sicherer Auftritt«. Man müsse aus dem Stand vor dem Vorstand einer großen Firma auf Augenhöhe präsentieren und bestehen können. Außerdem gelte es, auch mal »Crazy Ideas« und »anderes Denken« von Teammitgliedern zuzulassen.

Zu den Defiziten im Beratungsmarkt zählt der McKinsey-Mann die »schwierige Nachwuchssuche«, die »Qualitätsunterschiede« unter den Beratern und die fehlende Antwort, wie künftig »Wachstum in der Branche zu generieren« sei. Mit der Strategie »Client first« sei dies alleine nicht zu bewerkstelligen. Die »Knowledge-Frameworks« müssten in Zukunft verbessert werden und vor allem: »Die Implementierung der Ergebnisse läuft wirklich mangelhaft.«

Hier sieht der McKinsey-Manager noch erheblichen Nachholbedarf: »In der Implementierungsphase muss immer jemand aus dem Lenkungskreis dabei sein.« Viele analytisch abgesicherte Ergebnisse verpufften in der Praxis, weil bei der Umsetzung der Erkenntnisse das Interesse der Beteiligten oft erlahme.

Offenbar hat McKinsey die Problemzonen erkannt: An allen Standorten gibt es inzwischen einen so genannten »Wertetag«, eine Wertekonferenz für die Berater, die sich mit ethischen Fragen des Beratungsgeschäfts beschäftigt. Die Besinnung auf Werte habe laut dem McKinsey-Manager bereits Folgen: Fehlverhalten und falsches Auftreten würden direkt »geahndet«. Zu den Tabus gehören beispielsweise das Lesen von Projektdokumenten in Flugzeugen und vor allem das »Reden über die Arbeit bei McKinsey«. Gegen diese Regel habe er nun »verstoßen«, erklärt der Top-Berater, denn die Arbeitsverträge normierten ein striktes Redeverbot. Selbst die gelben McKinsey-Blöcke sind mit dem Leitsatz »For your eyes only« beschriftet. Das beharrliche Schweigen der Akteure und das Verbreiten der gestanzten McKinsey-PR sind die Gründe dafür, dass bislang fast keine Insiderberichte aus der Berater-Szene veröffentlicht wurden.

Der Sankt Gallener Managementprofessor Fredmund Malik hat den McKinsey-Mythos in einem Buch entziffert und betont, dass sich McKinsey mit seinem Schweigekartell erfolgreich gegen Kritik von innen und von außen immunisiere: »Die jungen Meckies bekommen eine Ausbildung, die ihnen das Denken abnimmt. Das sind Marines, die ihre Aufträge ausführen, ohne hinter sich zu sehen. Die sind unfähig, sich infrage zu stellen.«[4]

Die »Loyalitätsverpflichtung zu McKinsey«, die vertraglich auch über das eigentliche Arbeitsverhältnis hinausreicht, ist mit der Grund, warum Jürgen Kluge in seinen wenigen ausführlichen Interviews die »McKinsey-Welt« schönreden kann. Authentische Einblicke in den Arbeitsalltag der selbst ernannten »Leistungselite« gibt es nämlich kaum. Deshalb favorisiert der Ex-McKinsey-Chef auch das bewährte Selektionsinstrument in der Berater-Szene: »Up or out« – die Formel, mit der die Personalsteuerung zwischen Associate, Projektleitern, Senior-Projektleitern, Principals und Partnern geregelt wird. Dazwischen liegen gewaltige Gehaltsunterschiede von achtzigtausend Euro bis zu einer Million und weit mehr.

Jürgen Kluge kann das Prinzip »Up or out« auch ganz einfach erklären: »Die meisten sind realistisch und merken selbst, wenn sie sich schwer tun. Sie arbeiten dann am Rand der Belastungsgrenze und haben keinen richtigen Spaß mehr. Was immer hilft, ist Feedback, sowohl von unten als auch von oben. Je nach Beurteilung heißt es dann: aufsteigen oder gehen.«

»Up or out.« So einfach ist die McKinsey-Welt. Sie setzt auf uniforme Generalisten, die vor allem eins können: schweigen.

»In vierzig Tagen habe ich mein Jahresgehalt verdient«

McKinsey-Mitarbeiter zum Reden zu bringen, Auskunft zu bekommen, wie die Praxis wirklich aussieht, zu erfahren, welche Routinen den Alltag bestimmen – das gelingt höchst selten. Nach langen Vorgesprächen ist ein McKinsey-Berater aus der Top-Etage bereit, »auszupacken« und zu berichten, wie McKinsey im Inneren funktioniert. Richard, so wollen wir ihn nennen, schildert den Ablauf eines Beratertags:

Der Auftritt ist inszeniert. Morgens um neun Uhr schwärmen die Berater von McKinsey zu ihren neuen Kunden aus. Für die Mitarbeiter der jeweiligen Abteilungen sind sie auf Anhieb zu erkennen: Dreier-BMW, schwarze Anzüge, sehr jung. Sofort verschanzen sie sich im ihnen zugewiesenen Arbeitsraum. Im Zentrum des Beraterbüros steht wie ein Altar das wichtigste Instrument des Projektteams: die so genannte »Confi-Tonne«. Hier werden alle Dokumente, die im Beratungsprozess entstehen, sicher verschlossen, ehe sie vom professionellen Aktenvernichter abgeholt werden. Drumherum Laptops, Faxgerät, ein paar Akten. Viel mehr brauchen Berater nicht, wenn sie ihre Kunden aufsuchen.

»Wir sind endproduktorientiert und hypothesengetrieben«, erklärt Richard, der die inneren Prozesse und Logiken genau reflektiert hat. Am Anfang steht immer die Hypothese zum Projektauftrag. »Wir wissen die Lösung des Problems nicht, aber so könnte es sein«, bilanziert er. Dann folgen Interviews mit den Mitarbeitern, die über Details der Betriebsabläufe berichten, Konflikte und Schwachstellen analysieren. »Sie sind die Experten« – diese ungewöhnliche Motivationsspritze werden sie immer wieder von den McKinsey-Beratern hören.

Aufgabe der Projektleiter ist es, die Konfliktsituationen zu »spiegeln« und dann die aufgeworfenen Probleme »zu strukturieren«. In den folgenden »Jour-fixe-Treffen« oder »Teammeetings« werden die Interview-Analysen immer wieder aufgerufen, vertieft, variiert und schließlich in neue Zwischenergebnisse verpackt. Immer und immer wieder werden die Berater die Ergebnisse in handschriftlichen Skizzen und Schaubildern zusammenfassen und nach Indien faxen. »Zeit ist unsere wichtigste Ressource« – deshalb werden die Grafiken im fernen Indien und nicht vor Ort im Team erstellt. Immer wieder korrigieren, erweitern, verbessern die Berater Grafiken und Schaubilder. Die alten Papiere kommen sofort in die Confi-Tonne und werden geschreddert. Reduktion der Analysen und Zielformulierungen – das ist eine der Hauptbeschäftigungen der Meckies. »Wir priorisieren alles«, lautet die Devise der Berater.

Die McKinsey-Teams arbeiten immer nach dem gleichen Muster. Ihre Methode lautet: »Mutually exclusive, collectively exhaustive.« Das bedeutet, die Berater müssen einander ausschließende, einheitliche Lösungen präsentieren. Unterstützung sollen die Teamleiter von ihren jeweiligen Partnern bekommen, die die Verträge abgeschlossen haben und am Ende des Projekts auch den Löwenanteil des vereinbarten Honorars einstreichen werden. »Vier Millionen Umsatz müssen Manager in den großen Beratungsfirmen im Jahr bringen. Ein bis zwei Millionen bleiben für die Partner übrig.« Meistens, so der McKinsey-Projektleiter, trügen die Partner allerdings wenig zur Problemlösung bei, lieferten nur »Bullshit«, aber gelegentlich sei die Perspektive von außen »sehr beeindruckend«.

Die Arbeitsteilung ist klar definiert: »Der Partner macht die Akquise, der Manager ist verantwortlich für den Erfolg des Projekts. (...) Der Manager hat den Anreiz, möglichst viele weitere Projekte zu generieren und die Ansatzpunkte für zwei, drei neue Projekte dem Partner zu vermitteln. (...) Dann sagt der Manager: Okay, ich schreibe das Proposal. Der Partner geht dann hin und sagt: So machen wir es, schüttelt die Hand, und dann geht's weiter. Insofern ist die Akquise ein klarer Erfolgsfaktor, ein Kriterium für den Manager, um Partner zu werden.«

Interessant ist, dass die Kunden sich häufig gern in die schützenden Hände der Berater begeben. »Es ist doch so, dass nach dem Vertragshandschlag nicht eins zu eins die Dokumente geprüft werden, ob das Vereinbarte eingehalten wurde. Aber der Kunde hat meistens am Anfang auch nur ein ungenaues Verständnis von dem, was er wirklich will. Es bildet sich auch erst im Lauf des Projekts heraus. Deshalb sind die Proposals meistens relativ offen formuliert.«

Die Mitarbeiter müssen ein enges und vertrauensvolles Verhältnis zu den Partnern pflegen, denn die sind die Türöffner zu neuen Projekten, in ihrer Hand liegen die Verlängerung der Projekte oder mögliche Nachbesserungen, wenn die Kunden unzufrieden sind. Umgekehrt muss der Partner seine »Mannschaft« motivieren, denn sie ist seine Geldquelle. »In vierzig Tagen habe ich mein Jahresgehalt verdient«, erklärt Richard lakonisch das Geschäftsmodell von McKinsey. Für ihn kassiert die Firma einen Tagessatz von dreitausend Euro und mehr. Er selbst bekommt aber »nur« 120 000 Euro im Jahr. »Der Partner selbst muss beim Kunden die Rechnungen eintreiben und sagen: Du kaufst jetzt für acht Millionen oder wie auch immer. Die Partner haben einen unglaublich hohen Vertriebsdruck und müssen quasi die vier Millionen liefern. Wir haben jetzt erstmals Situationen, wo Leute, denen die Partnerschaft angeboten wird, sie ablehnen, weil sie sagen, das ist für mich nicht attraktiv.«

Angefangen hat Richard, der heute Projektleiter ist, mit 80 000 Euro. Das ist das Grundgehalt für Mitarbeiter mit zwei Studien oder Promotion. Zehn bis zwanzig Prozent Gratifikation können jedes Jahr dazukommen, wenn »die eigene Performance« stimmt und die »Performance der Partner«. Im zweiten und dritten Jahr gibt es zusätzlich eine Gehaltsanpassung von zehn bis fünfzehn Prozent. Das hängt von den Beurteilungen ab, die den Rhythmus von »Up or out« bestimmen.

Nach anderthalb Jahren kann der Junior Consultant zum Senior Consultant aufsteigen. Wieder dauert es etwa anderthalb Jahre, bis der Aufstieg zum Projektleiter erfolgen kann. Wenn die Bewertungen von Kollegen und Vorgesetzten stimmen, kommt die nächste Karrierehürde: Nach anderthalb bis zweieinhalb Jahren hat der tüchtige Projektleiter die Chance, Juniorpartner zu werden. Nach sechseinhalb Jahren bei McKinsey wird die Luft dann dünn, denn nur sehr wenige – etwa zehn Prozent – schaffen den Aufstieg zum Partner, der Lizenz zum Gelddrucken. Up or out? Eigentlich müssten alle, die den Aufstieg zum Partner nicht schaffen, die Firma verlassen. »Dies wird in der Praxis aber sehr persönlich und individuell geregelt. Viele bleiben einfach, auch weil sie keine Alternative haben und gut verdienen.«

Richard kann auch das Anforderungsprofil eines Beraters in ein Schaubild mit vier Punkten packen: Einen guten Berater zeichnet »klares Denken, klare Strukturen, Einschätzungsvermögen von Chefs und Mitarbeitern sowie spezielles Branchenwissen« aus. Der typische Berater sei ein »Insecure Overachiever«, ein innerlich unsicherer Erbringer übermäßiger Leistungen. Sein Profil sieht so aus: »Ein leicht cholerischer Perfektionist, der dominant auftritt, der clever ist, intellektuell, eher konservativ bis neoliberal eingestellt.« Er macht seinen Job »aus Leidenschaft«, weil das Gehalt nur ein »Trostpflaster« sei. Denn der Arbeitsalltag »schlaucht wahnsinnig«. Die vielen Arbeitsstunden von

Montag bis Donnerstag von 9.00 bis 22.00 oder 23.00 Uhr haben vor allem Signalwirkung gegenüber den Kunden. Die intensive Präsenz soll die »hohen Tagessätze rechtfertigen. (...) Ob das immer effektiv ist, steht auf einem anderen Blatt.«

Berater – zumindest unterhalb der Stufe der Partner und Direktoren – leben ein »hektisches Leben. (...) Vielleicht ist einmal in der Woche ein Abendessen mit dem Team drin, mehr aber nicht.« Ihre Devise: »Work hard, party hard.« Ein bisschen Party gibt es auch am Freitag, dem »Office Day«. Intern gilt dieser Tag als »Social Day«: achtzig Prozent Arbeit, zwanzig Prozent persönliche Gespräche und Kontakte. Die Zentralen haben – auch zu diesem Zweck – Fullservice-Kantinen, in denen es ein durchgehendes Catering, Sandwiches und Getränke gibt.

Zum großen Trostpflaster, dem Gehalt, kommen noch die vielen kleinen Trostpflaster, die den Job erträglich machen: »Fliegen grundsätzlich in der Businessclass, viele Miles-and-more-Meilen, Hilton-Hotelpunkte, Dienstauto und Diensthandy, Incentive-Reisen, Fortbildungen, der Wertetag und so weiter und so fort. (...) Ohne diese Annehmlichkeiten würden viele Berater den zeitraubenden Job nicht durchhalten. (...) Der Ausbruch aus dieser Komfortzone ist nicht einfach.«

Mit seinen Problemen steht der »Berater ohne Privatleben« meist allein da. Oft sind die »Peers« die Stützen eines persönlichen Netzwerks. »Die Kolleginnen und Kollegen, mit denen man angefangen hat, können die gerade anstehenden Probleme am besten verstehen.« Um die erfolgreichen Mitarbeiter möglichst lange einsetzen zu können, baut McKinsey zudem zahlreiche Sicherungssysteme in das Unternehmen ein. Dazu gehören interne Coachs, die man etwa acht Stunden lang im Halbjahr nutzen kann. Neben dieser Chance zur Supervision bekommt jeder Mitarbeiter einen so genannten Paten, »einen großen Bruder oder eine große Schwester«, die man in Alltagsfragen und Konfliktsituationen ansprechen kann.

Zentral im McKinsey-System ist aber der persönliche Mentor,

meist ein Partner oder Direktor, der in allen Fragen der wichtigste Ansprechpartner ist. Die Karriere jedes McKinsey-Mitarbeiters steht und fällt mit der Beziehung zu seinem Mentor. Bei schlechten Bewertungen, Beschwerden von Kunden oder anderen Konflikten kann der Mentor einwirken, schlichten, aber auch den drohenden Ausstieg beschleunigen. Kollegen im »Home Office«, dem festen Standort des jeweiligen Beraters, Mitarbeiter in früheren Projekten oder die Kursteilnehmer beim »Mini-MBA« – einem Schnellkurs zur Erlangung eines MBA – sind weitere Korsettstangen im Stützsystem von McKinsey. Damit soll ein gewisses Familiengefühl im Haifischbecken entstehen und die Abbrecherquote verringert werden.

Auch die interne Kommunikation ist genau geregelt: Wenn etwa im *manager-magazin* ein dosiert kritischer Beitrag erscheint, werden die Meckies sofort per Mail informiert und in dieser »Rapid Response« mit einem »Wording« versorgt. Jeder weiß dann, wie die Firmenleitung denkt und lenkt. Das Leben bei McKinsey folgt einem ausgeklügelten System. Man wird immer wieder »ins kalte Wasser geschmissen«, aber immer wieder auch von der »McKinsey-Familie aufgefangen«. Ziel ist es, den »Eigenantrieb der Mitarbeiter zu entzünden«, die Berater »emotional brennen zu lassen. (...) Man ist ständig mit McKinsey-Leuten zusammen und wächst zu einer McKinsey-Familie zusammen.«

Das System funktioniert, so Richard, »indem sich jeder ständig leicht überfordert fühlt«. Das fördere den »Drive« und die »Angst«. Denn in jedem Quartal steht eine umfassende Bewertung auf dem Plan. Im Durchschnitt bleiben die meisten Mitarbeiter nur dreieinhalb Jahre bei McKinsey. Jedes Jahr gehen auf jeder Ebene rund fünfzehn bis zwanzig Prozent ab. »Zehn Prozent sind gut, zehn Prozent sind schlecht, der Rest bewegt sich in der Mitte.« Diese Formel heißt »Forced Distribution« – beschleunigte Verteilung. Es geht um schlechte Bewertungen der Arbeit und der Projekte. Wer zweimal hintereinander die Bewertung »low« bekommt, muss das Unternehmen verlassen. Die Be-

Inspire Direction

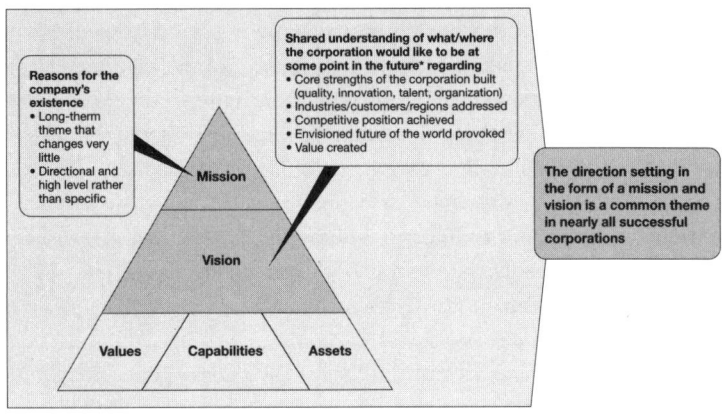

Original-Chart McKinsey

Die Richtung weisen

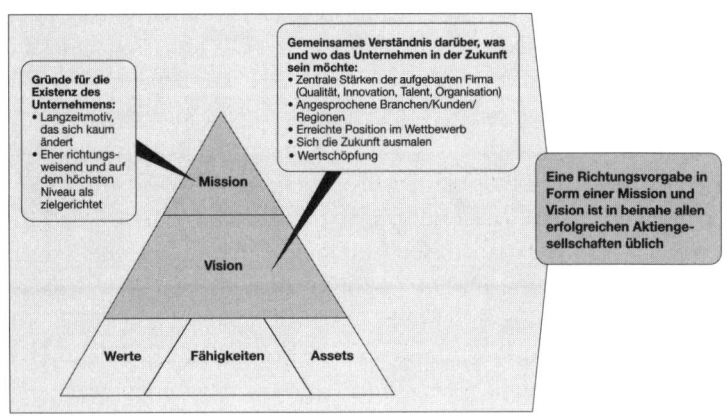

Inspire Direction – McKinsey & Company

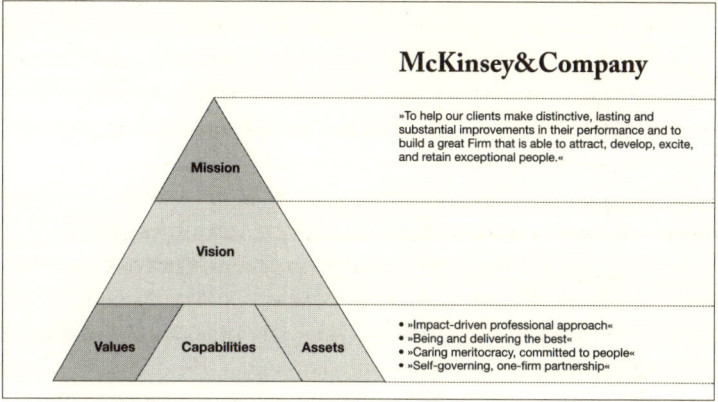

Original-Chart McKinsey

Die Richtung weisen – McKinsey & Company

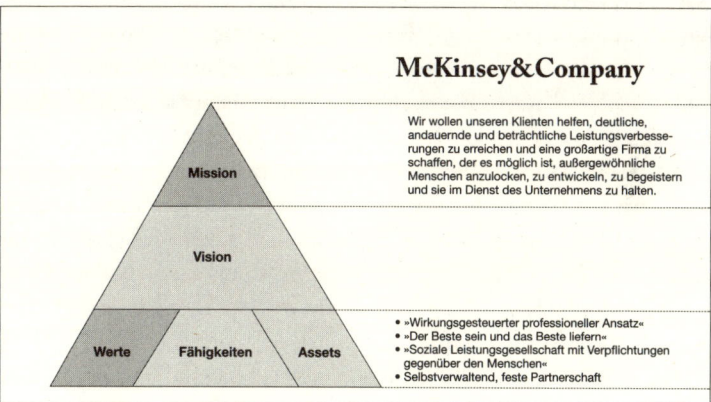

Quelle: Interne Schulungsdokumente von McKinsey

wertungen »good« und vor allem »high« befeuern dagegen das Karrieretempo.

Nach sechs Stunden Interview über alle Details der McKinsey-Familie räumt Richard selbst ein, dass man »ein bisschen bekloppt« sein muss, wenn man diesen Job erträgt. Die relativ kurze Verweildauer und der ständige Wechsel sind also eingeplant. Dadurch erklärt sich auch der riesige Aufwand der Beraterfirmen auf dem Gebiet des Recruitings. Bei McKinsey geht es darum, den Beratern ein »Premium-Modell« zu vermitteln, schließlich werden ja auch Premium-Preise verlangt. »Irgendwo ist es eine surreale Welt«, in der die »Drive-Macher« leben. Manche brennen, bis zum Burn-out. Diese Geschäftspolitik des internationalen Unternehmens wird auch von dem neuen Deutschland-Chef, Frank Mattern, fortgesetzt.

In den Fußstapfen der Zahnärzte

Jürgen Kluge war Chef der größten und teuersten Unternehmensberatung in Deutschland, deren Firmenname zur Marke für eine ganze Branche geworden ist. »Deutschland ist ein Sanierungsfall«, erklärt Kluge. Wenn dieser Mann das Wort ergreift, dann hat das Gewicht in der deutschen Wirtschaftsbranche.

Auffallend unauffällig kommt der Spitzenberater daher: gelassen, abwartend, fast schüchtern, in sich ruhend und konzentriert. Er sieht überhaupt nicht aus, wie man sich einen McKinsey-Menschen vorstellt. Ohne Honorar spricht Jürgen Kluge bei den Grünen, bei der CDU und der SPD. Der Grund: Solche Vorträge sind Kontaktbörsen für künftige Geschäftsbeziehungen. Wenn es sein muss, geht er auch mal zu Sabine Christiansen. Trotzdem ist er kein öffentliches Gesicht, keine Medienfigur.[5]

McKinsey steht als Markenname für eine ganze Branche. Für den 1926 gegründeten Weltkonzern arbeiten heute 11 000 Mitarbeiter. McKinsey agiert zwar mit dem Anspruch, Politik zu gestalten; die Spitzenvertreter des einflussreichen Unternehmens halten sich aber mit Stellungnahmen zu ihrer Arbeitsweise extrem zurück. Ende Mai 2006 beantwortete McKinsey-Pressesprecher Rolf Antrecht zumindest schriftlich Medien-Anfragen. Diese Aussagen – nach der Veröffentlichung von »Beraten und verkauft« – illustrieren das elitäre Selbstverständnis der »Meckies«: »Aufgrund unserer nachweisbaren Erfolge wenden sich öffentliche Verwaltungen an uns, da sie grundsätzlich vor den gleichen Herausforderungen stehen wie Industrieunternehmen.« Diese Gleichsetzung von zwei völlig unterschiedlichen Sektoren öffnet den Blick für ein zentrales Problem. Die Gesetze der Betriebswirtschaft werden von McKinsey bruchlos auf den öffentlichen Sektor übertragen. Weiter heißt es: »McKinsey bietet keine Politikberatung an. Unsere Klienten sind nicht Politiker, sondern Institutionen des öffentlichen Sektors.« Doch diese Berater-Folklore scheint nicht einmal bei Jürgen Kluge anzukommen, der zum 1. Januar 2007 als Deutschlandchef von McKinsey zurücktrat. Ihn plagte schon früh das schlechte Image seiner Branche.

Er fühle sich wie ein Zahnarzt, sagt Jürgen Kluge zur Begrüßung bei einem Termin mit der *Süddeutschen Zeitung*.[6] »Vor ein paar Jahren waren die Zahnärzte die Bösen, heute sind die Berater dran.«

McKinsey Deutschland erzielte im Jahr 2006 einen Umsatz von 600 Millionen Euro. Es habe zu wenig qualifizierten Nachwuchs gegeben, und er habe Personal für ausländische McKinsey-Büros abstellen müssen, begründet Kluge die Bilanz.[7] Im Jahr 2005 stellte McKinsey 133 neue Berater ein. Gerade hat der Berater-Gigant das erste »Asia House« in Frankfurt eröffnet. Der neue Standort soll die Nachfrage nach China-Know-how bedienen.

Inspire Direction – Key Questions to be addressed

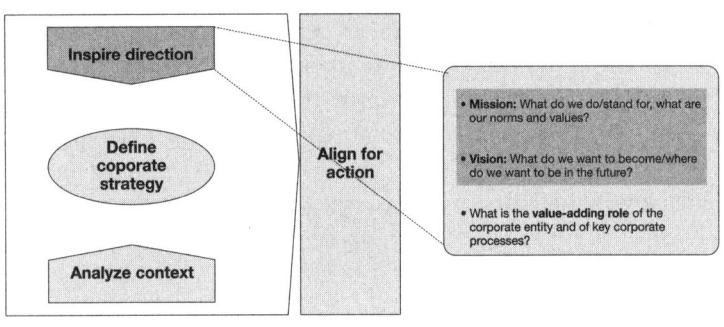

Die Richtung weisen – Wichtige Fragen, die angesprochen werden müssen

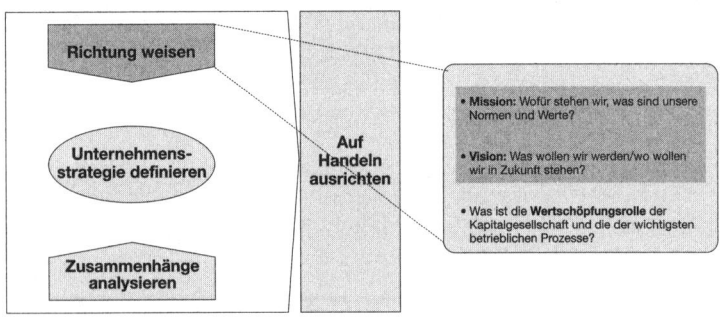

Quelle: Interne Schulungsdokumente von McKinsey

Der Enron-Skandal: Ein Fanal für die Branche

Ein schwerer Schlag für McKinsey waren der Enron-Skandal im Herbst 2001 und der anschließende Konkurs des Energieriesen. Zu dem Zeitpunkt stand das Strom- und Gasunternehmen Enron in der Liste der größten US-Unternehmen an siebter Stelle.

Enron ist ein Symbol für einen der größten Unternehmensskandale in den USA. Der Energiekonzern mit Firmensitz in Houston präsentierte sich in der Öffentlichkeit gerne als die »beste Firma der Welt« (»The World's Greatest Company«). Der Vorwurf der Justiz: fortgesetzte Bilanzfälschung. Das Unternehmen mit 20000 Mitarbeitern hatte vor der Insolvenz im Dezember 2001 eingeräumt, Gewinne in den Jahren zuvor um 1,2 Milliarden Dollar zu hoch veranschlagt zu haben. Begleitet wurden die Enron-Manager unter anderem von den Wirtschaftsprüfern der Firma Arthur Andersen. Die Berater wurden im Zuge der Ermittlungen wegen Behinderung der Justiz rechtskräftig verurteilt. Arthur Andersen wurde schließlich in Folge des Skandals als Unternehmen aufgelöst. Der Enron-Skandal hatte auch eine positive Auswirkung: Die gesetzlichen Vorschriften zur Unternehmensberichterstattung wurden verschärft, die Kontrollen für börsennotierte Unternehmen intensiviert. Die Pleite hatte aber auch für die betroffenen Arbeitnehmer gravierende Folgen: Viele Tausende wurden arbeitslos, die Pensionskassen der Mitarbeiter mussten Milliardenverluste verkraften. Der Bilanzskandal gilt mittlerweile als Symbol für Wirtschaftskriminalität im großen Stil und ungezügelte Arroganz von Unternehmern.

Der renommierte US-Ökonom Joseph Stiglitz hat in seinem Buch »The roaring Nineties« (Penguin Books 2003: 241-268) die Methoden der Bilanzfälschung ausführlich analysiert. In der Enzyklopädie Wikipedia werden die wesentlichen Punkte zusammengefasst: »Verkäufe von Waren (z. B. Erdgas) als Termingeschäfte (...) wurden bereits von Anfang an als Einnahmen gebucht. Zudem wurden ähnliche Geschäfte zum Einkauf derartiger Waren nicht als Ausgabe gebucht. Dadurch steigt der Gewinn (...) in der Berichtsperiode. Enron ging dazu über, solche Geschäfte mit in ausländischen Steuerparadiesen gegründeten anonymen ›Off-Shore‹-Gesellschaften abzuschließen... Enron machte praktisch Geschäfte mit sich selbst. Der Konzern wies die ›Einnahmen‹ aus diesen Geschäften in der eigenen Bilanz aus.« Und schließlich spielten die Banken bei den Bilanzfälschungen eine aktive Rolle: »Weiterhin begann die Firma, die ›Käufe‹ der Off-Shore-Gesellschaften von Banken vorfinanzieren zu lassen, so dass sich der Konzern über seine anonymen Tochtergesellschaften verschuldete, ohne dass dies in der Konzernbilanz offenbar wurde.«[8]

Bei der rechtlichen Aufarbeitung der Enron-Pleite blieben die beteiligten Unternehmensberater weitgehend ungeschoren. Ende September 2006 wurde der frühere Finanzchef des Energiehändlers, Andrew Fastow, wegen Betrugs zu sechs Jahren Gefängnis verurteilt. Seine Mitwirkung als Kronzeuge zahlte sich aus. Im Frühjahr 2006 sagte er im Hauptprozess gegen seine ehemaligen Chefs aus und belastete sie schwer. Einer der beiden, Kenneth Lay, ist mittlerweile verstorben. Jeffrey Skilling droht wegen Betrugs und Verschwörung eine Haftstrafe von maximal 185 Jahren Gefängnis.

Immer dabei im öffentlichen Sektor

Natürlich ist McKinsey auch am öffentlichen Sektor interessiert. Ohne Neid räumen die Konkurrenten ein, dass Experten von McKinsey entscheidend dazu beigetragen hätten, dass die Deutsche Post mit 380 000 Beschäftigten heute wie ein »echtes« Unternehmen wirkt – allerdings mit spürbar reduzierter Servicequalität und, wie bei der Telekom, mit radikalem Personalabbau.

Der McKinsey-Anspruch, dem beratenen Unternehmen mindestens das Zehn- bis Zwanzigfache des vereinbarten Honorars zu bringen, soll auch bei staatlichen Aufträgen gelten. »Wir machen da keine Unterschiede. Aber wir gehen nicht in diese Kommissionen«, erklärt Kluge. In der Hartz-Kommission saß stattdessen Jobst Fiedler von Roland Berger. Kluge legt Wert darauf, dass Peter Kraljic, ebenfalls Teilnehmer der Kommission, ein ehemaliger McKinsey-Mann ist. Eine persönliche Kommissions-Mitarbeiterin von Peter Hartz arbeitet heute wieder für McKinsey. Ehemalige Meckies sitzen eben überall in der deutschen Wirtschaft.[9]

»Politik ist ein schwieriger Bereich für Berater. Beamte und Politiker bilden ein Fehlervermeidungssystem. Das wird sich ändern und professionalisieren. Was wir zurzeit erleben, sind die Geburtsschmerzen dieser Professionalisierung«, meint der Ex-McKinsey-Chef. Horst Seehofer protestiert[10]: »Wer über die Zahlen bestimmt, bestimmt auch die Inhalte. So nehmen die Berater der Politik allmählich das Geschäft ab, und irgendwann werden wir uns fragen: Wozu eigentlich noch Politik?«

Als die Herzog-Kommission im Jahr 2003 über die CDU-Sozialkonzepte der Zukunft beriet, fiel McKinsey eine Schlüsselrolle zu. Die Berater rückten sogar in die Berliner Parteizentrale ein, die Geschäftsstelle der Kommission wurde mit Angestellten des Konrad-Adenauer-Hauses und McKinsey-Leuten besetzt. In der Herzog-Kommission sei es um »zutiefst politische Gestaltungsaufgaben« gegangen, trotzdem habe McKinsey die Richtung bestimmt, klagt der frühere Gesundheitsminister Horst Seehofer: »Vor allem deshalb habe ich an den Sitzungen der Kommission nicht mehr teilgenommen und mein eigenes Konzept für eine Bürgerversicherung vorgelegt.« Auch andere Unionsmitglieder kritisierten, die Modellrechnungen der McKinsey-Berater für die sozialen Sicherungssysteme – etwa die umstrittene Kopfpauschale – seien grob falsch gewesen. Zahlen sind für die Berater oftmals Schall und Rauch – Hauptsache, sie werden selbstbewusst vorgetragen. Überprüfungsfähig sind sie allerdings selten. Vor allem Angela Merkel und Friedrich Merz wird ein enges Verhältnis zum Branchenriesen McKinsey nachgesagt. Merz, der vor seiner politischen Karriere beim Verband der Chemischen Industrie arbeitete, zog sich bei seinem Antritt als Fraktionschef viel Spott zu, als er vorschrieb, künftig müssten sich Mitarbeiter der Unionsfraktion einem Eignungstest durch Unternehmensberater von McKinsey unterziehen.

Die Wertschätzung von Angela Merkel für McKinsey hatte weiterreichende Folgen. Merkel ließ sich von Jürgen Kluge bereits beraten, als sie ihr Konzept für eine »Neue Soziale Marktwirtschaft« vorlegte. Die Interessen trafen sich: Angela Merkel brauchte als Parteichefin vor allem Wirtschaftskompetenz; der direkte Draht zum Top-Berater Kluge mit seinen vielfältigen Kontakten war ihr also hoch willkommen. So entstand das »Marktwirtschaftspapier«, die Grundlage für die marktliberale Linie der heutigen Kanzlerin; dafür wurde sie im Wahlkampf 2005 scharf kritisiert. Ihr schlechtes Wahlergebnis ging also mit auf das Konto der McKinsey-Berater, die sie auf den marktliberalen Kurs gebracht hatten. Der liberal-konservative Duisburger Parteienforscher Prof. Dr. Dr. Karl-Rudolf Korte, ein Intimus der CDU, fasste diese Entwicklung in einem Interview mit der *Tagespost* zusammen: »Das Wahlprogramm der Union hätte auch McKinsey schreiben können.«[11]

Angela Merkel und Jürgen Kluge treffen sich inzwischen regelmäßig, das *manager-magazin* rief Kluge bereits im Jahr 2004 zum Kandidaten für einen Ministerposten in einem Kabinett Merkel aus.[12] Daraus ist bekanntlich bis heute noch nichts geworden. Dafür hat McKinsey nun direkten Zugang zum Kanzleramt. Die Perspektiv-Investition hat sich also ausgezahlt.

»McKinsey bildet«

Lange vor PISA hat Jürgen Kluge Bildung zu seinem Thema gemacht. Nur mehr Bildung könne mehr Wachstum erzeugen, sagt er: »Bildungsarmut schafft Innovationsarmut, die führt zu einem Mangel an Wachstum und zu weniger Wohlstand, so dass wir die Sozialsysteme nicht mehr aufrechterhalten können. Das Ticket zu künftigem Wohlstand ist nur über Schule, Aus- und Weiterbildung und Spitzenforschung zu haben.« Elitehochschulen ohne Studiengebühren seien eine Reform mit angezogener Handbremse, die nicht funktionieren werde. »Derzeit sind wir in Deutschland noch an dem Punkt: Wir brauchen und wollen Eliten, aber bitte in ganzer Breite.«[13]

Eliten sollten sich nicht nach Herkunft, Hautfarbe oder Geschlecht definieren, sondern nach Leistung, findet Kluge. »PISA hat gezeigt, dass wir ein mittelmäßiges Schulsystem haben, das aber die höchste soziale Selektion hat. Damit verschleudern wir Talente, heimische Aufsteiger wie Migranten.« Bei diesem Thema kommt er in Fahrt: »Wir müssen das Potenzial in unseren Köpfen ausschöpfen und attraktiv werden für die Besten der Welt.«[14] Ideenwettbewerb fördern, statt Unterschiede im Bildungszugang nivellieren, und damit Chancengerechtigkeit ermöglichen – das scheint Kluges Devise zu sein.

Jürgen Kluge hat deshalb unter dem Motto »McKinsey bildet« einen Sanierungsplan erarbeitet und vorgerechnet, wie Investitionen in Bildung sich amortisieren. Niemand habe eine Vorstellung davon, wie eng das demografische Zeitfenster für Bildungsreformen sei. »Eigentlich ist es schon fast wieder zu. Wenn wir jetzt sofort mit einem Fingerschnippen das beste Bildungssystem der Welt zaubern könnten, dauert es noch 25 Jahre, bis diese gut ausgebildete Generation auch da ist.«[15]

In Zweierteams traten deshalb 16 Wissenschaftler von McKinsey vor insgesamt 240 Erzieherinnen in Berlin und erklärten ihnen unter dem Titel »Warum ist der Himmel blau?« Phänomene, die Kinder faszinieren. Für McKinsey ist die Förderung von Wissenschaftsinteresse bei Kindern nicht das erste Engagement in Kindertagesstätten.[16] Zuvor war die Unternehmensberatung beim Thema »Sprachförderung in Kitas« aktiv. Auch im neuen »Exploratorium«, einer Einrichtung in Potsdam, sollen Kinder experimentieren und spielend lernen können. Die PR-Maschine funktioniert also gut.

Der Fall Grohe: Ein Symbol für die Berater-Branche

Im Jahr 2004 sprach man bei dem renommierten deutschen Armaturenhersteller Grohe am Stammsitz in Hemer im Sauerland noch vom Börsengang. Grohe erzielte im Vorjahr ein Betriebsergebnis von knapp 145 Millionen Euro und machte fast 890 Millionen Euro Umsatz[17] – gute Zahlen für ein Unternehmen, das Wasserhähne, Duschköpfe und Sanitärsysteme herstellt. Jetzt soll Grohe plötzlich ein Sanierungsfall sein, Stellen werden abgebaut, radikale Sparmaßnahmen verordnet und Produkte gestrichen. Was ist passiert?

Im Sommer 2004 reichte der damalige Grohe-Besitzer, die Kapitalfondsgesellschaft BC Partners, die Firma an die amerikanische Texas Pacific Group (TPG) und die Credit Suisse First Boston Private Equity (CSFB) weiter – für viel zu viel Geld, wie Finanzkreise und Kenner der Sanitärbranche meinen. TPG und CSFB zahlten 825 Millionen Euro und übernahmen rund 760 Millionen Euro Schulden.[18] BC Partners hat für Grohe damit wesentlich mehr herausgeschlagen, als der eigentlich für den Herbst 2004 geplante Börsengang eingebracht hätte.

Im Jahr 1999 hatte BC Partners den Armaturenhersteller für insgesamt 900 Millionen Euro[19] übernommen. Rund 390 Millionen Euro Eigenkapital steckte BC Partners zusammen mit anderen Investoren in Grohe, weitere 800 Millionen kamen als

Darlehen vor allem von der Dresdner Bank und der HypoVereinsbank. Die Investoren reichten die Kredite später an über zwanzig Banken weiter. Neben der deutlichen Vermehrung des Einsatzes haben die Finanzinvestoren ganz nebenbei noch mehr herausgeholt: Im Jahr 2000 nahmen sie die einst im M-Dax notierte Friedr. Grohe AG von der Börse, zogen über einen Kapitalschnitt 500 Millionen D-Mark Eigenmittel ab und entnahmen mit der Dividendenausschüttung insgesamt 700 Millionen D-Mark – summa summarum also 350 Millionen Euro.[20]

Das ist aber gar nichts, verglichen mit dem, was TPG und CSFB nun vorhaben: Das Unternehmen muss den überteuerten Kauf für die neuen Eigentümer finanzieren – durch Schulden. Die Folgen sind fatal – der Schuldendienst erdrückt das Unternehmen. Die Grohe-Mitarbeiter müssen damit die Fehler des völlig überteuerten Kaufs der neuen Eigentümer ausbaden.

»Drei Gründe waren es, die Texas Pacific und CSFB zum Einstieg bewogen haben sollen«, analysiert die *Frankfurter Allgemeine Zeitung*. »Nur einer klingt plausibel: die Wachstumschancen, die der gut aufgestellte Marktführer Grohe weltweit gehabt hat. Die zwei anderen Beweggründe jedoch hatten für Grohe schwerwiegende Folgen. Erstens: Die als aggressiv bekannte TPG wollte mit aller Macht die Präsenz im deutschen Markt ausbauen und sah in dem Kauf von Grohe dafür eine gute Gelegenheit. Zweitens – und das wiegt wesentlich schwerer – erhofften sich die neuen Eigentümer nach Informationen aus vertrauten Kreisen stille Reserven im Unternehmen, die aber nicht vorhanden waren. Das lässt auf eine unzulängliche Prüfung der Unterlagen durch die Käufer schließen. Wenn es stille Reserven gab, hatte sie BC Partners längst gehoben.«[21]

Was nun folgte, war von Anfang an geplant: Umgehend und zur Überraschung fast aller Beobachter ersetzten die Investoren den alten Vorstandschef Peter Körfer-Schün, der als Haudegen der Branche gilt und Grohe als sein Lebenswerk betrachtet, durch den Engländer David Haines. Kritiker stört daran gleich dreierlei: Haines habe keine Erfahrung als Vorstandschef, keine Erfahrung in der Branche und kein Gespür im Umgang mit Mitarbeitern.[22]

Im September 2004 erhielt McKinsey den Auftrag, überflüssige Kosten zu identifizieren – Auftragsvolumen: zehn Millionen Euro. Die Beraterfirma lieferte ein rund hundert Seiten dickes Gutachten, von dem nur die Vorstände und Aufsichtsräte je ein nummeriertes Exemplar besitzen. In seiner Radikalität ist das McKinsey-Gutachten kaum zu überbieten: Von 2007 an sollen jährlich 150 Millionen Euro eingespart werden, davon 68 Millionen Euro im Einkauf.[23] Den Rest müsse die deutsche Belegschaft tragen – indem sie abgebaut wird.[24] Im Detail hält es McKinsey für »unumgänglich«, vier der fünf Werke in Deutschland zu schließen, um so »den Bestand der erfolgreichen Marke Grohe zu sichern«[25].

Dem Kahlschlag würden 2710 Vollzeitstellen zum Opfer fallen.[26] Die Belegschaft sollte nach den McKinsey-Plänen von 4050 auf 1340 Mitarbeiter sinken. Das Papier der Meckies sah zudem vor, dass Grohe in Deutschland nur noch als reine Holding agiert – zumindest den guten deutschen Namen eines weltweit auftretenden Marktführers wollten die Berater erhalten. Gleichzeitig sollte Grohe künftig fast ausschließlich in China einkaufen, Fabriken in Thailand, Portugal und USA mit mehr als 700 zusätzlichen Mitarbeitern aufbauen und in Polen ein neues Werk für 810 Mitarbeiter errichten.[27]

Der Betriebsrat handelte und gab seinerseits bei der Beratungsfirma Management Engineers (ME) ein Gegengutachten in Auftrag. Die Berater kamen zu dem Schluss, das McKinsey-Konzept weise »signifikante Risiken sowohl hinsichtlich der nachhaltigen Sicherung der Wettbewerbsfähigkeit als auch der Implementierung auf«[28].

ME, das von einem ehemaligen McKinsey-Partner gegründet wurde, hält den Abbau von 842 Jobs in Deutschland für ausreichend.[29] Nur ein Werk müsse schließen, die Sozialplankosten seien daher viel geringer. Explizit erwähnen die Berater einige Risiken der McKinsey-Analyse: »Sinkende Qualität, mangelnde Lieferbereitschaft, schwierig steuerbare Wertschöpfungskette, Senkung der Markteintrittsbarrieren für chinesische Lieferanten, Verlust von Marktanteilen.«[30] Außerdem drohe ein »Imageschaden«, auf Dauer würden die vorgeschlagenen Sparmaßnahmen die Marke »in Gefahr bringen«: Es sei zweifelhaft, ob Kunden künftig noch bereit seien, die hohen Preise für Grohe-Armaturen zu bezahlen, wenn sie wüssten, dass diese in Billiglohnländern hergestellt würden.[31]

Auch Grohe-Chef David Haines ging auf Distanz: Die von McKinsey vorgeschlagenen Maßnahmen seien ihm zu radikal. Die bis 2010 vorgesehenen Einsparungen von jährlich 150 Millionen Euro sollen Haines zufolge über eine straffere Einkaufsorganisation und eben über den immer noch drastischen Stellenabbau erfolgen.

Betriebsrat und Geschäftsleitung einigten sich schließlich 2005 auf einen deutlich geringeren Stellenabbau. Zwar müssten 943 Beschäftigte bis Ende 2006 mit betriebsbedingten Kündigungen rechnen. Doch wie die Geschäftsleitung mitteilte, könne das Unternehmen »langfristig mehr als 3000 Arbeitsplätze in Deutschland erhalten«.[32] Das Werk Lahr sei ebenso gesichert wie die Standorte in Hemer und Porta Westfalica. Bitter trifft es allerdings den ostdeutschen Standort Herzberg in Brandenburg: Er wird geschlossen, dreihundert Mitarbeiter verlieren ihren Arbeitsplatz.[33] Peter Paulokat, Vorsitzender des Gesamtbetriebsrats, sprach von »schmerzlichen Einschnitten«, auch wenn es gelungen sei, die Zahl der Stellenstreichungen zu begrenzen.

Haines hat den Freiraum, das nun bekannt gewordene Sparprogramm umzusetzen. Das aber muss er zügig und konsequent tun. Gelingt es ihm, so die Meinung von Unternehmensbeobachtern, so werden TPG und CSFB ihn weiter wirken lassen. Das erhöht die Chance, Grohe doch noch als ein einigermaßen attraktives und – trotz hoher Schuldenlast – substanzhaltiges Unternehmen zu bewahren. Misslingt die Sanierung, so könnten die Finanzinvestoren allerdings wieder das McKinsey-Gutachten hervorholen und den radikalen Weg gehen.

»Die IG Metall spricht von einem Teilerfolg«, kommentiert die *Frankfurter Rundschau*. »So kann man es sehen. Der öffentliche und interne Widerstand verhinderte möglicherweise größere Schweinereien, die den neuen Herren in Hemer vorgeschwebt haben mögen. Vielleicht wurde McKinsey aber auch beauftragt, ein Horror-Szenario zu entwerfen, um die Verhandlungen in die gewünschte Richtung zu lenken und die jetzt vereinbarte Job-Rasur als weniger einschneidend erscheinen zu lassen.«[34]

Wie auch immer: Die Vorgänge bei Grohe entlarven Finanzinvestoren als gierige Akteure und die Unternehmensberater als ihre Büchsenspanner. Sie rechnen nicht mit soliden Dividenden durch den Betrieb des Unternehmens, sondern spekulieren auf einen lukrativen Verkauf. Ziel ist, möglichst geringe Steuern zu zahlen und Verluste steuermindernd geltend zu machen. Binnen kurzer Zeit wurde die einst rentable Firma zu einem Sanierungsfall heruntergewirtschaftet. McKinsey allerdings ist fein heraus: Die Berater taten nur das, womit man sie beauftragte. Als bloße Erfüllungsgehilfen der Branche können sie sich – wie immer – aus der Verantwortung ziehen.

Auch intern, unter den Beratern von McKinsey, dürfte das Grohe-Engagement höchst umstritten sein. Der eine Flügel hat wohl keine Bedenken, der andere sieht aber zahlreiche ethische Probleme und einen gewaltigen Imageschaden für den Branchenprimus.

McKinsey denkt und lenkt beim DGB

Auch die Gewerkschaften haben das McKinsey-Engagement bei Grohe heftig kritisiert. Gleichwohl lassen sie sich intern selbst von McKinsey beraten. Ende Januar 2005[35] hatte die Spitze der deutschen Gewerkschaften ein besonders heikles Thema auf der Tagesordnung: »Turnaround! – Vorschläge zur Weiterentwicklung des DGB«. In der 25-seitigen Studie mit gleichnamigem Titel analysierten 18 Experten aus dem Gewerkschaftslager schonungslos die Strukturkrise des DGB – gekennzeichnet mit dem Siegel »Vertraulich – nur für den internen Gebrauch«.[36]

Maßgeblich beteiligt war Dr. Michael Jung, Direktor bei McKinsey. Der Spezialist für »Leadership und Organisation« arbeitete als einziger externer Berater an der Studie mit. Er war es, der die Ergebnisse auf einer Gewerkschaftsklausur in Potsdam dem Bundesvorstand und weiteren Spitzen der Einzelgewerkschaften präsentierte.

Jung, der als deutscher Chefökonom von McKinsey firmiert, hat zusammen mit Jürgen Kluge am 19. Februar 2006 in der *Frankfurter Allgemeinen Sonntagszeitung* ein bemerkenswertes politisches Dokument veröffentlicht. Unter dem irreführenden Titel »Die Gemeinschaft neu begründen« stellen die McKinsey-Programmatiker einen der sehr seltenen politischen Grundsatztexte vor. Typisch sind die semantischen Weichmacher, die Konturlosigkeit und die Anleihen am Werbedeutsch. Ein Auszug: »Markt oder Staat – ein irreführender Gegensatz. Besser: Wir und Ich. Mehr Einzelverantwortung in Freiheit und zugleich mehr Bereitschaft zur Solidarität.«

Eine zentrale Lösungsstrategie, um aus der deutschen Wirtschaftsmisere herauszukommen, sehen die McKinsey-Vordenker in einem allgemeinen Sozialdienst. »Ein allgemeiner Sozialdienst mildert Arbeitslosigkeit und stärkt die Gemeinschaft.« Sicher sind diese wegweisenden Positionen auch Bausteine für das neue Grundsatzprogramm des DGB.

Fazit der unter Mithilfe von McKinsey erarbeiteten DGB-Expertise: »Die Krise ist schärfer als bereits allgemein bekannt.«[37] Es ist wohl die fundamentalste Selbstkritik, die die Gewerkschaften seit Jahren intern formuliert haben. »Gewerkschaften sind in der Dauerdefensive«, erklärt die Expertenkommission. »Sie verteidigen die erzielten Erfolge. Es fehlt an ausreichend attraktiven neuen Kampfzielen. Die oft bittere Realität ist der Rückzug auf Raten. ... Selbst ein reines Sparkonzept kann die Krise des DGB und seiner Gewerkschaften nicht lösen, sondern führt zu weiteren Mitgliederverlusten.«[38]

Zwanzig Prozent der DGB-Mitglieder sind Rentner, nur sechs Prozent gehören der Gewerkschaftsjugend an. »Selbst in Traditionsbranchen und -betrieben schmilzt die Fähigkeit, Mitglieder zu binden, auf breiter Front.« Auch künftig erwarten die Planer kein Ende des Mitgliederschwunds; sie rechnen mit 4,5 Prozent jährlich. Der Mitgliederschwund hält an, hat sich aber etwas verlangsamt: Im Jahr 2005 kehrten 3,3 Prozent der Gewerkschafter den Arbeitnehmervertretern den Rücken. Anfang 2005 waren noch 6 778 638 der rund 34 Millionen Arbeitnehmer Mitglied einer Gewerkschaft.[39]

»Es existieren keine mitreißenden Zielkonzeptionen zur Bewältigung des Strukturwandels (Krise Sozialstaat, Arbeitslosigkeit, Wissenswirtschaft, Globalisierung)« – so lautet die nüchterne Bilanz. »Der Sinn wie der materielle Nutzen einer Gewerkschaftsmitgliedschaft nimmt ab.«[40]

Die Lösungsvorschläge der Planungsgruppe zielen – ganz im Sinne der McKinsey-Philosophie – auf eine Straffung der Struktur: »Aufgabenkritik und Konzentration auf das Wesentliche« lautet das Resümee. »Die Entscheidung, welche Arbeiten künftig aus dem gewerkschaftlichen Tätigkeitsfeld gestrichen werden, ist unverzichtbar.« Das bedeutet also: Stellenabbau.

Besonders umstritten: Der DGB und die Einzelgewerkschaften sollen ihre Aktivitäten in gemeinsamen Service-Centern bündeln und nicht mehr getrennt auftreten. Künftig wollen die Gewerkschaften ihre »Ressourcen auf Potenzialregionen« konzentrieren. Darunter werden wirtschaftsstarke Gebiete mit vielen noch unorganisierten Erwerbstätigen und Studierenden verstanden. Den neuen Zielgruppen sollen bessere Serviceleistungen angeboten werden, beispielsweise »Karriere- und Weiterbildungsberatung für junge Arbeitnehmer/innen« und »kompetente Jobvermittlung«. So habe sich bei einem Logistikprojekt in Bad Hersfeld erwiesen, dass auch »gewerkschaftsfreie« Zonen zu erobern sind – wenn die Rahmenbedingungen stimmen.[41] Geprüft werden soll auch die Idee nach dänischem Vorbild, »eine private Arbeitslosenversicherung für Gewerkschaftsmitglieder« anzubieten.[42]

Die Serviceangebote sollen verbessert werden – obwohl die Verantwortlichen in den Gewerkschaften diese zuvor in großem Stil abgebaut haben. Im Jahr 1998 wurde die größte Serviceabteilung des DGB ausgegliedert und eine Rechtsschutz-GmbH gegründet. Seither wurden zahlreiche Büros geschlossen.

Was halten die Gewerkschaften selbst von den Vorschlägen des McKinsey-Direktors und der Planungsgruppe? Der DGB-Vorsitzende Michael Sommer lehnte ein Interview zu der Studie ab. Begründung: Die Studie sei nicht für die Öffentlichkeit bestimmt[43] – wie so häufig, wenn es um Beratung und Politik geht. Mehrere DGB-Landesbezirksvorsitzende, darunter der rheinland-pfälzische Gewerkschaftschef Dietmar Muscheid, werteten die Vorschläge immerhin als »positiv und richtungweisend«.[44]

Kein Zweifel: Noch nie haben sich die Gewerkschaften einer solch tiefgehenden Analyse ihres Innenlebens unterzogen. »Die Arbeitnehmervertreter werden von einer doppelten Angst getrieben«, kommentierte die *Süddeutsche Zeitung*.[45] »Da ist (...) die Angst vor dem Regierungswechsel, der wahrscheinlicher wird. Und da ist die Angst vor Isolation: Ihr Konfrontationskurs hat ihre Einflussmöglichkeiten auf Hartz minimiert, das Blockierer-Image hat ihre öffentliche Legitimation beschädigt; das Auseinanderklaffen von Kampfrhetorik und matten Ergebnissen hat Mitglieder abgeschreckt. So verzichteten die Gewerkschaften lange darauf, mit ihrer meist von Realismus geprägten Lohnpolitik als Beitrag zur Standortsicherung selbst zu punkten. Jetzt geht es um ihr Überleben als Massenorganisation.«[46]

Sind die Gewerkschaften also auf Schmusekurs mit dem alten »Klassenfeind«? Erstaunlich ist jedenfalls, dass sich der DGB

Hilfe bei einer Beratungsfirma sucht, die nicht gerade als arbeitnehmer- und arbeitsplatzfreundlich bekannt ist. Das sagt einiges aus über das Selbstbewusstsein der Organisation.

Aber ist die Entwicklung neuer attraktiver »Kampfziele« tatsächlich nötig? Schließlich geht der Abbau der Arbeitnehmerrechte Schlag auf Schlag. Die Gewerkschaften akzeptieren schlechtere Tarifbedingungen, der Flächentarifvertrag wird zugunsten »betrieblicher Bündnisse« immer mehr aufgeweicht. Die Schere zwischen Arm und Reich, zwischen Arbeitsplatzbesitzern und Arbeitslosen, klafft zunehmend auseinander.

Die Proteste der Gewerkschaften gegen die rot-grüne Reformagenda 2010 blieben erfolglos. Nach den erbitterten Auseinandersetzungen hat sich Michael Sommer mit dem Ende des Sozialstaats alter Prägung abgefunden. Der Weg zu einem Sozialsystem, das nicht mehr den Lebensstandard absichere, sei unumkehrbar eingeschlagen, sagte er in einem Interview mit dem *Spiegel*.[47] »Das können wir kritisieren, ändern können wir es nicht mehr.«

»Kampfziele« gibt es also genug. Die Interessenvertretung der Arbeitnehmer war schon immer ein steiniger Weg. Wenn der DGB aber seine eigenen Ziele nicht erkennt und aus eigener Kraft definieren kann, dann verliert er den Einfluss auf die Politik und überlässt ihn den Beratern. Die IG Metall versuchte immerhin, das Beratungsprojekt mit McKinsey zu stoppen – zunächst ohne Erfolg. Die DGB-Landesbezirksvorsitzenden, einige Abteilungsleiter der Gewerkschaften, der DGB-Vorstand und die Vorsitzenden der Einzelgewerkschaften tagten anfangs unter besonders konspirativen Umständen, wenn es um ihren eigenen »Turnaround« ging.

In der Klausur des DGB-Vorstands Anfang 2006 wurde beschlossen, den eingeschlagenen Turnaround-Prozess – abseits der öffentlichen Beachtung – fortzusetzen. Jetzt befindet man sich in der Umsetzungsphase. Über ihr Modell wurde auf dem Gewerkschaftstag Mitte 2006 abgestimmt. Hier ließ man auch ein

»schärferes Profil« beschließen. Dazu seien »strategische Alternativkonzepte für den Strukturwandel, ein schärferes Leistungsprofil sowie mehr Effizienz im DGB und in der Zusammenarbeit untereinander« erforderlich.[48]

Nun werden die Turnaround-Analysen in sechs Arbeitsgruppen weiter bearbeitet. Dazu gehören auch eine »neue Finanzarchitektur des Sozialstaates«, die »Mitbestimmung bzw. Teilhabe der Arbeitnehmer«, die »Verbesserung der Mitgliedergewinnung« und die »optimierte Mitgliederschulung«. Schließlich sollen »Cluster-Kampagnen« durchgeführt werden. Die vorhandenen Kräfte sollen dort konzentriert werden, wo künftig Mitglieder zu erwarten sind.

Die Beschäftigung mit einem »Arbeitnehmermonitor« ist der Job der sechsten Arbeitsgruppe. Der DGB will künftig genau wissen, was Arbeitnehmer wünschen, fordern und erwarten. Die ›Initiative Trendwende‹ wird seit 2006 ohne McKinsey fortgesetzt. Gelegentlich helfen jetzt andere Berater.

Recruiting bei McKinsey:
Ein Erfahrungsbericht von Julia Friedrichs

Ich werde Beraterin

Dies ist die Geschichte eines Flirts, aus dem zuletzt fast mehr wurde. Manche nennen solche Flirts Undercover-Recherche. Mir ist dieser Begriff zu gewaltig, zu spionagefilmmäßig. Was zwischen den großen Beratungsfirmen und mir lief, war eher ein neugieriges Kennenlernen, ein manchmal befremdliches, aber spannendes Herantasten, ein Flirt eben.

Es begann im Sommer 2005. Ich war Journalistikstudentin, hatte nebenbei gearbeitet, und mein Konto war schon seit sechs Monaten nicht mehr überzogen. Ich kann mich also nicht darauf zurückziehen, es nur wegen des Geldes getan zu haben.

Dass ich Kontakt zu McKinsey und Boston Consulting aufgenommen, dass ich mich schließlich sogar dort beworben habe, lag einfach daran, dass ich neugierig auf die Berater war, dass ich herausfinden wollte, wer diese neuen Mächtigen sind. Vor allem aber wollte ich wissen, wie man einer oder eine von ihnen werden kann und wie das Auswahlverfahren aussieht.

Im Grunde ist es ganz einfach: Die Berater nehmen alle, nicht nur Wirtschaftsstudenten, sondern auch Soziologen oder Sportler. Mit ihrem aufwendigen Recruiting-Verfahren fischen sie aus jedem Jahrgang die Besten, die Elite raus, sagen sie. Aber wie das Ganze genau abläuft, erzählen sie nie, verschwiegen und diskret, wie sie sind.

Also schickte ich ihnen meinen Lebenslauf und schrieb dazu, dass ich mich sehr für das Beratergeschäft interessierte, obwohl ich bislang niemals irgendetwas damit zu tun gehabt hätte. Meine Unwissenheit schreckte die Angeschriebenen nicht ab: McKinsey lud mich zu einem großen internationalen Rekrutierungstreffen nach Griechenland ein. Meine Leidenschaft für die Beratung hatte sie offenbar überzeugt.

Mit McKinsey in Griechenland

Tag eins: »Passion wanted«

Berlin: 4.30 Uhr, der Wecker klingelt. Mein Leben als Consultant – so muss es wohl beginnen. Achtzig-Stunden-Wochen wollen erarbeitet werden. »Der erste Monat schmerzt«, wird Sean aus Irland am Abend sagen. »Egal, was ihr vorher gemacht habt, McKinsey wird härter sein.« Und dann wird er aufzählen, wohin ihn seine Consultant-Tätigkeit in dieser halben Woche schon gebracht hat: London, Naher Osten, Johannesburg. Brüssel, Madrid, Kopenhagen, Amsterdam, Paris, wird Jacques aus Belgien kontern. Aber das wird erst am Abend passieren, in Kap Sounio bei Athen, zu Füßen des Poseidontempels.

»Passion wanted for a New Europe« heißt der Slogan der EuroAcademy, die McKinsey hier veranstaltet. Die Berater locken mit Freiflügen, einem Luxushotel und Segeljachten. 2500 junge Europäer haben sich beworben. 120 High Potentials, wie McKinsey schreibt, wurden eingeladen. Sie kommen aus den EU-Ländern, aber auch aus Russland und der Türkei.

Ich musste mich aufwendig bewerben. McKinsey wollte nicht nur einen Lebenslauf, ein Foto und Zeugnisse. Ich musste über außeruniversitäres Engagement berichten und schrieb von meiner Zeit beim Uniradio. Ich sollte meine Hobbys erläutern und erklären, warum ich besonders vielseitig veranlagt sei. Ich mag Musik und meinen *Kicker*, genauso wie Politik und meine Tageszeitung. Das habe ich McKinsey nach langem Nachdenken mitgeteilt. Schließlich musste ich in einer Art Besinnungsaufsatz über meine Leidenschaft für Europa schreiben. Ich habe den Beratern von meiner WG in Brüssel erzählt, von dem eitlen Spanier, der dramatisch-nymphomanischen Französin und der pragmatischen Belgierin. Mit ihnen habe ich Europa erlebt wie viele andere Erasmus-Studenten auch. Alles in allem war meine Bewerbung also wenig visionär. Der große Glanzpunkt meines Lebenslaufs lag ja auch schon sechs Jahre zurück: Mein Abitur war sehr gut.

»Congratulations! You have been selected«, schreibt mir McKinsey sechs Wochen später. Man wolle mir die Möglichkeit geben, andere Studenten von führenden Universitäten Europas zu treffen. Ich bin überrascht und verwirrt. ENA und Sorbonne, Cambridge und Oxford, München und Dortmund – ein Name passt nicht in die Reihe. Die Universität Dortmund, an der ich studiere, hat es noch nie, nicht einmal annähernd, in den Kreis der europäischen Eliteuniversitäten geschafft. Es ist das erste Mal, dass ich mich in einem solch exquisiten Zirkel wiederfinde.

McKinsey hat mir gleich jede Menge Arbeit mitgeschickt. Ich soll einen 19-seitigen Fragebogen ausfüllen – zu meiner Identität, zu Europa, zur Wettbewerbsfähigkeit der EU. »Maximising economic growth should be a primary objective of the EU.« Ob ich dieser Aussage zustimme, will McKinsey wissen. Eher nicht. Ob hohe Arbeitskosten und staatliche Regulierung die Arbeit europäischer Unternehmen unzulässig behinderten, fragen die Berater. Auch eher nicht, antworte ich. Später in Kap Sounio werden die Antworten aller Studenten in einer Kuchengrafik aufgelöst werden. Ich werde mich in einem besonders kleinen Eckchen wiederfinden – als relativ einsame Verfechterin eines starken Staates.

Doch noch bin ich in Berlin. Um kurz vor sechs steige ich am Flughafen aus dem Bus. Mein Rollkoffer reiht sich in die lange Reihe des Businessgepäcks ein. Nicht schlecht, denke ich, auch wenn ich mich für die Beulen im Koffer ein wenig schäme. Ich halte Ausschau, suche Leute mit Polohemden, Kleidersäcken, dicken Uhren. Stattdessen sehe ich jemanden mit meinen Schuhen, meinen Lieblings-Sneakers. Goldgelb sind sie und nicht wirklich businesslike. Ich trage meine jeden Tag, habe sie heute aber zu Hause gelassen und mich stattdessen in die Stiefel meiner Mitbewohnerin gezwängt. Kein Consultant wird Sportschuhe tragen, hatte ich gedacht.

Die Sneakers gehören Carina. Sie ist aus Flensburg, hat in Berlin und Chile Medizin studiert und würde gern an der Uniklinik in der Gynäkologie arbeiten. Wenn sie davon erzählt, dass man sicher bald mit neuen Methoden und neuen Medikamenten Brustkrebspatientinnen viel besser helfen könne, klingt sie sehr idealistisch. Aber Carina stört, dass im Krankenhaus oft nur der Mangel verwaltet wird, dass vieles schlecht organisiert ist, dass sie im OP häufig angeschrien und wie der letzte Dreck behandelt wird, dass sie endlos lange Schichten schiebt, in ihrem Traumjob in der Gynäkologie allerdings nur 1800 Euro brutto verdienen würde, trotz sehr guter Noten, eines aufwendigen Studiums und ihrer Promotion. Deshalb überlegt Carina jetzt, Consultant zu werden. Ein Angebot für ein Praktikum hat sie schon: Unglaubliche viertausend Euro würde sie pro Monat verdienen, mehr als doppelt so viel wie im Krankenhaus. »Und das viele Arbeiten schockt mich nicht«, sagt sie. »Das mach ich in der Klinik ja auch. Nur halt, ohne viel Geld dafür zu bekommen.« Das klingt alles sehr logisch, sehr überlegt. Ich bin verwirrt, hatte ich doch nicht erwartet, hier Menschen wie Carina zu begegnen.

Lufthansa, Businessclass. Ein paar Reihen vor uns sitzt Veronica Ferres mit ihrer Tochter. Haben sie die auch gebucht, um das Consultant-Leben glamourös scheinen zu lassen? Es gibt Fisch, dicke Ledersitze und Beinfreiheit wie noch nie. Freundlich werden mir die neuesten Zeitungen präsentiert. Ich strecke mich aus und schaue aus dem Fenster auf die Alpen. So richtig schlecht geht es mir gerade nicht. Ich zucke zusammen. Bin ich käuflich? Ein bisschen Wichtigkeit, und schon schmelze ich dahin.

15 Uhr: Ankunft in Athen. »Where are you from? What are you studying?« Ein dicker Belgier läuft neben uns her. Er ist noch jung, steht aber in voller Geschäftsmannmontur am Flughafen: schwarzer Anzug, weißes Hemd, Krawatte. Er macht Witze über seine Glatze. Dann erzählt er mehrmals, dass er seinen Job liebt. Im Moment mache er was mit Transport und Logistik, berichtet er. Vielleicht ist er Möbelwagenfahrer. Wohl kaum. Gerade fasst er sich an seine unübersehbare Tissot-Uhr. Hat er vielleicht ein Speditionsunternehmen geerbt? Und was macht er dann hier? Ein Erbe, der Berater werden will? Auch eher unwahrscheinlich. Dann kommt das, was ich in den nächsten Tagen gefühlte tausend Mal hören werde: »Ich bin bei McKinsey. Und ich liebe es. Sie haben mich hierher geschickt, um genau das zu erzählen«, erklärt uns der Belgier unverblümt. Zu erzählen, wie toll das Unternehmen ist.

Ich sitze im Bus und sehe Buchten, Palmen und Bauruinen. Ich bin in Griechenland. Mir fallen die Augen zu. »Where are you from?«, fragt sich der Belgier unermüdlich durch den Bus. Hinten sitzen acht Portugiesen. Alles Ingenieure, alle gerade zwanzig. Die Portugiesen haben sich schon vorher einmal in Lissabon mit den McKinsey-Leuten zum Essen getroffen. Sie kennen sich, und da sie mit dem Belgier nicht wirklich reden wollen, kommen sie jetzt zu uns und fragen auch: »Where are you from?« – »Where from Germany?« – »What are you studying?« Es ist ein bisschen wie auf einer Jugendfreizeit.

Eine letzte Bucht noch, ein letztes »from Berlin«, und wir sind da. Die Hotelanlage liegt direkt am Meer, die kleinen Bungalows aus sandfarbenem Stein sind an den Hang gebaut. Großzügig umrahmen sie den Mittelbau im Tempelstil. Dazwischen sehe ich kleine und große türkisfarbene Kleckse, das sind die Swimmingpools. Mir wird ein Drink gereicht, strahlende Jungberaterinnen drücken mir einen »Passion-wanted«-Rucksack in die Hand. Darin finde ich ein Begrüßungsschreiben, mein Namensschildchen, kurze Porträts aller Teilnehmer, ein McKinsey-Polohemd und eine McKinsey-Kappe. Corporate Identity wird hier wohl großgeschrieben. »Der Rucksack hat 'ne gute Form«, kommentiert Carina. »Wenn man sich Mühe gibt, kann man den Aufdruck sicher abkriegen.«

Wir sitzen in einem Caddy-Car, das von Gavros gelenkt wird. Gavros fährt mich und meinen Rollkoffer in die 217, meinen Bungalow. Er zeigt mir, wie man die Tür öffnet, hebt mein Gepäck auf die Kofferablage. Das alles ist mir unangenehm. Ich kann meine Sachen selbst tragen, denke ich. Doch bevor ich entschieden habe, ob ich Gavros das sagen kann, ist er schon wieder weg und holt die nächste Ladung Mittzwanziger, um sie in ihre Luxusbungalows zu fahren.

Als ich den McKinsey-Rucksack leere, entdecke ich noch einen blassgelben Notizblock: »For your eyes only« steht auf jedem Blatt. Dahinter das McKinsey-Motto: »Sealed lips, clean desk, guarded doors, safe script, safe screen.« In einem Buch habe ich gelesen, dass dieser Block in der gesamten McKinsey-Welt identisch ist. Die Piktogramme und das Motto am oberen Rand warnen vor zu vielen Worten. McKinsey-Mitarbeiter sollen, hieß es in dem Buch, »viel denken, nicht aber unbedingt viel reden – schon gar nicht über Interna«. Ist das Unternehmen etwa ein elitärer Geheimbund? Ich bin gespannt.

17.00 Uhr. Wir sind gerade zu Carmina-Burana-Klängen in den großen Konferenzsaal eingezogen. Überall stehen Fähnchen, um die Studenten aus zwanzig Ländern zu begrüßen. Bernd aus dem Büro Düsseldorf und Irene aus dem Büro Paris heißen uns willkommen. »Hello, hello, hello«, ruft Bernd. Er übernimmt den Part des Komikers, Irene den der hübschen, charmanten Assistentin. Ihr Auftritt erinnert mich an die Moderatoren beim Grand Prix d'Eurovision. »Ihr wollt wissen, warum ihr hier seid?«, fragt Bernd. »Ihr seid brillant in dem, was ihr tut.

Deshalb haben wir euch hierher eingeladen. Wir glauben, es ist interessant, mit euch zu sprechen.« Wir alle hätten es in der Schule oder an der Uni zu echtem Leadership gebracht. Ich schaue die Reihen entlang und sehe, dass die meisten sehr zufrieden zuhören. Es ist das erste Mal, dass mich jemand als Elite bezeichnet, und ich bin irritiert. Natürlich schmeichelt es mir, aber es gefällt mir nicht.

Nach Bernd spricht Sean. Er ist Direktor im Londoner McKinsey-Büro und hat sich auf die Beratung von Banken und Versicherungen spezialisiert. Sean ist ein drahtiger kleiner Ire, aus seinem »Passion-wanted«-Polohemd quellen rote Brusthaare. Er erzählt, dass er ursprünglich nur zwei Jahre bei McKinsey bleiben wollte, dass daraus aber mittlerweile elf geworden seien. Alle zwei Jahre, sagt Sean, würde er sich fragen, ob er seinen Beruf noch genießen und ob er immer noch lernen würde, sich also weiterentwickeln könne. Bislang habe er diese Fragen immer mit Ja beantwortet. McKinsey sei ein ganz toller Arbeitgeber, jeder könne seinen eigenen Weg gehen, könne sein eigenes McKinsey für sich entdecken. Deshalb würde man hier mit Leidenschaft arbeiten – »true passion«, wie Sean sagt – und würde gar nicht merken, dass man oft weit über die Siebzig-Stunden-Woche hinauskomme. »Und ich schaffe es trotzdem«, protzt Sean, »bis zu sechsmal pro Woche Sport zu machen. Und meine Kinder sehe ich auch fast jedes Wochenende.«

Was sein größter Erfolg gewesen sei, will einer wissen. Sean erzählt, dass er 1990 die Beratung einer kleinen, unbedeutenden Regionalbank übernommen habe. Heute sei dies die fünftgrößte Bank der Welt. Im Raum herrscht andächtiges Schweigen. Deshalb würden die allermeisten Kunden McKinsey ja auch immer wieder buchen, legt Sean nach. Das wirkt: Kaum einer wird in den kommenden Tagen in Frage stellen, ob es für ein Unternehmen sinnvoll ist, Millionen Euro in Berater zu investieren. Die nächste Frage aus dem Plenum lautet: »Was unterscheidet McKinsey von den Konkurrenten auf dem Markt?« – »Wir haben keine Konkurrenten«, erwidert Sean knapp und fügt dann hinzu: »Nein, im Ernst, über unsere Mitbewerber reden wir einfach nicht.« Worüber Sean, Bernd und Irene auch nicht reden wollen, ist, wie hoch die Tagessätze eines Beraters sind. Man bekomme den Marktpreis, sagt Sean. Und Bernd fügt hinzu: »Wir wollen immer zehnmal mehr für unsere Kunden herausholen, als wir kosten.« Damit ist das Thema Geld beendet.

Immerhin bleibt ja unter dem Strich genug übrig, um das alles hier zu bezahlen, denke ich, als wir zum Dinner gehen. Dort begrüßt uns eine Direktorin aus dem Frankfurter Büro. Sie ist 36 und das beste Beispiel für die schnellen Karrieren, die McKinsey verspricht. Entweder man steigt rasch auf, oder man scheidet aus. »Up or out. Grow or go«, nennt McKinsey das. Es ist unübersehbar, dass dieser Gedanke viele hier anfixt. Vor allem für Frauen sei das super, wird mir später eine Beraterin erzählen. Da könne man richtig Gas geben, bevor es ans Kinderkriegen gehe. Zielgruppenspezifische Werbung nennt man das. Ein Prinzip, das, wie ich bald begreife, bei diesem Event ganz groß geschrieben wird.

Auch die Frankfurter Direktorin sieht in uns »true leaders«. Noch muss ich jedes Mal schlucken. Doch schon an diesem Abend wird mir klar, dass »Leadership« hier neben »Passion« ein absolutes Schlüsselwort ist. In der Dokumentation zur Akademie 2004 hatte Tore Myrholt, Direktor im Büro Oslo, geschrieben, man wolle in Athen heutige mit künftigen Leadern zusammenbringen.

Beim Essen fällt mir auf, dass man die Leute im Raum in zwei Teams einteilen kann. Die meisten haben rote Bänder mit Namensschildern um den Hals, das sind wir, die Studenten. Die anderen, die Meckies, haben blaue Bänder. Und im Moment fühle ich mich von den Blauen ein wenig verfolgt. Erst sitzt Jean aus Belgien neben mir. Als er hört, dass ich Journalismus studiere, erzählt er mir von einer, wie er findet, tollen und innovativen Idee aus Südkorea. Dort würden die Journalisten vor allem davon leben, dass sie für ihre Texte, die sie ins Internet setzen, von den Lesern eine Art Trinkgeld bekämen. »Damit kannst du mehrere tausend Euro machen«, sagt Jean.

An meiner anderen Seite sitzt Volker aus dem Mailänder Büro. Er saniert gerade eine große italienische Fluggesellschaft. Auch er schwärmt von seinem Job, von den tollen Leuten, die er trifft. Ob er auch Angestellte feuern müsse, frage ich. Ja, das komme vor und sei natürlich nicht schön, erwidert Volker. Wichtig sei, es gut zu machen. Es gebe eben Gewinner und Verlierer im Leben, und vor allem Letztere seien geradezu resistent gegen Veränderung. Denen müsse man helfen einzusehen, dass sie am falschen Platz seien. Für viele würde sich das Ausscheiden aus dem aktuellen Job auf lange Sicht aber auch als positiv erweisen.

Ich will wissen, ob die Einteilung in Gewinner und Verlierer nicht deswegen so angenehm sei, weil man selbst zu den Gewinnern gehöre. »Provokante Frage«, freut sich Volker. Aber was könne er dafür, dass er ein Gewinner sei? Er habe hart gearbeitet, viel investiert und sich seine Position verdient. Man brauche solche Gewinner: »You need true leaders.« Ein ernsthaftes Problem gebe es aber doch, fügt Volker hinzu: Man gewöhne sich sehr schnell an das angenehme Luxusleben, das einem McKinsey biete. »Wie schnell?«, will ich wissen. Ich habe mal gelesen, dass man von Kokain auch schon beim ersten Mal abhängig wird, und mache mir Sorgen um mich. »Tolle Frage«, sagt Volker. »Ich denke drüber nach.« Dann geht er.

Dafür sitzt kurz darauf Sean neben mir. Er wirkt müde. Der Trip über den Nahen Osten und Johannesburg war wohl doch ein wenig anstrengend. Trotzdem rafft er sich noch zu einer kurzen Rede über Deutschland auf. Unser Sozialstaat sei viel zu teuer, zu lähmend und stehe ohnehin kurz vor dem Kollaps. »Noch wehrt ihr euch in Deutschland«, sagt mir Sean. Aber bald werde die Vernunft siegen. Ob man auch als Anhänger möglichst umfangreicher und solidarischer Sicherungssysteme bei McKinsey anfangen könne, frage ich. »Das wird kaum gehen«, antwortet Sean. Er hat ganz kleine Augen und wird auch in dieser Nacht nicht viel Schlaf bekommen, da er am nächsten Morgen einen der ersten Flieger nehmen muss. In diesem Moment wünsche ich Sean die 38,5-Stunden-Woche.

Ich brauche etwas frische Luft. Auf dem Weg zur Terrasse komme ich am McKinsey-Tisch vorbei. Dort speist ein anderer Pat, Pat Cox, umrahmt von McKinsey-Hierarchen. Pat Cox war bis Mitte 2004 Präsident des Europäischen Parlaments. Er ist nicht der einzige Prominente, der uns und vor allem McKinsey in den folgenden Tagen beehren wird.

Auf der Terrasse treffe ich Jan. Er ist 25, so alt wie ich, und Sohn rumänischer Einwanderer. Jan scheint auch mal frische Luft zu brauchen. Im Vergleich zu den meisten anderen, die sich drinnen auf dem edlen Parkett sehr souverän bewegen, wirkt er eher schüchtern. Seine Eltern haben sich in Heidelberg ein Reihenhaus erspart. Im obersten Stock wohnt Jan zusammen mit seiner Frau. Ich frage ihn, ob er sich vorstellen könne, Consultant zu sein. »Es ist so schön hier«, sagt er. Die Arbeit sei bestimmt sehr, sehr abwechslungsreich und spannend. »Aber mehr als ein Praktikum kann ich mir nicht vorstellen. Da ist Jens dagegen.« Ich erfahre, dass Jens drei Monate alt ist und gerade lernt, den Kopf zu heben. »Der würde ganz schön gucken, wenn er hier wäre«, sagt Jan.

Mittlerweile hat die »Drinking Session« – auch ein Witz von Bernd – an der Hotelbar begonnen. McKinsey schenkt Wein und Bier aus. Ich treffe Gert und Christian. »Coole Leute hier«, findet Gert. »Alle locker und ehrlich.« Gert studiert in Zürich Politik, sagt aber fast entschuldigend, dass er schon eher rechts sei für einen Politologen. Auch er findet, dass der Staat noch viel zu viel für die soziale Sicherung ausgebe. Deutschland sei da die absolute Katastrophe. Viele Menschen seien schlicht verwöhnt und faul. Was man bräuchte, sei eine deutsche Maggie Merkel, die mal so richtig durchfegt, meint Gert. Ich erwähne Hartz IV, sage, dass ich 345 Euro nicht zu viel fände und dass man ja auch niemanden verhungern lassen könne. »Wie viel man da genau bekommt, weiß ich jetzt auch nicht«, erwidert Gert. – »Das wird dort bestimmt eine neoliberale Gehirnwäsche werden«, hatte mich mein Freund vor meiner Abreise gewarnt. Es erleichtert McKinsey die Arbeit, dass das bei den meisten nicht mehr nötig ist.

Während ich Gert zuhöre, schaue ich immer wieder zu Christian hinüber, der mit einem Münchener Mädchen zusammensteht. Vorher hatte er mir erzählt, dass er an der European Business School in Oestrich-Winkel studiere. Viele seiner Kommilitonen würden nach der

Uni zu einem der großen Consultingunternehmen wechseln. Es gebe ein eigenes Karrierebüro in Oestrich-Winkel, das bei den Bewerbungen helfe. »Irgendwo muss das Geld ja hingehen«, sagt Christian. Fünftausend Euro zahle sein Vater pro Semester, damit der Sohn auf einem Schloss studieren kann. Ich habe immer mehr das Gefühl, hier nicht hinzugehören.

Das erzähle ich kurz darauf auch Claus Lieberman, einem ehemaligen Direktor im Frankfurter Büro. Er gibt hier den Kumpel, nimmt mich schunkelnd in den Arm, als ich erzähle, dass ich mal ein Zimmer in Köln-Nippes hatte. Ich rücke etwas ab und sage ihm, was ich loswerden will: »Ich habe kaum Ahnung von BWL«, erzähle ich, »und mit Unternehmen hatte ich bisher hauptsächlich beim Shoppen zu tun. Warum ist McKinsey an jemandem wie mir interessiert?« – »Fachwissen ist uns überhaupt nicht wichtig«, tröstet mich Lieberman. »Alles, was ihr wissen müsst, bringen wir euch bei. Es ist sowieso besser, wenn ihr die Methoden direkt bei uns lernt. Wir brauchen einfach nur kluge Leute, die Besten. Denen müssen wir zeigen, dass McKinsey für sie der ideale Platz ist. Was meinst du«, fragt er, »warum wir das hier sonst alles machen?«

Tag zwei: »Leadership is about seeing the gorilla«

Die Nacht im Luxusbungalow ist kurz. Viel zu früh geht es weiter: »Good morning«, schreit Bernd. »Good morning everybody!« Gerade lief wieder Carmina Burana. Wieder sind wir einmarschiert, vorbei an den Flaggen. Das Akademieprogramm beginnt. Neben Pat Cox sitzt Niall Ferguson auf dem Podium. Er lehrt in Harvard, seine Bücher zur europäischen Geschichte sind Bestseller. »Ich komme gerade aus Asien. Der beste Platz, um über Europa nachzudenken«, findet die Moderatorin Lisa Brown. Niall – hier nennen sich alle beim Vornamen – sieht das genauso. Er findet, dass die Europäer viel zu wenig arbeiten. Vor allem auf die Franzosen hat er es abgesehen: Sie essen stundenlang zu Mittag, sie machen wochenlang Ferien und gehen viel zu früh in Rente. »Dafür kann man sich entscheiden«, meint Niall. »Aber wer sich dafür entscheidet, lange zu Mittag zu essen, verzichtet auf

Macht«, erklärt er uns. Während die Franzosen ihren Lunch in Paris genössen, würde die chinesische Wirtschaft ständig wachsen. Die Gehirnwäsche beginnt, denke ich.

Radovan Jelasic kritisiert an den alten, den europäischen Kernökonomien vor allem deren Langsamkeit. Er ist Präsident der Serbischen Nationalbank und erzählt, dass sich die osteuropäischen Staaten in atemberaubendem Tempo reformieren würden. »Die schaffen neunzig Gesetze in ein paar Monaten«, meint er. »In Deutschland diskutieren sie dagegen zehn Jahre, ohne dass etwas passiert.« Es mangele den europäischen Kernstaaten an Visionen und an Leadern, findet die Runde. Und als wäre das nicht schon deprimierend genug, komme mit der Überalterung eine richtige Katastrophe auf Europa zu, ergänzt Pat Cox. Er blickt jetzt staatsmännisch sorgenvoll in die Runde und erklärt uns, wie wir wirklich etwas für Europa tun können: »Have fun and have babies.«

Während alle lachen und klatschen, ärgere ich mich, dass niemand erwähnt, dass die Franzosen ja nicht nur lange zu Mittag essen, sondern auch eine der höchsten Geburtenraten Europas haben. Während ich nur in mich hineinmurre, steht eine junge Portugiesin auf und sagt, was ich denke, nämlich, dass sie nicht glaube, dass sich 14-Stunden-Tage und Kinderreichtum vereinen ließen. Man müsse sich entscheiden, welche Art von Gesellschaft man sich wünsche.

Begeistert warte ich, wie das Podium auf diese Frage reagieren wird. Niall Ferguson imitiert als Antwort Maggie Thatcher. Mit hoher, gurrender Stimme sagt er: »Es gibt keine Gesellschaften, nur Individuen und ihre Familien« – mittlerweile ein Klassiker unter den neoliberalen Poesiealbensprüchen. Während sein Publikum noch lacht, wird Ferguson ernst: Es gehe nicht um das, was man sich wünsche. Europa steuere auf ein Desaster zu. »Immer, wenn ich das Gerede vom sozialen Europa höre, möchte ich meinen Phrasenrevolver ziehen.« Es klingt wie: »Du kleine Naive. Träumer wie du machen es uns Vernünftigen so schwer.« Wieder Gelächter. Wäre ich die Portugiesin, würde ich mich jetzt vorgeführt und ausgelacht fühlen. In einem Interview hat Jürgen Kluge, der Deutschland-Chef von McKinsey, einmal gesagt,

McKinsey würde kritische Menschen suchen, die Mut zum Widerspruch hätten. Das bestätigt sich hier nicht.

Im Anschluss an das »European Panel« schwärmen wir zu »Breakouts« aus – das sind Gespräche in Kleingruppen. Mich hat McKinsey in ein Team gesteckt, das über die europäische Medienindustrie nachdenken soll. Jean, der blonde Belgier, ist auch wieder da. Heute hat er ein rosafarbenes Blümchenhemd an. »He's a real character«, wird mir später Lisa Brown erzählen. Jean hat eine Folie aufgelegt. Es ist der Lebenslauf von Caro Trento, unserem Referenten. Wir lesen, dass Caro sein Studium in Genua mit einem absoluten »Top Score« abgeschlossen hat, dass er bei Olivetti und IBM gearbeitet hat und von 1992 bis 2004 bei McKinsey war. Jetzt ist er führender Manager der RCS Mediengruppe. Der italienischen Firma gehört unter anderem die Tageszeitung *Corriere della Sera*. Außerdem hält sie Anteile an spanischen und französischen Zeitungen und Produktionsfirmen. Caro ist also ein echter Leader, wie man uns später erklären wird.

»Look at this CV!«, ruft Jean in der Tonart, in der Männer nach drei Bier darüber diskutieren, wer den Längsten hat. Jean ist aber noch nüchtern. Gemeinsam stellen uns Jean und Caro die europäische Medienindustrie vor. Wir lernen, dass dazu nicht nur Zeitungen und Fernsehsender gehören, sondern auch Musikproduzenten und Filmstudios. Wert schöpfen nicht nur die, die Inhalte erstellen, sondern auch die, die diese Inhalte sammeln, verteilen und an die Kunden verkaufen. »Also«, fasst Jean zusammen, »die Medienindustrie ist vielfältiger, als ihr dachtet.« Aha.

Beim Mittagessen auf der schönen Terrasse denke ich über die Banalität dieser Präsentation nach. Dafür werden Studenten gemeinsam mit teuren Beratern nach Griechenland verfrachtet? Präsentiert Jean diese Folien auch seinen Kunden? Bekommt er dafür Geld? Vermutlich nicht. Womit er tatsächlich seine horrenden Honorare verdient, werden wir hier jedenfalls nicht erfahren.

»Where are you from?« Schon wieder. Meine Tischnachbarin Lisa Brown reißt mich aus meinen Gedanken. Die Amerikanerin will über die Wahl in Deutschland reden. Sie versteht nicht, warum die Deutschen nicht einsehen wollen, dass Angela Merkels Pläne gut, richtig und allenfalls ein Anfang sind. Für Lisa ist klar, dass das deutsche Sozialsystem nicht länger zu bezahlen sein wird. Dynamischer, flexibler, mobiler müsse der deutsche Arbeitsmarkt werden, damit das Land konkurrenzfähig bleibe. Lisa sagt, das sei eine Tatsache. Alle Studien ihres McKinsey-Thinktanks hätten dies belegt.

Ich spreche dagegen von sozialer Stabilität, von niedrigen Kriminalitätsraten und einem System, das ich in vielen Punkten für gerecht halte. Lisa meint jedoch, wir müssten einsehen, dass man das alles erst einmal erwirtschaften müsse. Sonst seien solche Dinge nicht bezahlbar. Lisa arbeitet häufig in Asien. Sie hat erforscht, warum deutsche Firmen Arbeitsplätze dorthin verlagern. Für uns hat sie eine gute und eine schlechte Nachricht: Die entwickelten Ökonomien würden auf Dauer nur elf Prozent der Dienstleistungsarbeitsplätze an die Billiglohnländer verlieren. Für die deutsche Produktion sehe es hingegen ganz schlecht aus, denn produzieren könnten die Chinesen nun mal ähnlich gut und viel billiger.

Lisa findet diese Ergebnisse nicht sehr bedrohlich. Die Deutschen müssten einfach mehr erfinden, designen und entwickeln und sich von der Produktion weitestgehend verabschieden. »Und was ist mit den Menschen, die nichts erfinden und entwickeln können?«, halte ich dagegen. »Die übrig sind in solch einem System?« Ja, das sei hart, meint Lisa, aber kaum zu ändern. Die Deutschen müssten eben bereit sein, zu chinesischen Löhnen zu produzieren, schlägt Alexandra vor, auch wenn es vielleicht schwer sei, davon auch zu leben. »Das ›vielleicht‹ kannst du streichen«, erklärt Carina unumwunden. Alexandra ist Deutsche, aber in Südafrika aufgewachsen. Gerade erst ist sie nach Europa zurückgekommen, um in der Schweiz zu studieren. Was in Deutschland passiert, findet sie »shocking«. Nichts gehe voran. Sie versteht nicht, dass die Menschen die Reformen nicht als notwendig ansehen.

Nach dieser politischen Lageeinschätzung strömt die Elite zurück in den »Breakout«. Wir sollen eine Strategie entwickeln, mit der Caros Zeitung in den nächsten Jahren überleben kann.

Wir zeichnen unser Szenario auf Folien. Wir schätzen, dass in zwanzig Jahren nur noch zwanzig Prozent der Zeitungen auf Papier gedruckt, aber achtzig Prozent in elektronischer Form verbreitet werden. Deshalb soll Caro ins Internet investieren. Ob das alles so kommen wird, wissen wir auch nicht, aber Volker, unser McKinsey-Betreuer, findet die Schätzung cool: »So machen wir das auch«, sagt er. »Wir geben ein Szenario vor. Wir versuchen es zu begründen, und dann sagen wir, was der Kunde machen soll.«

»Aber wie soll Caro im Internet Geld verdienen?«, fragt der blonde Jean, als wir unseren Vorschlag präsentieren. Ich bin erstaunt. Eine kluge, eine richtige Frage. Denn Geld verdienen Verlage im Moment mit Zeitungen, mit Büchern, mit CDs, aber kaum im Internet. Man könne schon Geld mit Webinhalten machen, beantwortet Jean jetzt seine eigene Frage, man müsse nur kreativ sein: »Es gibt da eine ganz neue Idee aus Korea...« Dort schreiben Journalisten ihre Texte, und die Kunden zahlen Trinkgeld, vervollständige ich im Kopf. Reicht eine einzelne Geschichte, um Consultant zu werden?

Nach uns präsentieren zwei Gruppen ihr Konzept für einen europäischen Fernsehsender. Dieser könne den Europäern zu einer gemeinsamen Identität verhelfen. Sie schlagen Caro außerdem vor, ein europäisches Internetportal zu gründen, eine Zeitung mit Europaseiten und einen kontinentalen Fernsehsender, auf dem ganz Europa seinen Superstar suchen kann. Geld, schlagen die Elitestudenten vor, könne es ja von der Europäischen Kommission geben. Da ist der Staat dann plötzlich doch gefragt, denke ich.

Caro hört sich die Vorschläge fast gelangweilt an. Dann fragt er: »Was würdet ihr denn machen, um eine europäische Identität zu fördern?« – »Bessere Kommunikation«, sagt einer. »Europa-Unterricht«, schlägt eine Spanierin vor. »Eine Kampagne wie ›Du bist Deutschland‹«, findet Birgit aus Eichstätt.

Ruhig hört sich Caro das an. Dann beugt er sich vor: »Alles nett.

Aber viel zu langsam. Ich würde siebzig Anwälte mieten und sie in die Länder schicken, um gegen die nationalen Regulierungen der Presse zu klagen. Diese Barrieren hindern mich daran, mein Unternehmen in alle europäischen Länder auszudehnen. Sie verhindern eine europäische Identität.« Ob die Regeln nicht für eine gewisse Vielfalt auf dem Medienmarkt sorgten, will ein Belgier hinter mir wissen. Er findet, dass Information keine Ware wie jede andere sei. Für Vielfalt werde der Markt sorgen, verspricht uns Caro.

Der Belgier ist nicht einverstanden, aber das ist Caro egal. Er lehnt sich zurück und sagt siegesgewiss: »In zwanzig Jahren wird es sowieso keinen öffentlich-rechtlichen Rundfunk mehr geben. Es wird eine Generation dauern, dann ist das vorbei.« In diesem Moment wirkt Caro sehr zufrieden. Damit ist das »Breakout« beendet. Der zweite Gang der Gehirnwäsche ist angelaufen.

Wir gehen zurück in den Flaggensaal. Das »Leadership-Panel« ist angesetzt: endlich also Konkretes zum ständig beschworenen Führungsanspruch. Aus den Unterlagen, die McKinsey mir vorher geschickt hat, habe ich gelernt, dass Leader vier Eigenschaften haben sollten: Schwächen zeigen können, Instinkt beweisen, sich in ihre Mitarbeiter hineinversetzen können und anders sein als alle anderen.

John Kent ist wohl ein solcher Leader. Er ist Direktor im Londoner Büro und erinnert mich an einen Motivationscoach. Für uns hat er sich etwas ganz Besonderes überlegt: Er zeigt ein Achtziger-Jahre-Video, in dem Spieler mit weißen und schwarzen Shirts einen Basketball hin und her passen. »Zählt, wie oft die Weißen den Ball spielen«, fordert uns John auf. Das Video läuft. Ich zähle die Pässe, ein komischer Gorilla läuft durchs Bild, ich zähle weiter. Danach will John wissen, wie oft der Ball gepasst wurde. Dreizehn-, vierzehn-, siebzehnmal? Wir sind uns nicht einig. John schlussfolgert, dass die Realität für jeden eben anders sei. Ein wahrer Leader müsse in der Lage sein, für seine Gefolgschaft die Realität zu definieren.

Dieser Gedanke beschäftigt und erschreckt mich. Werden Führungskräfte wirklich dafür ausgebildet, die Mitarbeiter im Sinne der

Firma zu manipulieren, gar zu täuschen? Rät McKinsey den Vorständen tatsächlich, so vorzugehen? Vielleicht bin ich naiv. John ist inzwischen schon beim nächsten Thema, dem Kern seiner Vorführung. »Wer hat im Film einen Gorilla gesehen?«, will er wissen. Ich melde mich. Die meisten anderen lassen die Hand unten.

John freut sich. Dieser Test beweise, dass wir ihn in diesem Moment als Führer akzeptiert hätten. Er habe uns angewiesen, auf die Pässe zu achten. Die meisten hätten die Anweisung befolgt. »Leadership is about seeing the gorilla«, wiederholt John mehrmals. Führer könnten die Aufmerksamkeit ihrer Mitarbeiter auf bestimmte Aufgaben lenken, selbst aber gleichzeitig das wirklich Wichtige, also den Gorilla, sehen. Diese Veranstaltung verwirrt mich zusehends. Mit Psychospielchen bin ich schon immer schlecht zurechtgekommen. Johns Weisheiten finde ich bedenklich und banal zugleich. Aber seine Vorführung wirkt. Viele werden in den nächsten Tagen mehrfach begeistert von der Gorillageschichte erzählen.

Dann dürfen wir kurz zurück in den Bungalow, um uns für das Galadiner am Abend fertig zu machen. Bernd weist uns noch in die Kleiderordnung ein. Anzug für die Jungs, bei den Mädchen gebe es nur eine Vorgabe: »Hot, hot, hot!« Langsam habe ich genug vom spaßigen Beraterton.

Ich bin froh, dass ich nicht nur die Stiefel aus dem Kleiderschrank meiner Mitbewohnerin mitgenommen habe. Ich ziehe Strumpfhosen und einen schwarzen Rock an und wünsche mir nichts sehnlicher, als um 20 Uhr nicht ein Date in der Hotellobby, sondern in der Kneipe bei mir um die Ecke zu haben, um mit Freunden das Länderspiel gegen die Türkei anzuschauen.

Der Abend beginnt mit einem Cocktail am Ländertisch. Ich suche daher deutsche Flaggen und finde Kristina, die für McKinsey Deutschland das Studentenrecruiting, also auch diese Veranstaltung, organisiert. Ich will wissen, worauf sie bei der Auswahl der Studenten achte. »Auf Topleistungen und auf internationale Erfahrung«, erklärt Kristina. Die Fachrichtung sei egal. Aber ich solle mir keine Sorgen machen, alle, die hier in Athen dabei gewesen seien, könnten zu Bewerbungsgesprächen vorbeikommen. Wir seien vorausgewählt. Ob es sie nicht störe, dass McKinsey ein so schlechtes Image in Deutschland habe, frage ich. »Hat es das denn immer noch?«, erwidert Kristina und lacht. Sie glaubt, dass McKinsey für Wirtschaftswissenschaftler einer der beliebtesten Arbeitgeber sei. Und um das Bild, das die anderen haben, zu ändern, mache McKinsey ja Veranstaltungen wie diese.

Ein Prinzip der EuroAcademy ist, dass McKinsey uns zu ständig neuen Smalltalk-Gruppen zusammenwürfelt. Hier ist nicht der Ort der langen Gespräche mit immer denselben Leuten, sondern des Networkings. Gefühlte hundert Mal habe ich Studenten aus Russland, Deutschland und Dänemark mein Leben im Zeitraffer erzählt, gefühlte hundert Mal standen McKinsey-Mitarbeiter daneben und hörten zu. Was merken sie sich, wenn wir reden, und warum?

Ich verlasse den Ländertisch und gehe zum nächsten Elite-Gesprächskreis. Beim Galadiner werde ich an Tisch 13 sitzen – zwischen zwei Consultants. Janos ist Ungar, geboren wurde er in Wien. Jetzt lebt er mit seiner griechischen Frau und den drei Töchtern in Athen. Er ist Historiker, spricht acht Sprachen, und auch er liebt McKinsey. Das Tollste seien die Menschen, sagt er. Alle seien überdurchschnittlich intelligent, inspirierend und leidenschaftlich. »Nirgendwo anders«, schwört er, »nehme ich aus Gesprächen so viel mit wie hier.«

Janos ist charmant, spricht viel von seinen Kindern, die dreisprachig aufwachsen, und von dem guten Gefühl, einen Beruf zu haben, der einem Verantwortung und Abwechslung bietet. Viel Zeit für die Töchter habe er nicht, gibt er zu. Aber wenn er da sei, dann ganz. Wie oft das denn klappe, will ich wissen. Vor zwei Wochen, erwidert er strahlend, sei er mit den beiden ältesten in Wien gewesen.

Auch Gregor, der Consultant in München ist, berichtet, er arbeite siebzig Stunden und mehr pro Woche. Am Wochenende habe er aber meist frei. Ich teile siebzig durch fünf Werktage und komme auf vierzehn Stunden pro Tag. Ob das nicht Ausbeutung sei, frage ich. Manchester-Kapitalismus? Gregor findet mich und meine Sorge um ihn ganz süß. Er sagt, er mache sich über seine Arbeitszeiten kaum Gedanken. »Ein ganz komisches Thema«, findet er. »Alle wollen ständig über Arbeitszeiten reden. Das ist, glaube ich, ein europäisches Problem. Ich sitze doch nicht da und stoppe, wie lange ich im Büro oder beim Kunden bin!«

Als er sieht, dass ich diese Einstellung nicht bedingungslos teile, fügt er hinzu: »McKinsey ist da aber ganz flexibel – gerade wenn es darum geht, Frauen im Unternehmen zu halten. Eine Kollegin, die Familie hat, kommt morgens zum Beispiel immer um acht und geht abends um neun. Die macht danach keine Termine mehr. Wenn man das unbedingt so will, geht es auch.« Ich rechne aus, dass das ja auch 13-Stunden-Tage sind. Wie viel Zeit bleibt da für die Familie? Janos hatte in einem Nebensatz erwähnt, dass seine Frau ganztags zu Hause sei. Andere Berater managen ihr Familienleben mit drei Kindermädchen. Später wird mir eine Studentin erzählen, dass sie einen Berater getroffen hat, der feste Termine mit seinen Kindern macht, ein- bis zweimal pro Woche. Ist das McKinseys Familienpolitik? Kinder nur, wenn der Partner auf Karriere verzichtet? Und wie leben Menschen wie Janos, Volker oder Gregor, die sich ganz und gar über ihre Arbeit, ihre 14-Stunden-Tage definieren, mit jemandem zusammen, der nach ihren Maßstäben uneffizient ist? Der vorliest, spazieren geht, mit Kinderwagen und Zeitung im Café sitzt?

Während ich nachdenke, greift Janos zu seinem Handy. Seine Familie in Athen wartet auf ihn. Es ist schon nach zehn. Auch heute wird er seine Töchter wohl nicht mehr wach erleben. Per SMS teilt er mit, dass er noch nicht weg könne, er müsse auf Jean-Claudes Rede warten.

Jean-Claude heißt mit Nachnamen Trichet und ist Präsident der Europäischen Zentralbank. Während die Kellnerin mein Steak serviert, lasse ich den Blick durch den Raum schweifen und finde Trichet am McKinsey-Tisch. Man sei stolz, ihn hier zu haben, sagt der McKinsey-Griechenland-Chef wenig später. Jean-Claude habe sogar Termine verschoben, um hier mit 120 jungen, leidenschaftlichen Europäern zusammenzutreffen.

Von einem persönlichen Treffen, einem Austausch oder einer Diskussion merke ich allerdings wenig. Trichet hält zwischen Steak und Dessert eine endlos lange Rede über den Erfolg des Euro. Die Vermutung, dass er diesen Text nicht extra für uns geschrieben hat, liegt nahe. Dass er sich mit den McKinseys sehr gut versteht, ist offensichtlich.

Während Trichet spricht, überlege ich die ganze Zeit, warum er hier ist. Kap Sounio ist weder Berlin noch London, da kommt man nicht mal zufällig vorbei. Alle, mit denen ich später über diesen Auftritt sprechen werde, waren enttäuscht und irritiert zugleich. Trichets Besuch war uns als besonderes Highlight angekündigt worden. Dass er nur eine Standardrede über den Euro halten würde, hatte niemand erwartet. Wild wird darüber spekuliert, wie viel Trichet für diesen Besuch wohl bekommen habe.

Mittlerweile erzählt der EZB-Chef von seiner Vergangenheit im französischen Finanzministerium. Man könne sich gar nicht mehr vorstellen, was das für Zeiten waren: Es habe damals in Frankreich noch feste Preise gegeben! Aber er habe das geändert, er habe die Preise komplett liberalisiert. Das bringt ihm Szenenapplaus vom McKinsey-Tisch ein. Jean-Claude, so scheint es, ist einer der Ihren.

Nach dem Galadiner schleiche ich zurück in meinen Bungalow und stelle den Wecker auf 6.45 Uhr. Wieder werde ich nur gut fünf Stunden schlafen können, denn am nächsten Tag wollen wir in aller Frühe zum Segeln aufbrechen. Ich fühle mich zugeredet und völlig leer zugleich. Die Veranstaltung ist ein Kommunikationsevent. 18 Stunden pro Tag reden wir über uns, über McKinsey, über unsere Erwartungen und über das, was das Unternehmen uns bieten kann. Ich rufe in Berlin an und bitte um Neuigkeiten aus der wirklichen Welt. Deutschland hat 2:1 verloren, der Kanzler ist noch immer nicht gekürt, meine Freunde waren im Puppentheater und bei einem neuen Vietnamesen. »Da könnten wir auch mal hin«, schlägt mein Freund vor. Nicht so ein Mitte-Schick-Laden sei das gewesen, nur fünf Euro habe das Essen gekostet.

Ich lege auf und schaue mir die Hotelinformationen an. Ich könnte mir jetzt für elf Euro einen Cappuccino aufs Zimmer bestellen. Oder mir im Wellnessbereich zur Entspannung für 120 Euro den Körper mit Schokolade einreiben lassen. Hier in Kap Sounio kursiert das Gerücht, dass ein Jungberater 70 000 Euro pro Jahr als Einstiegsgehalt bekommt. Auto, Prämien und Spesen laufen extra. Ich frage mich wieder, wie lange es dauert, bis man abhängig wird vom vielen Geld, vom Luxus.

Tag drei: »Work hard, party hard«

Müde stehe ich am nächsten Morgen in der Hotellobby. Heute habe ich Jeans an, meine Badesachen, ein Handtuch und Sonnencreme sind im Rucksack. »Smart casual« heißt die Kleiderordnung für heute. Smart heißt klug, casual sportlich. Wahrscheinlich muss man schon ein bisschen länger im Geschäft sein, um zu wissen, welcher Stil sich hinter dieser Wortkombination verbirgt.

Es ist ein wunderschöner, warmer Oktobertag. Ich muss daran denken, dass mein Vater seit Ewigkeiten davon träumt, einmal in der Ägäis zu segeln. Für uns hat McKinsey heute 21 Jachten gemietet. Um kurz nach acht kommen wir im Hafen bei Athen an. Unsere Crew besteigt Schiff 21, die »Destiny«. Nun warten wir auf unseren Skipper. Doch der trinkt gerade Kaffee und teilt den aufgeregten Consultants mit, dass die Hafenpolizei unsere Papiere erst in einer Stunde bearbeiten wird. »Ist doch auch bescheuert«, sagt Tina aus Spanien später. »So früh an einen griechischen Hafen zu kommen und zu denken, die setzen sich dann in Bewegung. In Spanien hätten die denen auch einen Vogel gezeigt.« Als wir um kurz nach zehn schließlich starten, hinken wir über zwei Stunden dem Zeitplan hinterher. Effizienz sieht anders aus.

Im Programm hieß es, wir würden jetzt eine »Sailing instruction« bekommen, eine Art Segelgrundkurs. Jeder Teilnehmer musste vorher angeben, welche Eigenschaften er zur Segelcrew beitragen würde. »Ich erledige alle Aufgaben so schnell wie möglich«, hat eine Britin geschrieben. »Ich werde meine Pflicht erfüllen, was immer meine Aufgabe sein wird«, verspricht ein Russe. Eine Schweizerin hat den Ehrgeiz, immer zu gewinnen. Eine Britin schreibt sogar davon, dass sie zur Führerin der Crew aufsteigen werde, wenn es nötig sei. Dass sie aber auch anderen Führern gehorchen könne. *Führer, Ehrgeiz, Pflicht?* Das wird ein Spaß, denke ich und schaue mir weitere Selbstporträts an. »Ich werde eine Angel mitbringen«, schreibt ein Schwede. »Ich mache exzellenten Gin Tonic«, verspricht ein Brite. Ich nehme mir vor, die beiden später zu treffen.

Mittlerweile hat der Segelkurs begonnen. Unser Skipper Skytos zeigt uns, wie wir die Vakuumspülung der Toilette bedienen. Dann hissen wir zusammen das Großsegel. Damit ist die »Sailing instruction« auch schon wieder zu Ende. »And now: Enjoy this trip!«, rät uns Skytos. Wir laufen aus dem Hafen aus. Hinter uns kann man auf einem Hügel schemenhaft die Akropolis erkennen. Ich setze mich an Deck in die Sonne und merke, wie der Fahrtwind die Kopfschmerzen, Folge der vielen Smalltalk-Drinks, vertreibt. Die »Destiny« schaukelt sanft hin und her. Ich schlafe langsam ein.

Als ich wieder aufwache, sitzt Corinna neben mir. »McK-Challenge 2000« steht auf ihrem Sweatshirt. Schon wieder so eine, denke ich und beschließe, diesmal einfach zu schweigen. Corinna wacht auch gerade auf. Sie lacht, als das Boot sich schräg in den Wind legt und zwei Crewmitglieder ein wenig schief in der Reling hängen. Corinna kommt aus dem Münchener Büro, berät aber seit ein paar Monaten nicht mehr, sondern plant das Personalrecruiting für McKinsey in Europa und Asien. Sie sei durch mit dem Beraten, sagt sie, und habe sich einen ruhigeren Job gesucht. Im März soll ihr Baby auf die Welt kommen. »Ich will mindestens vier oder sechs«, sagt sie und freut sich schon jetzt.

Corinna ist anders als die Berater, die ich bisher getroffen habe: offener, direkter, nicht so künstlich begeistert von allem, was sie tut. Als sie 22 war, hat sie bei McKinsey angefangen. Sie sei damals völlig baff gewesen, erinnert sie sich. Vorher habe sie nur Praktika bei der Oper in Frankfurt, an der Botschaft in Buenos Aires und im Bundestag gemacht. Richtiges Geld habe sie da nie verdient. Und plötzlich habe das Unternehmen ihr ein Top-Einkommen, ein Auto und eine Krankenversicherung geboten und gesagt: »Wir wollen dich haben.«

»Ich war völlig naiv damals«, erzählt mir Corinna. »Ich habe gesagt, ich mache nur kulturelle Projekte, nur pro bono, und ich werde niemals Kosten reduzieren, also Leute entlassen.« Ihr erstes großes Projekt sei dann bei einem Mittelständler gewesen, einem Hersteller von Kupferrohren. Zuerst analysierte ihr Team die wirtschaftliche Situation. »Es war dann klar«, sagt Corinna, »dass die entweder Kosten sparen oder ganz dichtmachen müssten.« In den folgenden Monaten arbeiteten die McKinseys also einen Sparplan aus. Corinna legte fest, in welchen Abteilungen wie viele Personen entlassen werden mussten, und tat damit das, was kurz vorher für sie noch völlig undenkbar gewesen wäre. Sie habe eingesehen, sagt Corinna, dass entweder jeder Zehnte oder alle ihren Job verlieren würden, und habe das Projekt deshalb durchgezogen.

Nach den Kupferrohren optimierte Corinna den Arbeitsmarkt. Sie saß für McKinsey von Anfang an in der Hartz-Kommission und vertrat dort die Arbeitgeberseite. Danach sei sie eine Art persönliche Beraterin von Peter Hartz gewesen, bezahlt von McKinsey. »Ich habe den Mitarbeitern erklärt, wie sie die Arbeitslosen begrüßen sollen, habe die Laufwege in den Ämtern gemessen und versucht, das alles zu optimieren.« Warum der Erfolg von Hartz IV ausgeblieben sei, will ich wissen. Einige Mitarbeiter in den Ämtern hätten sich gesträubt, die Änderungen umzusetzen, manche seien einfach auch stinkfaul, antwortet Corinna. Und die Politiker, vor allem die Beamten im Wirtschaftsministerium, hätten all ihre Vorschläge verwässert. »Ich kam mir vor wie eine Detektivin«, sagt sie. »Ich musste immer wieder unsere Papiere nach deren Füllwörtern, die alles einschränken und unverbindlich machen, durchsuchen.«

Der öffentliche Sektor sei mühsam, sagt Corinna. Die Ausschreibungen findet sie zu kompliziert, zudem sei oft das Ergebnis, dass sich die größten Beraterfirmen den Auftrag teilen müssten. Ständig müsse man Rücksicht auf politische Befindlichkeiten nehmen. Trotzdem wolle McKinsey in diesem Bereich massiv wachsen. »Vierzig

Prozent des Bruttosozialprodukts erwirtschaftet der Staat«, erklärt mir Corinna. Dieser Kuchen ist zu groß, als dass man ihn unberührt vorbeigehen lassen könnte, denke ich.

Die Tage in Athen sind so straff durchorganisiert, dass ich mich allmählich überwacht fühle. Weiß McKinsey, dass mich Zahlen und Bilanzen nicht locken, dass es jemanden mit meinem Hintergrund eher reizt, dass er als Berater massiv Einfluss auf politische Prozesse nehmen könnte? Sitzt deshalb die sympathische Corinna neben mir auf dem Boot und berichtet von den vielen Möglichkeiten jenseits der Privatwirtschaft? Was wollen die von mir? Diese Frage stelle ich mir schon, seit ich die Zusage bekommen habe. Dass sie mit mir über Europa reden wollen, schließe ich aus. Dass sie mir gern einen Luxusurlaub an der griechischen Küste schenken möchten, weil sie mich so nett finden, auch.

Ich glaube, dass McKinsey zwei Hauptgründe hat, mich oder Michael, den Philosophiestudenten, der abwegige Filme dreht, oder Carina, die Gynäkologin, einzuladen. »Wir wollen vor allem, dass das Bild, das ihr von der Firma habt, besser wird«, hatte mir die Recruiting-Chefin erklärt. Wir sind Multiplikatoren, die Argumente für McKinsey in eine eher beraterfeindliche Umgebung tragen könnten. Deshalb ist es wichtig, dass sie auch uns kriegen, sei es, indem sie uns kaufen, indem wir in den ständigen Gesprächen auf jemanden treffen, den wir nett finden, oder indem sie uns von den vielfältigen Möglichkeiten vorschwärmen.

Der zweite Grund ist wohl, dass sie, vor allem für Aufträge im öffentlichen Sektor, auch Leute wie uns brauchen. Gesundheitsmanagement ist das nächste große Ding, wird Carina später erfahren. Deshalb sucht McKinsey händeringend nach Medizinern. An Aufträge, bei denen man Politiker und Ministerialbeamte überzeugen muss, können sie nicht nur Absolventen von privaten Wirtschaftsschulen setzen. Da brauchen sie wohl jemanden, dem politische Prozesse und Befindlichkeiten nicht völlig fremd sind.

In dem Buch *Unser effizientes Leben* von Dirk Kurbjuweit habe ich gelesen, dass der Nachwuchs für McKinsey notwendiges Rohmaterial sei. Zweihundert junge Leute werden in Deutschland jedes Jahr eingestellt. Die Hälfte, erfahre ich in Athen, hört in den ersten zwei Jahren wieder auf. Der Verschleiß bei der Veredelung ist also gewaltig. Deshalb solch riesige Recruiting-Events wie dieses hier, bei denen zuerst einmal relativ breit gesichtet wird. Aussortieren kann man Carina, Michael oder mich immer noch, wenn sich herausstellen sollte, dass wir, die kreativen Rohbaustoffe, zu schwer formbar sind.

In einer Bucht wirft die »Destiny« Anker. Kleine Beiboote bringen uns an den Strand. Hier hat McKinsey die ideale Kulisse für eine Beachparty aufgebaut: Tische und Stühle sind mit weißen Stoffen verhüllt, es gibt Salate, Fisch und frische Früchte. Ich merke, dass Wind, Sonne und Meer dazu führen, dass ich die ganze Zeit lächle. Die Werbeaktion für das Beraterleben läuft perfekt. Als wir abends wieder in unserer Hotelbucht ankern, geht gerade die Sonne über dem Poseidontempel unter. Ich stehe am Strand und nehme die atemberaubende Kulisse in mir auf, beeindruckt und hoch zufrieden zugleich.

Während ich versuche, mir den wunderschönen Segeltag genau einzuprägen, laufen auch die anderen Boote in der Bucht ein. »Hat es euch gefallen?«, frage ich, als die nächste Crew an Land kommt. »Überhaupt nicht«, sagt einer. »Ich bin total enttäuscht«, ein anderer. Fast zweifle ich an meinen Englischkenntnissen. Doch als sie die Gründe nennen, wird klar, dass ich alles richtig verstanden habe. »Der Skipper war faul, wir sind einfach die Küste entlanggeschippert«, beschwert sich ein Franzose. »Ich dachte, es gebe eine Regatta, ein Wettrennen«, klagt ein Deutscher. »Es fehlte die Herausforderung, no challenge«, meint ein enttäuschter Holländer. Für ihn war es ein verschwendeter Tag. Ich bin wütend und verzweifelt zugleich. Das ist also Europas junge Elite. Sind sie komplett unfähig zu genießen? Kann Ehrgeiz blind machen?

Als ich endlich wieder in meinem Bungalow bin, versuche ich, sie zu verstehen. Ich blättere die Lebensläufe der anderen Teilnehmer durch. Einer besucht zwei der besten französischen Privatunis gleichzeitig. Eine Österreicherin promoviert in Sankt Gallen. Sie ist gerade erst 22. Fast alle, die aus England angereist sind, studieren in Oxford oder Cambridge. Der enttäuschte Holländer macht dort gerade seinen Doktor in Chemie, nebenbei dirigiert er das Campusorchester.

Schaut man sich auch noch die Spalte »Hobbys« an, dann verfestigt sich der Eindruck, dass jeder Tag im Leben dieser Leute mindestens fünfzig Stunden haben muss: Fitness, Reisen, Skifahren, Snowboarden, Wissenschaft, Finanzen und Scuba-Diving zählt ein Schweizer als Hobbys auf. Ein junger Deutscher, der in Frankreich und in der Schweiz gleichzeitig studiert, schafft es, nebenher noch Marathon zu laufen, zu jonglieren, in einer Big Band Saxofon zu spielen, zu reisen, sich intensiv mit Politik und Wirtschaft zu befassen und trotzdem in Kontakt mit Freunden zu bleiben.

Die anderen Listen sind nicht weniger beeindruckend: Skiing, hunting, fishing, hiking, climbing – die Aufzählungen nehmen kein Ende. Dann schaue ich mir an, was ich geschrieben habe: Kino, Fußball, mit Freunden ausgehen. Meine Liste klingt banal, aber trotzdem fühle ich mich immer ausgelastet. Ich schlafe gern viel und sitze manchmal stundenlang allein im Café, um die Menschen in meinem Viertel zu beobachten oder um einfach nachzudenken.

»Diese Leute sind mir unheimlich«, sagt Tina später. »Wer immer nur von einer Sache in die nächste stürzt, der denkt doch nie nach. Wann überlegt der denn, ob das, was er macht, richtig oder falsch ist?«

Dass Tina Recht hat, weiß sicherlich auch McKinsey. Das Unternehmen hat sich hier vor allem leistungsbereite, meist wohlhabende junge Leute eingeladen, die den Gedanken, dass sie Europas Elite sind, nicht nur reizvoll, sondern auch nachvollziehbar finden. McKinsey suggeriert uns, dass wir wertvolle Persönlichkeiten seien, die das »Leadership«-Gen in sich trügen. Das schmeichelt jedem hier. Die Tage in Athen sollen der erste Schritt dazu sein, aus uns eine Gruppe zu machen, die sich überlegen fühlt. Vermutlich erscheint es jemandem, der über längere Zeit so bearbeitet wurde, selbstverständlich, die Menschen in Gewinner und Verlierer einzuteilen.

Für die Gewinner gibt es heute Abend eine rauschende Party.

McKinsey hat einen DJ gebucht und in der Hotellobby einen großen Tresen aufgebaut, hinter dem zwei Barkeeper mit Wodkaflaschen und einem Cocktailshaker jonglieren. Bernd tanzt genauso witzig, wie er moderiert. Offenbar haben er, Irene und die anderen Berater gemeinsam Tanzkurse besucht. Sie bewegen sich auffällig ähnlich, tanzen extrovertiert, ausgelassen. »Unser Leben macht Spaß«, suggeriert jede Drehung. »Work hard, party hard« ist das Motto der McKinseys. Sie werden noch bis sechs Uhr früh feiern. Für viele der gerade zwanzigjährigen Studenten, die zum Teil noch zu Hause wohnen, wird das eine der eindrucksvollsten Partys ihres Lebens werden. Sie werden trinken, tanzen, schwimmen und knutschen. McKinsey hat alles dafür getan, dass sie diese Nacht garantiert nicht mehr vergessen.

Tag vier: Ein cooles Unternehmen

»Hello, hello, hello«: Es ist zehn Uhr morgens, und Bernd schreit schon wieder. Heute hat er einen schwarzen Anzug an, Irene steckt im kleinen Schwarzen. McKinsey begrüßt uns zur großen Abschlussgala. Wir haben kleine Sambarasseln in die Hand gedrückt bekommen. Mit denen sollen wir Lärm machen, grölen und klatschen, um uns und das Unternehmen zu feiern. Bernd zeigt uns einen Film, der in der Nacht geschnitten wurde. Ein McKinsey-Kameramann hat uns vier Tage lang begleitet und die Bilder eingefangen, die das Unternehmen braucht: Junge Menschen, oft in »Passion-wanted«-Polohemden, lachen, genießen inspirierende Gespräche mit Pat Cox, Jean-Claude Trichet, mit Jean, Irene und den anderen Beratern. Wir sind Darsteller in einer eindrucksvollen Unternehmenspräsentation.

Bernd will uns schon verabschieden, da springen ein Brite und eine Dänin auf: »Wir wollen uns bedanken, dass ihr an uns geglaubt habt«, sagen sie in Richtung der McKinsey-Reihe. »Wir haben die Zeit hier genossen. Wir haben eine tolle Party gefeiert und wissen nun, dass McKinsey nicht nur eines der erfolgreichsten, sondern auch eines der coolsten Unternehmen ist.« Applaus, Sambarasseln, Gejohle: Der Saal tobt. Ich glaube, McKinsey kann die EuroAcademy 2005 als vollen Erfolg verbuchen.

Am Abend dreht unser Flugzeug eine letzte Warteschleife über Berlin. Gleich werde ich wieder im echten Leben landen. Von McKinsey werde ich die E-Mail-Adressen aller Teilnehmer und Berater bekommen, ein Heftchen mit Erinnerungsfotos und den Film. Außerdem bin ich ja eingeladen, zu einem Bewerbungsgespräch vorbeizukommen. Ich werde dann mit fünf Beratern sprechen und Beispielfälle lösen müssen. »Danach entscheidest du, ob du hier arbeiten willst, und dann überlegen wir, ob wir dich haben wollen«, hatte Corinna gesagt. Wenn beide Ja sagten, bekäme ich ein Angebot. Ein bisschen wie eine Ehe, denke ich.

Ob ich mir die Bewerbungsgespräche antun werde? Ich denke schon. Denn auch nachdem ich fast vier volle Tage mit den Beratern verbracht habe, weiß ich zwar mehr über sie, doch was sie tatsächlich tun, warum Unternehmen bereit sind, für sie so viel Geld zu bezahlen, und wie sie ihren Erfolg messen und belegen, das alles habe ich noch nicht begriffen. Darüber wurde in Athen auch nicht gesprochen. Basiert ein Großteil des Geschäfts wirklich darauf, dass junge, relativ intelligente, eindrucksvoll ausgebildete Menschen viel Wind machen? Dass sie sich dermaßen offensiv als Leistungselite geben, dass sie für viele unantastbar sind? Legitimieren sie auf diese Weise ihre Macht, ihren Einfluss?

Immer wieder habe ich gefragt, woher McKinsey wisse, dass die Beratungen erfolgreich seien. »Bis zu achtzig Prozent unserer Kunden buchen uns wieder«, lautete die immer gleiche Antwort. »Das muss ja nichts heißen«, hatte Tina gesagt, kurz bevor wir abflogen. »Vielleicht macht die ganze Beraterei auch einfach süchtig.«

Mein Freund holt mich vom Flughafen ab und bringt mich nach Hause. Ich merke, dass er die Fahrt über immer stiller wird, und frage ihn, was los sei. »Du bist anders als vor vier Tagen«, antwortet er. »Du redest so betont cool. Du schwärmst richtig von den tollen, hochintelligenten Leuten. Von ihren acht Sprachen, ihren ausgefallenen Hobbys. Ich hoffe, du kannst jetzt hier mit den Normalen auch wieder leben.« Ich erschrecke. Abends im Bett denke ich darüber nach, ob man es eigentlich spürt, wenn das eigene Gehirn erfolgreich »gewaschen« wurde.

Die Kosten eines Katzenlebens

Ich bin zurück in Berlin, im normalen Leben. Ich fahre wieder U-Bahn, statt mich chauffieren zu lassen. Die Menschen um mich herum jobben, schreiben Bewerbungen, hadern mit Absagen, sind beschäftigt mit ihrer Zukunftsangst und der Sorge ums häufig leere Konto. Aber sie haben Zeit – fürs Kino, für die Kneipe, für ihre Kinder. Ich habe das Gefühl, dass mein Leben nach den Tagen in Athen angenehme zwei Gänge zurückgeschaltet wurde und trotzdem noch anstrengend genug ist.

Nach McKinsey-Maßstäben sind die meisten Menschen, die ich mag, wohl eher Verlierer. Doch die McKinsey-Welt ist für mich schon jetzt weit weg. Wenn ich von den Tagen in Athen erzähle, hören alle interessiert zu. Danach spotten sie über die leistungsgeile Elite, gestehen aber gleichzeitig, sich vor deren Einfluss zu fürchten. »Für die müssen Leute wie wir eine Beleidigung sein«, sagt ein Freund, der gerade Arbeit sucht und sich um seine kleine Tochter kümmert. »Jemand, der sagt, er will arbeiten, der aber nicht bereit ist, alles dafür herzugeben, der ist doch in deren Augen faul, ein Parasit.«

Zwei Wochen nach meiner Rückkehr nimmt die ferne McKinsey-Welt wieder Kontakt mit mir auf. Zuerst spricht mir Corinna auf die Mailbox. Sie wolle mich nicht unter Druck setzen, nur fragen, was ich nun für Pläne hätte, und wissen, ob es mir in Athen gefallen habe. Ich erschrecke. Ich habe Corinna nie meine Handynummer gegeben.

Kurz darauf mailt mir Isabel vom Recruiting-Team: »Liebe Julia«, schreibt sie, »ich hoffe, du hast noch schöne Erinnerungen an die EuroAcademy. Es freut mich sehr, dass du dich für ein Praktikum interessierst. Wäre auch ein Festeinstieg für dich interessant?« Dann legt Corinna, der ich vor Schreck nicht geantwortet habe, in einer E-Mail nach: »Gerne erinnere ich mich an unsere Gespräche beim

Segeln«, schreibt sie. Und fragt wieder, wie meine weiteren Pläne aussähen.

»Bist du jetzt in einer Art Sekte?«, scherzt mein Freund. Ich finde das überhaupt nicht lustig und bin schon kurz davor, meine Erkundung des Beraterberufs abzubrechen. Doch die Neugier siegt. Ich melde mich bei Annette zum Auswahltag an.

Eine Woche später ist dann schon alles festgezurrt. »Wir freuen uns, dass du dich für eine Tätigkeit als Beraterin bei McKinsey & Company interessierst«, mailt mir Isabel. »Deine Unterlagen haben uns besonders gut gefallen, so dass wir uns mit dir gerne intensiver über deinen Werdegang und deine Ziele unterhalten würden.« Der 18. November ist mein Auswahltag, um 8.30 Uhr soll ich im Berliner Büro am Ku'damm sein.

In dem »Überblick für Bewerber«, den Isabel mir schickt, lese ich, dass das Bewerbungsverfahren bei McKinsey ein »interaktiver Prozess« sei. Die Firma will nicht nur mich kennen lernen, sondern mir auch die Möglichkeit bieten, herauszufinden, ob mir »die Tätigkeit als Unternehmensberater faszinierende und herausfordernde Aufgaben bieten kann«. Wenn ich die ersten drei einstündigen Gespräche überstehe, wird sich ein Partner mit mir unterhalten, um festzustellen, inwiefern ich »auf lange Sicht einen wertvollen Beitrag für die Klienten leisten und an der Gestaltung der Zukunft von McKinsey mitwirken« kann. Auf der nächsten Seite erfahre ich, dass sich die McKinsey-Berater durch einen »guten Mix verschiedener Fähigkeiten« auszeichnen. Gut, denke ich, wenn ich schon nicht weiß, was die Berater nun tatsächlich machen, dann erfahre ich so wenigstens, was sie können müssen.

Mit vier Begriffen beschreibt McKinsey das Anforderungsprofil eines Unternehmensberaters: »Problem Solving«, »Achieving«, »Personal Impact« und natürlich »Leadership«. Außerdem müssen Kandidaten die Geheimsprache der Berater verstehen, füge ich in Gedanken hinzu. Glücklicherweise erklärt McKinsey für Leute, die noch nicht so weit sind, was mit den smarten Begriffen gemeint ist.

Problem Solving: Beraterkandidaten sollen in Fallstudien beweisen, dass sie Probleme strukturieren und logisch argumentieren können sowie kreativ genug sind, »um den Lösungsraum zu erweitern«. Was das bedeuten soll, wird leider nicht erläutert.

Achieving: »Um Exzellentes auch unter Zeitdruck leisten zu können, ist ein hohes Maß an Energie, Entschlusskraft sowie Urteilsvermögen notwendig«, erklärt mir McKinsey. »Leistungsstreben und Selbstmotivation sind daher wichtige Elemente unserer täglichen Arbeit.«

Personal Impact: »Das Ziel, klare Empfehlungen für unsere Klienten zu entwickeln, ist die wichtigste Aufgabe unserer Berater«, schreibt McKinsey. Voraussetzung hierfür sei die Fähigkeit, mit unterschiedlichen Personen auch in schwierigen Situationen zu einem Ergebnis zu kommen. »Sehr gute aktive und passive Kommunikationsfähigkeiten sowie Selbstbewusstsein ohne Arroganz sind hier entscheidend.«

Und natürlich Leadership: »Die Fähigkeit, ein Team zu motivieren und inhaltlich zu führen.«

Während des Auswahltags, verspricht mir McKinsey, werden die Berater feststellen, ob diese Eigenschaften auch in mir schlummern. Damit das gelingt, wird McKinsey mich über mein Leben ausfragen.

Carina, die Gynäkologin, rät mir, ich solle mir Situationen überlegen, in denen ich Erfolg hatte und in denen ich versagt habe. »Das fragen die garantiert.« Carina hat die ganze Prozedur schon hinter sich. Achtzigtausend pro Jahr und ein Auto im Wert von dreißigtausend Euro waren das Ergebnis. Die Gynäkologie kann da nicht mithalten. Im nächsten Frühjahr fängt Carina bei McKinsey an.

»Wenn ich mich verändere, höre ich sofort auf. Und Ärztin werde ich später«, erklärt Carina. »Ich habe Angst, aber das Ganze klingt zu spannend. Ich muss es einfach machen.« Ich bin irritiert und frage mich, ob die Stereotypen, die unter »Berater« in meinem Kopf abgelegt sind, nicht zu simpel sind. Ich mag Carina. Sie ist weder eine kalte Cost-Cutterin noch ein Workaholic. Zum Abschied drückt sie mir zwei Bücher in die Hand: »Lies das für die Fallstudien, die du am Auswahltag lösen musst!« Die beiden Bücher hatte mir auch Annette empfohlen: *Karriere Inside Consulting* und *Der Weg in die Unternehmensberatung. Consulting Case Studies erfolgreich bearbeiten.* Genau das brauche ich.

Der erste Teil des Case-Studies-Buches liest sich wie ein Wörterbuch der Unternehmensberatersprache. Ich lerne, dass »Busines Reengineering« Umstrukturierung heißt und dass »bottom-up« nicht mehr bedeutet, als Organisationen von der Basis her zu verändern. Das Gegenteil heißt dann logischerweise »top-down«. Im zweiten Teil erklären mir die Autoren, wie ich die Fallstudien am Auswahltag lösen soll. Ich lese vom Vier-C-Konzept, vom Five-Forces-Modell, von der SWOT-Analyse, den vier Ps und den vier Cs und dem QAHR-Konzept.

Mir wird ganz heiß. Ich verstehe einen Text in meiner Muttersprache nicht mehr. So habe ich mich an meinen ersten Tagen in Belgien gefühlt, als plötzlich alle in einer Sprache redeten, die nur noch wenig mit dem erlernten und erwarteten Französisch zu tun hatte. Ich blättere noch einmal zum Anfang von Teil zwei zurück und versuche zu begreifen, was mit diesen Wortungetümen gemeint sein mag. Ich notiere mir Definitionen: Mit der SWOT-Analyse, schreibe ich, analysiert man ein Unternehmen. Blöder Satz, denke ich und notiere: S meint Strenghts, also Stärken, W sind die Weaknesses, die Schwächen, O die Opportunities, die Chancen, und T steht für die Threats, die Gefahren. Ähnlich banal geht es weiter: Das QAHR-Konzept wird mir als »Hauptmethode der zielorientierten Beratung« erklärt. Das ist wichtig, denke ich und notiere: Q für Frage (Question), A für Analyse, H für Hypothese und R für Ressourcen. Wieso, frage ich mich, denkt man sich für solche Lappalien diese Abkürzungen aus?

Es wird Zeit für meine erste Case-Studie: »Poopers«, heißt es da, »ist eine der führenden fiktiven Windelmarken in Deutschland. Poopers überzeugt die Babys durch große Saugfähigkeit, ohne beim Spielen zu stören.« Poopers habe dreißig Prozent des Windelmarkts in Deutschland erobert. »Welchen Umsatz erzielt der Hersteller der Marke Poopers?« Hmm, denke ich, ganz gute Frage. Müsste man mal gucken, wie viel Umsatz mit Windeln gemacht wird, oder mal bei einem Windelhersteller nachfragen. Die werden das ja wissen. Man könnte auch einfach in den Geschäftsbericht eines ähnlich großen Herstellers schauen. Interessiert blättere ich zur Lösung und entdecke eine lange Formel: Ich hätte die Anzahl der windeltragenden Babys errechnen müssen, diese mit der Windelwechselfrequenz multiplizieren sollen und so den deutschlandweiten Windelverbrauch ermitteln können. Den hätte ich dann mit dem geschätzten Windelpreis multiplizieren müssen. 480 Millionen Euro setzt Poopers nach dieser Rechnung pro Jahr um. Ein Schätzwert natürlich, denn weder die im Buch angenommene Babyzahl noch der stark vereinfachte Windelwechselwert stimmen mit der Realität überein.

Etwas entmutigt mache ich mich an Beispiel zwei, »Tierische Investition« genannt: »Während Sie – ein steil aufsteigender Stern am Himmel der Berater-Branche – in der Lounge des Züricher Flughafens auf den Aufruf Ihres Fluges warten, kommen Sie mit einem anderen Geschäftsreisenden ins Gespräch.« Der erzählt mir stolz, er habe für seine Tochter eine Katze aus dem Tierheim gekauft. Das Kind sei glücklich, und das für wenig Geld, denn das Kätzchen habe nur fünfzig Euro gekostet. Hat er Recht?

Das Buch sieht folgende Lösung vor: Ich soll von dem Katzenkauf abraten, denn ein Katzenleben, so heißt es, koste 13 441 Euro. Ich hätte ausrechnen sollen, dass die Erstausstattung der Katze 260 Euro verschlingen würde, dass nach der »Hälfte der Lebenserwartung Ersatzinvestitionen« für eine neue Katzentoilette, für Futternapf und Decke nötig gewesen wären und dass hierfür noch einmal 77 Euro zu veranschlagen seien. »Eine mögliche Veräußerung der Gegenstände nach dem Tod der Katze wird nicht in die Kalkulation einbezogen«, lese ich weiter. Zudem hätte ich ausrechnen müssen, wie viel Geld die Katze in 15 Jahren verfräße (8212,50 Euro) und wie teuer ihre Klogänge wären (3041,67 Euro).

Ich bin empört. Ist nichts vor den Kalkulationen der Berater sicher? Stellen sie auch Kosten-Nutzen-Rechnungen für den Wert von Freundschaften, von Liebe oder Familie auf? Im Sommer ist mein Hund nach 15 gemeinsamen Jahren an Nierenversagen gestorben. In seiner letzten Woche hat er noch fast täglich Spritzen bekommen.

Hätte ich da denken sollen: Fips, alter Knabe, du überziehst dein Lebensbudget? Und wie viel hätte ich ihm für seine Treue gutschreiben sollen? Waren die Grenzkosten für seine letzten Jahre zu hoch?

»Sei nicht so naiv«, sagt mein Freund. »So sind die. Die rechnen auch aus, wie viel ein Arbeiter während seines 38 Jahre dauernden Arbeiterlebens kostet. Da kommen die dann logischerweise auf gigantische Summen, und die Unternehmen sind überzeugt, dass sie besser ein paar Leute weniger beschäftigen sollten.«

In dieser Nacht habe ich einen furchtbaren Traum: Ich sehe mich durch ein Unternehmen laufen, mit einem Klemmbrett und einer Liste. Dort muss ich eintragen, wie viel Klopapier und wie viel Seife ein Arbeiter bei seinen täglichen Toilettengängen verbraucht. Dann muss ich errechnen, wie teuer seine Klobesuche während einer Woche, eines Monats und bis zu seiner Rente sind. Nach dem Aufwachen spinne ich diese Idee zu Ende. Ich sehe mich eine Empfehlung schreiben: »Liebes Unternehmen! Herr Schmidt wird bis zu seiner Rente noch 13 441 Euro an Klokosten verursachen. Ich empfehle, ihm entweder die Toilettengänge zu untersagen oder ihn freizusetzen.«

Je näher der 18. November rückt, desto überdrehter werde ich. »Lass uns noch mal ein Bier trinken gehen«, spottet ein Freund. »Wenn die dir erst mal achtzigtausend bieten, bist du eh weg.« Ich schüttle entschieden den Kopf. Doch selbst in meinem Umfeld gibt es mehr Menschen, die dem McKinsey-Reiz erliegen, als ich gedacht hätte: »Ich glaube, ich würde es machen. Besser als arbeitslos«, meint eine Freundin. »Vielleicht könntest du dort bei der Pressestelle anfangen«, raten meine Eltern. »Es ist doch so schwer, heutzutage eine Festanstellung zu bekommen.«

Mein Tag mit der Elite

Links oder rechts die Straße herunter? Nervös stehe ich vor der U-Bahn-Station Konstanzer Straße. Um 19.30 Uhr muss ich beim McKinsey-Dinner sein. Jetzt ist es 19.28 Uhr, und ich glaube, ich bin in die falsche Richtung gelaufen. Seit über einem Jahr lebe ich nun in Berlin, aber in Wilmersdorf war ich noch nie. Wilmersdorf, das ist der alte Westen der Stadt, sauber, wohlhabend und bürgerlich. Hier sieht es aus wie in Düsseldorf oder Wiesbaden. »An die Wilmersdorfer Welt wirst du dich gewöhnen müssen, wenn du da anfängst«, hatte mein Freund gespottet. Er hätte mir besser einen Stadtplan mitgegeben. Die Straßen sind hier erstaunlich leer, es gibt kaum jemanden, den ich nach dem Weg fragen könnte. Es scheint eher eine Ecke für Autofahrer zu sein, denke ich, als ein langer Jaguar an mir vorbeifährt. Aus den Tiefen meiner Tasche ziehe ich schließlich den Flyer des Restaurants, in das McKinsey meine sieben Mitbewerber und mich heute Abend eingeladen hat. *La vigna – vini e cucina italiana* steht darauf.

Das La Vigna, in das ich eine Viertelstunde später hineinstürze, liegt nur ein paar hundert Meter vom Berliner Office der Firma entfernt, und es ist das Lieblingsrestaurant des Direktors. »Sein Wohnzimmer«, lacht Jacques, als er uns erklärt, warum wir gerade bei diesem Italiener essen. Mit einem Glas Sekt in der Hand stehen wir, die Bewerber, im Kreis um Jacques und Friedrich, die Meckies.

Dass die anderen ähnlich angespannt sind wie ich, finde ich angenehm. Nach den Tagen in Kap Sounio fühle ich mich zwar fast schon geübt in McKinsey-Smalltalk. Doch was hier erwartet wird, was der Sinn dieses Abendessens sein soll, ist mir unklar. In der Einladung zum morgigen Auswahltag hatte McKinsey geschrieben: »Zudem laden wir dich am Vorabend zu einem informellen Dinner in das Restaurant La Vigna ein. Für diesen Abend ist ungezwungene Garderobe völlig ausreichend.«

»Wir sind heute nur zu eurem Entertainment da. Wir erzählen euch, wie es bei McKinsey ist. Wir können aber auch über Gott und die Welt reden, ganz wie ihr wollt«, beantwortet Jacques all meine Fragen. »Weder Friedrich noch ich«, fügt er hinzu, »werden morgen dabei sein. Wir haben mit eurer Auswahl nichts zu tun.« Nette Geste, dieses Dinner, denke ich, und netter Kerl, dieser Jacques. Ich setze mich daher an sein Tischende.

Jacques, der zwar einen französischen Namen hat, aber aus der

Nähe von Hamburg kommt, ist das absolute Gegenteil eines Berater-Stereotypen. Er hat wirre Locken, eine kleine Brille und scheint Anzüge nicht zu mögen. Er ist Architekt, studiert hat er an der Berliner Universität der Künste, der berühmten UdK. Die Uni ist eher dafür bekannt, linke Intellektuelle hervorzubringen als Unternehmensberater. »McKinsey war das kälteste Wasser, in das ich je gesprungen bin«, kommentiert Jacques seinen ungewöhnlichen Lebenslauf. Noch heute würden seine UdK-Freunde teils irritiert, teils bewundernd fragen, ob er denn immer noch bei diesen Unternehmensberatern sei. Jacques ist nach einer langen Pause gerade erst wieder zu den Meckies zurückgekehrt. Im Oktober hat er seine Promotion über Architekturbüros abgeschlossen – bezahlt hat das die Firma. »Angenehmes Programm«, sagt Jacques. Er bemüht sich anschließend, mit uns auch über andere Themen als McKinsey zu sprechen, doch das ist fast unmöglich. »Hast du Tipps?«, fragt Ilse, die neben mir sitzt. »Wie viele kommen durch?«, will Klaus wissen. »Würdest du mich nehmen?«, legt Ilse nach.

Jacques rät, wir sollten uns natürlich benehmen, nicht nervös sein, und versichert uns, dass wir keine Konkurrenten seien. »Wir haben nicht eine bestimmte Stellenanzahl zu besetzen. Wir nehmen alle, die uns gefallen. Einmal waren es sieben von acht, manchmal ist es keiner. Aber«, sagt Jacques, »macht euch nicht zu viele Sorgen. Schon dass ihr hier seid, zeigt, dass ihr zu den Besten gehört. Für keinen von euch geht es doch um die Entscheidung McKinsey oder Arbeitsamt.«

Mir gegenüber sitzt Monika aus dem Recruiting-Team. Sie hat die Auswahltage organisiert. Es sei schon eine große Ehre, eingeladen worden zu sein, schmeichelt auch sie uns. Neunzig Prozent der Bewerbungen würde sie aussortieren. Schlechte Noten, kein Auslandsaufenthalt, wenig Berufserfahrung – schon sei man raus.

Ich schaue mich um. Wer sind die anderen »Auserwählten«? Ähnlich wie in Kap Sounio werden auch heute Abend Biografien im Schnelldurchlauf präsentiert. Klaus hat VWL in München und Marseille studiert. Er wirkt ziemlich gelassen, hat er doch schon Bewerbungen bei allen größeren Unternehmensberatern hinter sich. Roland

Berger, A.T. Kearney, Booz Allen, BCG – Klaus kennt sie alle. Seit sechs Wochen absolviert er zwei Auswahltage pro Woche. »Das passt gut«, sagt er, »alle laden die Leute montags oder freitags ein. Dazwischen habe ich immer Zeit.« Am Ende wolle er sich das beste Angebot raussuchen, sagt Klaus. Dass viele Top-Offerten für ihn dabei sein werden, daran zweifelt er nicht.

Ilse, außer mir das einzige Mädchen, lebt auch in Berlin. Sie hat Publizistik studiert, hat ein Jahr in Paris gelebt und dort an einer der berühmten Grands Ecoles, den Eliteschulen, Politik studiert. Wenn es mit McKinsey nicht klappt, will sie sich um ein Promotionsstipendium bewerben.

Joachim aus Heidelberg erzählt gerade von seinem Flug. Zu früh sei er gewesen, sagt er, da habe ihn eine Lufthansa-Mitarbeiterin in die Businesslounge gebracht. »Umsonst essen und trinken konnte man da«, berichtet er begeistert. Genauso angetan ist er jetzt von den edlen Vorspeisen, die uns serviert werden, den Meeresfrüchten, dem Carpaccio. Der Trick mit dem Luxus klappt immer, denke ich. Joachim redet gerade mit Jacques über die Sommerakademien der Studienstiftung des Deutschen Volkes. Die beiden haben sich da schon mal getroffen – die Welt der Elite scheint recht klein zu sein. Joachim ist der Prototyp eines Stipendiaten. Er ist höflich, ein wenig unsicher und bestimmt sehr intelligent. In Heidelberg studiert er Jura und Medizin. »Gleichzeitig?«, frage ich entsetzt, obwohl ich die Antwort eigentlich kenne.

Später, nach ein paar Glas Wein, erzählt ausgerechnet der strebsame Joachim die beste Geschichte des Abends: Er habe mit 16 eine recht prominente Exfreundin gehabt. »Die kennt ihr bestimmt: Die Frau von Ralf Schumacher, Cora. Die hat sich aber jetzt ziemlich verändert.« Top-Student und Exfreund von Boxenluder Cora – ich hoffe, dass diese Kombination McKinsey am nächsten Tag überzeugen wird.

Mittlerweile wird auch am anderen Tischende über Privates gesprochen. Friedrich, der andere Berater, erzählt von seinem Umzug. Er hat seine Wohnung in Moabit gekündigt und ist in den Norden von

Berlin, nach Pankow, gezogen. »Warum das?«, will ich wissen. »Ich möchte zwar«, sagt Friedrich, »dass mein Kind zweisprachig aufwächst. Aber deutsch-türkisch muss nun wirklich nicht sein.« Ich trete mir selbst auf den Fuß und schlucke eine zickige Antwort hinunter.

Als Klaus geht, setzt sich Andreas zu Ilse und mir. Er wolle mal die mit ähnlichem »Background screenen«, sagt er. Andreas ist in der Jungen Union, er studiert Geschichte in Cambridge und hat eine schicke Visitenkarte mit dem Wappen seiner Uni. Er hat schon ein Vorgespräch mit McKinsey in Hamburg hinter sich, sein »Business-Sense« sei da gelobt worden, erzählt er uns.

Ich möchte nicht von Andreas gescreent werden. Als Ilse gehen will, komme ich mit. »Wie kommt ihr nach Hause?«, will Jacques wissen. »Mit der U-Bahn. Wie sonst?«, erwidert Ilse. Wir sollten doch ein Taxi nehmen, ermuntert uns Jacques. »McKinsey bezahlt das.« – »Noch bin ich arme Studentin und fahre weiter Bahn«, entgegnet Ilse entschieden und nimmt ihre Jacke.

Auf dem Weg zur U-Bahn fragt sie, wie mir der Abend gefallen habe. »Besser als erwartet«, antworte ich. »Essen und Wein waren sehr gut. Ein paar Leute waren nett, ein paar nervig, wie überall.« Doch wie in Kap Sounio bleibt auch nach dem Abend im La Vigna eine Frage unbeantwortet: Welchen Nutzen hat die Investition für McKinsey? Vermutlich gehört es zum Image, die Bewerber ein wenig zu hofieren. Wahrscheinlich ist das nötig, wenn man behaupten will, nur die Besten zu holen.

In dieser Nacht schlafe ich kaum. Meine Mitbewohnerin hat Gäste, die bis zum Morgen kiffen. Der Rauch zieht auch in mein Zimmer. Ich fluche und stelle mir vor, wie sich die edlen Klamotten, die ich extra gekauft habe, mit schweren, süßen Düften voll saugen. Sie werden mich gleich wieder wegschicken, wenn ich so rieche, denke ich. Ich wälze mich bis vier Uhr morgens hin und her, meine Gedanken drehen sich um den angekündigten analytisch-logischen Test und um die »Case Studies«. Angestrengt übe ich Kopfrechnen.

Kurz nach dem Einschlafen klingelt schon wieder der Wecker. Ich ziehe Anzughose, Bluse und Pullover an, stehe minutenlang vor dem Spiegel und tausche den Pulli schließlich doch gegen ein Jackett. Nachdem ich die schwierigen Fragen »Zopf oder nicht?« und »Reicht es noch für einen Kaffee?« beantwortet habe, sitze ich um kurz nach acht in der Bahn. »Kurfürstendamm 185. 8.30 Uhr.« Ich wiederhole ständig Adresse und Uhrzeit und starre vor mich hin. Ich will nicht schon wieder zu spät kommen.

Um 8.21 Uhr laufe ich den Ku'damm entlang, fünf Minuten später steige ich in den Aufzug von Nummer 185, gemeinsam mit zwei gesetzten Anzugträgern. Als sich die Tür schon schließt, stürzt noch Andreas, der Historiker, in den Lift. Er hat einen langen, schwarzen Wollmantel an und zieht einen winzigen Rollkoffer hinter sich her. Er sieht aus, als wäre er mindestens vierzig. »Hab gestern noch einen Grappa getrunken«, erzählt er mir. »Deshalb bin ich so spät, so chaotisch.« Wir steigen aus Versehen im dritten statt im vierten Stock aus. Die beiden Anzugherren fahren weiter. »War das nicht der Kluge? Der McKinsey-Deutschland-Chef?«, fragt Andreas hektisch, fast hysterisch. »Und ich dränge ihm mein Chaos auf. Wie peinlich. Jetzt kann ich es vergessen.« Ich schaue ihn irritiert an und konzentriere mich ganz darauf, das richtige Stockwerk zu finden.

Monika holt uns am Aufzug ab. Das Office sieht aus wie eine schöne Altbauwohnung. Die Büros gehen von einem Gang ab, der im Kreis um den Innenhof führt. Kein Glas, kein Stahl, wie sonst in Firmenzentralen üblich. Fast gemütlich ist es hier.

»Headquarter Bewerber« steht an einer Tür. Hier müssen wir rein. »Headquarter Bewerber. Headquarter McKinsey. Das klingt ja wie im Krieg«, witzelt Andreas. Er scheint sich wieder gefangen zu haben. Gerade hatte er Monika noch völlig aufgelöst von seinem »Aufzug-Desaster« erzählt und gefragt, ob denn Jürgen Kluge heute hier sei. Ist er nicht, alle anderen sind aber schon da. In diesem Moment bin ich sehr froh, mich gegen den Pullover entschieden zu haben. Aber auch so bin ich völlig underdressed. Die Jungs tragen schwarze Anzüge und Krawatte, die meisten haben sich sogar für einen Dreiteiler entschieden, und Ilse hat einen grauen Hosenanzug und eine weiße Bluse an. Trotz allem, braun ist modern, tröste ich mich und klemme mein Namensschildchen an mein Cordjackett.

An meinem Platz liegt eine Mappe mit einem blauen Heftchen, in dem McKinsey für sich wirbt. »Unsere Berater machen, was Sie wollen«, steht auf der Broschüre. Und weiter: »Unsere Berater machen seit Jahren das Gleiche. Schon seit über 65 Jahren haben unsere Grundwerte Gültigkeit: das Prinzip ›client first‹, die ›one-firm-Partnerschaft‹ und ›obligation to dissent‹ – die Verpflichtung zum Widerspruch«, lese ich und denke: Nicht zu vergessen die obligation to speak funny Beraterdeutsch. Unter dem Heftchen finde ich die Lebensläufe der acht Berater, die uns heute interviewen werden. Ich habe gerade angefangen, mir Fotos und Hobbys anzuschauen, da geht es schon los.

Monika bringt uns in einen anderen Raum und setzt uns vor jeweils eine Ledermappe. Hier sind die Aufgaben drin. Ilse und ich beginnen mit dem Test, der »Mini-Cases« heißt. Auf Kommando dürfen wir loslegen. Es sind 15 Fragen, verteilt auf zwei Fallstudien. 45 Minuten haben wir Zeit.

Ich lese von einem Unternehmen, das Filme und Medizingeräte produziert und Märkte in Frankreich, England, Deutschland und Italien beliefert. Ich erfahre, welche Umsätze die Firma in den einzelnen Ländern macht, wie hoch der Anteil der Filme ist und wie viel die Firma an staatliche Krankenhäuser verkauft. Jetzt soll ich ausrechnen, in welchem Land das Unternehmen den meisten Umsatz mit Filmen macht und wie sich die Umsätze verändern, wenn das Filmgeschäft in allen Ländern außer in Italien um fünf Prozent schrumpft. Außerdem soll ich schreiben, was ich davon halte, wenn der Geschäftsführer ankündigt, er könne diesen Verlust mit einer Wahrscheinlichkeit von 75 Prozent halbieren.

Also rechne ich durchschnittliche Filmpreise in den USA aus, schmiere Tabellen auf den gelben »For-your-eyes-only«-Block, den ich schon aus Kap Sounio kenne, und merke, dass meine Hände kalt und schwitzig werden. Die Aufgaben sind zu lösen. Bei den meisten genügt es, ein paar Dreisätze aneinanderzuhängen. Mathematik 9. Klasse, gepaart mit Denksportansätzen. Doch es sind viel zu viele Aufgaben, und mein Problem ist, dass ich schon seit Jahren nicht mehr schriftlich dividiert habe. Ich höre mich in Gedanken wieder Dinge sagen wie: »180 durch 14. 14 geht zehnmal rein, bleiben 40. Verdammt, wie oft geht 14 in die 40?«

»Noch zehn Minuten«, sagt Monika in diesem Moment. Ich habe bisher erst gut die Hälfte der Aufgaben geschafft. Meine Notizen werden immer wilder, ich überschlage und rate mehr, als dass ich rechne. Dann ist die Zeit um. Monika nimmt die Lösungen und sogar die Schmierblätter an sich. Später werden die Jungs rätseln, ob McKinsey auch unsere Notizen analysiert, um Rückschlüsse auf unsere Denkweisen zu ziehen, oder ob sie eine Art grafologisches Gutachten machen werden. Ich habe nach den »Mini-Cases« auf jeden Fall knallrote Wangen und bin endlich wach. Immerhin habe ich bei 12 von 15 Aufgaben etwas angekreuzt und gehe ganz zufrieden ins Headquarter zurück. Auch die Jungs, die währenddessen ihre ersten Einzelinterviews hatten, kommen gerade wieder. »Das war's dann«, höre ich Andreas schon wieder sagen. »Ich habe bei den Cases Fehler gemacht, über die mein Bruder lachen würde. Und der ist auf der Realschule.«

»Der Test war ziemlich hart«, erzählen Ilse und ich. »Prozente, Dreisatz und viel zu wenig Zeit.« Carl, der an einer Privatuni BWL studiert, schaut uns fast mitleidig an. Ich glaube, er denkt so etwas wie »Frauen und Mathematik«. Ich erinnere mich daran, was mir Tobias, der andere BWLer, gestern beim Dinner über sein Studienfach und Frauen erzählt hat: »Ich verstehe nicht, warum Frauen BWL studieren«, meinte er. »Wenn man da 'nen Job haben will, muss man in der Firma immer hundert Prozent geben. Warum machen die nicht Medizin oder Jura? Das ist auch anspruchsvoll, aber da kann man einfach weniger Patienten, weniger Fälle machen, wenn man Familie hat.« Ein Freund habe mit seiner Frau eine gemeinsame Zahnarztpraxis eröffnet. Die Frau komme einfach seltener. Das sei doch eine optimale Lösung. Ich nehme mir vor, bei den Interviews alles zu geben, schon um der Ehre willen.

»Unsere Berater sind zu allem fähig. Vielfalt ist unser Motor«, lese ich in der McKinsey-Broschüre. »Wir brauchen den besten Mix. Von Frauen und Männern, Ungestüm und Gelassenheit, Kreativität und Erfahrung. Beratung ist längst keine Männerdomäne mehr.« Zumindest die McKinsey-Werbeabteilung scheint fortschrittlicher zu sein als Tobias und Carl. »Die wollen auch mehr Frauen nehmen«, höre ich Ilse sagen. »Dreißig Prozent aller Einsteiger sollen Frauen sein.« – »Ihr meint wohl«, sagt Andreas fast verächtlich, »die nehmen euch nur, weil ihr lange Haare habt?«

Als mich Thomas, mein Berater, in diesem Moment abholt, bin ich fast froh. »Wie war der Test?«, will er wissen. Ich erzähle, dass das Malnehmen sehr gut geklappt habe, dass ich aber Probleme mit dem Teilen hätte. »Ich habe schon lange niemanden mehr von ›teilen‹ sprechen hören«, sagt Thomas. »Das kann ich mir denken«, antworte ich. Und füge glücklicherweise nur in Gedanken hinzu: »Was soll man auch von einem Unternehmensberater erwarten?« Kurz darauf ärgere ich mich über die zynische Bemerkung, denn Thomas scheint ein sehr netter Mensch zu sein. Er hat in meiner Bewerbung die Geschichten aus meiner Brüsseler WG gelesen. Dass wir mit Fermin, dem Spanier, Streit hatten, weil er nicht im Sitzen pinkeln wollte, amüsiert Thomas sehr. Dann will er wissen, wann ich mal gemeinsam mit einem Team Widerstände durchbrochen hätte. Eine halbe Stunde reden wir über ein Filmprojekt, das ich mit Kollegen realisiert habe, obwohl der Sender zuerst dagegen war. Karsten ist ein dankbarer Zuhörer, er lacht über fast jede Pointe.

Danach kommt die »Case Study«. Thomas gibt mir eine Tabelle mit gut dreißig Zahlen. Jede Zeile beschreibt ein Saatkorn, aus dem man Bioalkohol gewinnen kann. Ich erfahre die Kosten pro Tonne, die Literzahl, die man aus den jeweiligen Pflanzen pressen kann. Ich lese, wie lang die Wachstumsperioden und wie teuer die jeweiligen Pressmethoden pro Tag sind, und soll herausfinden, welche Pflanze am günstigsten ist.

Wieder rechne ich angestrengt. Als ich beim Dividieren hänge, sagt Thomas freundlich: »Die Zahl hinterm Komma brauche ich nicht.«

Nach einer halben Stunde empfehle ich dem Bauern, den Bioalkohol aus Zuckerrüben zu pressen. Karsten erzählt, dass er die Tabelle auf einem Workshop in Indien bekommen und dass auch er sich für die Zuckerrübe entschieden habe. Ich bin zufrieden mit meiner ersten »Case Study«. Bioalkohol liegt mir mehr als die Kosten eines Katzenlebens.

Anschließend bin ich bei Gitta. Sie ist noch ziemlich jung und erst seit 2002 bei McKinsey. Seit einem Jahr ist sie Fellow Senior Associate. Auch Gitta ist ausgesprochen freundlich, auch sie will von mir wissen, wann ich mal mit einem Team zusammengearbeitet habe und ob es da Konflikte gegeben hätte. Ich erzähle von einem Streit bei unserem Uniradio. Eine halbe Stunde sprechen wir darüber, obwohl es keine große Geschichte war und auch schon vier Jahre her ist. »Was hat Ihr Kollege dann gesagt?«, will Gitta wissen. »Wie hat er sich wohl gefühlt?« – »Wie haben Sie Ihre Probleme artikuliert?« – »Haben Sie versucht, sich in die anderen hineinzuversetzen?« Es scheint hier um eine psychologische Analyse zu gehen. Ich ärgere mich, dass ich von diesem Streit erzählt habe, an den ich mich gar nicht mehr so genau erinnern kann.

Als diesmal nach einer halben Stunde die Fallstudie kommt, bin ich fast froh. Ich soll ausrechnen, ob ich ein Theater in Stuttgart für rentabel halte und ob ich es übernehmen wolle. Ich überschlage die möglichen Mietpreise, schätze die Lohnkosten und die Höhe der Gagen für die Künstler. Dann errechne ich die Einnahmen, die ich mit den Tickets erzielen könnte. »Ich muss 286 000 pro Monat investieren«, verkünde ich schließlich. »Und habe Einnahmen durch die Tickets von 600 000 Euro.« Ich stocke, das kann nicht stimmen: 314 000 Euro Gewinn sind einfach zu viel. »Dann stünden hier überall Theater«, entgegnet Gitta lachend. Ich habe die Ticketpreise zu hoch und die Lohnkosten zu niedrig angesetzt und außerdem vergessen, dass ich den Laden auch versichern muss. »Aber sonst war es okay«, ermuntert mich Gitta und bringt mich zurück ins Headquarter.

Hier ist die Stimmung mittlerweile ziemlich schlecht. Alle beäugen sich, versuchen, von den anderen Tipps für die nächsten Gespräche zu bekommen. Ich bin müde. Doch lange kann ich darüber nicht nachdenken. Ein paar Minuten nachdem Gitta mich zurückgebracht hat, sitze ich schon im nächsten Interview. Herbert Renz befragt mich. Er ist Direktor im Berliner Büro. »Wie fanden Sie sich bisher?«, will er wissen. Eine gemeine Frage. »Ganz okay«, antworte ich. Dann fragt auch er nach dem Streit im Uniradio. Die Berater tauschen sich also während der Pausen über das, was wir in den anderen Interviews gesagt haben, aus. Gut, dass ich noch nicht zweimal dieselbe Geschichte erzählt habe. Dann will er mit mir darüber reden, wie wir beim Campussender unsere Musik vermarktet haben. Begeistert erzähle ich von unserer klaren Musikausrichtung, von Netzwerken mit anderen Radios und unserer Campus-Charts-Seite, die es mittlerweile bei *Spiegel-Online* gibt.

»Find ich ganz toll«, meint er. »Und jetzt sagen Sie mir mal, wie schwer ein Jumbojet maximal sein darf, wenn er fliegen soll.« – »Es gibt nichts, was ich so schlecht kann wie Physik«, entschuldige ich mich. Doch Ausflüchte scheinen hier nicht zu gelten. Ich soll zuerst einmal überlegen, wieso ein Flugzeug überhaupt fliegt. »Durch die Turbinen?«, rate ich. »Drückt es durch die Flügel die Luft nach unten?« Renz hilft mir: Ob ich wisse, was Luftdruck sei. »Ja«, bluffe ich. – »Toll. Eine Kommunikationswissenschaftlerin, die weiß, was Luftdruck ist. Erklären Sie doch mal.«

Was jetzt kommt, ist relativ peinlich. Ich weiß natürlich kaum etwas über Luftdruck, kann nur sagen, dass er in Bar gemessen wird und dass es beim Wetter Hoch- und Tiefdruckgebiete gibt. Renz lässt mich eine Weile leiden, dann erklärt er mir, wie ein Flugzeug wirklich fliegt. Ich erfahre, dass jeder Quadratzentimeter Flügelfläche maximal 150 Gramm tragen kann, weil die Luft, die den oberen Weg um den Flügel nimmt, dünner wird, da der Weg weiter ist. »Wie schwer darf der Jumbo nun sein?« Ich schätze, dass die Flügel insgesamt siebzig Meter lang und im Schnitt drei Meter breit sind. Ich soll das Flugzeug malen. Siebzig Meter Länge kommt hin, die drei Meter breiten Flügel sehen allerdings eher aus wie dicke Striche. Wir einigen uns daher auf zehn Meter Breite, siebenhundert Quadratmeter Tragfläche also. »150 Gramm pro Quadratzentimeter macht 1 500 000 Gramm pro Quadratmeter«, referiere ich. »Können wir das auch in Tonnen ausdrücken?«, fragt Renz belustigt. Anderthalb Tonnen pro Quadratmeter, 1050 Tonnen pro Jumbo, verkünde ich stolz. Wieder stimmen die Zahlen nicht so ganz, aber immerhin halb. Der Weg war jedoch richtig.

»Den Jumbo haben Sie ganz gut gemeistert«, findet Herbert Renz. »Die meisten rechnen aus, wie viel das Flugzeug, die Passagiere und der Treibstoff wiegen. Gut, dass Sie den einfachsten Weg genommen haben.« Dann malt er einen Kreis, das soll Manhattan sein. Er zeichnet einen Tunnel, der nach New Jersey führt, und erklärt, dass das Benzin in New Jersey um dreißig Prozent günstiger sei als in Manhattan. »Deshalb sind hier, hinter dem Tunnel, auf der Seite von New Jersey zehn Tankstellen. Auch Ihnen gehört eine, doch die läuft nicht so. Woran könnte das liegen?« Ich vermute sofort, dass es zu viele Tankstellen und zu wenig Kunden gibt, und höre nicht richtig zu, als Herbert Renz meint, dass dem nicht so sei. Während er mir widerspricht, rede ich stur über die Kundenverteilung im Laufe des Tages, über Preise und mögliche Sonderangebote. Doch das ist es alles nicht. »Es gibt genug Kunden«, sagt Renz noch einmal, und endlich höre ich ihm zu.

Mit seiner Hilfe rate ich mich an die Lösung heran: Die vorderen Tankstellen verdienen gut. Da tanken die, die sich zu Hause vornehmen zu tanken und dann bei der ersten Möglichkeit rausfahren. Die hinteren Tankstellen verdienen auch gut. Meine ist in der Mitte und läuft schlecht. Warum, kann ich mir nicht erklären. »An den Tankstellen sind überall Schlangen«, sagt Renz schließlich. »Die Fahrer wollen aber auf keinen Fall warten. Die werden schon im Tunnel nach Manhattan ewig stehen. Sie fahren also an den mittleren Tankstellen vorbei, in der Hoffnung, dass an irgendeiner weniger los sein wird. Erst wenn sie sehen, dass es überall voll ist, tanken sie, weil sie ja müssen. Deshalb fahren die meisten ganz hinten rein.«

Klingt logisch. Ich schlage also vor, dass ich an meiner Tankstelle den Durchlauf erhöhen müsste, damit die Schlangen kürzer würden.

Ich könnte Tankjungs einstellen, mehr Kassen errichten und die Zapfsäulen diagonal aufbauen. Damit ist Renz zufrieden. Trotzdem findet er, dass ich die Tankstellen nicht so gut gelöst habe: »Erst nachdenken, dann reden«, rät er mir. »Dass Sie es nicht wussten, ist nicht schlimm, Sie haben ja kein Auto. Aber dass Sie einfach so losraten und dann von Ihren Ideen gar nicht mehr abzubringen sind, das macht Ihnen das Leben unnötig schwer.«

Auf dem Rückweg zum Headquarter führt mich Renz durch die Kantine. Hier sieht es so aus, wie ich mir immer ein Start-up vorgestellt habe – damals, als während des New-Economy-Booms noch über die hippen Jungunternehmen berichtet wurde. Rot ist die Kantine, schick, und es gibt Kaffee, Tee und Süßigkeiten umsonst. An einem Tisch sitzen zwei unglaublich coole Jungs, die in ihren lässigen Hemden eher Boss-Models als Beratern ähneln. Freitags ohne Anzug ins Büro, das war doch auch so ein Trend, damals, während des Booms, denke ich. Ich nehme mir fest vor, an den beiden gleich während der Mittagspause mein McKinsey-Smalltalk-Wissen zu erproben.

Enttäuscht muss ich feststellen, dass wir in unserem Headquarter essen. Knapp zwei Stunden wird es dauern, bis die Berater unsere Leistung bewertet haben, und erst um drei Uhr werden wir wissen, wer in die nächste Runde kommt. Locker ist in den nächsten Stunden also keiner von uns, auch wenn sich Andreas natürlich so gibt. »Ich kann eh gleich gehen«, sagt er. »Ich hab total versagt. Wollen wir nicht ein Bier trinken, statt hier zu warten?« Die Mitschüler, die früher nach einer Klausur mit weinerlicher Stimme im Flur standen und von ihrem Versagen berichtet haben, die dann aber doch mindestens 14 Punkte hatten, konnte ich in der Schule schon nicht leiden.

»Wie war es denn bei dir?«, fragt Carl. »Alles ganz gut gelaufen«, antworte ich. »Von unserer Uni«, hält er mir entgegen, »sind ja ständig welche bei McKinsey. Und da heißt es immer: Wer sagt, es sei gut gelaufen, der schafft es eh nicht.« Langsam gehen mir die Elitejungs auf die Nerven. Ich kontere: »Bei uns im Münsterland sagt man: Wenn der Hahn kräht auf dem Mist, ändert sich's Wetter, oder es bleibt, wie es ist.« An den Gesichtern der anderen sehe ich, dass dies nicht der richtige Zeitpunkt für Scherze ist.

In diesem Moment beginnt es zu schneien. Der erste Schnee in diesem Jahr. Ich gehe zum Fenster und starre hinaus. »Berger macht ja mehr Restrukturierung«, höre ich hinter mir. »Interessant. Wie ist denn da die Work-Life-Balance?« – »Ich möchte ja schon wissen, wie die uns da ranken.« – »Problem Achieving und Personal Impact, das ist wichtig.« Ich nehme meine Tasche und laufe ein paar Mal den Bürokreis ab, dann trinke ich einen Kaffee, esse Schokolade und gehe geschätzte siebzehn Mal zur Toilette. Das Warten scheint endlos.

»Nehmen Sie bitte alles mit. Jacke, Taschen, Unterlagen.« Einzeln werden wir schließlich aus dem Raum geführt. Mich nimmt Herbert Renz mit. »Es ist gut ausgegangen«, sagt er sofort. »Wir waren ganz begeistert. Den Test haben Sie erstaunlich gut gemacht für eine Journalistin. Wir hatten nur zwei Sachen zu kritisieren: Sie sind zu konfrontativ, und Sie schießen oft aus der Hüfte, ohne genau Bescheid zu wissen.« Ich bin beeindruckt. Genau diese Schwächen hätte ich mir auch attestiert. Mit einem Unterschied: Ich kenne mich schon länger als einen Vormittag. In einem weiteren Interview am Nachmittag soll ich nun zeigen, dass ich kompromissbereit bin und nicht permanent bluffe, wenn ich etwas nicht weiß.

Im Headquarter sitzen jetzt nur noch Klaus, der Bewerbungsexperte, und Tobias, der Macho. Alle anderen mussten gehen, sie wurden gleich zum Aufzug gebracht. Von Ilse hätte ich mich gern noch verabschiedet.

Die Nachmittagsinterviews dürfen nur die erfahrenen Meckies, die Hierarchen, machen. Doch sie sind heute nur zu zweit, sie hatten nicht damit gerechnet, dass es drei Bewerber in den Nachmittag schaffen würden. »Gehen Sie doch shoppen«, rät mir Herbert Renz. »Hier im schnöden Westen.« Als hätte er meine Gedanken über Wilmersdorf gelesen. Langsam wird er mir unheimlich.

Ich gehe raus in den Schnee, vorbei an Prada und an Piaget. Das könnte jetzt meine Welt werden, denke ich. Ich schaue in die Schaufenster, sehe Stiefel für achthundert Euro, eine Tasche, die fast tausend kostet. »Das alles kannst du haben, du musst nur Ja sagen, dein Leben ändern«, flüstert mein materialistisches Ich. McKinsey würde mir ein sehr gutes Gehalt zahlen, ich bekäme einen Dienstwagen, jährliche Prämien und umfangreiche Zusatzversicherungen. Außerdem würde McKinsey sich um meine Rente kümmern und für mich in einen Pensionsfonds einzahlen. Ich wäre Teil von dem, was McKinsey »Leistungselite« nennt. Meine Großmutter, die in einer Fabrik gearbeitet hat und für die Journalismus eher ein Hirngespinst ist, würde sicher stolz von mir erzählen. Und meine Eltern würden aufhören, sich um meine Zukunft zu sorgen.

Bisher prägten Praktika, freie Mitarbeit und Zeitverträge mein Arbeitsleben und das meiner Freunde. Eine feste Stelle, Sicherheit, eine relativ sorglose Zukunft – das gehörte für mich eigentlich zu dem Leben, das die Generation meiner Eltern führt. Jetzt wäre das alles zu haben, ich müsste nur zugreifen. Irritiert gehe ich weiter. Es ist Freitagnachmittag, kurz nach vier. Zum ersten Mal erscheint mir die Möglichkeit, tatsächlich Unternehmensberaterin zu werden, real. Warum eigentlich nicht? Dieser Gedanke setzt sich allmählich in meinem Kopf fest.

Schnell rufe ich Freunde an, erzähle von den Interviews, spotte über die Elitejungs. Dann gehe ich zurück zu McKinsey, in den Aufzug, in den vierten Stock, ins Headquarter. Eine Beraterin besorgt mir einen Tee, weil ich so verfroren aussehe. Nette Leute hier, denke ich und schaue mir zum ersten Mal an, wie McKinsey eigentlich die Stelle beschreibt, auf die ich mich beworben habe. »Fellow«, heißt es auf einer roten Karte. »McKinsey sucht Top-Akademiker aller Fakultäten. Zunächst sind Sie zwei Jahre als Berater tätig und werden im dritten Jahr – unter Fortzahlung Ihres Gehalts – für einen MBA oder eine Promotion freigestellt.« Die bezahlen tatsächlich meine Doktorarbeit?

Neugierig lese ich weiter: »Unabhängig von Ihrem Einstieg entwickeln Sie als McKinsey-Berater im Team vor Ort beim Klienten Antworten auf komplexe strategische und operative Fragestellungen. Ihre Arbeit beim Klienten und Ihr Engagement für die Firma werden regelmäßig bewertet und mit Ihnen offen diskutiert. So können Sie Ihre Stärken weiter ausbauen und gezielt an Schwächen arbeiten.« Mir fällt ein, dass ich noch immer nicht weiß, was meine Aufgaben bei McKinsey wären, wie mein Arbeitsalltag aussähe. Ich bezweifle, dass es um das Gewicht von Jumbos und um Stuttgarter Theater gehen wird.

»Kommen Sie mit?« Frank Schloss reißt mich aus meinen Gedanken. Seit 1997 ist der gelernte Chemiker bei McKinsey. Angefangen hat er in Hamburg, vor drei Jahren erfolgte sein »Transfer nach Berlin«. »Transfer kannte ich bisher nur von Kranken oder Toten«, wird mein Freund später lästern. Ich bin an diesem Nachmittag zu nervös für solche Witze. Schloss hat zuletzt eine »Scorecard für ein europäisches Pharmaunternehmen« und eine »Strategie für ein großes europäisches Feinchemikalien-Unternehmen mit Schwerpunkt auf der Active-Intermediates- und API-Produktion in Europa und Asien« entwickelt. Ich habe keinen Schimmer, was das heißt, und weiß nicht, worüber Frank Schloss und ich uns in der nächsten Stunde unterhalten sollen. In seinem Lebenslauf hat er unter der Rubrik Freizeitinteressen »Reisen« eingetragen, aber dieses Hobby haben alle hier. Vermutlich ist es die einzige ihrer regelmäßigen Tätigkeiten, die besser klingt als Meeting, Office Day und Strukturanalyse.

»Warum wollen Sie eigentlich Unternehmensberaterin werden?«, fragt mich Frank Schloss. Wollte ich bis gerade ja gar nicht, denke ich, erzähle aber etwas davon, dass ein guter Film wie ein Puzzle aus vielen verschiedenen Teilen bestehe und dass ich hoffe, dass auch eine gute Beratung ein gelungenes Gesamtwerk aus vielen Elementen sei.

Schloss wechselt unvermittelt das Thema. Ich solle mir vorstellen, ich sei Bausenatorin in Berlin. Ein reicher Opernliebhaber würde mir anbieten, anstelle des Palastes der Republik ein Opernhaus zu bauen. Er würde alles zahlen, nur wie das Gebäude aussehen soll, das will er allein bestimmen. Dann diskutieren wir mit verteilten Rollen und einigen uns schließlich darauf, dass die Berliner zumindest per Internet über den Opernbau abstimmen dürfen.

»Was war denn«, fragt Frank Schloss dann, »der größte Kompromiss in Ihrem Leben?« Ich denke sehr lange nach, zu lange, glaube ich. Jetzt gelte ich doch als stur und nicht teamfähig. Ich biete ihm viele kleine Kompromisse an, aber die interessieren ihn nicht.

»Ich lebe mit vier anderen zusammen. Das ist eigentlich ein Riesenkompromiss. Wir haben Mäuse in der WG«, fange ich dann vorsichtig an. »Und mein Mitbewohner ist Veganer, ziemlich streng. Für ihn sind Schlagfallen Mordinstrumente. Ich finde Mäuse aber unhygienisch.« Frank Schloss grinst. Ich erzähle also weiter: »Wir haben ihm vorgeschlagen, eine Lösung zu finden. Er hat im Internet recherchiert, etwas von Ultraschall erzählt und war lange auch gegen Lebendfallen, weil man ja nicht wisse, ob Mäuse dort, wo man sie aussetzt, sozialen Anschluss finden. Vier Wochen lang ist nichts passiert. Die Mäuse wurden immer frecher. Dann durften wir doch Lebendfallen aufstellen, allerdings nur mit Nutella, nicht mit Speck.«

Frank Schloss lacht: »Einen Biologen haben Sie nicht in der WG?« Ich berichte, wie ich tagelang die nutzlosen Lebendfallen toleriert habe, dass wir irgendwann von Nutella doch auf Speck umgerüstet haben, dass aber am Vortag eine Maus trotzdem direkt an dem kleinen, für sie gedachten Käfig vorbeispaziert sei. »Der Kompromiss dauert jetzt schon ein paar Wochen«, schließe ich. »Aber morgen werden wir Schlagfallen neben die Lebendfallen stellen. Dann können die Mäuse zwischen Exil und Freitod wählen.«

Frank Schloss lacht schallend. »Diese Geschichte ist jetzt schon legendär«, sagt er dann. »Ich weiß zwar immer noch nicht, was Sie bei uns wollen, aber ich finde, dass Sie unser Büro bereichern würden.« Ich solle nur wissen, dass sich mein Leben komplett ändern werde. »Und in den Beruf, aus dem Sie kommen, gibt es kaum ein Zurück«, sagt Schloss. »Es sei denn, Sie schreiben einen Enthüllungsroman, was ich Ihnen nicht rate.«

Dr. Frank Schloss, Chemiker und Unternehmensberater, relativ jung und aalglatt: Es wäre vermessen, zu behaupten, dass ich Menschen wie ihm vorurteilsfrei begegnen könne. Ich bin umso erstaunter, dass ich ihn wirklich nett finde, wie fast alle hier. Verwirrt gehe ich zum Aufzug. Ich fühle mich ausgewählt. Dass sie mich haben wollen, schmeichelt mir natürlich. Fünfzehntausend bewerben sich pro Jahr, ein Prozent wird genommen. Warum eigentlich nicht?

Ich gehe zur U-Bahn, wieder vorbei an Prada und Piaget. Welches Auto würde ich mir kaufen? Einen Mini? Einen Citroën? Vielleicht könnte ich irgendwo das alte Saab-Cabrio ersteigern, das in meiner Familie schon immer als Nonplusultra galt. »Und?«, schickt mein Freund mir aufs Handy. »Sie haben mich genommen«, sage ich leise, als ich ihn zurückrufe. »Und?«, fragt er wieder. »Ich weiß nicht«, druckse ich herum. – »Machst du's?«, fragt er empört. »Ich weiß nicht«, sage ich wieder. »Ich fahre sofort los«, verspricht er. »Ich bin gleich bei dir.«

Dann kommt eine SMS von Carina: »Siehste«, schreibt sie. »Jetzt bist du offiziell Elite. Tja, was bedeutet das jetzt? Wir sind toll? Doch alles Schmu? Bis dann, nicht schlecht fühlen, hast doch (noch) nix Schlimmes gemacht.« Müde sitze ich in der U-Bahn. Der Tag hat mich völlig geschafft. Zu Hause werfe ich mich sofort in meinen schicken Beraterbewerbungsklamotten aufs Bett und schaue »Verbotene Liebe«. Nur nicht nachdenken, das wird helfen.

In den nächsten Tagen wollen viele mit mir über McKinsey sprechen. »Verkauf deine Seele nicht an den Teufel«, sagt ein Freund meines Mitbewohners. »Ich kannte mal eine, die dorthin ist. Die war ein tolles Mädchen, und die ist da völlig durchgedreht. Nur noch Arbeit, Arbeit, Arbeit.«

»Du musst jetzt selbst entscheiden, was du tust. Wir raten dir nichts«, sagen meine Eltern und signalisieren damit klar, dass sie ein Ja akzeptieren würden. Mein Vater ist Sozialdemokrat und somit eigentlich ein natürlicher Feind des Unternehmensberater-Kapitalismus – dachte ich bislang zumindest. Aber gegen den Journalismus hatte er schon immer etwas.

»:-))) Na, das sind ja gute Nachrichten! Herzlichen Glückwunsch. Klingt sehr gut«, mailt mir Corinna, die Beraterin, die ich in Griechenland kennen gelernt hatte. Und Carl schreibt an alle »McK-Mitstreiter«: »Für mich und alle Weiteren, die sich nun bei anderen Unternehmensberatungen umschauen müssen, gilt es nun erneut, die Kräfte zu sammeln und Stehaufmännchen-Qualitäten zu beweisen.«

Außer mir haben sie aus unserer Gruppe nur Klaus, den Akkordbewerber, genommen. Der hat aber etliche andere Angebote und weiß noch nicht, wo er zusagt. »Handgelder scheinen im Moment nicht drin zu sein«, schreibt er enttäuscht über die Gehaltsverhandlungen. Die McKinsey-Leute hatten an ihm kritisiert, dass er nicht emotional genug gewesen sei. Sie hätten sich deshalb bei Jacques und Friedrich erkundigt, ob das am Abend im La Vigna unter Alkoholeinfluss anders gewesen sei. »Was für ein Laden«, fluche ich. Joachim, den Exfreund von Cora Schumacher, haben sie leider abgewiesen. Er will sich nun bei »Ärzte ohne Grenzen« engagieren.

Immer wieder fragen mich Leute: »Und? Machst du's?« In den ersten Tagen klingt mein »Nein« noch sehr matt. Noch nimmt das »Warum eigentlich nicht?« einen zu großen Platz in meinem Kopf ein.

Doch langsam gelingt es mir, Gier und Eitelkeit wieder einzusperren. Eigentlich verachte ich das, was ich dort tun müsste, denke ich. Bestimmt würde ich unglücklich werden, sicher würde ich mich verändern. Vielleicht fände mein jetziges Ich mich in zwei Jahren schrecklich, wenn wir dann mal ein Bier trinken gehen würden.

»Herzlichen Glückwunsch. Das hat ja alles toll geklappt!« Monika ist am Telefon. Sie lädt mich ein, an Nikolaus nach Köln zu kommen und dort mit einem McKinsey-Partner alles klar zu machen. Bis dahin sind ja noch zwei Wochen, denke ich und sage zu.

67 000 Euro oder Arbeitsamt?

»Dann mal los. Soll ich wirklich nicht drehen, wie du da reingehst?« Frank, der Kameramann, lässt mich am Kölner Ring aus dem Auto und grinst bei der Vorstellung, dass ich nun tatsächlich ein Angebot von McKinsey bekommen könnte. Während der letzten Wochen haben wir gemeinsam für einen Dokumentarfilm über Hartz IV im Hagener Arbeitsamt gedreht. Und weil so eine Behörde früh mit dem Verwalten beginnt, sind wir auch heute wieder um sechs Uhr morgens gestartet. Frank macht das nichts aus. Ich denke schon seit zwei Stunden nur ans Schlafen.

Der Glastempel, in den ich jetzt gehe, ist das genaue Gegenteil der Hagener Tristesse, auch mit dem gemütlichen Berliner McKinsey-Büro hat die Kölner Niederlassung nicht viel gemeinsam. Ich bin unsicher, fühle mich fremd und fehl am Platz. Ich schleiche durch die Empfangshalle und sage leise: »Ich habe hier einen Termin.« – »Für das Final Interview?« Die Damen hinter dem Tresen strahlen und führen mich sofort in einen edlen Konferenzraum. Ich bekomme Kaffee, Tee und Kekse.

Kaum habe ich die Jacke ausgezogen, tritt der McKinsey-Principal ein, der mich heute noch einmal interviewen soll. Er hat silbrigen Glitzer im Gesicht, winzige Lamettateilchen. Seltsam sieht das aus, aber auch sehr sympathisch. Müde, wie ich bin, starre ich die ganze Zeit auf den Glitzer, statt mich auf unser Gespräch zu konzentrieren.

Das ist aber auch nicht nötig. Denn wie immer geht es um McKinsey, um die tollen Leute, die in dem Unternehmen arbeiten, und um die guten Chancen, die ich hätte, wenn ich zusagen würde. Nach einem von beiden Seiten lustlos geführten Smalltalk sagt er überraschend schnell: »Wir würden Ihnen gerne ein Angebot machen.« Sofort zieht er den Vertrag aus der Tasche. Mein Name steht schon drauf. »Sie steigen in eine Firma ein«, lese ich, »die sich auf Top-Management-Probleme einer ausgewählten internationalen Klientel konzentriert. Eine Karriere mit uns ist außergewöhnlich, vielfältig und herausfordernd.«

Alles ist schon geregelt. McKinsey wird sich um Altersvorsorge und Krankenversicherung kümmern. Ich bekomme einen dreiwöchigen Wirtschaftskurs in Kitzbühel, darf 25 Tage Urlaub pro Jahr machen und mir natürlich ein Auto aussuchen. »Wichtig wäre nur, dass es ein deutsches Fabrikat ist«, sagt er in mein Schweigen hinein. Und dann steht da auch noch mein mögliches Gehalt: Im ersten McKinsey-Jahr könnte ich je nach Leistung maximal 67 000 Euro verdienen. Ein bisschen weniger als Carina, weil ich noch keinen Doktortitel habe.

6. Dezember 2005

Frau
Julia Friedrichs

10961 Berlin

Sehr geehrte Frau Friedrichs,

in unseren Gesprächen haben wir einen exzellenten Eindruck von Ihnen gewonnen – wir sind überzeugt, dass Sie einen wichtigen Beitrag für unsere Klienten und damit für McKinsey & Company leisten können. Ich freue mich daher, Ihnen eine Position im Rahmen des Fellow-Programms anzubieten.

Sie steigen in eine Firma ein, die sich auf Topmanagement-Probleme einer ausgewählten internationalen Klientel konzentriert. Eine Karriere mit uns ist außergewöhnlich, vielfältig und herausfordernd.

Ihr Eintrittstermin wird der 1. März 2006 sein. Sie werden in unserem Berliner Büro beginnen.

Die finanziellen Leistungen, die Sie erhalten, setzen sich zusammen aus Ihrem Gehalt, einem leistungsabhängigen Bonus und den jährlichen Zuweisungen zum Pensionsplan. Im ersten Fellow-Jahr kann die Gesamtsumme leistungsabhängig bis maximal 67.000 EUR betragen.

- Das Einstiegsgehalt wird auf Jahresbasis 50.000 EUR betragen. Das Gehalt wird bei der Beförderung zum Fellow-Associate leistungsabhängig erhöht. Die Auszahlung erfolgt in zwölf Monatsbeträgen.

- Am Ende des ersten Fellow-Jahres zahlen wir Ihnen auch einen leistungsabhängigen Bonus, der bis zu 7.700 EUR betragen kann.

- Sie haben die Möglichkeit, am Pensionsplan von McKinsey & Company, Zweigniederlassung Deutschland, teilzunehmen. Die Leistungen richten sich nach der jeweils gültigen Fassung des Pensionsplans. Zurzeit beläuft sich die jährliche Zuweisung auf 15% des in Geld gezahlten jährlichen Arbeitsentgelts; ausgenommen hiervon sind die Arbeitsentgelte bis zur ersten Beförderung.

Frau Julia Friedrichs   2   *6. Dezember 2005*

Zusätzlich zu den finanziellen Aspekten im Rahmen unseres Fellow-Programms bieten wir Ihnen weitere attraktive Leistungen:

- ¶ Sie können nach zwei Jahren Firmenzugehörigkeit entweder promovieren oder ein MBA-Programm absolvieren. Aus Erfahrung wissen wir, dass dies für die meisten unserer Mitarbeiter einen wichtigen Schritt in ihrer Karriereentwicklung darstellt. Deshalb stellen wir Sie für zwölf Monate frei, bei vollem Gehalt im Fellow-Programm. Längere Freistellungen ohne Gehaltsfortzahlung sind nach Absprache ebenfalls möglich.

- ¶ Entsprechend den geltenden Firmenwagen-Regelungen können Sie ein Firmenfahrzeug zur freien beruflichen und privaten Nutzung erhalten.

- ¶ Wir bieten Ihnen vom ersten Tag an beitragsfrei eine Krankenzusatz-, Risikolebens- und Dienstreiseunfall-Versicherung. Zu sehr günstigen Konditionen können Sie außerdem eine Unfall- und eine Invaliditätsversicherung abschließen, deren Beiträge Sie selbst übernehmen.

- ¶ Für einen eventuellen Umzug von .... nach .... übernimmt die Firma die Speditions- und Maklerkosten (maximal in Höhe von zwei Monatskaltmieten) und sonstige Umzugskosten nach einer gesonderten Regelung, die wir Ihnen gerne zukommen lassen.

Darüber hinaus bietet Ihnen die Firma eine Reihe von Möglichkeiten, Ihr Wissen und Können kontinuierlich weiterzuentwickeln:

- ¶ Ein vielfältiges Trainingsangebot sorgt für einen raschen Einstieg in die Beratertätigkeit und eine bestmögliche Weiterentwicklung.

  - Grundlegende Problemlösungs- und Kommunikationsfähigkeiten sowie einen Einblick in unsere "Guiding Principles" vermittelt Ihnen zu Anfang das Training "Basic Consulting Readiness".

  - Ein Höhepunkt in Ihrem zweiten Jahr mit uns wird der zweiwöchige "Initial Leadership Workshop" sein: Hier treffen Sie mit Kolleginnen und Kollegen Ihres Jahrgangs aus allen McKinsey-Büros weltweit zusammen, um Erfahrungen aus den ersten Klientenstudien auszutauschen und neue Perspektiven und Eindrücke zu gewinnen.

  - Trainings zu interpersonellen Fähigkeiten, funktionalem Know-how oder dem Einsatz des Computers als Analyse-Tool runden das Angebot ab.

- ¶ Unsere derzeit ca. 60 funktionalen und industriespezifischen Praxisgruppen bieten Ihnen die Möglichkeit, in Ihren persönlichen Interessengebieten jederzeit den "State of the Art" des Wissens zu kennen und bei unseren Klienten anzuwenden.

McKinsey&Company, Inc.

Ihr Urlaubsanspruch beträgt 25 Tage pro Jahr, Sie können ihn nach dem sechsten Monat Ihrer Tätigkeit bei uns nutzen.

Sie werden weitgehend am Sitz des Klienten arbeiten. Falls im Rahmen eines Projekts erforderlich, setzen wir Ihre Bereitschaft voraus, einen Teil Ihrer Zeit im Ausland zu verbringen.

Während der ersten zwei Jahre ist eine Kündigung mit einer Frist von sechs Wochen, danach von drei Monaten zum Ende eines Kalendervierteljahres beiderseits möglich.

Das Arbeitsverhältnis endet mit Ihrer Wahl zum Partner (Principal) unseres Unternehmens und wird durch ein freies Dienstverhältnis abgelöst.

Änderungen dieses Vertrags bedürfen der Absprache mit und der Zustimmung von McKinsey & Company. Eine Nebentätigkeit über diesen Vertrag hinaus ist nur nach schriftlicher Genehmigung durch den Office Manager zulässig.

Wir sind überzeugt, dass Sie bei McKinsey einen vielversprechenden Weg vor sich haben. Falls Sie Fragen zu dieser Vereinbarung haben oder wir Sie in anderer Weise in Ihrer Entscheidung unterstützen können, zögern Sie bitte nicht, mich oder meine Kollegen anzurufen. Ich würde mich freuen, wenn Sie zum Zeichen Ihres Einverständnisses den unterschriebenen Vertrag bis 6. Januar 2006 zurücksenden.

Mit freundlichen Grüßen

Principal

Datum:

Unterschrift:

McKinsey&Company, Inc.

67 000. Bis vor einem Jahr habe ich von 600 Euro pro Monat gelebt. 345 Euro bekommen die Hagener Hartz-IV-Empfänger, mit denen ich heute Morgen noch gesprochen habe. Mir wird heiß. Ich merke, dass sich mein Gesicht knallrot verfärbt. 67 000 Euro – als Einstiegsgehalt.

Der Principal führt mich durch das Gebäude. Überall stehen Kaffeemaschinen, die so aussehen, als könnten sie einen perfekten Latte macchiato zaubern. Unten in der Kantine gibt es aufwendig klingende Menüs, gratis natürlich, und in einem Flur steht ein Kickertisch. Für einen Moment sehe ich mich mit zwei smarten Jungberatern Ronaldinhos Champions-League-Tor gegen Chelsea nachspielen.

»Die ködern dich. Merkst du das nicht?« Langsam gehen mir meine diversen inneren Stimmen auf die Nerven. »Das ist nicht dein Leben. Es würde hier nicht ums Kickern und Kaffeetrinken gehen, sondern ums Leuteentlassen, ums Kostenkürzen.«

»Und?«, will er wissen. Wir sitzen jetzt in seinem Büro. »Noch Fragen?« Ich nicke. »Woher kommt der Glitzer in Ihrem Gesicht?« Er lacht und erzählt, dass er in seinem Büro einen Adventskalender für seine Söhne gebastelt habe und ihm eine Tube mit silbriger Dekopaste explodiert sei. »Das Zeug ist überall, geht auch nicht mehr weg.« Und wieder finde ich einen bei McKinsey verdammt nett.

Aber manchmal haben innere Stimmen einfach Recht. Es gibt kein richtiges Leben im falschen. Die McKinsey-Welt mag strahlen und glitzern, wie sie will, sie würde mich unglücklich machen. Leute entlassen, Kosten kürzen, Unternehmern sagen, was sie tun und lassen sollen: Das alles ist nichts für mich. »Für keinen hier geht es doch um die Frage McKinsey oder Arbeitsamt«, hatte Jacques an dem Abend im La Vigna gesagt. Für mich schon. Ich werde morgen wieder nach Hagen fahren, ins Amt. Ich werde weiter an dem Film arbeiten und mich mit denen unterhalten, die keine Arbeit mehr haben. Mit Verlierern, wie Volker mir in Griechenland erklärt hat.

Es geht nicht, denke ich, als ich ins Taxi steige. Das habe ich mir von McKinsey noch bezahlen lassen. Schließlich erspare ich ihnen ja jetzt 67 000 Euro pro Jahr. Trotzdem ziehe ich das »Ich-könnte-es-jamachen«-Gefühl noch in die Länge. Ich nehme den Vertrag mit nach Hause, starre nach links unten, wo ich unterschreiben müsste, und reagiere wochenlang einfach nicht.

Irgendwann Mitte Januar hole ich mir einen Kontoauszug. Ich sehe fast nur Sollposten und überlege, wie es wäre, wenn hier plötzlich an jedem Ersten mein Nettoeinkommen von mehreren tausend Euro erschiene. »Schön blöd, es nicht zu nehmen«, meldet sich mal wieder eine Stimme in mir. Recht hat sie, denke ich. Aber sie wird nicht Recht bekommen.

»Ich möchte Ihnen mitteilen,« schreibe ich McKinsey am nächsten Tag in einer E-Mail, »dass ich das Vertragsangebot leider ablehne. So attraktiv der Vertrag auch ist, ich möchte nicht darauf verzichten, weiterhin Filme zu machen. Außerdem glaube ich, dass ich nicht die Richtige wäre, um in einem Unternehmen Entscheidungen zu treffen, die eventuell das berufliche Aus für manchen Arbeitnehmer bedeuten würden.«

Es dauert lange, bis ich schließlich auf »Senden« klicke. Alle bei McKinsey waren nett zu mir. Ich habe das Gefühl, jemanden, der sich sehr um mich bemüht hat, zu enttäuschen. Die Weihnachtsfeier, zu der ich als Auserwählte hätte gehen können, muss außergewöhnlich gut gewesen sein, mit Champagner und Tanz bis um vier. Außerdem habe ich gehört, dass auf dem letzten Betriebsausflug die Berliner Band Zweiraumwohnung ein Exklusivkonzert für die Meckies gegeben hat.

Ich könnte Teil eines reichen, mächtigen und trotzdem nicht ganz unlustigen Clubs werden. Mein Leben würde glamourös werden. Ich könnte Prominente treffen, nette Jungs mit meinem neuen Auto herumfahren. Ich hätte Klienten in Dubai oder New York. Da war ich noch nie.

Es reicht, denke ich und schicke die Mail ab. Noch am selben Abend antwortet mir der Principal und dankt für meine »offenen Zeilen«. Er könne meine Entscheidung verstehen, empfinde es aber als sehr schade, mich nicht bei McKinsey begrüßen zu dürfen. »Sie können sich gerne bei Veränderungen auf Ihrer Seite bei mir/uns melden.«

Nichts schmeichelt mehr, als weiter umworben zu werden, auch wenn man sich selbst abweisend und unnahbar gibt.

Schluss jetzt, rüge ich mich und schlage mir innerlich auf die Finger. Genug geflirtet. Wenn man nicht rechtzeitig aufhört, kommt man irgendwann aus solchen Geschichten nicht mehr raus. Dann wird doch noch was Ernstes draus, egal, ob gewollt oder nicht.

3. Im Zentrum der Politik: Roland Berger Strategy Consultants

Roland Berger, geboren 1937 in Berlin, ist der bekannteste deutsche Unternehmensberater. Er berät persönlich Politiker wie Ex-Bundeskanzler Gerhard Schröder oder CSU-Chef Edmund Stoiber – das aber gratis. Er »wurde sogar für Kabinette der rot-grünen Bundesregierung und der Opposition als Wirtschaftsminister gehandelt«, sagt Christian Wulff (CDU), Ministerpräsident von Niedersachsen.[1] Selbst Politiker zu werden habe allerdings nicht in seine Lebensplanung gepasst, erklärt Berger. »In Deutschland hat sich leider ein System von Berufsparteipolitikern etabliert, in dem ein Quereinsteiger keine Chancen hat.«[2] Er hat mehrere Bücher veröffentlicht und lehrt an der Technischen Universität Cottbus.

Ein dichtes Netzwerk mit System

Im Jahr 1967 gründete Roland Berger seine Firma. Inzwischen ist er nicht mehr im Tagesgeschäft tätig, sondern fungiert als Aufsichtsratschef. Roland Berger Strategy Consultants beschäftigt heute 1630 Mitarbeiter in 31 Büros[3] in 22 Ländern und erzielte 2006 330 Millionen Euro Umsatz. In der Branche gelten noch immer die Kostenkiller von McKinsey und die Strategen der Boston Consulting Group als Maßstab – weit mehr als das Haus Berger, das jenseits seiner Paradedisziplin, der Restrukturierung, schon mal als »gut gemanagte Marketingkulisse« verspottet wird.

Sechs Prozent seines Umsatzes macht Roland Berger mit der

öffentlichen Hand.[4] Berger, laut *manager-magazin* »Deutschlands eifrigster Netzwerker«, ist aus dem politischen Geschäft nicht mehr wegzudenken. Wenn der Ex-Kanzler, die Regierung oder die Bundeswehr Hilfe brauchen, ist Berger zur Stelle. Einer seiner Berater arbeitete in der Hartz-Kommission zur Reform des Arbeitsmarkts mit. Anschließend ließ Berger seine Leute sehr viel Geld in der Nürnberger Bundesagentur für Arbeit verdienen. Er arbeitete persönlich in der Rürup-Kommission für die Nachhaltigkeit der Finanzierung der sozialen Sicherungssysteme mit, war »Partner für Innovation« der rot-grünen Bundesregierung, begleitete den früheren Kanzler Schröder schon mal auf Auslandsreisen, ging aber auch auf Tuchfühlung mit der CSU. Ein Chamäleon in der Parteienlandschaft, ein Tausendsassa, stets im Dienst der Auftragsbeschaffung.

So richtig los ging es für Roland Berger 1994. Damals bekam der Unternehmensberater von seinem Freund, dem damaligen niedersächsischen Ministerpräsidenten Gerhard Schröder, den Auftrag für ein Konzept zur Rettung der Flugzeugwerke Lemwerder bei Bremen, die der Daimler-Konzern schließen wollte. Berger legte ein Sanierungskonzept vor, die Fabrik mit 1200 Arbeitsplätzen wurde aber trotzdem in großen Teilen geschlossen.

Im Jahr 1997 wollte Schröder in Hannover ein Hirnzentrum aufbauen, in dem sich Privatpatienten aus aller Welt behandeln lassen können. Diesen Plänen widersprachen Schröders eigene Fachminister – seine Sozialministerin wie auch sein Wissenschaftsminister. Schröder half daher ein Gutachten, das seine Richtungsentscheidung bestätigte. Dieses Gutachten lieferte Roland Berger. Von 1999 bis 2000 leitete der Unternehmensberater die »Berger-Kommission«, die die Ministerpräsidenten von Nordrhein-Westfalen (damals Wolfgang Clement) und Bayern (Edmund Stoiber) ins Leben gerufen hatten, um Vorschläge für die Bezahlung und Versorgung von Regierungsmitgliedern zu erarbeiten. Das Urteil von Professor Dr. Hans Herbert von Arnim, selbst Kommissionsmitglied, fällt hart aus: »Ihr Vorsitzender...

und die meisten der anderen 14 Mitglieder standen der politischen Klasse besonders nahe, waren selbst Spitzenverdiener oder erhielten Aufträge von bayerischen oder nordrhein-westfälischen Ministerien, hatten also ein regelrechtes Akquisitionsinteresse daran, sich das Wohlwollen des Chefs der Ministerien zu sichern. (...) Um die Vorschläge der Öffentlichkeit plausibel zu machen, wurden im Schlussbericht der Kommission wesentliche Fakten ausgeblendet und auf der Hand liegende Wertungen unterdrückt« – typisch für das Wechselspiel zwischen Beratern und Politik.

Roland Berger hat in der Beratung von Behörden eine einsame Sonderstellung. »Wir beobachten, dass Berger sehr viele öffentliche Aufträge bekommt«, stellt ein Vertreter des Bundes der Steuerzahler fest.[5] »Der ist gut verdrahtet«, meint auch ein Konkurrent bei McKinsey. »Der schaufelt durch seine Beziehungen die Aufträge heran.«

Still und kaum bemerkt, so heißt es in der Branche, habe Berger sich ein Netz von Kontakten zu Kommunen, Ländern und Bundesministerien aufgebaut, habe ohne Honorar oder zu vernachlässigbaren Spesen in vielen Kommissionen gesessen und diese systematische Kontaktpflege in lukrative Aufträge umgemünzt – zum Ärger der Konkurrenten. Da kann es nicht erstaunen, dass ein anonymer Wettbewerber bissig kommentiert: »Berger ist mehr im Beziehungs- als im Beratergeschäft.«[6]

Auch im Fall der Übernahmeschlacht in der Stahlbranche zwischen Arcelor und Mittal Steel zu Beginn des Jahres 2006 bewies Berger seine Unabhängigkeit. Er plädierte für die Selbständigkeit Arcelors: »Mittal braucht Arcelor zur Lösung seiner strategischen Probleme. Arcelor braucht Mittal nicht, um wettbewerbsfähig zu bleiben.« Der Stahlexperte hat aber nicht mitgeteilt, dass Arcelor von der Beraterfirma Publicis im Übernahmekampf beraten wird. Und wer ist »Non-Executive-Chairman« bei Publicis? Der Insider Berger mit dem speziellen Wissen aus erster Quelle.[7]

Roland Berger selbst sieht das ganz anders: »Ohne Expertise von außen geht es nicht, man kann ein Auto nicht von innen anschieben«, erklärt er. »Wir können unsere Erfahrung aus der Privatwirtschaft einbringen«, meint auch Jobst Fiedler, früher bei Berger der verantwortliche Partner für das Geschäft mit dem Staat. »Ohne schlanken Staat keine Überwindung der Finanzkrise«, bilanziert er. Wenn die Verwaltung ordentlich umgekrempelt würde, könnten die Staatskassen von 2010 an jedes Jahr um 25 Milliarden Euro entlastet werden.[8]

Dabei gibt sich Berger gern sozial: »Ich fühle mich nicht als Neoliberaler. Der Staat soll die Schwachen schützen«, erklärte er in einem Interview mit dem *Tagesspiegel*.[9] »Nur soll er sich darauf beschränken und nicht den Starken in den Arm fallen, wenn sie die Gesellschaft nach vorn bringen und dabei Geld verdienen«, ergänzt er verärgert. »Wer bei uns ein paar marktwirtschaftliche Vorstellungen äußert und nicht drei Mal vorher sagt, dass er die soziale Marktwirtschaft meint, wird als neoliberal abgestempelt.«

Blendende Geschäfte mit Niedersachsen

Zwischen 1994 und 2002 haben die früheren SPD-Ministerpräsidenten von Niedersachsen, Gerhard Schröder, Gerhard Glogowski und Sigmar Gabriel, immer wieder die Hilfe von Beratern in Anspruch genommen. 368 Gutachten und Beratungen listet eine Zusammenstellung auf, die Gesamtkosten für die Aufträge beliefen sich auf 28,3 Millionen Euro.[10] Dazu gehört ein Projekt für 2,45 Millionen Euro zum Tiefwasserhafen Wilhelmshaven – Konsortialführer: Roland Berger.[11]

»Wir haben uns in Niedersachsen von Roland Berger gern Gutachten machen lassen, in denen die Privatisierung von Krankenhäusern gefordert wurde«, erzählt ein bekannter Sozialdemokrat, der in Hannover unter Schröder arbeitete und inzwischen in Berlin wirkt.»Es war immer klar, dass diese Empfehlungen nie umgesetzt werden, aber unsere Beamten waren danach eher bereit, über Modernisierungen nachzudenken. Da belebt Konkurrenz einfach das Geschäft.«[12]

Im Mai 2002 quartierte sich ein Team der Unternehmensberatung Roland Berger in Hannover ein, nachdem sich der seit zwei Jahren amtierende Ministerpräsident Sigmar Gabriel mit Jobst Fiedler getroffen hatte, einem Parteigenossen, von 1990 bis 1996 Oberstadtdirektor von Hannover. Fiedler leitete bei Roland Berger zu der Zeit jene Abteilung, die sich um die Beratung der öffentlichen Verwaltung kümmert. Grund des Treffens: Sigmar Gabriel wollte Reformen. Innerhalb von acht Wochen sollten Berater das schaffen, was die niedersächsische Landesregierung ihren eigenen Beamten offenbar seit Jahren nicht zutraute – die Staatskasse in Ordnung zu bringen.[13] Die Ministerien selbst, dachte Gabriel, würden dazu kaum eigene Vorschläge machen, denn »mit Gänsen können Sie schlecht über Weihnachten reden«.[14]

Fiedler bekam den Zuschlag. Ohne das Projekt auszuschreiben, ohne also eventuelle Vergleichsangebote einzuholen, schloss die Landesregierung mit Berger einen Beratervertrag über 516 000 Euro zur »Prüfung der Konsolidierungspotenziale für den Landeshaushalt« ab. So gab es im niedersächsischen Finanzministerium schon bald einen neuen Jargon: Von der »Zero-based Dimensionierung von Aufgaben« war die Rede, von der »Anpassung der Potenzial-Grobplausibilisierung« oder vom »Konsolidierungspotenzial im eingeschwungenen Zustand«.

Den damaligen Chef des niedersächsischen Landesrechnungshofs, Wolfgang Meyerding, stört an der Vergabe besonders, dass Gutachten oft nach dem Motto »Was teuer ist, muss besser sein« vergeben wurden. Das Erfolgsimage, das sich Unternehmensberater in der Wirtschaft erarbeitet haben, soll auch der Politik neuen Glanz verleihen. Über eigenes Verwaltungswissen verfügen die jungen Berater in der Regel allerdings nicht.

Die Berger-Leute wollten laut Wolfgang Meyerding wissen, welche Vorschläge denn die Beamten in der Schublade hätten, um das Milliardenloch im Haushalt zu stopfen.[15] In den folgenden Wochen hätten die Berater vor allem graue Aktenblätter in bunte Präsentationsfolien umgearbeitet. Wolfgang Meyerding schätzt, dass zwei Drittel des kostspieligen und als vertraulich eingestuften Haushaltsgutachtens, das der *Zeit*[16] vorliegt, aus nichts anderem als aus den Erfahrungen der Verwaltungsbeamten besteht. »Der Erkenntniswert für Insider war gering, der Anschein eines Konsolidierungskonzepts für die Regierung war groß«, bilanziert der CDU-Mann, der heute im niedersächsischen Innenministerium für Staatsmodernisierung zuständig ist.

Sigmar Gabriel glaubte sich in einem Gespräch mit der *Zeit*[17] zu erinnern, die 516 000 Euro teure Berger-Beratung sei ausgeschrieben worden: »Na klar!« Auf Nachfrage erklärte er dann allerdings: »Die Grundlage dieser oder jener Ausschreibung entzieht sich meiner Kenntnis.« Er sei anfangs schon überrascht gewesen, welche Summen seine Staatskanzlei den Beratern zahlte. »Aber Sie kriegen dann die Antwort, das sei marktüblich.« Im Nachhinein wurde Gabriel allerdings nachdenklich: »Ich finde, dass wir auch unsere eigene Vergabepraxis und die aktuell in Berlin einer kritischen Prüfung unterziehen müssen.«[18]

Besonders sauer war der niedersächsische Ministerpräsident Christian Wulff: »Wenn an einen Berater die Aufträge in der Regel freihändig vergeben werden, wenn daran fast alle Ministerien beteiligt sind vom Landwirtschaftsministerium bis zur Staatskanzlei, wenn die Auftragssummen mehrfach knapp unter 200 000 Euro liegen, um eine europaweite Ausschreibung zu vermeiden, und wenn die Aufträge so gestückelt sind, dass ebenfalls die Ausschreibungsgrenze umgangen wird, dann liegt für mich der Vorwurf der Mauschelei nahe.«[19] Mit transparenter Auftragsvergabe habe das nichts mehr zu tun. Zwischen der niedersächsischen Regierung und Roland Berger habe eine »gegenseitige Beauftragung und Belobigung« stattgefunden, erhärtete Wulff seine Kritik und resümierte: »Mit diesem Unsinn ist viel Geld verbrannt worden.«

In der Talkshow von Sabine Christiansen am 25. Januar 2004 warf Wulff dem Münchener Berater unumwunden die Bildung von »Seilschaften« vor; Bergers Gesicht versteinerte. Er behielt sich rechtliche Schritte gegen den Ministerpräsidenten vor, geklagt hat er aber bis heute nicht. Hinter den Kulissen kühlten sich später die Gemüter wieder ab.

Trotzdem ist im Konflikt zwischen Wulff und Berger zum ersten Mal in Deutschland das Beraterwesen in die politischen Schlagzeilen gelangt. In einem undatierten Antwortentwurf für eine parlamentarische Anfrage der niedersächsischen Landesregierung schreiben die Beamten auf die Fragen 9 und 18 des Grünen-Abgeordneten Stefan Wenzel: »Es geht im Kern um die Flucht der Politik und der Regierungen, insbesondere der früheren Landesregierungen Schröder, Glogowski und Gabriel, aus der Verantwortung, darum, wie sich Verantwortliche hinter Gutachten, Runden Tischen, Beratungsgremien und externen Experten verstecken und wie manche so genannte Experten in diesem Spiel mitspielen. Nach dem Motto ›Was nichts kostet, ist nichts wert‹ werden höchste Tagessätze für den ›guten Rat‹ gezahlt.« Weiter heißt es in der internen Analyse eines politischen Beamten: »Es müssen die Propheten aus fremdem Land sein, sprich: externe Gutachter und Berater, die mit der Aura der höheren Weisheit und unbeeinflussten Fachkenntnis umgeben sind. (...) Den eigenen Fachverwaltungen traut man nicht, zumindest traut man ihnen nichts zu. (...) Es fehlt an Mut, Selbstvertrauen und politischem Rückgrat, um das zu tun, was notwendig ist.« Angehängt an dieses ungewöhnlich klare 49-seitige Dokument sind alle Beraueraufträge von 1994 bis 2003.

Doch die Angriffe konnten Berger & Co nicht wirklich schaden: Nach einer kurzen Flaute sind die Berger-Leute mit der öffentlichen Hand wieder besser im Geschäft. Ende 2004 betrauten die BA-Arbeitsverwalter die Consultants mit der Umsetzung eines Hartz-IV-Projektvolumens in Höhe von acht Millionen Euro.[20]

Der neue Mann aus dem Management: Burkhard Schwenker

Seit Herbst 2004 hat die Unternehmensberatung Roland Berger einen neuen Chef: Burkhard Schwenker, geboren 1958, trat die Nachfolge von Roland Berger an. Nach seinem Mathematik- und BWL-Studium ging er 1989 zu Berger. In der Branche gilt er als »exzellenter Berater«, als der »Intellektuelle«.

Es war Schwenker, der 1998 für die Partner die Gespräche über den Ausstieg der damals an Berger beteiligten Deutschen Bank führte. Seine Verhandlungen wurden später als sein Gesellenstück bezeichnet.[21] Heute besitzen die rund 130 Partner neunzig Prozent der Firma, die restlichen zehn Prozent hält Gründer Roland Berger. Vollständig bezahlt ist der Deal mit dem Geldhaus allerdings nicht, das Unternehmen Roland Berger wird noch ein paar Jahre auf Pump leben. Den ausstehenden zweistelligen Millionenbetrag wollen die Partner spätestens 2008 ablösen.[22]

Bei seinem Amtsantritt galt Burkhard Schwenker als Roland Bergers ungeliebter Kandidat. Das Gerücht hält sich hartnäckig, dass Berger eigentlich einen anderen als Nachfolger wollte: Martin Wittig, 41, Leiter des Schweizer Büros. Die Partner aber wählten Schwenker, wohl auch als Anti-Berger-Votum.

Es folgte eine Machtübergabe mit Hindernissen: Auf Grund der allgemein schlechten Marktlage lief das erste Jahr so schlecht wie keines seit dem Gründungsjahr 1967. Im Jahr 2004 brach der Umsatz in den wichtigsten Auslandsmärkten Großbritannien und USA ein, im US-Geschäft sogar um dreißig Prozent. Auch der Kernmarkt Deutschland litt unter den Verlusten, der Umsatz ging um vier Prozent zurück. Nur hohe Zuwächse in China, Japan und Frankreich hielten den Gesamtumsatz auf dem Vorjahresniveau von 530 Millionen Euro.[23] Kurz vor Jahresende 2004 erhielt Berger den Auftrag zur Sanierung von Karstadt-Quelle, die Bilanz konnte noch gerettet werden. »Karstadt saniert Berger«, lästerte die Konkurrenz.

Der Druck auf den neuen Chef ist groß. »Die Beratung muss jetzt neu positioniert werden. Weg von der Figur Roland Berger, hin zu einer eigenen Marke. Eine Herkulesaufgabe«, sagt Dietmar Fink, Leiter des Bonner Instituts für Unternehmensberatung. Die Eckpfeiler der Neuausrichtung unter Schwenker? »Von Umbau kann keine Rede sein«, erklärt Fink. Es handle sich bloß um eine »organisatorische Weiterentwicklung, die ohnehin auf der Agenda stand«.

Trotzdem: Berger bekommt eine neue Firmenstruktur, einen neuen Markenauftritt, neue Wachstumsziele und vor allem viele neue Köpfe.[24] Nicht mehr in erster Linie über das Netzwerk einzelner Personen soll sich die Firma fortan verkaufen, sondern über Know-how und Inhalte. Sie soll Themen besetzen, Konzepte entwickeln, Managementmethoden kreieren. Der Trend geht zu Wachstumsstrategien, einem Feld, in dem traditionell Konkurrenten wie McKinsey oder Boston Consulting das Zepter in der Hand halten. Die allerdings lächeln über das Bestreben der Berger-Berater, hier anzugreifen. Geld für die Markenoffensive ist vorhanden: Zu Beginn des Jahres 2004 hat Schwenker das Werbebudget verdoppelt. Seine Antwort auf den harten Wettbewerb: »Wir müssen die beste Qualität liefern.«[25]

Im September 2004 gelang Schwenker der große Coup: Mit 95 Prozent wurde er zum Vorsitzenden der Geschäftsführung gewählt. Damit ist er nicht mehr nur Sprecher des Executive Committee, sondern hat auch die für eine Partnerschaft ungewöhnliche Machtfülle eines Vorstandschefs.[26] Die bisher als unantastbar geltende Sparte Personalberatung, angeblich das Lieblingsprojekt Bergers, wurde aufgelöst.

An Schlüsselstellen setzte Schwenker Vertraute ein, den ehemaligen Mitanwärter auf den Thron stellte er kalt – der darf sich jetzt um das schwierige US-Geschäft kümmern. Dreißig Partner mussten gehen, meist mangels Leistung. »Das war nicht immer erfreulich«, sagt Schwenker. Durchgezogen hat er es trotzdem.

Vor allem aber kürzte Schwenker im Ausland: Opulente Repräsentanzen wurden zurückgestutzt, unrentable Büros geschlossen. Aus Westeuropa und den USA zog er dreißig Berater ab und schickte sie in die neuen Boomregionen: »Der große Umsatzschub wird aus Osteuropa und Asien kommen.« Schwenker nennt das »Ressourcen neu allozieren«.

Inzwischen hat Schwenker seine Position gefestigt. Roland Berger ist noch immer sein Chef, wenn auch im Aufsichtsrat. Fragen pariert Schwenker regelgerecht, präzise und zügig, wenn auch ohne mitreißenden Funken. Er setzt mehr auf Inhalte als auf Inszenierung.[27] Seine Vision für die Firma? »Die Zeit der großen Visionen ist vorbei«, antwortet er.[28] Das Umfeld sei zu komplex geworden, man müsse in der Lage sein, flexibel zu agieren. Jetzt muss sein Plan greifen. »2005 wird sich zeigen müssen, ob das Konzept aufgeht«, sagt Unternehmensberatungs-Experte Dietmar Fink.[29] Bei Schwenker klingt das so: »Wir werden in diesem Jahr wieder wachsen, und zwar stärker als der Markt. Acht bis zehn Prozent haben wir uns vorgenommen.« Offenbar war der Optimismus übertrieben.

Interne Beurteilungen des Berger-Managements

Auch bei Roland Berger gibt es ein dicht geknüpftes Kontrollnetz, das strenger Geheimhaltung unterliegt. Aus den folgenden englischsprachigen Orginaldokumenten lässt sich erstmals entschlüsseln, wie diese Kontrolle auch im Spitzenmanagement funktioniert. Ähnliche Kontrollmechanismen gelten für die »unteren Ränge« und für die Mitarbeiter anderer Beratungsfirmen. Folgende Fragen müssen die Partner zunächst selbst beantworten:

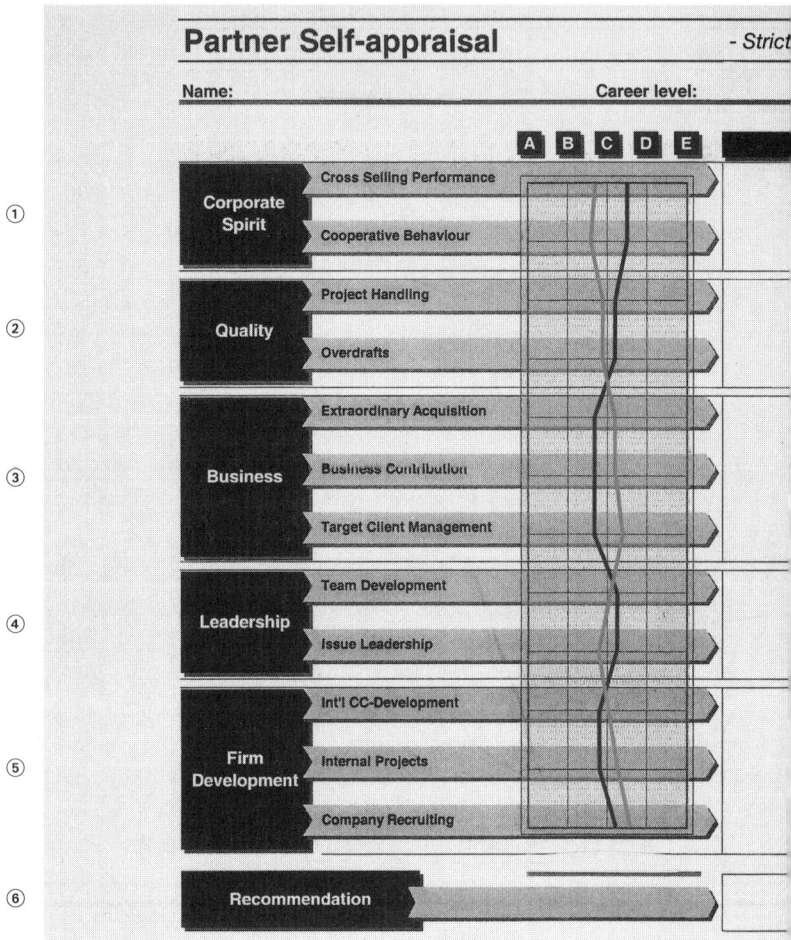

Partner-Selbstbeurteilung

① *Unternehmensgeist*
Vernetzte Verkaufsleistung
Verhalten

② *Qualität*
Projektabwicklung
Overdraft

③ *Geschäft*
Außergewöhnliche Akquisition
Geschäftlicher Nutzen
Kundenziel-Management

- onfidential -

Roland Berger
Strategy Consultants

Comments

④ *Führungsqualität*
Teamentwicklung
Führung in strittigen Situationen

⑤ *Firmenentwicklung*
Internationale CC-Entwicklung
Interne Projekte
Firmen-Rekrutierungen

⑤ *Empfehlung*

Partner averages versus company averages

1. Company/team development - What does the (Associate) Partner

1.1 Encourages internal know-how transfer (e.g. via exchange of experience exchang work, arranging jour fixes, and frequent team meetings)

1.2 Supports activities in HR (e.g. by personally attending HR marketing, recruiting,

1.3 Encourages internal cooperation across CCs and across countries (e.g. by arran meetings for experience exchange, suitable staff transfers, and joint acquisitions)

1.4 Gives perspective by taking on conceptual development responsibility and providi for project-independent know-how generation

Partnerdurchschnitt im Vergleich zum Firmendurchschnitt

1. Unternehmensentwicklung/Teamentwicklung – Was leistet der (Associate-)Partner in Bezug auf Unternehmens- und Teamentwicklung?

1.1 Fördert den internen Know-how-Transfer (z. B. durch Erfahrungsaustausch während der Projektarbeit, Jours fixes und häufige Team-Meetings)

1.2 Unterstützt Aktivitäten im Bereich HR (z. B. indem er persönlich an HR-Marketing- und Rekrutierungsevents teilnimmt sowie Seminare besucht)

1.3 Unterstützt interne Kooperationen zwischen CCs und zwischen den Ländern (z. B. durch Organisation von internationalen Treffen zum Zweck des Erfahrungsaustausches, des Personaltransfers und von gemeinsamen Akquisitionen)

1.4 Eröffnet Perspektiven, indem er konzeptionelle Entwicklungsverantwortung übernimmt und die notwendigen Materialien für die projektunabhängige Generierung von Know-how bereitstellt

2. Leading the consultants - How does the (Associate) Partner lea

2.1 Informs the consultants openly and in a timely fashion about business develop decisions important for the entire company

2.2 Is always available for the consultants and actively looks for opportunities to tal

2.3 Communicates clear and realistic goals to the consultants when defining projec corresponding tasks to an appropriate extent

2.4 Is always open to constructive criticism and suggestions from the consultants

2.5 If necessary, i.e. wanted and unsolicited, provides fair and constructive feedbac which they can learn

2.6 Has a sense of the current mood in the consultant team

2.7 Shows understanding for individual, private problems of consultants

2.8 Creates a comfortable atmosphere of trust in the consultant team

2.9 Is loyal to the consultants in conflict situations involving third parties (e.g. client

2.10 Is a role model in terms of both internal and external behavior

2.11 Is structured in his work with consultants

2.12 Encourages realistic booking of time (e.g. "100 percent of time can be booked worked")

2. Führung der Berater – Wie führt der (Associate-)Partner die Berater?

2.1 Informiert die Berater offen und frühzeitig über die Geschäftsentwicklung und folglich auch über Entscheidungen, die wichtig für das Unternehmen sind

2.2 Ist für die Berater immer ansprechbar und sucht aktiv nach Gelegenheiten, (informell) mit ihnen zu sprechen

2.3 Kommuniziert klare und realistische Ziele für die Berater, wenn er die Projektarbeit festlegt, und erläutert klar und in angemessener Weise die entsprechenden Aufgaben

2.4 Ist immer offen für konstruktive Kritik und Verbesserungsvorschläge vonseiten der Berater

2.5 Wenn nötig gibt er – aufgefordert oder unaufgefordert – ein faires und konstruktives Feedback, aus welchem die Berater lernen können

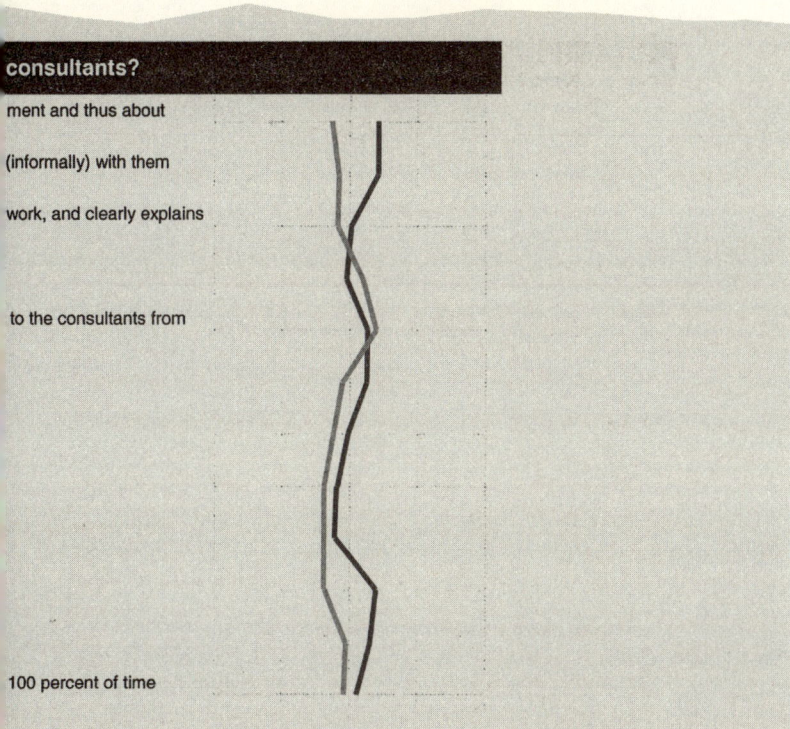

consultants?

ment and thus about

(informally) with them

work, and clearly explains

to the consultants from

100 percent of time

2.6 Hat Gespür für die aktuelle Stimmung im Berater-Team

2.7 Zeigt Verständnis für individuelle und private Probleme der Berater

2.8 Schafft eine angenehme, vertrauensvolle Atmosphäre in seinem Berater-Team

2.9 Im Falle von Konfliktsituationen mit Dritten (z. B. Kunden) ist er loyal seinen Beratern gegenüber

2.10 Ist ein Vorbild für privates und geschäftliches Verhalten

2.11 Seine Arbeit mit den Beratern ist strukturiert

2.12 Veranschlagt realistische zeitliche Rahmen für die Erledigung von Projekten

3. Employee development - What does the (Associate) Partner do in

3.1 Is able to estimate the individual relative performance level of consultants

3.2 Encourages the systematic development of the consultants (e.g. by formulating d＜
MbO targets, planning appropriate seminar participation and the right project depl＜

3.3 Systematically guides the consultants to the next career step (e.g. through integra＜
acquisitions, Senior Consultants in project management, and Project Managers i＜

3.4 Encourages the systematic but varied project deployment of the consultants (e.g.
cooperation with Central Staffing)

3.5 Encourages entrepreneurial thinking and acting in the consultants team (e.g. in d＜
competences with benefits for the entire company)

3.6 Supports consultants' participation in HR activities (e.g. personnel marketing,

3. Angestellten-Entwicklung – Was tut der (Associate-)Partner in Bezug auf die Entwicklung der Angestellten?

3.1 Er ist in der Lage, die individuelle Leistungsfähigkeit der Berater einzuschätzen

3.2 Fördert die systematische Entwicklung der Berater (z. B. indem er anspruchsvolle, aber realistische Management-by-Objectives-Ziele setzt, die erforderliche Seminarteilnahme sowie den richtigen Projekteinsatz plant)

3.3 Führt die Berater systematisch an die nächste Karrierestufe heran (z. B. durch die Integration von Beratern in Akquisitionen, von Seniorberatern im Projektmanagement und von Projektmanagern in Kundenziele)

erms of employee development?

anding but realistic
ment)

on of Consultants in
arget client ......)

rough close

veloping own ideas and

recruiting, seminars)

A   B   C   D   E

▬▬▬ all Partners

3.4 Unterstützt einen systematischen, aber variablen Projekteinsatz der Berater (z. B. durch engen Kontakt mit dem Personalbüro)

3.5 Ermutigt zu unternehmerischem Denken und Handeln in seinem Berater-Team (z. B. die Entwicklung eigener Ideen und Kompetenzen mit Nutzen für die gesamte Firma)

3.6 Unterstützt die Teilnahme der Berater an HR-Aktivitäten (z. B. persönliches Marketing, Rekrutierung, Seminare)

Results

A Corporate spirit

A_01 Is willing, ready and helpful to initiate and to support cross-CC/cross-office acquisition

A_02 Is cooperative in matters of cross-CC/cross-office project staffing and project support

A_03 Is a cooperative, honest and reliable colleague in business and social environment. Takes opportunities to collaborate and network

B Quality

B_01 Has state-of-the-art industrial, functional or methodological knowledge that is accepted by top management

B_02 Manages client team and project team in a structured and efficient way

B_03 Achieves convincing and creative project results

B_04 Encourages and supports internal processes (e.g. documentation) to improve future project quality

C Business

C_01 Is ambitious to develop and retain target clients (regular contact and projects) and to develop the target client portfolio

C_02 Is successful in acquiring/leading of projects with extraordinary impact for the company's market position or business development

C_03 Actively contributes to external marketing (speeches, articles, conferences, etc.) and promotes the company's and his/her own visibility in relevant communities

D Leadership

D_01 Actively attracts and retains top talents for the company

D_02 Educates and promotes talent in line with strategic goals and HR guidelines

D_03 Creates a comfortable atmosphere of trust and cooperative behavior within his team and CC/country

D_04 Encourages entrepreneurial thinking and acting in the consultant team (e.g. in developing their own ideas and skills to benefit the entire company)

E Corporate Development

E_01 Is committed to all corporate responsibilities (Partner meetings, office/CC responsibilities, committee work)

E_02 Actively contributes to the development of the know-how base of the company and its inter-company-transfer

E_03 Supports internal operational and strategic projects (PROCESS, proCYCLE, etc.) by taking responsibility for them and providing capacities from his/her team

E_04 Shows active commitment for HR issues and activities (marketing and recruiting events, Kick-Off and training seminars, social events)

■ Partner over all

Ergebnisse

A Unternehmensgeist

A1 Ist bereitwillig, gut vorbereitet und hilfreich im Initiieren und Unterstützen von Cross-CC/Cross-Office-Akquisitionen

A2 Ist kooperativ bezüglich Cross-CC/Cross-Office-Projektpersonal und die Projektunterstützung betreffend

A3 Ist ein kooperativer, ehrlicher und verlässlicher Kollege in seinem geschäftlichen und persönlichen Umfeld. Nutzt Möglichkeiten zur Zusammenarbeit und knüpft Netzwerke

B Qualität

B1 Hat sehr gutes betriebswirtschaftliches, funktionelles und methodisches Wissen, das vom Topmanagement anerkannt ist

B2 Leitet das Kundenteam und das Projektteam effizient und strukturiert

B3 Erzielt überzeugende Projektresultate

B4 Fördert und unterstützt interne Prozesse (z. B. Dokumentation), um die Qualität der künftigen Projektarbeit zu verbessern

C Geschäft

C1 Ist ehrgeizig in der Entwicklung und Sicherung von Kundenzielen sowie in der Erstellung eines Kundenziel-Portfolios

C2 Ist erfolgreich im Akquirieren und Leiten von Projekten mit außergewöhnlichem Einfluss auf die Marktposition des Unternehmens sowie auf die Geschäftsentwicklung

C3 Trägt aktiv zum externen Marketing bei (Reden, Artikel, Konferenzen usw.) und bringt seine Präsenz und die des Unternehmens in die relevanten gesellschaftlichen Gruppen ein

D Führungsqualität

D1 Lockt aktiv Toptalente zum Unternehmen und behält diese im Auge

D2 Fördert Talente und bildet sie gemäß den strategischen Zielen und HR-Richtlinien aus

D3 Schafft eine angenehme Atmosphäre des Vertrauens und des kooperativen Verhaltens in seinem Team und CC/Land

D4 Fördert unternehmerisches Denken und Handeln im Berater-Team (z. B. indem dieses seine eigenen Ideen und Fähigkeiten entwickeln darf und somit dem Wohle des Unternehmens dient)

E Geschäftsentwicklung

E1 Fühlt sich an alle geschäftlichen Verpflichtungen gebunden (Partnertreffen, Büro/CC-Verpflichtungen, Komiteearbeit)

E2 Trägt aktiv zur Entwicklung der Know-how-Basis des Unternehmens und zum internen Wissenstransfer bei.

E3 Unterstützt interne operationale und strategische Projekte (Process, ProCycle etc.), indem er Verantwortung dafür übernimmt und Kapazitäten aus seinem Team bereitstellt

E4 Zeigt aktives Engagement für HR-Themen und -Aktivitäten (Marketing- und Recruiting-Events, Kick-off-Meetings und Trainings, gesellschaftliche Events)

»Neutralität, Objektivität und Unabhängigkeit sind unverzichtbar«

Interview mit Dr. Burkhard Schwenker, Chef von Roland Berger Strategy Consultants

Was ist Ihr Selbstverständnis als Berater?

Mein Selbstverständnis als Berater besteht vor allem darin, unseren Klienten guten und qualifizierten Rat zu geben, und zwar auf der Grundlage eines breiten Managementverständnisses. Darin sehe ich die eigentliche Wertschöpfung von Beratern.

Wenn ein Unternehmen sich jahrelang mit sich selbst beschäftigt, stellt sich fast unvermeidbar Betriebsblindheit ein. Gute Beratung eröffnet neue Perspektiven, neue Ideen. Exzellente Beratung zeichnet sich dadurch aus, einen Weg zu finden vom Idealkonzept, das sich in der Theorie immer schnell ersinnen lässt, zum bestmöglichen Machbaren. Es gilt dazu Fragen zu beantworten wie: Was kann in einem Unternehmen tatsächlich funktionieren? Welche Kompromisse, die immer damit einhergehen, sind notwendig? Und wann – das ist die entscheidende Frage – werden zu viele Kompromisse eingegangen, die letztlich dazu führen, dass eine ursprünglich gute Idee scheitert?

Um diesen Weg zu finden, müssen Berater und Klienten ein gutes und vertrauensvolles Verhältnis zueinander haben – und gleichzeitig ein Mindestmaß an kritischer Distanz wahren.

Dieses gute Verhältnis ist sozusagen das Geheimnis.

Es liefert die Grundlage für das Ringen um das bestmögliche Konzept. Dazu muss man sich kennen, verstehen und – ganz wichtig – persönlich wertschätzen. Eine gewisse konstruktive Distanz zwischen Unternehmen und Berater gewährleistet die notwendige Objektivität.

Wo haben Sie als Berater persönlich am meisten gelernt? Wo hat es bei Ihnen sozusagen »klick« gemacht? Wo haben Sie gemerkt: Das ist meine beste Ausbildung gewesen?

In meiner Karriere habe ich ein Stück weit die Entwicklung des Beratungsgeschäfts miterlebt, von der konzeptorientierten Beratung, wie sie Anfang der neunziger Jahre noch üblich war, zur umsetzungsorientierten Teamarbeit mit unseren Klienten heute. Noch vor fünfzehn Jahren wurden Berater hauptsächlich damit beauftragt, Strategie- oder Organisationskonzepte zu erstellen. Diese Konzepte fußten vorwiegend auf den Vorstellungen der Berater und wurden anschließend im Unternehmen diskutiert. Heute setzen Berater sich während des gesamten Projekts mit dem Klienten auseinander.

Persönlich habe ich am meisten gelernt in einigen der großen Projekte, die ich für unsere Firma mit leiten konnte. An einem Punkt X stellen Sie fest, dass Ihre Meinung gefragt ist, dass Sie Gehör finden.

Hatten Sie auch einen persönlichen Förderer?

Ja, Karrieren entscheiden sich ja relativ früh. Und in jeder erfolgreichen Laufbahn bedarf es eines oder mehrerer Menschen, die einen fordern und fördern. Man muss das Glück haben, zur richtigen Zeit auf die richtige Konstellation zu treffen. Nach meinem Studium habe ich zunächst in der Industrie gearbeitet. Dabei bin ich zwei Förderern begegnet, die mich mochten, mein Potenzial erkannten und den Mut hatten, mir Aufgaben zu geben, an denen ich wachsen und mich beweisen konnte.

Welche »Skills« müssen aus Ihrer Sicht gute Berater haben?

Ein guter Berater muss in erster Linie Probleme strukturieren können. Das ist eine unserer Kernaufgaben. Unternehmen und ihr Umfeld sind ungemein komplex geworden und bedürfen entsprechender Strategien. Ein guter Berater muss ein Gefühl dafür haben, wie man strukturieren und Probleme auseinandernehmen kann, ohne das große Ganze dabei aus den Augen zu verlieren. Das ist eine wesentliche Anforderung, auf die wir auch in unseren Recruiting-Verfahren größten Wert legen. Denn auch in dieser Hinsicht hat sich die Welt geändert. Viele Menschen glauben immer noch, dass die Mehrzahl der Berater Betriebs- oder Volkswirte seien. Tatsächlich arbeiten heute auch Geistes- und Naturwissenschaftler im Consulting. In einer naturwissenschaftlichen Ausbildung lernen Sie eine sehr systematische Denkweise. Damit meine ich, in Hypothesen zu denken, Hypothesenräume zu schaffen. Diese analytische Komponente muss ein Berater mitbringen. Sie muss aber mit der Fähigkeit gepaart sein, von der Analyse in die Realität umzuschalten. Ein Berater muss zudem ein gutes Maß an Sozialkompetenz mitbringen und auch bereit sein, für Vorschläge gegenüber dem Klienten die Verantwortung zu übernehmen.

Das Klischee ist ja, dass Berater keine eigene Kompetenz mitbringen, sondern oftmals die Kunden zuerst einmal aushorchen, um alle Informationen von den Akteuren selbst zu bekommen und dann damit etwas zu machen.

Klischees überleben meist die Wirklichkeit. Und dieses datiert aus der alten Zeit der Konzeptberatung. Damals bestand die Arbeit eines Beraters in der Tat darin, Interviews zu führen, Strömungen aufzugreifen, dann eigene Ideen einzubringen, schließlich ein Konzept vorzulegen.

Beratung funktioniert heute anders: Nur noch höchst selten ist ein Beratungsteam in einem Unternehmen allein unterwegs. Wir arbeiten stattdessen in gemischten Teams, mit den Mitarbeitern der Klienten. Und unsere Berater müssen imstande sein, dieses Team einzubinden und zu motivieren.

Gute Beratung unterscheidet sich übrigens auch darin von schlechter, dass gute Berater dem Klienten nicht nach dem Mund reden. Insofern glaube ich, dass das Klischee, das Sie nannten, früher nur selten galt und heute gar nicht mehr der Wirklichkeit entspricht.

Trotzdem muss ein Berater auch heute noch mit vielen Menschen reden, um ein Unternehmen verstehen zu lernen. Er muss ein Gefühl dafür entwickeln, denn jedes Unternehmen funktioniert anders. Es gibt keine allgemein gültigen Schablonen.

Klar ist auch, dass es in den Unternehmen bereits viele gute Ideen gibt. Es ist daher Teil unseres Beratungsauftrags, die schon vorhandenen Ideen aufzugreifen und gegebenenfalls anzureichern oder anders zu strukturieren, je nach Aufgabenstellung, und daraus eine umsetzbare Lösung zu entwickeln.

Wie wichtig ist die Kompetenz, Methodenpräsentation und Methodenkenntnisse zu haben, die die Probleme zuerst einmal erschließen?

Methodenkompetenz ist eine Grundlage unseres Geschäfts. Wir müssen wissen, welches Instrument sich am besten dafür eignet, ein Problem zu lösen. Aber so technokratisch und einfach bleibt es nicht. Wenn wir beispielsweise über Reengineering, Economic Value added und andere Schlüsselthemen sprechen, verbergen sich dahinter ganz unterschiedliche Methoden. Die muss man kennen und ein Gefühl dafür entwickeln, welche Methode zu welcher Situation passt. Auch braucht es bisweilen Mut, dem Klienten zu sagen, dass die von ihm gewählte Methode zwar grundsätzlich geeignet ist, in dieser speziellen Situation aber besser modifiziert angewendet werden sollte.

Könnten das die Kunden nicht auch selbst erledigen oder die strategischen Abteilungen, die in den einzelnen Unternehmungen in der Regel ja vorhanden sind?

Sie können tatsächlich vieles selbst erledigen, und sie tun es auch; nicht für jedes strategische Problem werden ja Berater engagiert. Allerdings muss man folgende Entwicklungen berücksichtigen: Zum einen haben sich viele Unternehmen – besonders die großen Konzerne – schlank aufgestellt, weil sie nicht ständig neue Strategien oder neue Organisationen entwickeln und es daher unsinnig wäre, diese Ressourcen permanent vorzuhalten. Das heißt, hier wird mit einem Beratungsprojekt Kapazität und damit auch das jeweils neue Knowhow zu der spezifischen Aufgabe eingekauft. Zum anderen ist es für eine Reihe von Problemen hilfreich, wenn ein Dritter eine neutrale Bewertung einbringt.

Die Neutralität ist also der Kick?

Neutralität, Objektivität und Unabhängigkeit sind unverzichtbar.

Auch Stringenz?

Stringenz immer und Härte da, wo notwendig. Da Berater selbst keine Entscheidungen treffen, sondern »nur« Empfehlungen aussprechen, bedeutet Härte, dabei genau aufzuzeigen, wie weit ein Kompromiss gehen kann, bevor ein gutes Konzept zu einem schlechten wird. An diesem Punkt muss ein Berater seine Meinung klar vertreten können.

Stimmt auch dieses »Klischee«, dass Berater oftmals von Konzernspitzen instrumentalisiert werden, auch in internen Konflikten der Un-

ternehmungen, damit sie das erledigen, was die Konzernspitze selbst nicht machen will?

Möglicherweise trifft dies in Einzelfällen zu. In aller Regel sind Berater den sehr kostenbewussten Auftraggebern aber zu teuer, um für solche Manöver eingesetzt zu werden.

Sie würden ein großes Problem lösen, möglicherweise ein strategisches Problem.

Ein strategisches Problem entsteht immer dann, wenn sich Märkte verändert haben, das Leistungsprofil eines Unternehmens nicht mehr auf die Märkte passt oder neue Wettbewerber auftreten. Dann ist der Einsatz von Strategieberatern sinnvoll. Zweifellos wird in den Unternehmen durchaus auch von »konstruktiven Konflikten« gesprochen. Aber einen Berater hereinzuholen, um einen Konflikt zu lösen? Das ist eher das Geschäft persönlicher Coachs.

Welche Bedeutung hat für Sie der enge persönliche Draht zu Ihrem Auftraggeber? Es wird häufig gesagt, dass Sie weniger nur Wissensspeicher seien, Analytiker und Strategieberater, sondern auch Coach, dass Sie auf einer hohen Ebene – etwa bei DAX-Unternehmen – die wichtigen Vorstände persönlich beraten würden und dass dies sozusagen der Clou Ihres Zugangs sei.

Persönliches Coaching ist eine besondere Form der Beratung, die sich gründlich von der Strategieberatung unterscheidet. Es gibt dafür spezialisierte Trainer, die in ihrer Arbeit das gesamte Persönlichkeitsumfeld ihrer Mandanten mit berücksichtigen. Diese Coaches haben in der Regel eine psychologische Ausbildung. Das ist nicht das Geschäft eines Strategieberaters. Trotzdem müssen auch wir ein Vertrauensverhältnis zu unseren Klienten etablieren.

Aber persönliche Beratung hat eine sehr hohe Bedeutung im Beratungsprozess, mehr als die offiziell vorgegebene sachliche Analyse.

Nun, ein Vertrauensverhältnis entsteht ja grundsätzlich nur dann, wenn der Klient davon überzeugt ist, dass der Berater Methodenkompetenz einbringt, dass Sachverstand mit am Tisch sitzt. Unser Geschäft ist hoch professionalisiert. Und allein die Wettbewerbssituation vieler Unternehmen erlaubt es wohl keinem Vorstand, persönlichen Freundschaften den Vorrang vor Leistung einzuräumen. Trotzdem müssen Klient und Berater vertrauensvoll zusammenarbeiten, um über die zum Teil sehr komplexen Themen offen reden zu können.

Wie viel Aufwand betreiben Sie für das Recruiting Ihrer neuen Mitarbeiter?

Einen hohen Aufwand, denn eine Beratungsgesellschaft funktioniert nur mit exzellent ausgebildeten Menschen, die zur Unternehmenskultur passen müssen. Es gilt also, die richtigen jungen Leute früh für uns zu begeistern und an uns zu binden. Unsere Recruiting-Prozesse greifen schon an den Universitäten. Wir sponsern dort auch Projekte. Ich selbst sitze in den Kuratorien einiger Universitäten, weil es auch hier sinnvoll sein kann, den Standpunkt eines Beraters mit einzubringen. Aufs Recruiting folgt dann die ebenso aufwendige Personalentwicklung. Wir möchten unsere Mitarbeiter dauerhaft für unsere Profession begeistern und bilden sie ständig weiter.

Wie geht das? Was machen Sie?

Wir bieten exzellente Seminare zur Fortbildung an. Da wir eben nicht nur Betriebswirte oder Volkswirte einstellen, sondern auch Geistes- und Naturwissenschaftler, haben wir spezielle Programme entwickelt, um sie an unternehmerische Aufgabenstellungen heranzuführen. Hinzu kommt: In jedem Seminar wird auch das Unternehmen selbst vermittelt. Menschen kommen zusammen. Es bilden sich interne Netzwerke und persönliche Beziehungen. Das ist wesentlich.

Die zweite Säule der Personalentwicklung findet direkt in den Projektteams statt. Dabei spielen unsere Teamleiter, die Projektmanager, die Hauptrolle. Denn auf dieser Ebene vollzieht sich ja Führung, auf dem Projekt, beim Klienten, in einer neuen Umgebung mit hohen Anforderungen an die jungen Kollegen. Ein Projektmanager muss während des gesamten Projekts motivieren und begeistern können.

Stimmt bei Ihnen auch dieser Satz: »Man steigt in der Hierarchie auf, oder man verabschiedet sich frühzeitig aus der Firma«?

Gute Beratungsgesellschaften haben per se eine relativ hohe Fluktuation. Viele Junior Consultants starten mit der Perspektive, die nächsten zwei, drei, vier Jahre in der Beratung zu arbeiten. Denn in welcher anderen Profession treffen Sie sonst in so kurzer Zeit auf so viele unterschiedliche Menschen, lernen verschiedene Aufgabenstellungen kennen und kommen so viel herum wie im Consulting? Nicht zu Unrecht gelten Beratungen als Talentschmieden für die Industrie. So kommen stetig junge Menschen zu uns, die neues Wissen in die Firma hineintragen. Beide Seiten profitieren davon.

Wenn sich ein Berater nun in diesem Fluss nicht persönlich weiterentwickelt, läuft etwas schief. Beratung ist ein höchst leistungsorientiertes Geschäft, und wir sind transparent. Jeder unserer Professionals weiß, wo er steht. Unsere Klienten bewerten in intensiven Interaktionen die Qualität jedes einzelnen Projekts. Und unsere Kunden haben ein Recht auf gute Leistung und auf den vollen Einsatz unserer Berater.

Können Sie die Fluktuation beziffern?

Die in unserer Branche übliche Fluktuation unterliegt gewissen Zyklen und beträgt in der Regel zwischen 13 und 15 Prozent. Im Schnitt erneuern wir uns so etwa alle fünf Jahre. Das ist gesund und garantiert uns – weltweit – den ständigen Zustrom neuen Wissens.

Aber das ist kostenintensiv. Sie verlieren ja auch gutes altes Wissen.

Ja, und es trifft jeden Projektmanager hart, wenn er jemanden verliert, mit dem er zwei, drei, vier Jahre zusammengearbeitet und den er aufgebaut hat. Deswegen ist Know-how-Management für uns essenziell. Wir dokumentieren unsere Projekte, Ideen und Konzepte sehr genau, um dieses »alte« Wissen nicht zu verlieren. Dennoch ist mir eine dynamische Firma lieber als eine statische, die nur vorhandenes Wissen konserviert.

Spielt es auch eine Rolle, dass man durch die Fluktuation »Netze« hat in die Industrie und auf diesem Weg neue Kunden bekommt?

Diese Alumni-Netzwerke spielen natürlich eine Rolle. Wir pflegen sie und schaffen darüber auch eine Vernetzung. Die ergibt sich fast zwangsläufig und ist Teil unseres Geschäfts.

Ein Berater von McKinsey hat mir Folgendes erzählt: Als er sich verabschiedete – er trat einen großen Job an bei einem großen Unternehmen –, sei er bestens behandelt worden, so gut wie nie zuvor. Sein

Abgang wurde mehr zelebriert als seine eigentliche Tätigkeit, weil er wertvoll war.

Ein Berater ist schon als Berater wertvoll. Wir wissen ja, dass wir unseren Mitarbeitern einiges abverlangen: Wer in der Beratung arbeiten will, muss sich einbringen wollen und seine Prioritäten entsprechend setzen.

Wir fördern keine Fluktuation, um Netzwerke aufzubauen. Aber natürlich freuen wir uns, wenn unsere Alumni in der Industrie Karriere machen, denn dies spricht ja auch für das Ansehen unserer Firma.

Sie haben einen Riesenaufwand mit der Evaluation, der Einzelbewertung der Manager, der Projektmitarbeiter. Warum wird das so intensiv betrieben?

Weil Qualität das A und O in unserem Geschäft ist und weil diese Evaluationsverfahren, bis hin zur Partnerberufung, unser Qualitätsmanagement unterstützen. Deshalb tauschen wir uns während eines Projekts auch laufend mit unseren Klienten aus, um gegebenenfalls rechtzeitig gegensteuern zu können. Dadurch und durch die persönliche Evaluation unserer Mitarbeiter prüfen wir ständig, ob wir auf dem richtigen Weg sind. Einerseits ist es natürlich aufwendig. Andererseits profitiert auch jede einzelne Beraterin, jeder Berater von diesem ständigen Feedback.

Ist es nicht auch ein Drucksystem? Es ist ja sehr detailliert. Alle möglichen Leute bewerten jemanden. Soll es auch psychologischen Druck, Leistung erzeugen?

Nein, aber Transparenz. Leistungsorientierung ist ein Merkmal unserer Profession. Und nur mit Transparenz können wir unserem Qualitätsanspruch dauerhaft gerecht werden. Sicher kann es persönlich unangenehm sein, sogar schmerzen, wenn man in einer Evaluation weniger gut abschneidet als erwartet, und dies obendrein akzeptieren muss. Denn man weiß ja: Die Beurteilung ist so objektiv wie möglich. Schließlich haben mich unabhängig voneinander mehrere Personen beurteilt. Davon profitiert, wer am Ende aus den Rückmeldungen lernt.

Werden Sie selbst in Ihrer jetzigen Funktion auch noch durch diese Systeme geschleust?

Ich habe diesen Prozess durchlaufen und weiß, wovon ich rede. Auch heute bin ich unseren Partnern gegenüber verantwortlich und dem Aufsichtsrat unseres Unternehmens. Wie in jeder ordentlichen Firma hat unser Aufsichtsrat die Aufgabe, die Qualität des Managements zu beurteilen. Wir exerzieren dazu kein standardisiertes Evaluationsverfahren, aber die Beurteilung vollzieht sich ebenso konsequent und transparent wie bei unseren Professionals. Jeder muss sich immer wieder ganz persönlich unserem Qualitätsanspruch stellen.

Die Bewertungen sind aus Ihrer Sicht fair durch das System, wie es organisiert ist?

Soweit dies überhaupt möglich ist, ja. Eine zu hundert Prozent objektive Bewertung wird es nicht geben können, weil wir es immer mit Menschen zu tun haben und jede Situation anders ist. Aber wir tun alles, um so gerecht wie möglich zu bewerten und die Evaluation zu standardisieren. Wir verwenden stabile Kriterien, es gibt sowohl eine Bottom-up- als auch eine Top-down-Bewertung. Jeder Projektmanager wird also von seinem Team beurteilt und vice versa. So schaffen wir eine Grundlage von Fairness, mit der wir in den Bewertungen umgehen können.

Ist die extreme Hierarchie, die zwischen Partnern und nach unten gestaffelt ist, effizient?

Extreme Hierarchie? Gerade Beratungsgesellschaften zeichnen sich dadurch aus, dass Kollegen unabhängig von der Hierarchie ihre Meinung äußern können. Wenn wir etwa erleben, dass in einem Projektteam die Meinung eines Juniorberaters weniger ernst genommen wird als die eines Seniorberaters oder, noch schlimmer, Juniorberater gar nicht erst dazu aufgefordert werden, ihre Meinung zu äußern, dann setzen wir uns sehr konstruktiv mit dem Projektleiter auseinander. Auch in der Projektverantwortung durchmischen sich unsere Hierarchien, vom Projektmanager bis zum Partner.

Partner oder Direktoren sind ja diejenigen, die dann auch das Geschäft abwickeln, mit dem Kunden die Verträge schließen und von Projektmanagern, die eine Stufe drunter sind, die Vorarbeit leisten lassen.

In jedem Projekt gibt es eine gewisse Arbeitsteilung. Aber unsere Klienten wünschen verständlicherweise, dass der Partner, den sie beauftragt haben, das Projekt ihnen gegenüber auch verantwortet. Nur Akquise einerseits und reine Projektdurchführung andererseits gibt es nicht. Wir unterhalten also keine Salesforce in diesem Sinne, sondern jeder, der ein Projekt akquiriert, steht dem Klienten gegenüber ganz persönlich dafür gerade, dass das Ergebnis stimmt.

Dabei wird nicht jeder Partner selbst die letzte Teilanalyse erstellen, aber die Klienten erwarten von ihm, dass er die Teams organisiert, dass die Analysen stimmen und dass er ihnen gegenüber jederzeit zum Stand des Projekts auskunftsfähig ist.

Wo sehen Sie Defizite in Ihrem Geschäft? Wo hapert es?

Unsere Branche entwickelt sich, wie ich meine, positiv, weil alle großen Gesellschaften die Grundwerte Objektivität, Neutralität und Integrität teilen. Solche Werte gemeinsam zu vertreten zeichnet eine Profession aus. Und deshalb ist es auch so wichtig, dass Beratungsgesellschaften unabhängig sind.

Natürlich können auch wir uns, wie wohl jedes andere Unternehmen, immer weiter verbessern. Denn aus Sicht unserer Klienten sind wir immer nur so gut wie das letzte Projekt, das wir für sie durchgeführt haben.

Es gibt Vorwürfe, dass viel Standardware vermittelt werde, dass Beraterfirmen doch sehr konventionell aus einem Guss Antworten geben und nicht auf den Einzelfall bezogene Lösungen bringen würden. Was sagen Sie dazu?

Meine Erfahrungen aus vielen Akquisitionen widersprechen dieser Annahme. Unsere großen Klienten sind mittlerweile äußerst beratungserfahren und stellen eindeutige Anforderungen an einen Berater. Wer mit einem Standardansatz kommt, erhält nicht den Zuschlag für das Projekt – so einfach ist das.

Räumen Sie Implementierungsdefizite ein? Kunden sagen oft, dass die Lösungen ordentlich seien, bei der Implementierung aber Schwachstellen zu identifizieren seien.

Natürlich werden Projekte mal besser und mal weniger gut umgesetzt. Dabei muss man sich allerdings immer wieder vor Augen führen: Berater erteilen einen Rat, geben eine Empfehlung ab. Sie entscheiden nicht in den Unternehmen und sind auch nicht in der Exekutive, was die Umsetzung betrifft. Der Beginn der Umsetzung ist oft eine heikle Phase. Deswegen ist es ja auch so wichtig, dass Berater schon in der Analyse und Konzeption mit Mitarbeitern des Klienten zusammenarbeiten. Nur dann können sie das richtige Gespür dafür entwickeln, ob die Mitarbeiter die Lösungen am Ende mittragen werden.

Wie ist die Konkurrenzsituation zu den anderen beiden Großen? Sehen Sie sich als Team oder als Wettbewerber?

Bei unseren Klienten stehen wir im Wettbewerb. Und als Branche stehen wir für gemeinsame Grundwerte. Das kennzeichnet unsere Professionalität. Denn es gibt ja allein in Deutschland 70 000 Beratungsgesellschaften.

Aber aus der Beratung der Bundesagentur für Arbeit sind Sie rausgedrängt worden. Das heißt, Ihre Mitbewerber sind auch nicht so zimperlich mit ihren Methoden. Ist das ein neuer Trend?

Die Wettbewerbsintensität hat in den letzten Jahren zweifellos zugenommen. Die Strategieberatung etwa hat nach Jahren des Booms mit zweistelligen Wachstumsraten einige ungewohnt schwere Jahre erlebt, in einem Jahr ist sie sogar geschrumpft. In einem solchen Umfeld wird der Wettbewerb härter.

Ist das Image in der Öffentlichkeit aus Ihrer Sicht okay?

Die für uns wichtigste Frage lautet zunächst immer: Wie nimmt uns das Top-Management unserer Klienten wahr? Wofür schätzt man uns? Wann setzt man uns ein? Wie bewertet man unsere intellektuellen Fähigkeiten?

Der Beratungsberuf wird in der breiten Öffentlichkeit meist als elitär und abstrakt wahrgenommen. Unsere Arbeit ist ja in der Tat nicht leicht zu vermitteln. Dieses Unverständnis schlägt sich bisweilen in Vorurteilen nieder. Das mag gelegentlich weh tun, vor allem, wenn die Anwürfe nicht stimmen. In der Diskussion kommt dabei häufig zu kurz, dass etwa unser Unternehmen schon seit Jahren intensiv Corporate Social Responsibility betreibt, wir uns also gesellschaftlich und sozial engagieren, ohne es an die große Glocke zu hängen. Zum Beispiel über Pro-bono-Projekte für öffentliche Einrichtungen, aber auch, indem wir aktiv Geld dafür einsetzen, wie etwa bei Counterparts, unserem Kultur- und Bildungssponsoring in Mittel- und Osteuropa.

Das heißt, Sie sind zufrieden, wenn Sie bei Ihren Auftraggebern ein gutes Image haben? Der Rest ist relativ egal?

Es ist uns nicht egal, und es betrifft immer auch das Image unserer Profession. Der breiten Öffentlichkeit ist Beratung allerdings nur schwer kommunizierbar. Umso mehr, als wir nicht über Kunden und Projekte reden dürfen. Und was wir tatsächlich an Wertschöpfung einbringen können, ist nicht in drei Worte zu fassen und geht deswegen häufig unter in der öffentlichen Diskussion.

Wie erklären Sie sich dann, dass Roland Berger, der die Firma ja geprägt hat, vorgeworfen wird, er habe viele Aufträge nur erhalten, weil er die Connections hatte?

Es ist wichtig, gute persönliche Beziehungen zu haben, denn Berater und Klient müssen einander vertrauen können. Aber sowohl seitens der öffentlichen Hand als auch in der Privatwirtschaft werden Beratungsverträge, zumal es um viel Geld geht, professionell vergeben. In aller Regel per Ausschreibung.

Eine Ausschreibung ist noch keine Garantie für gute Qualität.

Aber eine Ausschreibung ermöglicht dem Klienten, sich mehr als eine Beratungsgesellschaft anzuschauen, und zwar unter zwei Aspekten. Erstens: Ist die vorgeschlagene Methodik, der Ansatz kreativ und überzeugend? Zweitens, und fast noch wichtiger: Habe ich den Eindruck, dass das Team, das mir seine Lösung präsentiert und bei mir arbeiten will, auch zu mir passt? Stimmt die Chemie?

Ist die Mitwirkung von Beraterfirmen bei der Hartz-Kommission und in anderen Kommissionen, auch bei der CDU – zum Beispiel McKinseys Mitwirkung bei der Kopfpauschale –, ein Akquise-Instrument? Arbeiten Sie da mit, um später einen Auftrag zu bekommen?

Wir beteiligen uns an solchen Kommissionen, weil wir glauben, zu einigen Themen sinnvolle Vorschläge einbringen zu können. Bei den anschließenden Ausschreibungen kann das übrigens bisweilen eher hinderlich als förderlich sein, dafür gibt es eine Reihe von Beispielen.

Also alles ganz altruistisch?

Ein Wirtschaftsunternehmen kann per Definition nicht rein altruistisch funktionieren: Wer sollte dann die Gehälter unserer Mitarbeiter zahlen? Aber wir bringen uns dort ein, wo wir sicher sind, mit unserem Wissen etwas bewegen zu können. Beispielsweise mit unserem Wettbewerb »Best of European Business«, den wir in diesem Jahr in sieben europäischen Ländern durchführen. Wir zeichnen europäische Unternehmen in den Kategorien Wachstum, Wertgenerierung, Innovation und Strategien für das neue Europa aus. Uns interessiert, wie europäische Unternehmen zur Weiterentwicklung Europas beitragen können. Als Strategieberatung europäischen Ursprungs möchten wir den Dialog über den Wirtschaftsraum Europa fördern. Diese Initiative ist ein Stück weit altruistisch, denn niemand bezahlt uns dafür, und sie zielt darauf ab, unternehmerische Belange auch im gesamtwirtschaftlichen Zusammenhang zu betrachten. Unternehmen und Volkswirtschaften hängen voneinander ab.

Wie gehen Sie mit gescheiterten Projekten um? Die Bundeswehrreform wird ja als ein nicht besonders gutes Ergebnis von allen Beteiligten beurteilt, auch selbstkritisch von den Leuten, die für die Beratung verantwortlich waren.

Einzelne Projekte kann man immer differenziert betrachten. Wenn ein Projekt also aus Sicht des Klienten am Ende nicht gut gelaufen sein sollte, gehen wir der Sache intensiv, aber fair nach. Das erwarten unsere Professionals zu Recht. Denn sie stehen ja schon während des gesamten Projekts im intensiven Austausch mit dem Klienten, arbeiten direkt beim Auftraggeber in Teams, gemeinsam mit dessen Mitarbeitern. Die Schuldfrage zu klären ist daher müßig. Es geht vielmehr darum, herauszufinden, ob und wie das vermeintlich schlechte Ergebnis noch zu verbessern ist.

Das heißt, sollten Sie zu dem Ergebnis kommen, dass es nicht gut gelaufen ist, sind Sie auch zu Nachbesserungen bereit?

Das entspricht unserem professionellen Verständnis. Wenn es wirklich an uns gelegen haben sollte, arbeiten wir natürlich nach.

Ergebnisse Ihrer Projekte werden ja selten öffentlich. Ist es sinnvoll, dass der Öffentlichkeit so wenig konkret vermittelt wird, was Sie im Einzelnen gemacht haben?

Wir sind unseren Klienten gegenüber per Vertrag zur Vertraulichkeit verpflichtet. Wenn der Kunde ein Ergebnis gemeinsam kommunizieren möchte, was gelegentlich vorkommt, sind wir gern dazu bereit. Aber nur dann. Ansonsten ist Beratung eine vertrauliche Angelegenheit, die auch nach Projektende vertraulich bleibt. Ich halte das für richtig. Denn ein Beratungsverhältnis eignet sich ebenso wenig zur Veröffentlichung wie ein Arztbesuch.

Es dringt tatsächlich erstaunlich wenig nach außen, auch von anderen Quellen. Selbst die Berater, die nicht mehr in den Firmen sind, geben nichts raus. Woran liegt das?

Das gebietet unser ethisches Verständnis.

Auch die Firmen halten sich bedeckt, selbst wenn sie Ihre Arbeit als Dienstleistung eingekauft haben. Woran liegt das?

Warum sollten Unternehmen veröffentlichen, wer an welchem Thema gearbeitet hat und ob Berater hinzugezogen worden sind oder nicht? Es steht ja trotzdem genügend in der Zeitung. Heute schämt sich kein Unternehmen mehr zu sagen: »Wir sind hier von Roland Berger oder anderen unterstützt worden.« Aber ein Klient muss unterstellen können, dass wir Berater weder über ihn sprechen noch über die Situation, die wir bei ihm vorgefunden haben.

Sie sagen, der Beratermarkt schrumpft.

Schrumpfte. Jetzt wächst er wieder.

Wie generieren Sie künftige Wachstumsfelder? Es könnte ja sein, dass Sie hinter Ihrem Schreibtisch sitzen und sagen: »Da, im Bereich Medizin, Krankenhausorganisation oder so, ist ein großer Markt.«

Sicher, wir denken darüber nach: In welchen Bereichen gibt es künftig Beratungsbedarf? Wie ändert sich die Beratungslandschaft? In welche Richtung verändern sich unsere Klienten? Was ist für unsere Klienten wichtig? So hat sich auch unser Geschäft gewandelt – von der Konzeptberatung früher hin zum interaktiven Vorgehen heute. Wir investieren viel in die Entwicklung von Know-how und neuen Ansätzen. Wo entstehen neue Märkte? Etwa Stichwort Gesundheitsmarkt. Oder: Was passiert in der IT? Welche Rolle kann die IT bei der Umsetzung spielen? In aller Regel jedenfalls entstehen neue Beratungsideen aus der Interaktion mit dem Klienten.

Es heißt, alles Wichtige könne man auf eine DIN-A4-Seite schreiben. Was steht auf Ihrem Zettel? Was wollen Sie selbst optimieren, wo sind Sie unzufrieden mit dem, was Sie im Beraterbereich leisten, wo sehen Sie noch Aufgaben, die Sie als Manager durchsetzen wollen?

Im Wettbewerb setzt sich nur durch, wer gleichbleibend exzellente Qualität bietet. Im Qualitätsmanagement sehe ich daher unsere Hauptaufgabe, es steht auf Platz eins der Prioritätenliste.

Darunter steht die weitere Internationalisierung unserer Firma, der Ausbau unserer internationalen Präsenz, die wir bereits sehr erfolgreich vorangetrieben haben.

Auf Platz drei stehen Recruiting, Personalbindung und Personalentwicklung: Wie gelingt es uns, die Besten für uns zu gewinnen und zu halten?

Das Dritte ist ein ernsthaftes Problem.

Im Gegenteil, es ist eine sehr erfreuliche Aufgabe, gute Leute für sich zu begeistern, neues Wissen in die Firma hineinzubringen. Aber es ist eine Daueraufgabe, denn auch hier stehen wir im Wettbewerb, unter anderem mit anderen Beratungsgesellschaften und selbst mit unseren Klienten.

Schulnoten oder gute Zeugnisse sind ja nicht alles, das ist nur ein Kompetenzfeld. Wenn Sie selbst mal schauen, was aus Leuten mit guten Abi-Zeugnissen geworden ist, dann sind das jedenfalls nicht die Leute, die nachher die größten Karrieren hatten.

Unsere Recruiting-Prozesse gehen daher weit über das Abklopfen fachlicher und sachlicher Fähigkeiten hinaus. Wir möchten wissen, mit welchen Menschen wir es zu tun haben: Verfügen sie auch über die sozialen Fähigkeiten, die in der Zusammenarbeit mit dem Klienten wesentlich sind?

Aber es muss doch ganz einfach sein, Leute zu finden. Es wird doch auch viel Geld verdient, selbst für Berufseinsteiger.

Intellektuell erwarten wir viel von unseren Mitarbeitern. Und Beratung bedeutet auch, vier von fünf Tagen unterwegs, beim Klienten zu sein. Freitags ist dann meist Bürotag, das ist für den Zusammenhalt des Unternehmens wichtig.

Präsentationen, beispielsweise mit Powerpoint, sind im Beratungsgeschäft unglaublich wichtig. Es werden viele, viele Stunden, Tage, ja Wochen aufgewendet, um die Ergebnisse zu visualisieren und zu präsentieren. Was ist der tiefere Sinn davon?

Es ist wesentlich, den Stand der Arbeit und die Ergebnisse auf eine Weise zu visualisieren, die nachvollziehbar ist. Und diese Visualisierung mittels Präsentationen zwingt zum Denken. Präsentationen müssen logisch aufgebaut und dürfen nicht zu lang sein. Alte Regel: Man kann alles auf fünfzig Seiten fassen. Wir haben spezielle Guidelines, die unsere Corporate Identitiy definieren. Wir legen darin fest, wie wir schreiben, Probleme strukturieren und Ergebnisse überzeugend präsentieren.

Ob man die Ergebnisse am Ende in einer Powerpoint-Präsentation mittels Beamer vorträgt, mit dem Klienten darüber spricht oder auf schlichte Tischvorlagen zurückgreift, hängt davon ab, welche Form der Kommunikation der Klient bevorzugt. Grundsätzlich aber zwingt jede Präsentation zum strukturierten Denken: Wenn Sie etwa die Storyline, den Titel, auf einem Chart in maximal zwei Zeilen zusammenfassen müssen, dann müssen Sie schon sehr genau darüber nachdenken, was Sie ausdrücken möchten.

Welche Bedeutung haben diese Guidelines für Ihre Arbeit?

Die Guidelines liefern den Rahmen für unsere Arbeit. Sie definieren, wie die Mitarbeiter von Roland Berger in Berlin oder Shanghai an Probleme herangehen, wie sie denken und wie sie überzeugende Lösungen entwickeln und präsentieren. Kurz: Diese Richtlinien prägen unsere Identität.

Und die Corporate Identity fördern Sie auch? Gibt es Normierungen?

Ja. Gewisse Freiräume sind notwendig, aber bestimmte Vorschriften nehmen wir ernst, etwa zum Stil und zur Länge von Präsentationen. Es ist ja schwieriger, sich kurz und prägnant zu fassen, als seitenlang über ein Problem zu schwadronieren.

Normierung betrifft ja auch den Bereich Ästhetik, Sprache, Kleidung.

Unsere Corporate Identity betrifft unsere Darstellung nach außen, etwa in Form von Präsentationen oder Broschüren. Das Unternehmen Roland Berger muss wiedererkennbar sein, überall auf der Welt. Das fördert die Markenbildung.

Ansonsten zeichnet unser Unternehmen sich dadurch aus, wohl auch gegenüber unseren nahezu ausschließlich amerikanischen Wettbewerbern, dass wir Individualität zulassen und sogar fördern. Unsere Partner und Professionals sind sehr unterschiedliche Persönlichkeiten. Diese Heterogenität mag bisweilen das Managen erschweren, unterstützt aber Kreativität. Ansonsten erwarten wir von unseren Mitarbeiterinnen und Mitarbeitern, dass sie sich gut benehmen und dem Umfeld entsprechend kleiden. Aber das ist ja selbstverständlich.

Die Firma heißt Roland Berger. Welche Bedeutung hat er heute noch?

Roland Berger hat diese Firma gegründet. Er hat es geschafft, in einem rein amerikanisch geprägten Umfeld aus Deutschland heraus eine Beratungsgesellschaft aufzubauen und zu dieser Größe zu führen. Das ist sein großes Verdienst. Heute ist er der – sehr aktive – Vorsitzende unseres Aufsichtsrats. Er unterstützt uns nach Kräften.

Mussten Sie sich in der neuen Funktion erst emanzipieren oder ist das schon geschehen?

Da müssen Sie andere fragen. Roland Berger und ich kennen uns seit Anfang der neunziger Jahre und arbeiten seit Jahren intensiv zusammen. Unsere Profile sind sicher unterschiedlich – auch das unterstreicht ja die Bedeutung von Individualität in unserem Unternehmen.

4. Weitere Big Player der Branche

Die Beraterfirmen McKinsey, Roland Berger und – mit etwas Abstand – Boston Consulting Group dominieren zwar das öffentliche Bild der Consulter in Deutschland. Aber dieses in der Selbstdarstellung äußerst versierte »eiserne Dreieck« wird von einem starken Mittelfeld dicht verfolgt. Viele der Firmen in der Marktmitte haben sich mit einem spezialisierten Dienstleistungsprofil und der Integration von IT-Lösungen einen Namen gemacht. Über die gravierenden Pannen und Defizite im Dunkelfeld der IT wird am Ende dieses Kapitels eingehender berichtet.

Die Konkurrenten der »Big Player« sehen für ihre Zukunft eher einen positiven Wachstumspfad, denn sie lernen aus den Fehlern der Marktführer und setzen auf individuell zugeschnittene Lösungspakete; außerdem favorisieren sie ältere, fachlich ausgewiesene Unternehmensberater, die auf solides Erfahrungswissen zurückgreifen können.

Auch Boston Consulting sitzt die hungrige Konkurrenz im Nacken. Wie der Kampf um die lukrativen Kunden in der Praxis abläuft, wird hier zunächst am Fall von BCG gezeigt.

Verschwiegen wie ein Grab:
Boston Consulting Group (BCG)

Ursprünglich war der frühere BCG-Deutschland-Chef Dieter Heuskel zu einem Interview bereit, doch dann kam die überraschende Absage – ganz ähnlich verhielten sich auch andere Top-Berater, bei denen wir Gesprächswünsche anmeldeten. Stattdessen gab es die großzügige Übermittlung von bereits gedruckten Interviews, Veröffentlichungen und Namensartikeln. Diese Quellen wurden von Heuskel selbst ausgewählt und geben sein Bild der BCG wieder.

»Wie wird man eigentlich BCG-Chef, Herr Heuskel?«, wollte die *Junge Karriere*[1] beispielsweise wissen. Dieter Heuskel antwortete ausführlich und breitwillig, berichtete über Alltag, Ausbildung und Privatleben. Unsere Fragen wollte Heuskel dann aber doch nicht beantworten. Stattdessen erhielten wir eine von der PR-Abteilung wohlplatzierte Beilage in der *FAZ*, eine Broschüre und einen Vortrag.

Wie McKinsey, so gehört auch die Boston Consulting Group zu den amerikanischen Unternehmensberatungen. Im Jahr 1963 in den USA gegründet, arbeiten 1200 Berater in Deutschland; auch die Niederlassungen in Athen und Wien zählen dazu; in Deutschland gibt es sieben Niederlassungen. 2005 waren 150 Neueinstellungen vorgenommen, 2006 sind weitere 170 Neueinstellungen geplant. Da die Firma auf Wachstumsthemen spezialisiert ist, leidet sie bei schlechter Konjunktur am meisten.[2] Nach einem Umsatzrückgang 2003 um neun Prozent auf 235 Millionen Euro geht es seit 2004 wieder aufwärts: Der Umsatz stieg um fünf Prozent im Jahr 2004 auf 246 Millionen Euro. 2006 setzte BCG 305 Millionen Euro um«.[3] Mit den 15 größten Kunden, darunter elf DAX-Unternehmen, erzielt die Boston Consulting Group sechzig Prozent ihres Umsatzes. 41 Prozent der BCG-Projekte entfallen auf Strategie-, Wachstums- und Innovationsberatung. Solche Zahlen verkünden die Berater-Chefs gern.

Seine Biografie, in der *Jungen Karriere* veröffentlicht, liest sich wie ein modernes Märchen: »Dieter Heuskel wird 1950 in Daun in der Eifel geboren. Als Schüler betreibt er, um sein Taschengeld zu verdienen, mit einem Schulkameraden einen kleinen Laden (Pupil's Shop), in dem sie nachmittags Bücher, Jeans und Platten verkaufen. Das Geschäft übersteht sogar das erste Jahr seines VWL-Studiums in Bonn: zwei Wochen studieren, zwei Wochen den Laden schmeißen, jeweils im Wechsel mit dem Freund. Nach dem Studium promoviert Heuskel drei Jahre am wirtschaftspolitischen Lehrstuhl in Bonn über ›Direktinvestitionen in Entwicklungsländer‹ und untersucht für die Industrie und die Europäische Union Entwicklungshilfeprojekte zum Beispiel in Liberia, Togo und Niger.« Um über die Runden zu kommen, habe er viel gearbeitet, berichtet Heuskel. »Ich hatte praktisch jede Woche irgendwelche neuen Tagesjobs: Filmrollen aussortieren für den Versand an Schulen, Vorgärten bearbeiten, auf Baustellen und in chemischen Werken aushelfen.«

Die Bilderbuchkarriere geht weiter: »Nach der Promotion unterschreibt Dieter Heuskel Mitte 1980 bei der Boston Consulting Group. Die Unternehmensberaterkultur schwappt gerade erst aus den Staaten herüber. BCG Deutschland hat erst ein Büro in Deutschland: München, mit 28 Beratern. Nur wenig später geht Heuskel mit einigen Kollegen nach Düsseldorf, um dort ein weiteres BCG-Büro zu gründen. Im Mai 1986 wird er Partner, dann Senior Partner. 1995 bittet ihn der damalige US-Chef Clarkeson, eine weltweite Strategie-Praxisgruppe zu leiten. 1998 wird er von den Partnern zum Chef von Boston Consulting Deutschland gewählt.« Seither ist er Top-Manager mit Kunden aus allen Branchen. Er »bewegt«, so Heuskel, »gerne Menschen«, denn »nur Gedanken bewegen ist nicht genug«.

Heuskel will »authentisch« bleiben. »Ich koche jeden Morgen meinen Tee zu Hause, hol mir in der Büroküche mein Wasser und bring meine Gläser weg.« Normal sei in seinem Leben eigentlich gar nichts, aber wenn »ich in Düsseldorf bin, stehe ich um sechs Uhr auf und gönne mir ein ausgiebiges Frühstück mit Eiern von unseren Hühnern«. Auf seinem Grundstück in der Nähe von Düsseldorf hält er, der frischen Eier wegen, ein Dutzend frei laufender Hühner, denen aber demnächst ein Zaun droht – wegen des Fuchses, schreibt die *Junge Karriere*. »Bevor ich zwischen acht und neun im Büro bin, hab ich dann schon drei Zeitungen durch«, plaudert Heuskel weiter. »Wenn kein Abendessen mit

Kunden angesetzt ist, geht's abends bis acht oder neun. Ansonsten wird's elf, halb zwölf.« Das sei ihm nicht zu viel, »zwölf Stunden am Tag sind absolut zumutbar in diesem Beruf«.

Für seine »zwei wichtigsten Kunden« arbeitet der Deutschland-Chef »seit dreiundzwanzig Jahren«. Das findet er »richtig gut«, darauf sei er »stolz«. »Das gibt eine ganz andere Art Befriedigung, wenn man Personen und Unternehmen über die Jahre hinweg persönlich begleitet«, erzählt Heuskel. Er möchte »Unternehmen wettbewerbsfähiger machen« und damit »voranbringen«. Ein guter Tag sei, »wenn sich etwas bewegt hat, ein neuer Gedanke entstanden ist, eine Entscheidung gefallen ist, Maßnahmen greifen«. Offenkundig nutzlos verbrachte Zeit mache ihn »wahnsinnig«.

»Man muss motivieren, Sinn geben können.« Seine Mitarbeiter seien »alles hochintelligente Menschen«, erklärt Heuskel, »wenn ich denen sage, es geht nur darum, Geld zu verdienen oder einen Auftrag zu akquirieren, dann wären die Räume hier innerhalb eines halben Jahres leer«. Die erste Phase eines Beraters sei, »das Handwerk zu lernen«: »vernünftig analysieren, gut strukturieren und sich klar ausdrücken, später dann Teams führen«. Dafür habe er sicherlich »die ersten fünf, sechs Jahre« gebraucht.

Seine Familie lebe mit BCG in »ziemlicher Symbiose«, erzählt Heuskel: »Meine Familie kennt alle Kollegen. Wir haben Sommerfeste zu Hause. Das ist unheimlich verwoben.« Eine »sehr gute Erdung« sei, wenn er in seinen Geburtsort in die Eifel komme. »Da ist man derjenige, der man mal war, und nicht der, der man glaubt geworden zu sein.« Man »tauche zurück« in »das normale Leben«.

»Ich glaube, man lebt ein Stück weit immer mit der Frage: Lebe ich das, was BCG bedeutet, nach innen und außen?«, fragt sich Heuskel. »Man versucht nicht nur man selbst zu sein, man ist immer auch öffentliche Person.« Die Zeit für Veränderung habe begonnen, »wenn man das Gefühl hat, 9 bis 17 Uhr tut's auch«, so Heuskel. Es tue ihm aber »um jeden Mitarbeiter leid, der uns verlässt«. Dabei findet er es »wirklich wichtig, ganz normal zu sein und auch zu bleiben. Es geht mir nicht in den Kopf, warum man – weil man mehr Geld verdient oder eine herausgehobene Führungsrolle hat – das Recht haben sollte, andere abfällig zu behandeln oder gar ausnutzen oder für sich einen Sonderstatus zu reklamieren.« Da werde er »echt böse«. Zwei Dinge, die er »nicht verträgt«, seien »Arroganz und Ignoranz«.

Um normal zu bleiben, spielt Heuskel auch Golf, »aber schlecht, ganz schlecht«. Er hält sich »für ein tolles Talent«, aber er »komme nie zur Entfaltung«, scherzt der Top-Berater, »im Frühjahr lege ich immer enthusiastisch los, habe dann zwei, drei ganz schlechte Runden und höre für den Rest des Jahres wieder auf. Aber es macht einfach Spaß.« Geschäftsabschlüsse beim Golfen finden nicht statt, denn »da würde wahrscheinlich auch nie einer bei mir unterschreiben. Die würden denken: Wenn der so arbeitet, wie er Golf spielt, dann war's das.« Heuskel hat noch eine zweite Leidenschaft, er sei »seit Jahren begeisterter Weinmensch«. Mit einem befreundeten Winzer kauft er gerade einen kleinen Weinberg im nördlichen Piemont. »Immer wenn ein Stückchen zu haben ist – kaufen. Bis er komplett ist«, so sein Wirtschaftsplan.

Ein Feld, das den Manager noch interessiert, ist Afrika. Die Parallelen dazu hat BCG auch schnell gezogen: So »unterstützt das Unternehmen beispielsweise den internationalen Kampf gegen den Hunger in einem gemeinsamen Projekt mit dem World-Food-Programm der UN«[4]; in Deutschland fokussiere sich das Pro-bono-Engagement auf den Bildungssektor mit der Initiative business@school. »Beide Projekte veranschaulichen, wie globale Marke und lokales Handeln verknüpft sind.«

Die Projekte stehen, so schreibt BCG, für die »Kernwerte« der Strategieberatung: Konzeptions- und Umsetzungsstärke, Denken und Handeln. Das Engagement trägt dann das Stichwort »Corporate Citizenship« – für bürgerschaftliche Verantwortung, die Unternehmen, Kunden, Mitarbeiter und Gesellschaft verbindet.

Auch Heuskel ist von seiner Initiative begeistert. Er könne sich »schon vorstellen, für die Weltbank Direktor für Afrika oder Teile davon zu werden«. Am 1. Januar 2007 löste der 47-jährige Bankenexperte Christian Veith Heuskel bei BCG ab.

Die BCG-Roadshow: Erstkontakt mit der Berater-Szene

Wie verkauft die Boston Consulting Group ihre Philosophie bei potenziellen Nachwuchsberatern? Julia Friedrichs war bei einem Rekrutierungstreffen dabei.

»Ich bin Lisa von MTP, und jetzt kommt BCG.« Lisa, die Sprecherin der Studentengruppe »Marketing zwischen Theorie und Praxis«, ist noch im Grundstudium, aber sie hat das Wichtigste schon begriffen: Wer ins geheimnisumwitterte Geschäft der Berater einsteigen will, sollte so reden, dass ihn möglichst niemand versteht.

Lisas Begrüßung ist also ein passender Auftakt für diesen Abend. Die Boston Consulting Group, kurz BCG, gastiert in einem Hörsaal der Universität Münster. Die Berater wollen Studenten anwerben. 250 Einsteiger suchen sie in diesem Jahr allein in Deutschland. Das klingt verlockend, vor allem, seit die Arbeitslosigkeit auch die Akademiker erreicht hat. »Der Engpass«, heißt es, »ist bei uns nicht die Zahl der Kunden, sondern dass wir nicht genügend Berater haben.«

Deshalb die Werbetour, Roadshow genannt. Roadshow, Recruiting, Visiting Associates: Was Abkürzungen und Anglizismen betrifft, so werden die Berater Lisa in den kommenden drei Stunden noch Dutzende Male übertreffen. Verena, Sabine und Alexander, die drei von BCG, sind eben Profis. Sie sind zwar noch keine dreißig, aber schon seit mehreren Jahren dabei.

Sabine ist extra aus München gekommen. »Bewerben Sie sich bei uns«, lautet ihre Botschaft. »Bei BCG drehen Sie am großen Rad.« Es ist das Versprechen der schnellen Karriere, denn 41 Prozent der BCG-Berater fangen direkt nach dem ersten Uni-Abschluss an, ein weiteres Drittel unmittelbar nach der Promotion. Über siebzig Prozent der

Berater haben also keinerlei praktische Berufserfahrung. Den schnellen Aufstieg verheißt BCG nicht nur Wirtschaftswissenschaftlern. Das Unternehmen nimmt auch Musiker, Mediziner und Soziologen. Das sei eines der Erfolgsgeheimnisse der Bostoner, verrät Sabine: »Die Kraft vielfältiger Perspektiven.«

Ich frage mich, was einen Mediziner oder einen Pädagogen befähigt, eine Firma zu beraten. Sabine erklärt, dass BCG jedem eine zweiwöchige Ausbildung bezahlt – die natürlich anders heißt, nämlich Bootcamp. Danach geht es für die gelernten Ärzte und Erzieher schon an den ersten Fall. »Sie können gleich extremst selbständig arbeiten«, verspricht Sabine. »BCG macht Ihnen das erste Projekt so leicht wie möglich.« Es sei nicht schlimm, wenn man weder von den Märkten noch von den Produkten Ahnung habe. Das sei schließlich auch später noch so. »Das erwartet der Kunde auch nicht.« Man müsse sich dann halt schnell einarbeiten. Ich bin überrascht, dass das hoch bezahlte Beraterhandwerk in zwei Wochen zu erlernen sein soll, und warte gespannt darauf, wie Sabine das erklären wird.

Blonde Locken, rosa Bluse, kleine Perlen im Ohrloch und ein strahlendes Lächeln: Sabine dürfte ihren hauptsächlich männlichen Zuhörern gefallen. Ich sehe mich um. Die Jungs neben mir sind neunzehn, vielleicht zwanzig, aber die Zeichen des Reichtums tragen die meisten schon recht souverän. Vor mir sitzt ein Ralph-Lauren-Pullover, daneben zwei offensichtlich teure, blau gestreifte Hemden, umgeschlagen, den Kragen hochgestellt. Ich zähle zwanzig teure Uhren, während Sabine von ihrer Arbeitswoche berichtet.

»Montags klingelt fast immer um Viertel vor sechs der Wecker. Dann werde ich abgeholt, zum Flughafen gefahren. Ich fliege nach Düsseldorf oder auch nach London. Dort wartet schon der Mietwagen. Abends schlafe ich oft im Hotel. Oder ich fliege weiter. Auf drei bis vier Flüge pro Woche kommt man schon. Im Home Office bin ich selten.«

Das Reisen scheint eine wesentliche Rolle zu spielen. Doch was macht sie, wenn sie angekommen ist? Dazu sagt Sabine zuerst einmal nichts, das soll später Alexander erklären.

Die nächste Powerpoint-Folie zeigt zwei Wochen in Sabines Terminplan. Demnach dauert ihr Tag immer von 8 bis 22 Uhr. »Wenn Sie abends um sechs zum Tennis wollen, werden Sie längerfristig ein Problem haben«, sagt sie. Siebzig Stunden pro Woche seien durchaus üblich. »Sie müssen schon extremst viel Einsatz zeigen.« »Extremst« ist Sabines Lieblingswort. Extremst tolle Leute gebe es bei BCG, ein extremst positives Klima, extremste Abwechslung. Und eine extremst gute Bezahlung. Darüber will Sabine aber nicht offen reden, das deutet sie nur an. Und das, obwohl bei BCG eigentlich alles »extremst transparent« sein soll.

Während ich über diesen Widerspruch nachdenke, ist Sabine schon ein paar Folien, die natürlich Slides heißen, weiter. Sie spricht jetzt über die Firmenkultur: dynamisch-amerikanisch, »hire and fire«, jede Menge Eigenverantwortung. Außerdem hat BCG einen eigenen Slogan: »Denken ist Handeln.« Der Satz steht auf jeder Folie, auf jeder Broschüre. Sabine wiederholt ihn häufig, fast wie bei einem Motivationsseminar. Ich warte darauf, dass die Jungs vor mir mitsprechen. Aber was soll das eigentlich heißen – Denken ist Handeln?

Der Kunde müsse die Konzepte auch umsetzen können, erklärt Sabine. Im Gegensatz zu anderen Beratern würde BCG nicht kommen und wieder verschwinden, sondern langfristig mit den Kunden zusammenarbeiten. Sechzig Prozent der Kunden ließen sich seit mindestens fünf Jahren von BCG beraten. 245 Millionen Euro Umsatz pro Jahr, ein durchschnittliches jährliches Wachstum von zehn Prozent seit 1974: Diese Zahlen findet Sabine »extremst positiv«. Sie sind ihr Beweis dafür, dass die Philosophie der Firma funktioniert.

Die Aufmerksamkeit der Zuhörer lässt nach. Doch Sabine versteht ihren Job – die nächste Folie weckt die Jungs wieder auf. Sie heißt: »Schnelle Karriere in flacher Hierarchie«. Nach spätestens zwei Jahren werden die Anfänger, die Associates, Berater. Nach weiteren zwei Jahren können sie schon Projektleiter sein. »Doch BCG ist auch ein sehr, sehr gutes Sprungbrett in die Industrie.« Die nächste Folie zeigt berühmte Ex-BCG-Consultants. Eric Strutz ist heute Chef der Commerzbank, Ginka Christenson hat Käthe Kruse aufgekauft, Philipp Justus leitet jetzt ebay Deutschland.

Das Lockangebot zieht. Rundum zufriedene Gesichter. Mit einem letzten »Bewerben Sie sich, wir suchen die Besten!« verabschiedet sich Sabine und gibt ab an Alexander. Der ist Projektleiter in Düsseldorf und will erklären, was ein Berater nun eigentlich macht, abgesehen von Dingen wie denken, handeln, siebzig Stunden arbeiten und viel Geld verdienen. Er verspricht eine »Case Experience«. Eine Fallstudie, vermute ich.

Es regnet, und es ist schon fast neun Uhr. Die anderen Studenten sind jetzt zu Hause, in der Kneipe oder beim Tennis. Aber das ist eben nichts für Consultants, das wissen wir ja schon. Alexander umreißt gerade die Märkte, die für seinen Beispielkunden, ein Logistikunternehmen, wichtig sind: »Overall Project Approach« nennt er das. Die Fragestellung: Weswegen soll der Logistiker wachsen, und vor allem wo?

Alexander legt eine Folie nach der anderen auf. Große gelbe Pfeile, kleine dunkelrote, Kästen in Gelb, Blasen in Lindgrün, dazu redet er in ungeheurem Tempo von der Dynamik der Stoffströme, vom High-Cost-Country Deutschland, vom Top-down-Schätzen und Bottom-up-Rechnen. »Deutschland wird nie wieder small refrigerators produzieren«, sagt Alexander triumphierend. Kühlschränke also. Während seines Vortrags nicke ich eifrig und verstehe kein Wort. Ich unterstelle mal, dass es dem Vorstand des Logistikers ähnlich ging. Deshalb haben die Berater die Ergebnisse der gesamten Folienschar auf einer einzigen Folie vereinfacht zusammengefasst. Ich sehe Dutzende von Ampeln. Dies sei eine valide Komplexitätsreduzierungsmaßnahme, erklärt Alexander. Er nennt es Traffic-Light-Folie.

Es sind also tatsächlich Ampeln. Grün signalisiert, dass die Berater Investitionen in der betreffenden Region empfehlen, gelb heißt folglich geht so, Rot rät ab. Alexander weiß, dass die Ampeln als Ergebnis der halbstündigen Folienparade ein wenig piefig wirken. Er meint, dass man als Berater aber vereinfachen müsse und dass die Ampeln ein exzellentes Beispiel dafür seien. Auch den Logistiker habe die Traffic-Light-Folie überzeugt. »Die Erfahrung am Ende des Tages war extremst gut«, sagt Alexander. Damit endet die Case Experience.

Mein Opa sagte in solchen Fällen stets: »Und, was lernt uns das jetzt?« Alexander liefert als Antwort die »Key Learnings«: Vereinfachen, mit unscharfen Informationen leben können, Prioritäten setzen – das seien die Hauptaufgaben eines Beraters. Und, wie der Clou mit den Ampeln gezeigt habe, man solle unbedingt neue Wege gehen: »Go beyond the obvious. Das ist BCG.« Alexander ist euphorisiert.

Kurz darauf sagt er es schon wieder: »Go beyond the obvious.« Es gibt Sekt und Brötchen. Die Studenten dürfen den Beratern jetzt ganz nahe kommen. Alexander erzählt mir und fünf anderen, die im Kreis um ihn herumstehen, von seinem ersten Fall. Er habe für seinen Mentor Informationen über eine Firma recherchieren müssen und ihm all das, was er in der BCG-Datenbank finden konnte, auf den Tisch gelegt. »Ein fantastischer erster Schritt«, habe der Mentor gesagt, um ihn dann zu ermuntern: »Aber: Go beyond the obvious.« Alexander strahlt.

Den Kern von Alexanders Arbeit habe ich immer noch nicht begriffen. Aber darum scheint es hier heute Abend auch gar nicht zu gehen: »Ich wäre bereit, siebzig Stunden zu arbeiten«, sagt ein blonder Student neben mir. Ich drehe mich um und höre auf der anderen Seite: »Und ich dachte, Sie wären so Business-Schicksen. Arrogant und überheblich, aber Sie sind ja ganz weiblich, ganz natürlich. Das gefällt mir.« Eine Rothaarige redet auf Sabine ein. Bewerbungsgespräche. Ich gehe raus in den Regen.

»Es ist ein bisschen ›Jugend forscht‹«

Interview mit einem Berater, der seine Anonymität wahren möchte[5]

Wie ist Ihr Selbstverständnis als Berater?
Ich sehe mich als Unterstützer bei der Entscheidungsfindung unserer Kunden, ähnlich wie ein Mitarbeiter, aber mit deutlichen Vorteilen im Methodenwissen und in einer unabhängigeren Position.

Worin zeigt sich diese Unterstützung? Was bedeutet sie praktisch?

Wir helfen, Herausforderungen zu strukturieren und analytisch zu durchdringen. Wir helfen, politische Sachverhalte transparent zu machen und aufzulösen, beziehungsweise die Entscheidung unabhängig von den Sachverhalten möglich zu machen. Wie diese letztendlich getroffen wird, ist sicherlich wieder eine politische Entscheidung.

Sie haben also ein klassisches Dienstleistungsbewusstsein?

Wir sind Dienstleister und helfen, Entscheidungen zu treffen – die Entscheidung selbst verbleibt selbstverständlich beim Kunden. Unsere Aufgabe ist es, Entscheidungsprozesse zu optimieren. Der Erfolg wird daher sinnvollerweise nicht immer am endgültigen Ergebnis gemessen, sondern daran, ob Entscheidungsprozesse in Wirtschaft oder Politik ohne Beratung im Vergleich zu denen mit Beratung im Mittel deutlich besser sind. Besser zum Beispiel mit Blick auf Transparenz/Verständnis der wesentlichen Einflussfaktoren, Berücksichtigung aller möglichen Optionen, Vor- und Nachteile sowie Umsetzungswahrscheinlichkeit.

Warum sind Sie im Mittel besser?

Ein wesentlicher Faktor sind unsere Mitarbeiter. Wir wählen nur die besten Akademiker, die außerdem über weitere Aktivitäten eine hohe Leistungsfähigkeit und Intelligenz bewiesen haben, also die formalen Voraussetzungen mitbringen. Zudem haben wir den Vorteil, dass wir ausschließlich strategische Entscheidungsprozesse begleiten. Die Ausgangslage analysieren, Optionen entwickeln und bewerten, Umsetzung planen – diese Dinge stehen bei uns ausschließlich im Fokus, während Entscheider in der Wirtschaft/Politik ihre Maßnahmen viel seltener so formal und methodisch vorbereiten und treffen können.

Wir haben die Fragen, die wir mit dem Kunden gemeinsam bearbeiten, typischerweise bereits einmal für einen anderen Kunden in einer anderen Region und Branche beantwortet und können diese Erfahrungen nutzen. Zuletzt hilft natürlich auch die politische Unabhängigkeit, die einen unverfälschten Blick auf die Fakten zulässt.

Ihr Kapital ist also die Routine?

Unser Kapital ist die Spezialisierung auf eine bestimmte Art von

Entscheidungsprozessen und die dabei gesammelte Erfahrung über verschiedene Kunden und manchmal Branchen hinweg.

Warum machen Sie das? Was treibt Sie persönlich, ausgerechnet Berater zu sein?

Diese Tätigkeit ist sehr vielseitig. Die Menschen, mit denen man zusammenarbeitet, sind hoch motiviert, wollen den Erfolg und inspirieren sich gegenseitig mit ihrer Energie. Außerdem gefällt mir das sehr jugendliche Umfeld. Es ist ein bisschen »Jugend forscht«. Zudem werden Entscheidungen nicht gemäß Hierarchie getroffen, sondern auch Juniors haben Einfluss auf Entscheidungen und können ihr Wissen einbringen.

Ist das Geld eine Motivationsspritze?

Nein, im Gegenteil. Prestige und Geld sehe ich eher als negative Motivatoren. Sie sind auch da, spielen aber nur eine untergeordnete Rolle. Langfristig kann sich meiner Ansicht nach niemand ausschließlich über Geld für diesen Beruf motivieren. Es ist eher die Idee: Ich kann meine Zeit selbst einteilen, und zwar vom ersten Tag an. Ich habe natürlich so viele Aufgaben, dass meine Zeit weitgehend diktiert ist, aber es werden Ziele definiert, und den Weg, den ich einschlage, um diese zu erreichen, kann ich mit hoher Freiheit selbst wählen. Im Prinzip interessiert es keinen, ob ich morgens im Büro bin, wo ich bin, was ich mache, ob ich jetzt nach A oder nach B fliege. Diese Freiheit und die Unternehmenskultur, die es verbietet, dass jemand einen klassischen Befehl gibt im Sinne von: »Du musst das jetzt machen«, sondern immer im Sinne von: »Die Aufgabe ist diese, was sollen wir jetzt tun?« – das ist attraktiv...

Aber alles unter der Voraussetzung, dass Sie am Ende des Tages auch die Summen einfahren, die nötig sind?

Richtig, der Erfolg muss da sein. Wobei im Beratergeschäft die Summen nur eine sehr untergeordnete Rolle spielen. Der Einzige, der direkt an der Summe gemessen wird, ist der Partner. Alle übrigen Hierarchiestufen bekommen Projektziele.

Was würde passieren, wenn Sie die Summen nicht einfahren? Hätten Sie dann die Freiheiten nicht mehr?

Selbstverständlich. Es herrscht das klassische Up-or-out-System. Auf Basis regelmäßiger Bewertungen der Arbeit und des Potenzials wird entschieden: go – no go. Man wird nicht befördert, wenn man die Leistungsanforderungen nicht erfüllt beziehungsweise der Eindruck entsteht, dass man den künftigen Anforderungen nicht gewachsen sein könnte. Daran muss man sich erst gewöhnen. Ich habe das am Anfang als sehr hohen Druck empfunden. Aber das ist nicht nur negativ. Wenn man keinen Erfolg hat, ist das insbesondere für einen selbst sehr belastend. Man kommt nicht weiter und ist oft frustriert. Da hilft es manchmal, wenn man sehr zeitnah vor die Alternative gestellt wird.

Das ist allen bewusst?
Jeder weiß das.
Wie viele Leute werden entlassen?
Zehn bis zwanzig Prozent mindestens im Jahr.
Ein sehr großer Teil geht auch zu anderen Firmen.
Das ist richtig und für uns natürlich eine besondere Herausforderung. Wir sind sehr bemüht, dass wir zwar einerseits entlassen, aber andererseits so entlassen, dass die Leute mit positivem Bild von unserer Firma weiterziehen, denn oft sind das unsere zukünftigen Kunden. Die Ex-Berater sind meistens so gut, dass sie beim Kunden schnell Führungspositionen erreichen.

Gibt es die Strategie, dass man ehemalige Berater in Firmen platziert, damit sie dann möglicherweise auch bei der Akquise behilflich sind?
Platzieren, um die Akquise zu begünstigen – nein. Das läuft anders. Die Berater sind Leute, die sich für Wirtschaft entschieden haben. Sie sind gefragt in der Wirtschaft. Diese Leute steuern Führungspositionen an, wenn sie die Beratung verlassen. Aus deren zukünftigen Positionen werden Beratungsprojekte vergeben, das stimmt zwar, aber es ist kein bewusst gesteuerter Prozess, um unsere Leute da reinzupushen, wo sie später Schecks unterschreiben. Diese Illusion kann ich Ihnen nehmen. Das geht überhaupt nicht. Wir haben gar nicht die Kapazität, uns darüber Gedanken zu machen. Wir sind immer froh,

wenn es passiert, aber wenn die Leute was anderes machen wollen, dann machen sie was anderes. Und wir unterstützen sie auch in andere Richtungen.

Das Beratergeschäft erfordert maximalen Einsatz?

Was heißt maximaler Einsatz? Sie arbeiten jeden Tag der Woche von morgens neun bis abends zehn – im Normalfall. Und Sie sind immer verfügbar und ansprechbar, auch im Urlaub und am Wochenende. Dazu kommt vielleicht eine Abschluss- oder Lenkungsausschuss-Präsentation. Das bedeutet dann: Wochenende, spätnachts, manchmal auch die ganze Nacht durch.

Und kein Urlaub?

Nein, Urlaub gibt es schon.

Morgens neun bis abends zehn – trifft das auch für Sie zu?

Ich würde sagen, ja, wobei ein Teil davon Reisezeit ist. Man muss schließlich immer hin- und herfliegen.

Gehen die Kosten für die Reisen auf die Firma?

Selbstverständlich, alle Spesen werden von der Firma erstattet und dann in unterschiedlicher Form den Kunden in Rechnung gestellt.

Kann es auch sein, dass Sie mal Pech haben mit einem Kunden, oder dass die Konkurrenz einsteigt, so dass Sie Ihr Limit nicht mehr erreichen?

Sicher, es herrscht offener Wettbewerb – you win some, you lose some.

Müssen Sie auf der Ebene unterhalb der Partner weniger akquirieren?

Im Prinzip akquiriert man auf der Ebene unterhalb der Partner indirekt. Die primäre Kundenverantwortung liegt bei den Partnern, die dann gemeinsam mit den Mitarbeitern Projekte anregen und Angebote abgeben. Darüber hinaus ergeben sich aus vielen Projekten so genannte Follow-ons, also Folgeprojekte. Hier steht die zweite Ebene typischerweise im Lead.

Das heißt, man muss lange buckeln und arbeiten, bis man Partner wird.

Nein. Es gibt einen klaren Karriereweg – und üblicherweise ist das

Verhältnis von Aufwand zu Ertrag zu jedem Zeitpunkt attraktiv. Mit »Buckeln« hätte ich meine Zeit in der Unternehmensberatung nie beschrieben.

Und wenn man Partner ist, ist man im Grunde ein Stück weit nah am Paradies?

So würde ich das nicht beschreiben. Zuerst einmal würde ich das »Buckeln« qualifizieren: Unterhalb der Partnerebene hat man nicht den Druck, Erträge zu produzieren. Auf der zweiten Ebene muss ich als Erstes den Partner überzeugen, dass er glaubt, mit mir könne er mehr verkaufen.

Früher war das Bild: Du musst sieben, acht Jahre viel arbeiten. Danach wirst du Partner, verdienst gut, kannst Arbeit delegieren und triffst Entscheidungen. Eine Karikatur. Die Partner arbeiten oft mindestens ebenso intensiv wie die übrigen Ebenen und müssen dazu viele Bälle gleichzeitig in der Luft halten, das heißt Kundenergebnis, Entwicklung der Firma, Personal- und Produktentwicklung und so weiter.

Das heißt, der Partner braucht sehr gute Manager, die er sich im Laufe der Zeit herangezogen hat?

Genau, das ist sehr wichtig.

Wie wächst diese Loyalitätsbeziehung?

Das ist vielschichtig. Sicher spielt die zwischenmenschliche Ebene eine Rolle und darüber hinaus die fachliche Eignung. Ich würde es mal so beschreiben: Ich fange als Associate an. Da habe ich die Möglichkeit, mir sehr breit Projekte bei unterschiedlichen Partnern auszusuchen. Als Consultant hört das schon auf, weil ich mich dann einer Industriegruppe zuordne, zum Beispiel Banken oder Automobil. Da habe ich es mit einer kleineren Partnergruppe zu tun. Als Projektleiter habe ich im Prinzip dann nur noch eine Hand voll wesentlicher Partner, mit denen ich immer wieder zusammenarbeite.

Insofern signalisiere ich von meiner Seite dem Partner: »Ich mache gute Arbeit.« Und die Partner signalisieren mir: »Ich unterstütze dich. Ich werde deinen Karriereprozess fördern.« Das wird immer enger, bis zum Schluss ein Manager sich an wenige Partner bindet, dann Juniorpartner wird und bei den Kunden seines Mentors seine ersten eigenen Umsätze macht.

Kann man sagen, dass der Kern der Beziehung zwischen Berater und Kunde die Kompetenz des Beraters ist?

Da ist die Frage, was »kompetent« heißt.

Die Summe von Fachwissen und Branchen-Know-how, Methodenkenntnisse, Wissen, soziale Kompetenz – alles.

Unter dieser Überschrift würde ich die Frage mit Ja beantworten. Die Gewichtung der unterschiedlichen Dimensionen von Kompetenz ist jedoch ein interessanter Aspekt und Grundlage für die am häufigsten geäußerte Kritik an Beratern.

Die Aussage, dass der Berater dann kompetent ist, wenn er die Kundenindustrie so gut versteht wie der Kunde oder womöglich besser, ist falsch und führt oft zu Missverständnissen. Ein kompetenter Berater versteht die Regeln der Kundenindustrie, hat aber im Wesentlichen die Fähigkeit, Probleme und Fragen zu strukturieren, auf den Kern zuzuspitzen und zu kommunizieren. Klassisches Fachwissen im Sinne eines Branchen-Know-how ist nicht die wesentliche Zutat, die Sie brauchen, um auf diese Art Entscheidungen möglich zu machen. Strukturierungsfähigkeit und Methoden sind sicher ein wichtiger Aspekt, den ein guter Berater bereitstellen kann. Industriewissen spielt eine wichtige Rolle, steht jedoch oft zu Unrecht im Vordergrund. Der Rest – und nicht weniger wichtig – ist emotionale Intelligenz beziehungsweise soziale Kompetenz.

Also eigentlich eine klassische Coachfunktion?

Richtig, in vielen Fällen.

Lernen die Kunden am Ende, dass die Strukturierung und die Coachfunktion so wichtig sind, oder bringen Sie ihnen das bei?

Der Kunde erlebt das in der täglichen Projektarbeit. Die Frage nach Fach- und Industriewissen steht oft nur ganz zu Beginn eines Projekts im Vordergrund. Im weiteren Verlauf erfährt der Kunde, wie sich Fragen durch saubere Strukturierung und Faktenanalyse auflösen oder, auf den politischen Kern reduziert, entscheidbar werden. Ich meine, Industrieverständnis steht bei der Auswahl von Beratern zu sehr im

Mittelpunkt – allerdings sind Strukturierungsfähigkeit und soziale Kompetenz auch viel schwerer messbar.

Was erwarten die Kunden? Der Vorwurf ist, dass häufig Standardware und Standardwissen abgesetzt werden.

Ein hoher Anteil der Projekte, die wir machen, beschäftigt sich mit Fragestellungen, die nicht völlig neu sind. Diese Fragen lauten: Wie kann ich meine Vertriebsmannschaft effektiver machen? Wie kann ich das messen? Welche Kriterien gibt es? Wie kann ich dies mit Anreizen oder Bezahlung verknüpfen? In welchen Intervallen? Im Prinzip gibt es für solche Fragen ein Standard-Tool-Set, das auf den Kunden maßgeschneidert werden muss. Trotzdem ist das nicht so einfach, weil man sich das für die spezifische Situation des Kunden gut überlegen muss, zum Beispiel: Welche Ziele haben Priorität, welche Steuerungsgrößen sind die richtigen? Und schließlich darf man bei der Veränderung die Mitarbeiter nicht verlieren. Weder für die Berater noch für die Kunden, noch in der Sache ist es in diesen Fällen der Mehrwert eines Beraters, dass er das Rad neu erfindet.

Was ist denn der positive Kern des Beratungsgeschäfts, was kann Beratung leisten? Sie haben das bisher eher negativ abgegrenzt.

Entscheidungs- und Umsetzungshilfen geben, Entscheidungen und Umsetzung beschleunigen, verbessern und Grundlagen der Entscheidungen über Analyse und politische Neutralität transparent machen – das ist für mich der Kern.

Aber das könnten doch auch gute Mitarbeiter des Vorstands leisten.

Ja, das ist in vielen Fällen richtig und geschieht auch so. Dennoch hat ein Berater viele Vorteile, die für die Mitarbeiter im Unternehmen nicht zu replizieren sind. Die Vielzahl der Projekte, die ein Berater weltweit macht, und den ausschließlichen Fokus auf strategische Entscheidungsprozesse habe ich schon angesprochen. Darüber hinaus hat ein Berater eine politische Unabhängigkeit. Nicht zuletzt deshalb hat das Urteil eines Beraters bei Vorständen oder anderen Entscheidern oft ein ungleich höheres Gewicht als eine interne Arbeit.

Das sind die Vorzüge. Kriegen Sie auch mal von den Auftraggebern klipp und klar gesagt, was man von Ihnen erwartet und was Sie machen sollen?

Es gibt grundsätzlich ein klares Verständnis des Auftrags. Oft findet ein sehr klarer Angebotsvergabe-Prozess statt, in dem man ganz genau bespricht, was gemacht werden soll. Die Angebote sind umfassend. Darin stehen genau die Zielsetzungen, Ergebnistypen, der Projektumfang, der Zeitumfang, Kapazitäten, was gebraucht wird.

Wie wichtig ist für Sie der Rekrutierungsprozess?

Rekrutierung ist sehr wichtig. Das wird übrigens immer schwieriger, weil die Attraktivität von Beratung im Vergleich zu Alternativen bei anderen Unternehmen aus Sicht der Top-Studenten abgenommen hat.

Aber die Gehälter in der Beratung sind doch sehr attraktiv.

Nun, für das Gehalt muss man eine Menge Zeit investieren und hundertprozentig zur Verfügung stehen. Das ist für viele heute keine so attraktive Balance. Darüber hinaus bleibt man als Berater letztendlich ein Outsider. Man ist kein Insider, man trifft und verantwortet die Entscheidungen nicht selbst. Am Ende des Tages sieht man nicht die Werbekampagne im Fernsehen, erlebt nicht den Produktionsstart einer neuen Anlage und kann auch nicht sagen: »Das habe ich gemacht.«

Indirekt schon.

Indirekt ja, aber das »indirekt« ist eine wichtigere Unterscheidung, als man annimmt. Man hat nicht viel Macht als Berater.

Das kann aber auch entlastend sein.

Klar, viele Berater sind risikoscheu. Das gefällt einem gewissen Typ Mensch. Aber wir wollen eigentlich nicht die Risikoscheuen, sondern wir wollen die Besten.

Das Zweite ist die Frage der Zeit, die man einsetzt. Beratung ist ein Hundert-Prozent-Job, der wenig Raum für Familie oder persönliche Interessen lässt. Die finanzielle Vergütung kann man auch in vielen Unternehmen haben. Dort ist sie nicht viel schlechter, und man hat eine etwas bessere Zeitbalance.

Glauben Sie, dass man in zehn Jahren ausgebrannt ist in dem Gewerbe?

Würde ich nicht sagen. Wenn man der Typ ist, der das gut macht, kann man sich sogar wie an einer Droge daran aufputschen.

Was ist das Anziehende an dieser Droge?

Das Anziehende – das würde ich ein bisschen mit einem Wissenschaftsbetrieb vergleichen – ist, dass man immer wieder Feedback bekommt, wie klug man ist. Das ist euphorisierend. Wenn man es gut macht, in schwierigen Situationen gute Lösungen präsentiert und in den Präsentationen wie in einem Theaterstück am Ende Applaus bekommt, dann kann einen das ganz schön positiv beeinflussen, auch im Team. Man ist doch sehr viel stärker in folgender Situation: »Schwieriges Problem, wer hat welche Lösung?« Wenn man selbst dann häufig die guten Lösungen hat, ist das ein positives Feedback, wirklich super.

Was den finanziellen Aspekt betrifft, so haben wir schon Social Climber, vor allem in Deutschland. Es gibt viele, die sagen: »Mir ist es sehr wichtig, dass ich reich werde.« Aber ich habe bisher nur wenige gesehen, die wirklich langfristig mit einer solchen Motivation leben. Viele, die anfangen, sind allerdings schon so motiviert.

Sind Kunden nicht auch mal unzufrieden?

Sicher, ich würde schätzen, in fünf bis zehn Prozent der Fälle – aber eher in fünf – wird im Nachhinein diskutiert, ob es tatsächlich optimal gelaufen ist.

Wie geht man mit solchen Kunden um?

Um das zu beantworten, muss man den Markt verstehen: Die großen Strategieberatungen verkaufen nur sehr, sehr teure Projekte mit sehr wenigen Leuten. Diese Projekte kann lediglich ein ganz kleiner Teil der großen Industrieunternehmen bezahlen. Die großen Beraterfirmen haben in Deutschland nicht mehr als fünf oder zehn Top-Kunden und vierzig oder fünfzig wichtige sonstige Kunden. Mit diesem Kundenstamm besteht eine langfristige Beziehung. Was heißt das also, wenn der Kunde unzufrieden ist? Die Erträge in den nächsten Jahren sind weg. Also versucht man, jedes Problem zu beheben, im Sinne der langfristigen Kundenbeziehung.

Wird da auch die Honorarsumme reduziert?

Das kommt zwar vor, führt aber für den Kunden selten zu einer wirklich zufriedenstellenden Lösung. Es wird eher zusätzlicher Aufwand versprochen, um das Problem zu lösen, und das auch schon mal umsonst, beispielsweise durch den weiteren Einsatz des Teams.

Die Leute müssen aber bezahlt werden.

Ja, wenn wir versuchen, das umsonst zu reparieren, dann setzen wir schon mal viele zusätzliche Leute ein, ohne dafür Honorar zu bekommen. Die Leute sind natürlich auf unserer Payroll. Aber es kommt nicht häufig vor.

Wird so etwas bei denen, die verantwortlich sind, geahndet?

Im Extremfall, wenn man eine Kundenbeziehung durch schlechte Arbeit verliert, kann das durchaus Konsequenzen haben, und wenn es an der schlechten Arbeit oder an Regelverletzungen des verantwortlichen Partners liegt, ist der schon mal raus.

Komplett?

Wenn es wirklich an einem selbst liegt, wenn man Fehler gemacht hat, ja. Das passiert jedoch sehr selten – die Entscheidung über die Trennung von einem Partner wird in einem längeren Prozess getroffen, und es kommt oft eine Vielzahl von Gründen zusammen.

Wird ordentlich überprüft, wer wirklich verantwortlich ist?

Absolut. Diese Entscheidungen werden sehr gründlich vorbereitet.

Würden Sie sagen, dass die Evaluierung Ihrer Arbeit am Ende auch fair ist? Es werden ja alle möglichen Mitarbeiter gefragt: »Wie ist der, wie funktioniert der?«

Ja. Das nehmen auch die Leute als fair wahr.

Es gibt daran keine Kritik?

Na, das würde ich so nicht sagen. Es ist nicht ohne Kritik. Ob es fair ist? Aus meiner Sicht: ja. Ich glaube einfach, die Prozesse haben durch die Vielzahl unterschiedlicher Bewertungen eine hohe Transparenz. Den Leuten wird das sehr zeitnah kommuniziert, typischerweise alle drei bis sechs Monate, so dass sie Dinge verändern können, wenn sie wollen. Insofern nehmen die Leute das als fair wahr.

Jetzt passiert allerdings Folgendes: Der fortlaufende Prozess ist aufwendig, und die Menschen haben wenig Zeit, denn alle versuchen, ihr Kundengeschäft zu machen, vor allem die Nächsthöheren in der Berater-Hierarchie, die letztlich über die eigene Karriere entscheiden: Consultants werden von Managern bewertet, Manager von Partnern und so weiter. Es ist immer eine höhere Instanz mit entsprechend vielen Aufgaben und wenig Zeit, die da eine Entscheidung trifft. Das heißt, auf der einen Seite gibt es eine hohe Anzahl fortlaufender Bewertungen, die ein Bild zeichnen, und zu jeder Beförderungsstufe wird dann endgültig entschieden, ob es weitergeht oder nicht. Da kann es in den Urteilen durchaus ein Missverhältnis geben, und das wird dann nicht immer als fair wahrgenommen.

Und wenn einer rausgeht, dann läuft das knallhart? Da wird nicht lange gefackelt?

Richtig, die Entscheidungen werden klar getroffen und kommuniziert. Aber das weiß auch jeder.

Gibt es wenigstens gute Abfindungen?

Ja, sehr gute sogar.

Wo sehen Sie heute die wesentlichen Defizite und Schwachstellen im Beratungsprozess im normalen Alltagsgeschäft?

Das wesentliche Defizit entspringt meiner Ansicht nach dem oben angesprochenen Missverhältnis zwischen den formalen Anforderungen, die der Kunde an den Berater stellt, und dem Mehrwert, den der Berater tatsächlich liefern kann. Um den Ansprüchen an Fach- und Industrie-Know-how gerecht zu werden, muss der Berater oft in sehr kurzer Zeit Wissen aufbauen. Das ist extrem zeitintensiv, hat aber häufig nur einen geringen Einfluss auf den tatsächlichen Projekterfolg.

Es wäre viel leichter, wenn der Kunde gleich von Anfang an sagen würde: »Das Industriewissen steuern wir gemeinsam bei, ich will von Ihnen ein klares Verständnis für die Spielregeln und Erfolgsfaktoren meiner Industrie, exzellentes Methodenwissen, einen sauber strukturierten Prozess und eine klare, unpolitische Aussage.« Aber so offen läuft es nur in den wenigsten Projekten, und das sind dann oft die erfolgreichsten.

Das heißt, das Industriewissen braucht man eigentlich gar nicht, weil es schon vorrätig ist. Aber die anderen wichtigen Punkte, wie Entscheidungsfindung oder Coaching, werden vernachlässigt.

…und Strukturierung. Nicht »vernachlässigt«, so weit würde ich nicht gehen. Aber der Coachingprozess könnte noch besser sein, wenn beide Seiten ihre Stärken optimal einbringen würden.

Das Wissen bekommen Sie aus dem Research-Pool Ihrer Beraterfirma?

Es gibt eine sehr anspruchsvolle Research-Infrastruktur nach Industrien und Themen sowie natürlich eine anonymisierte Datenbank, die die Erfahrungen aus vergangenen Kundenprojekten verfügbar macht.

Und dieses Wissen ist auch gut?

Es ist oft ein sehr guter Anfang.

Und es ist Sozialkapital.

Absolut, das ist sehr wichtig. Wenn man zum Beispiel zweimal bei Marktführern gewesen ist und mit denen gemeinsam ähnliche Projekte bearbeitet hat, dann ist das ein großer Vorteil. Man ist dann als langjähriger Berater unglaublich wertvoll für den Kunden.

Ist es am Ende doch ein bisschen eine Bluff-Branche?

Nein. Sicherlich hat ein typischer Juniorberater auf der Projektebene oft nicht so viel Industrie- und Fachwissen und muss diese Lücken verbergen. Aber er hat alles, was er braucht, um einen wesentlichen Beitrag im Projekt zu leisten: sehr gute Strukturierungsfähigkeit, einen guten Instinkt und die Fähigkeit, die Dinge auf den Punkt zu bringen.

Wir versuchen immer, unseren Juniorberatern beizubringen: »Verstehe zuerst mal die Frage, die du stellen willst. Was sind die wichtigen drei, vier Dinge, von denen du meinst, dass sie für das Problem verantwortlich seien? Wie können wir Lösungsansätze entwickeln?« Das ist nicht trivial, im Sinne von Mark Twain: »Ich hatte nicht ausreichend Zeit, einen kürzeren Brief zu schreiben.« Die Fähigkeit, Sachverhalte wirklich auf den Punkt zu bringen und zu destillieren, was noch gelöst werden muss, ist aus meiner Sicht eine Kernfähigkeit eigentlich aller guten Entscheider.

Noch ein anderes Beispiel: Wenn man große Erfolge der Wirtschaftsgeschichte erzählt, geht das immer sehr leicht. Die Grundlage des Erfolgs lässt sich oft in wenigen Sätzen zusammenfassen. Genauso leicht ist auch oft die Antwort in Projekten. Diese einfache Logik zu identifizieren kann aber nur am Ende eines sehr komplexen Prozesses stehen. Am Schluss klingt es möglicherweise banal, aber es ist es nicht. Sie brauchen weder detailliertes Wissen über die Energieindustrie noch brauchen Sie genaue Prozess- und Projektpläne, sondern Sie brauchen Leute, die es schaffen, zu strukturieren, zu vereinfachen und die richtigen Fragen zu stellen. Das ist der Wert. Deshalb ist es keine Bluff-Industrie. Wenn Sie das können, sind Sie unglaublich wertvoll.

Ich frage mich immer, ob ich selbst einen Berater einkaufen würde. Als Unternehmensführer ist man sehr einsam, viele wollen sich einfach mit jemandem über die wesentlichen Fragen austauschen. Ich würde einen Berater einkaufen, aber nur einen, der die beschriebenen Fähigkeiten besitzt. Und eine Vielzahl der Berater im Markt kann das nicht.

Warum wird so ein Kult um diese Vertraulichkeit gemacht, dass man sich im Grunde von der Öffentlichkeit abschottet, auch abschottet gegenüber Kunden?

Wir haben es mit sehr vertraulichen Dingen zu tun. Die Unternehmen öffnen quasi ihre Flanke. Wenn wir sagen, der durchschnittliche Kunde bei der Bank X macht 3000 Euro Ertrag, dann sagen alle anderen zehn Banken: »Vielen Dank! Wir machen nur 2800, also müssen wir uns verbessern, oder: Wir machen 3500 und müssen sehen, dass wir Bank X noch stärker attackieren.«

Darüber hinaus haben wir das Problem, dass uns viele Leute abgeworben werden. Das Dritte ist, dass wir in der Öffentlichkeit ein schlechtes Image haben. Da wird oft in Frage gestellt, welchen Wert ein Berater hat und warum die hoch bezahlten Manager ihre Aufgaben nicht allein lösen können. Wie gesagt: Bei unseren Kunden haben wir ein sehr gutes Image, aber die Gründe dafür sind der Öffentlichkeit nicht so einfach zu vermitteln, und ein Zerrbild ist leicht gezeichnet.

Rip-Off! David Craigs Einblicke in das US-Beratergeschäft

Die deutschen Beratungsfirmen haben meist die amerikanische Beratungskultur weitgehend unverändert übernommen und nutzen deren Werkzeuge, Methoden und Managment-Stile. Ein Ausflug in die Welt der amerikanischen Berater ist deshalb ausgesprochen instruktiv. Der Ex-Spitzenberater David Craig hat die amerikanische Berater-Industrie in seinem 2005 in London erschienenen Buch *Rip-Off!* schonungslos analysiert.[6] Auch wenn seine Befunde nicht immer eins zu eins auf Deutschland übertragbar sind, illustrieren seine Praxiserfahrungen doch Tendenzen, die auch in Deutschland sichtbar sind.

Craig arbeitete mehr als zwanzig Jahre für einige der besten und einige der schlechtesten Management-Beratungen der Welt. In diesen zwanzig Jahren erlebte er, wie Berater Firmen retteten, die kurz vor der Pleite standen. Er erlebte aber auch weit unterdurchschnittliche Beraterleistungen, Lügen, Betrug, Schwindel und skandalösen Missbrauch von Vertrauen und Treue der Kunden.

Es gebe nur sehr wenige Gelegenheiten, die den Einsatz von Beratern unbedingt erforderlich machten, so Craigs Fazit. Dennoch würden sie viel zu oft beauftragt, da das jeweilige Management nicht fähig sei, das Unternehmen selbst zu führen. Craig kritisiert, dass die Habgier der Berater zu häufig im Vordergrund stehe. Sie versuchten, so viel Geld wie möglich in die eigene Tasche zu wirtschaften, und vernachlässigten dabei vehement die Interessen der Kunden.

In seinem bislang nur auf Englisch vorliegenden Buch über die »skandalöse Insidergeschichte der Geldmaschine Management-Beratung« zeigt Craig auf, was in Fällen passieren kann, in denen sich Berater in einem Unternehmen einnisten und dieses dann nach Strich und Faden ausnehmen. Hier einige Zusammenfassungen der wichtigsten Erkenntnisse aus dem Craig-Bericht.

»Es gab natürlich auch einige Erfolge, bei denen ich stolz war, dass ich daran beteiligt war. Diese ereigneten sich meist bei Organisationen, die Berater nur für eine begrenzte Zeit engagierten, um eine spezielle Aufgabe durchzuführen. Sobald der Auftrag erledigt war, waren die Berater wieder weg. Dennoch sind viele Organisationen, die ich kennen lernte, regelrecht süchtig nach Management-Beratung. Häufig arbeiteten mehrere große Beratungen gleichzeitig für sie, und viele Organisationen gaben Jahr für Jahr Millionen für die Beratung aus, was Lord Hanson, ein führender internationaler Geschäftsmann, als ›unternehmerische Feigheit‹ beschreibt.«

Weiter führt Craig aus: »In diesen Fällen hatte ich den Eindruck, dass zu viele Management-Teams sich von den eigenen Leuten ablösten. Da sie nicht fähig zu oder interessiert an einer Kommunikation mit den eigenen Mitarbeitern waren, verbrachten sie eine Menge Zeit mit ihren Beratern hinter verschlossenen Türen und schmiedeten Pläne. Es scheint mir, dass unter dem Strich Unzulänglichkeit, Habgier oder Kurzsichtigkeit die fundamentalen Probleme der Management-Teams sind. Viele dieser Management-Teams waren wohl eher darauf bedacht, ihr eigenes Überleben zu sichern, indem sie fortwährend Geld in die Hände ihrer Lieblingsberater schütteten, damit wiederum diese die Arbeit erledigten, für die sie selbst eigentlich angestellt waren. Sehr oft sind die Teammitglieder mit dieser Masche davongekommen und hatten die Möglichkeit, ehrenhaft in Pension zu gehen. In vielen Fällen wurden sie sogar befördert, ohne dass jemand die Wahrheit über ihre erschreckend schwache Eigenleistung herausgefunden hätte.«[7]

Craig analysiert auch das interessante Wechselverhältnis von Management und Beratern: »Es scheint mir, als gäbe es vier verschiedene Typen von Beraterfirmen – die Großen, die Guten, die Bösen und die Schrecklichen –, in denen das Top-Management und seine Berater, statt die Interessen der Aktionäre zu vertreten, lieber ihre eigenen Organisationen ausrauben und diese als ihr persönliches Eigentum ansehen, das sie entweihen und plündern können, wann immer sie wollen.«[8]

Der frühere US-Berater kritisiert den Widerspruch zwischen der Behandlung der Mitarbeiter in den Consultingfirmen und der gleichzeitigen Nutzung von Privilegien durch das Management: »Ich habe viele Management-Teams gesehen, die skrupellos die Kosten und Auslagen ihrer Angestellten kontrollierten – Budgetreduzierung und das Entlassen von Leuten waren oft schmerzvolle jährliche Rituale. Trotzdem gab es beinahe keine Begrenzung der Großzügigkeit der Unternehmen, wenn es um das Überleben, Wohlergehen und den Komfort des Top-Managements und seiner Berater ging.«[9]

Verlierer der kostenintensiven Beratungsprozesse sind laut Craig oft die Mitarbeiter der beratenen Unternehmen: »Ich weiß von Beratern, die an diesem Projekt arbeiteten, dass die hohen Beratungskosten dazu beitrugen, dass fast 100 000 Arbeiter der British Telecom ihre Arbeit verloren.«[10]

Cost-Cutting und die Folgen sind immer wieder ein Thema in dem Berater-Report des Insiders: »Railtrack, der Besitzer und Unternehmer des Bahnnetzes in Großbritannien, geriet dadurch in Verruf, dass er seinem Top-Management großzügige leistungsbezogene Prämien zahlte – in einer Zeit, als eine Rekordzahl an Menschen bei Zugunglücken ums Leben kamen, die auf die unzureichende Wartung des Streckennetzes zurückzuführen waren.«

Selbstkritisch bilanziert der Ex-Berater Craig: »Indem wir einigen Managern ein behagliches Gefühl vermittelten und sie ermutigten, ihre Fantasien umzusetzen, gelang es uns, wahnsinnige Summen an Beratungshonoraren einzustreichen. Das bekannteste Beispiel einer solchen Situation ist wahrscheinlich (…) folgendes: John Birt (Anm.: der frühere BBC-Generaldirektor) zahlte der führenden US-Beratung McKinsey und anderen Beratern zweistellige Millionenbeträge an öffentlichen Gebührengeldern, um einen ›Internal Market‹ für die BBC zu implementieren.«[11]

Dass es den Beratern auch um die Durchsetzung einer »Berater-Ideologie« geht, belegt folgendes Beispiel: »Die verfügbaren Informationen zeigen auf, wie der Direktor der BBC versuchte, McKinsey zu benutzen, um seine Organisation in einen ›Internal Market‹ zu transformieren. Ebenso beschreiben sie auf faszinierende Art und Weise die Kollision, die entsteht, wenn das neue Management und seine amerikanischen Beraterfreunde versuchen, eine ganze Organisation einer neuen Management-Religion anzupassen, an welche offensichtlich nur sie selbst glauben.«[12]

Die Hoffnung, dass Berater Kosten senken, erfüllt sich, so Craig, jedoch nicht immer: »Die Kosten der BBC sind heute höher denn je, obwohl weniger Menschen als jemals zuvor beschäftigt werden. Die so genannten ›Ersparnisse‹ haben sich im Vergleich zu vor vier Jahren in zusätzliche Personalkosten von 140 Millionen Pfund verwandelt.«[13]

Craig hat aber auch den öffentlichen Sektor als Beratungsobjekt im Blick, wenn er kritisiert: »Die wohl schlimmsten Fälle von Verschwendungssucht, die ich kennen lernte, waren die Regierungsministerien und die öffentlichen Ausgaben. Die unglaublich schlechte Qualität des Managements im Staatsdienst, die ich erlebte, führte zu enormen Verschwendungen und verschenkten Möglichkeiten. Im Staatsdienst wird man häufig nicht für getroffene Entscheidungen belohnt, sondern dann, wenn man Entscheidungen nicht trifft. (Die Berater) machten oft darüber Witze, wie viel Geld sie verdienten, wie wenig Arbeit sie tatsächlich leisteten und wie viel Freizeit sie dadurch hatten.«[14]

Craigs ernüchterndes Fazit: »Rückblickend kann ich sagen, dass, wenn es darum geht, wie viel Shareholder Value kreiert oder zerstört wurde, einige unserer Kunden unter den Top vierzig von dreihundert anzusiedeln sind, die meisten sich jedoch eher auf den hinteren vierzig Plätzen wiederfinden.«[15]

In der Gesamtschau seiner Erfahrungen bilanziert Craig gnadenlos: »Generell zeigt meine Erfahrung, dass ein gutes Management nur sehr selten Berater engagiert und selbst dann ausschließlich für sehr spezielle Aufgaben; dagegen engagiert ein fragwürdiges Management sehr oft Berater –, und mindestens genauso oft begibt es sich damit in eine totale Abhängigkeit.«[16]

Diese Abhängigkeit hängt auch mit der Misstrauenskultur in den Unternehmen zusammen. Der interne Konkurrenzkampf verhindert offene Debatten in den Unternehmen. »Dennoch glauben viele Kunden zu oft, dass ihre Probleme an der Strategie, der Struktur und am Mangel an Expertise in ihrer Organisation liegen. Trotzdem ist das wirkliche Problem eigentlich ein Mangel an Managementfähigkeiten oder ein Mangel an Managementfestigkeit. (...) Wir mussten schnell verstehen, welche Probleme das Management hatte, und diese ausnutzen, um unsere Dienstleistungen an es zu verkaufen.«[17]

Craig illustriert diese Problemlage mit einem Beispiel: »Der Chief-Executive von Granada (Anm.: eine US-Firma) erklärte, dass er nur ein Management gewechselt habe, das stark abhängig von Beratern war, und dieses durch eines ersetzte, das sich selbst ohne Berater managen konnte. (...) Ein schwaches oder mangelndes Management ist für gewöhnlich eine exzellente Ausgangsposition für Berater, allerdings oft auch eine Katastrophe für die Unternehmen.«[18]

Das auch in Deutschland bekannte Problem der Einführung von neuen IT-Leistungen greift Craig ebenfalls auf und unterzieht es einer pointierten Analyse: »Beratung kann für den Kunden wirklich gefährlich werden, wenn sie an eine groß angelegte Einführung von IT-Systemen gebunden ist.«[19]

Beraterauftträge im IT-Bereich können die Kunden ein Vermögen kosten. Offenbar geht es nicht immer um die beste Lösung, sondern um die teuerste: »Es ist einfach nicht im Interesse von IT-Beratern, sie (Anm.: die Kunden) mit schneller, kostengünstiger Abwandlung eines bestehenden Systems für einige Millionen auszustatten, wenn sie Hunderte von Millionen für die Neuerfindung des Rades durch die Entwicklung eines neuen Systems verdienen können. (...) Ein bestehendes System zu übernehmen ist nicht sehr risikoreich – ein neues System aufzubauen birgt große Risiken und bringt technische Probleme sowie weitere Kosten und Verspätungen mit sich.«[20]

Craig fasst seine Beratererfahrungen in einem drastischen Vergleich zusammen: »Man findet sehr viel über den Charakter eines Mannes heraus, wenn man nur ansieht, mit welchem Typ Frau er sich umgibt – aber vielleicht habe ich jetzt schon genug über Berater und Huren philosophiert (...), obgleich es manchmal sehr schwer ist, den Unterschied zwischen beiden auszumachen, mit der Ausnahme, dass Huren tendenziell besser aussehen und offen und ehrlich sagen, wie sie ihr Geld verdienen.«[21]

Seltene Einblicke in die Beraterwelt, die nur ein Insider so authentisch und realistisch präsentieren kann. Querverbindungen, Schnittmengen und vergleichbare Argumentationsmuster der amerikanischen und der deutschen Berater-Szene sind durchaus auffällig.

Auch der *New Yorker* hat sich in einer grandiosen Analyse mit dem »Talent-Mythos von McKinsey & Company« kritisch auseinandergesetzt.[22] Die Berichterstattung über die Berater in den USA hat inzwischen dazu geführt, dass sich die Anbieter von Beratungsdienstleistungen stärker öffentlich legitimieren müssen. In Amerika hat man die Zauberformel der Berater, »Consultants talk funny and make money«, längst entmystifiziert.

Informationstechnologie – eine Goldgrube für Beraterfirmen

Es sollte der Nachweis für die erfolgreiche Modernisierung der IT-Strukturen in Hessen werden: ein Chat von Staatsminister Stefan Grüttner mit den Mitarbeiterinnen und Mitarbeitern der hessischen Landesverwaltung. »Der Chat begann verheißungsvoll. Das System lief stabil und pünktlich, um zehn Uhr lagen auch schon die ersten Fragen vor, die Staatsminister Grüttner souverän beantwortete«, heißt es in *reform@tiv*, der Mitarbeiterzeitung des Landes Hessen.[23] Doch dann folgte das Fiasko, ausgerechnet am Freitag, dem 13. Januar 2006: »Auf Grund einer Fehlfiguration des Speicherbereichs auf den Servern seitens des Subunternehmers war der Chat zusammengebrochen. Außer dem Minister hatte kein Chatteilnehmer mehr Zugriff auf den Chat, und somit mussten natürlich auch weitere Fragen ausbleiben.« Diese Panne konnte Grüttner jedoch nicht erkennen und verabschiedete sich frühzeitig von den abgekoppelten Beamten – peinlich für die IT-Spezialisten, die Hessen als »Avantgarde im E-Government und der IT-Steuerung« verkaufen. Demütig heißt es in der Werbepostille *reform@tiv*: »Denn so ein Chat genügt in keiner Weise den Qualitätsansprüchen der hessischen Staatskanzlei.«

Dort hat Staatssekretär Harald Lemke als »Chief Information Officer (CIO) der Hessischen Landesregierung« die IT-Steuerung übernommen, mit ressortübergreifenden Kompetenzen, vielen Beratern und opulentem Budget: »Das Land Hessen (hat) in der laufenden Legislaturperiode zehn Millionen Euro jährlich für die Digitalisierung der Verwaltungsprozesse bereitgestellt. Außerdem investiert die Landesregierung 300 Millionen Euro in die Computerausstattung.«[24] Lemke, der zuvor die IT-Modernisierung in Hamburg, im Bundeskriminalamt und im hessischen Innenministerium koordinierte, kennt die Defizite der IT-Landschaft in deutschen Behörden, die »heterogener kaum sein könnte. Die Systeme sind als Insellösungen nicht kompatibel. Die Kommunikationsprozesse zwischen Kommunen, Land und Ministerien scheitern häufig schon daran, dass die Systeme sich gegenseitig nicht verstehen. Hohe Reibungsverluste und hohe Kosten sind die Folgen.«[25]

Bei seiner ehrgeizigen Verwaltungsmodernisierung stützt sich Lemke, wie schon zuvor beim BKA, natürlich auf Berater. Weil diese in der Praxis nur eine dürftige Erfolgsbilanz nachweisen können, müssen sie die Defizite durch effiziente Öffentlichkeitsarbeit ausgleichen. Diesen Weg schlägt auch Gabriele Kult, Geschäftsführerin Post & Public Services bei Accenture, ein. Im *Behörden Spiegel* verkündet sie optimistisch: »Reformprozess besser als sein Ruf.«[26] Accenture ist Großkunde des Landes Hessen und baut für Ministerpräsident Roland Koch das »Hessische Competence Center« (HCC) auf. Schon 2007 wollte Koch seinen Etat nach Leistungen und Produkten differenzieren und ihn ein Jahr später, abseits der gewohnten Kameralistik, auch nach doppelter Buchführung steuern. Für 2009 verspricht er eine Konzernbilanz des Landes Hessen.

Gabriele Kult kennt aber natürlich die wahren IT-Probleme jenseits der Berater-Euphorie und schreibt: »Wie die Realität zeigt, sind Verwaltungsreformen in der Bundesrepublik Deutschland umsetzbar und von Erfolg gekrönt.«[27] Dass diese Reformen »ihre Zeit benötigen, liegt in der Natur der Sache«. Und Zeit ist Geld. Für die Berater.

»Unkoordinierte Zuständigkeiten« in der IT-Praxis sieht dagegen Franz-Reinhard Habbel von der »European Society for eGovernment« in Bonn. »Die Kleinstaaterei sowohl in der Bearbeitung als auch in der Datenführung kostet Milliarden«, schreibt der Experte in einem Positionspapier, das der *Behörden Spiegel* veröffentlichte.[28] Als Ursache sieht der Experte die Grenzziehungen zwischen den Verwaltungsebenen, Abteilungen oder Referaten. »Jede Grenze vergrößert auch das Potenzial zum Missbrauch, und für dessen Bekämpfung wird wieder viel Aufwand betrieben.« Vierzig Prozent der Mitarbeiter im öffentlichen Dienst arbeiten in der Administration, sechzig Prozent in der Wertschöpfung – etwa als Lehrer, Polizisten, Erzieher oder Sozialarbeiter.

Das ist der Stoff, aus dem Berater ihre Legitimation ableiten und ihre Abhängigkeitsstrukturen im öffentlichen Sektor aufbauen. Hier haben sie einen Zukunftsmarkt entdeckt. Ihre Marktanalyse: Der öffentliche Sektor hängt zehn bis zwanzig Jahre hinter der Privatwirtschaft zurück. Dies ist jedenfalls das zentrale Verkaufsargument, das IT-Experten von McKinsey in einem Buch mit dem Titel *Erfolgreiches IT-Management im öffentlichen Sektor. Managen statt verwalten*[29] ständig wiederholen. Detlev J. Hoch, Markus Klimmer und Peter Leukert vermitteln auf 240 Seiten ihr Know-how über einen Markt, für den der Staat jedes Jahr zwischen 11 Milliarden Euro (laut Bundesrechnungshof im Jahr 2004) und 17,9 Milliarden Euro (laut Untersuchung von *Fakt online*) ausgibt.[30]

Die McKinsey-Autoren leuchten die Defizite der Verwaltungen aus, analysieren die Gründe für das Scheitern der meisten großen IT-Projekte aber nicht. Nirgends findet sich auch nur ein Wort der Selbstkritik der IT-Berater, die ja die Gewinner des Milliardenspiels sind. Eine Kompetenzanalyse suchen Leser in dem Buch vergeblich. Stattdessen werden die »Besonderheiten des öffentlichen Sektors«, also die angenommenen Gründe für die gescheiterten Projekte, aufgelistet. Dazu gehören: »Die meist außergewöhnlich hohe Komplexität des Aufgabenspektrums. Die Neigung zur Automatisierung bestehender, oft antiquierter Prozesse, statt eine moderne Organisation mit völlig neuen Prozessen durch IT zu schaffen. (…) Der Mangel an Experten und qualifizierten Projektmitarbeitern. Die Schwierigkeit, den Nutzen von Investitionen zu realisieren.«[31] Das heißt auf gut Deutsch: Es werden zu große und komplizierte IT-Lösungen eingeführt, aber nicht in der Anwendung eingeübt.

Harald Lemke, der hessische CIO, lässt die Berater jedoch nicht ungeschoren. Ende Januar 2006 konterte er beim Bitkom-Branchenforum »Public Sector«: »Die IT-Industrie hat den Unterschied zwischen öffentlicher Verwaltung, Politik und Wirtschaft nicht verstanden.«[32] Um eine bundesweite Standardisierung zu erreichen und über die Losung ›Verwaltungsmodernisierung‹ hinauszukommen, fehlten »der politische Wille, das Geld und die gemeinsame Ideenstrategie«. Das ehrgeizige Projekt »Deutschland-Online« sei »ein einziger Reinfall«. IT-Projekte bärgen für Politiker zudem »politische Risiken«, meint der politikerfahrene CIO. Jedes IT-Großprojekt gerate irgendwann einmal in Probleme und werde dann »gnadenlos in Politik und Presse zerrissen«. Lemke weiß, wovon er spricht: Im BKA ist es selbst ihm nicht gelungen, das Chaosprojekt »Inpol neu«, eine interne Informationsplattform der Polizei, in den Griff zu bekommen.

Auch Brigadegeneral Günther Schwarz, Leiter des Kompetenzzentrums Modernisierung der Bundeswehr, urteilte auf dem Bitkom-Forum unerbittlich: »IT wird überschätzt.« Der General weiß ebenfalls, wovon er spricht. Er kümmert sich um das komplizierteste und teuerste IT-Projekt der Bundesregierung: das Projekt »Herkules«. Es hat nach einer Kette gescheiterter Anläufe inzwischen ein Volumen von 6,65 Milliarden Euro für zehn Jahre. Der Brigadegeneral nannte auch das zentrale Problem der Berater: Die Informationstechnologie müsse sich den Menschen anpassen und nicht umgekehrt. Sonst werde die IT der »Verzögerer der Modernisierung« und sei lediglich »als Modernisierung getarnte Kontrollwut«.

Solche schonungslosen Analysen sind die Ausnahme und werden, wenn überhaupt, nur in Fachkreisen vorgetragen. Nach außen präsentieren die zuständigen Minister alle gescheiterten IT-Projekte – von »Inpol neu« über »Herkules« bis hin zur Einführung des »virtuellen Arbeitsmarkts« der Bundesagentur für Arbeit – als grandiose Erfolge. Die Taktik geht eine Zeit lang gut, weil niemand so genau hinschaut. Aber diese Art der Verdrängung stärkt die Rolle der Berater, die nachweislich schlechte Leistungen bringen, jedoch uneingeschränkt kassieren.

Die Kritik kommt langsam bei den IT-Beratern an. Die »Vielzahl der Insellösungen« und Defizite in der Umsetzung hat auch Jon Abele, Managing Director bei der Unternehmensberatung Bearing Point, erkannt. »Denn bei der Umsetzung gilt es in der Regel, viele interne und externe Widerstände zu überwinden.«[33] Genau dafür seien Berater eigentlich da. Sie dürften nicht weiter ihre eigenen Fehler ausklammern. »Ein Verstecken hinter den Rahmenbedingungen wie Ressorthoheit, mangelnde Projektstrukturen oder fehlende Kompetenzen kann nicht gelten.« Zudem müssten Auftraggeber »mit den notwendigen Kompetenzen ausgestattet werden, um begründeten Empfehlungen ihrer Berater gegen Widerstände zu folgen – statt nach Lösungen zu suchen, die klein genug sind, um sie mit eingeschränkten Kompetenzen durchsetzen zu können.«[34]

Die Kluft zwischen Prozessen und Technik gilt unter Beratern als der komplizierteste Störfaktor bei der Entwicklung einer Systemarchitektur. Hier müssten – so der Konsens unter IT-Spezialisten aus der Praxis – Veränderungen vorgenommen werden, um Projektkosten und Projektrisiken zu verringern. Ein guter Vorsatz: Doch dann würden die Einnahmen der Berater abschmelzen.

Die Boston Consulting Group, Telekom und Siemens Communications haben eine andere Strategie. Sie legten der Bundesregierung im Dezember 2005 einen »ICT-Masterplan« mit acht Punkten vor. Würden die Vorschläge aus dem Gutachten zur Informations- und Kommunikationstechnologie umgesetzt, so »könnte eine zusätzliche Wirtschaftsleistung von 75 Milliarden Euro bis 2008 erreicht werden«.[35] Der Plan hat nur einen Haken: Die Firmen fordern einen »Investitionsschutz als Schutz vor Wettbewerbern«. Auch hier geht es also um eine immer wiederkehrende Methode der Berater: Der Staat soll möglichst viel Geld aus dem Steueraufkommen bereitstellen und gleichzeitig den Wettbewerb begrenzen. Diese marktwirtschaftliche Logik wird im IT-Bereich häufig angewendet. Die Rechnung ist offenbar aufgegangen: Bei der Eröffnung der Computermesse CeBIT im März 2006 kündigte Bundeskanzlerin Angela Merkel ein sechs Milliarden teures Programm unter dem Titel »Hightech-Strategie Deutschland« an.

»Der Bluff-Anteil liegt vielleicht bei dreißig Prozent«

Interview mit Dr. Harald Lührmann, Ex-Berater bei Accenture

Ist Methodenkenntnis das soziale Kapital eines Beraters?

Ja, und zwar nicht nur für den einzelnen Berater, sondern auch für das Beratungsunternehmen. Wissen über Methoden, Inhalte und soziale Fähigkeiten sind nicht nur ein »soziales«, sondern auch ein reales Kapital im finanziellen Sinne. Was haben denn große Beratungsfirmen? Sie sind an der Börse viele Milliarden wert, haben aber noch nicht mal eigene Gebäude, kein reales Anlagevermögen. Sie »besitzen« eigentlich nur das eigene Wissen und die eigene Kultur. Dieser kulturelle Kern besteht aus einem hohen Maß an Rationalität, an Zweckorientierung und dazu einem methodischen Vorgehen mit einer hohen interaktiven sozialen Kompetenz.

Ist Geld der Treibstoff der Branche?

Es wird sehr viel Geld in der Beratungsbranche verdient, in etwa vergleichbar der Investmentbranche. Das hat einerseits damit zu tun, dass durch Innovationen Vermögen und Produktivität vermehrt werden. Es liegt aber auch daran, dass ein Avantgardebewusstsein und eine Avantgarderolle gepflegt und von den Kunden auch wahrgenommen und bezahlt werden.

Wodurch drückt sich diese Avantgarderolle aus? Wie kommt sie zustande?

Die Avantgarderolle hat zum einen mit den Arbeitsinhalten und -ergebnissen zu tun. Diese sind immer neu, »Leading Edge«, wie man sagt. Die Avantgarderolle hat zum anderen mit dem Selbstverständnis der Leute zu tun, die Berater werden, damit das Avantgarde-Image gezielt gepflegt wird. Es sind zunächst immer die Besten eines Jahrgangs, die von Beratungsfirmen angeworben werden. Es folgen einerseits sehr steile Karrieren, das heißt, die Gehaltszuwächse pro Jahr sind bei allen Beratern enorm; andererseits gibt es eine harte Auslese. Manche Beratungsfirmen feuern jedes Jahr zwanzig Prozent eines Jahrgangs, wodurch sie natürlich bei den anderen achtzig Prozent tatsächlich so ein Elite-, ein Avantgardegefühl stärken.

Berater oder Beraterinnen, die schon viele Neuerungen erstmals erfolgreich eingeführt haben, die viele Kollegen und Kolleginnen »überlebt« haben, die jedes Jahr große Gehaltszuwächse haben und denen immer wieder gesagt wird, dass sie Avantgarde sind, fühlen und verhalten sich nach einiger Zeit auch so. Hinzu kommt, dass auch die gehobene Hotellerie und die gehobene Freizeitindustrie durch die Berater beziehungsweise die großen Beraterfirmen nennenswert mitfinanziert werden.

Wie meinen Sie das?

Bei den ständigen beruflichen Reisen, bei den Treffen mit Kunden, bei Konferenzen und bei externen und internen Incentive-Veranstaltungen bewegen sich Berater auf einer gehobenen, einer avantgardeähnlichen Ebene. Das wird natürlich durch Differenzierung beispielsweise bei der Lufthansa noch unterstützt. Ein guter Berater, eine gute Beraterin hat bei der Lufthansa immer Senatorstatus und hat immer Privilegien bei den Abwicklungsprozessen, was natürlich sehr hilfreich ist, weil es viel Zeit spart. Durch all diese Komponenten wird das Bewusstsein gefördert, etwas Besonderes zu sein.

Ist das von der Substanz her auch gerechtfertigt?

Als ehemaliger Berater muss ich sagen: zu überwiegenden Teilen ja, obwohl ich natürlich Partei bin. Sowohl was die bereits erbrachten Leistungen – angefangen bei den Universitätsnoten – angeht als auch das Durchhalten dieses harten Arbeitsprozesses, ist der Arbeitsaufwand bei Beratern extrem hoch. Normalsterbliche können sich das fast nicht vorstellen. Es ist nicht nur ein Mythos, dass man mindestens sechzig Stunden die Woche arbeitet und mehr, wenn es drauf ankommt.

Ich habe ja selbst sowohl als Berater als auch in Verwaltung und Wirtschaftsunternehmen gearbeitet und muss sagen, mit einer guten Beratertruppe bekommt man Aufgaben in etwa in einem Drittel, einem Viertel der Zeit bewältigt wie mit durchschnittlichen Linienmitarbeitern. Und Berater sind einiges gewöhnt: Trotz des oben über Avantgarde Gesagten sind die praktischen Arbeitsbedingungen – also Büros, Umgebung und dergleichen, vor allem, wenn man beim Kunden arbeitet – häufig sehr provisorisch und behelfsmäßig.

Das Durchhalten ist aus Ihrer Sicht also ein wichtiger Faktor?

Für einen Berater ist das Durchhalten wichtig. Nicht umsonst finden Sie in den großen Beratungsfirmen kaum Berater, die fünfundvierzig Jahre und älter sind.

Werden die aussortiert?

Viele werden aussortiert, teilweise haben die Leute aber auch die Nase voll und sagen: »Ich möchte nach wie vor ordentlich arbeiten, aber jetzt bitte schön nur noch vierzig, fünfundvierzig Stunden die Woche«, und sie möchten auch anders arbeiten.

Warum muss der Bogen immer so überspannt werden? Woran liegt das?

Der Wettbewerb im Beratungsgeschäft ist extrem. Ich habe das als sehr, sehr hohen Druck empfunden. Und dieser Wettbewerb hat auch damit zu tun, wie schnell man Ergebnisse kriegt. Häufig ist das Kind nämlich schon in den Brunnen gefallen, wenn die Berater geholt werden. Es geht darum, es noch rauszuholen, bevor es ertrunken ist, so dass man dann Holterdiepolter-Einsätze macht. Da hat der Kunde kein Verständnis, wenn man sich Zeit lässt.

Mir wurde von jungen Leuten berichtet, die nächtelang Präsentationen erarbeiten, also Stunden mit »nicht so kreativer Tätigkeit« verbringen. Gehört das quasi zum Habitus der Branche – viel zu arbeiten?

Es ist natürlich ein bisschen Habitus und auch ein bisschen schick. Wenn man sehr gut ist, arbeitet man sehr viel, sagt das Vorurteil – was ich persönlich falsch finde. Der zweite Punkt ist aber der: Natürlich arbeiten Berater intensiv an Präsentationen, weil sie wissen, wie wichtig die Darstellung und die richtige Kommunikation sind. Das gehört zur Kultur von Beratung. Ich selbst habe meinen Leuten immer gesagt: »Wenn wir wissen, was das Beste für den Kunden ist, dann ist das die eine Hälfte der Arbeit. Die andere Hälfte ist es, das so aufzubereiten und zu erklären, dass es dem Kunden auch einleuchtet.« Sprich: Das Aufbereiten von vorhandenem Wissen in einer Art und Weise, dass es gut kommunizierbar ist, dass es gut verwendbar ist, dass es überzeugend dargestellt ist – das ist schon ein nennenswerter Teil der Beraterarbeit.

Dazu gehört letztlich auch das Darstellen von Präsentationen in Form von Schaubildern und Ähnlichem, wobei alle größeren Beratungsfirmen für die repetitiven Standardelemente von Präsentationen eigene oder externe Agenturen haben. Denen sagt man, was man braucht, und dann machen die das.

Was ist der Idealtypus eines Beraters?

Man ist natürlich dem Avantgarde-Anspruch gemäß sehr dicht an der modischen Avantgarde. Das, was Sie in der Zeitung als Geschäftsmode sehen, ist auch das, was vom Outfit eines Beraters erwartet wird. Es gab mal eine Zeit in der New Economy, wo es revolutionär war, lockerer gekleidet zu sein. Da gab es dann den Casual Friday, was besagt, dass man eben nur freitags casual war und die übrige Zeit als Pinguin herumlief. Zeitweise konnte man dann durchaus casual sein, wenn man im eigenen Office war. Das gibt es mittlerweile aber kaum mehr. Und casual bedeutet heute »gehobene Freizeitkleidung«. Ansonsten ist der Business-Suit Standard, also der ordentliche Anzug mit Krawatte.

Andersherum gesagt: Man erkennt einen Berater. Wenn Sie durch den Flughafen gehen, kann ich Ihnen sofort sagen, wer Berater ist. Berater und bestimmte Geschäftsleute im gehobenen Management kann man nicht unterscheiden. Man soll sie auch nicht unterscheiden können. »Dezent-dynamischer Schick nach dem neuesten Stand der Businessmode« ist die Maxime der Berater.

Woran erkennen Sie Berater noch?

Berater sind immer relativ jung und haben einen dunklen Anzug an, dazu ein helles Hemd, es kann auch durchaus Streifen haben oder kariert sein, und natürlich eine Krawatte. Bei den Frauen ist es das entsprechende Kostüm. Sie erkennen den Beraterstil immer daran, dass er zwar nicht überzogen modisch, aber Stand der Zeit ist – distinguiert. Man sieht die Kopie aus dem Katalog.

Was ist besonders typisch für den Charakter eines Beraters?

Die Schnelligkeit. Sie ist positiv, weil die Kunden das möchten, und so fix Ergebnisse produziert werden. Aber sie ist auch negativ, weil Berater in der Regel auf Tradition, auf Gewordensein, auf Geschichte, auf soziale Kontexte innerhalb einer Organisation relativ wenig Rücksicht nehmen. Diese kurzfristige Schnelligkeit und Geschichtslosigkeit werden häufig zum großen Problem.

Welche Defizite sind damit verbunden?

Damit ist häufig das Problem verbunden, dass die Lösung zwar theoretisch richtig, aber der konkreten Situation nicht angemessen ist und nicht angemessen verankert werden kann. Sie greift nicht, löst unnötige Widerstände aus und dergleichen mehr.

Das heißt, für die Implementierung, dafür, dass auch wirkt, was beschlossen worden ist, interessiert man sich oft gar nicht?

Das gilt sowohl als auch, man muss da differenziert urteilen. Ich war beispielsweise in meiner Beraterfirma über längere Zeit für den Bereich Veränderungsmanagement zuständig. Die Einsicht, dass ein völlig veränderter Ablauf mehr ist als das Zeichnen von neuen Ablaufdiagrammen, ist dem Kunden in der Regel sehr schwer zu verkaufen. Die verschiedenen Beratungsfirmen gehen damit unterschiedlich um. Es ist durchaus in einigen Fällen so, dass auf die Frage der Nachhaltigkeit der Veränderung praktisch keine Zeit mehr verwendet wird.

Das heißt, ein guter, professioneller Berater muss auch in dieser Bluff-Szenerie mitspielen?

Das ist richtig. Er ist genauso Objekt des Aufmerksamkeitsbusiness wie Politiker, wie andere Dienstleister, wie Journalisten.

»Verstehen« sich deshalb Politiker und Berater so gut, weil sie ähnliche Themen zu bewältigen haben?

Ich würde die These, dass Politiker und Berater sich gut verstehen, nicht unterstreichen wollen. Vor allem in Deutschland sind der gesamte politische, der öffentliche Bereich und die Verwaltung aus unserer Sicht eine Beratungswüste. Wenn Sie das prozentual vergleichen, dann nutzt der öffentliche Sektor relativ zu dem, was in der Privatwirtschaft üblich ist, fast gar keine Berater, auch relativ zu dem, was in den USA oder in Großbritannien üblich ist. Vor allem in Großbritannien gibt es eine enge Verflechtung von Politik und Beratungsgewerbe. Dort haben alle Politiker gute Kontakte zu vielen Beratern. Auch unentgeltliche Unterstützung für die Politik ist dort durchaus üblich. Da steht Deutschland erst am Anfang.

Warum kauft man Berater im öffentlichen Bereich ein?

Kurz gesagt: Die Aufgabe von Politik ist es, gesellschaftliche und/oder institutionelle Veränderungen in der richtigen Richtung durchzuführen. Und der Beruf von Beratern ist es, Veränderungen zu planen und durchzuführen. Insofern hat der eine Bedarf – er muss oder will Veränderungen –, und der andere weiß, wie es geht.

Oft gibt es aber auch eine geheime Agenda, was die Motive angeht – dass man im Unternehmen beispielsweise bestimmte Ziele durchsetzen will und dafür Berater holt, weil der Prozess einem selbst möglicherweise zu schwerfällig wäre. Kennen Sie solche geheimen Ziele auch?

Häufig führen zwei Gründe zu einem Beratungsauftrag. Der eine Grund ist, dass der Kunde sagt: »Wir wissen, was wir wollen, aber wir haben viele Leute, denen wir das erklären müssen.« Und weil der Prophet im eigenen Lande nichts gilt, heißt es dann: »Lieber Berater, mach du das bitte.« Das ist meistens mit der zweiten Frage verbunden nach dem Motto: »Wir wissen ungefähr, was wir wollen, aber wir würden es gern noch mal überprüfen und präzisieren lassen.« Auch das soll der Berater machen.

Haben Sie es in Ihrer Berufspraxis auch erlebt, dass man sagt: »Wir wollen dieses und jenes Ziel erreichen, führt uns einfach dahin?« Schreiben Berater die Gutachten so, wie der Kunde es möchte?

Da muss man zwei Dinge trennen. Das eine ist die Beratung bei der Frage: »Wo wollen wir hin?« Ein Gutachten, das begründet, dass das Ziel, wo man ohnehin hinmöchte, das richtige Ziel ist – das ist eher die Ausnahme.

Der zweite, viel umfangreichere und kompliziertere Teil ist die Umsetzung. Da ist das Ziel klar, aber der Auftraggeber sagt: »Wir wissen nicht, wie wir da hinkommen sollen, hilf uns mal, dahin zu gehen.« Das ist aber wiederum in meinen Augen die typische, die klassische Aufgabe des Beraters – nämlich, Veränderungen zu erreichen. Wobei ich keinen Hehl daraus machen will, dass es zu den häufigsten Problemen gerade am Anfang von Beratungsaufträgen gehört, dass Ziele nicht klar, sondern widersprüchlich formuliert sind. Der den Auftrag gebende Vorstand hat zwar vielleicht klare Ziele, aber seine Vorstandskollegen sind dagegen, und man weiß als Berater: Das Ziel kriegt man in der Praxis nicht durch.

Das Gleiche gibt es auch in der Politik und in der öffentlichen Verwaltung – die einen sind dafür, die anderen dagegen. Man weiß nicht, worauf es hinausläuft. In diesem Fall macht ein guter Berater aber immer eine offizielle »Vergewisserungsrunde«, um operative Klarheit über die Ziele herzustellen – sonst rächt sich das später im Prozess.

Was ist eine Vergewisserungsrunde?

Vergewisserungsrunde ist, dass man die Ziele aufstellt, dass man das, wo man in einem, zwei Jahren sein will, operativ, an konkreten Kriterien messbar nicht nur aufschreibt, sondern sich vom Auftraggeber und dessen Stakeholdern, also dem betrieblichen Umfeld, bestätigen lässt.

Die Praxis läuft so: Man versucht, den Auftraggeber dazu zu bewegen, einen Vorstandsbeschluss oder sonst irgendwas zur Bestätigung der konkreten Ziele herbeizuführen. Manchmal wird das jedoch nicht gemacht. Wenn der Auftraggeber sagt: »Nee, das ist alles so in Ordnung«, dann lässt man es im laufenden Prozess auch schon mal laufen. Es muss dann schon ein sehr großer Auftrag mit sehr großen Risiken sein, dass die Beratungsfirma sagt: »So können wir aber nicht loslaufen.« Dann gibt man den Auftrag zurück, weil es im weiteren Verlauf Streit oder Diskussionen geben könnte, die beide Seiten viel Geld kosten würden. Das will man am Anfang vermeiden.

Warum zahlen die Auftraggeber so viel Geld für die Beratung?

Im Idealfall ist es so, dass der Berater dem Kunden auch so viel Geld einbringt. Wenn jemand weiß, dass eine Veränderung durch die Beteiligung von Beratern mit der Hälfte der sonst notwendigen Sitzungen machbar ist, dann können Sie ganz einfach ausrechnen, wie viele Leute in x Sitzungen unnötig sitzen. Wenn Sie das alles addieren, dann lohnt es sich schon, für die Planung der Umsetzung einen Berater zu beschäftigen, auch wenn der Berater das Vier- oder Fünffache von dem kostet, was die Mitarbeiter kosten, die in den Sitzungen gesessen hätten. Wenn Sie jetzt noch davon ausgehen, dass die Wahrscheinlichkeit, dass der gesamte Veränderungsaufwand auch tatsächlich zum Erfolg führt, durch die Professionalität des Beraters deutlich steigt, dann erhalten Sie schnell eine Rechnung, bei der sich die Kosten für den Berater lohnen.

Die Summen, die da bezahlt werden, sind ja recht hoch. Wie erklären Sie sich diese Zahlen?

Salopp ausgedrückt: Marktwirtschaft ist, wenn man nimmt, was man kriegen kann. Zweitens schafft die Dienstleistung, die vom Berater erbracht wird, im Idealfall einen Wert, der diese Summen rechtfertigt. Es gibt aber zunehmend in der Branche auch das Angebot, einen sehr niedrigen Festpreis zu nehmen und den wesentlichen Teil des Honorars vom tatsächlich messbaren Ergebnis abhängig zu machen. In vielen Fällen wird das schon praktiziert.

Viele Berater geben zu, dass man oft Standardware liefert, dass man aus anderen Aufträgen Bestandteile übernimmt, dass man sie kombiniert.

Es ist natürlich so, dass ein Berater gerade deswegen beschäftigt wird, weil er eine Sache schon vier oder fünf Mal gemacht hat. Manchmal ist das die Voraussetzung dafür, dass er den Job überhaupt bekommt. Dann erwartet der Kunde, dass man die Erfahrung von anderen Projekten mitbringt und einbringt.

Er erwartet natürlich zu Recht auch, dass der Berater nicht alles neu erfinden muss und entsprechend weniger Zeit braucht. Wenn Sie zu Hause einen Handwerker beschäftigen und der zwei Stunden mit der Fehlersuche verbringt, dann ist doch auch die Frage: Hat der keine Ahnung, hat er Zeit geschunden, oder war der Fehler wirklich so kompliziert, dass er zwei Stunden dafür brauchte? Das wissen Sie nicht. Genauso ist es bei den Beratern. Es kann Ihnen passieren, dass ein Berater etwas abrechnet, das er nicht für Sie erfunden hat, sondern das er aus der Schublade gezogen hat.

Wenn Beratung billiger wäre, wäre sie dann schlechter?

Eher umgekehrt. Zum einen investieren gute Beratungshäuser sehr viel Geld in Innovation, in die Ausbildung ihrer Leute. Das heißt, Sie müssen schon Spitzengehälter zahlen, um überhaupt die jungen Spitzenleute von den Universitäten in Ihr Unternehmen zu bekommen. Und dann sind die längere Zeit zuerst einmal unproduktiv, weil Sie die in der Zeit ausbilden. Schließlich kommen sie auf den Job, und dann machen sie noch bei dem einen oder anderen Job Unfug, den Sie selbst ausbügeln müssen und natürlich auch ausbügeln, weil Sie den Kunden nicht vergraulen wollen. Endlich funktionieren die jungen Berater mit dem Spitzengehalt ordentlich. Und da sie sehr viel arbeiten müssen, erwarten sie natürlich auch, dass sie eine sehr privilegierte Position haben, auch bezüglich Gehalt, Gehaltssteigerungen, der sonstigen Nebenleistungen, dem Ambiente auf Reisen und beim Arbeiten. Also brauchen Sie relativ viel Geld für die Overheadkosten, für Training und Ausbildung. Sie brauchen viel Geld, um höhere Gehälter zu zahlen, um wirkliche Top-Leute zu haben.

Was wird in dem Bereich verdient? Was ist die Staffelung?

Anfänger liegen um die vierzig-, fünfzigtausend. Das geht dann für einige sehr schnell hoch – mit bitterer Erfahrung für diejenigen, die nicht mitkommen. Es gibt Berater und Manager, die durchaus nach knapp zehn Jahren bis zu zweihunderttausend Euro verdienen können. Bei den Prinzipalen, wie es die einen, Partnern, wie es die anderen nennen, oder bei den Direktoren geht das schnell in noch höhere Bereiche.

Würden Sie von Bluff bezogen auf die Leistungen der Berater sprechen?

Bluff gibt es in dem Sinne, als ein Kunde natürlich immer gern hätte, dass Sie ein Projekt schon zehnmal gemacht haben, auch wenn der konkrete Fall für Sie absolutes Neuland ist. In solchen Fällen zieht man dann durchaus mal andere Projektbeispiele als Beleg für die eigene Erfahrung heran. Man plustert sich also auf.

Aber sagen wir so: Es ist im Beratergeschäft nicht mehr Bluff da als das, was Sie im Prinzip zum Beispiel bei jeder Bank finden. Wenn Sie Ihr Geld anlegen wollen, dann sind alle um die Sicherheit und die maximale Rendite bemüht. Als Kunde gewinnen Sie den Eindruck, dass Ihnen bei den Profis nichts passieren kann. Trotzdem gibt es immer wieder Leute, die Geld verlieren, und dies selbst in Zusammenarbeit mit renommierten Bankhäusern.

Beim Berater ist das nicht anders. Auch da gehört Klappern zum Handwerk, und die Grenze zwischen dem normalen Klappern für den Verkauf und dem Bluff ist im Einzelfall schwer zu ziehen.

Nehmen Sie Softwarefirmen als weiteres Beispiel. Bei Softwarefirmen ist es gang und gäbe, dass die Software schon verkauft ist, während die Entwickler noch nicht wissen, wie sie die letzten Probleme lösen. Solche Dinge gibt es – leider. Sie haben etwas mit der Geschwindigkeit des Marktes zu tun.

Das hört sich ungefähr nach fifty-fifty an.

Das ist zu hoch. Der Bluff-Anteil liegt vielleicht bei dreißig Prozent, wenn ich völlig unseriöse Kleinberater mal außer Acht lasse. Professionelle Kommunikation ist immer etwas, was den anderen funktionalisiert, versucht immer, beim anderen genau die richtigen Knöpfe zu drücken. Wann beginnt da der Bluff? Das ist eine schwierige Frage. In dem Moment, wo man zielgruppengerecht auf Kunden oder auf Diskussionszusammenhänge zugeht, ist man schnell an einem Punkt, an dem man unecht ist, an dem man »blufft«. Das ist aber nicht nur in der Beratung das Problem.

Haben Sie schon erlebt, dass Kunden unzufrieden sind?

Ja, das kommt häufiger vor. Ich habe es selbst erlebt, dass Kunden unzufrieden waren und wir dann nachgearbeitet haben. Ich hatte sogar den Fall, dass wir die Erlöse gemindert haben. Das kommt vor allem bei vereinbarten Festpreisen oder Erfolgsmengenvergütung vor.

Ich habe aber auch erlebt, dass Kunden unzufrieden waren, weil sie selbst während der Implementierung von neuen Führungs- und Steuerungssystemen sehr viel schlauer geworden sind – und am Ende des Prozesses wollten sie etwas ganz anderes als am Anfang.

In einem Fall ist es mir passiert, dass der Kunde unterwegs beschlossen hat, dass wir eigentlich zu teuer seien, und gern einen billigeren Berater wollte. Unter irgendeinem Vorwand hat er die Vertragsbeziehung mit uns gekündigt und unsere Konzepte mit einem billigeren Berater umgesetzt. Das gibt es alles.

Gibt es bestimmte typische Arbeitsweisen verschiedener Firmen?

Ja, das gibt es natürlich. Meine Ex-Firma hat beispielsweise ein fundamentales Wissen über Organisationssoziologie und über die Mechanismen, die mit Veränderungsmanagement zu tun haben. Es gibt da auch entsprechende betriebswirtschaftliche Forschungsergebnisse, die in mehr oder weniger ausführlichen methodischen Handbüchern festgehalten sind. Andere Beratungsfirmen haben so etwas nicht. Aber alle haben eine Methodik, die lediglich mal mehr, mal weniger fundiert und detailliert ist.

Die Methoden werden so auch praktiziert?

Ja, die großen Firmen haben in der Regel immer eine Methodik, die sich im Lauf der Zeit ändert. Sie wird letztendlich runtergebrochen auf eine Schritt-für-Schritt-Liste, die abgearbeitet werden kann, um auf diese Art und Weise die Qualität zu sichern. In der Regel wird firmenintern relativ viel Aufwand mit Qualitätssicherung getrieben.

Sie müssen davon ausgehen, dass für Beratungsunternehmen der Ruf, sehr erfolgreich zu sein, lebenswichtig ist. Berater, die erst mal ihren Ruf ruiniert haben, bekommen in der Branche deutlich weniger Aufträge. Von daher sind Berater in hohem Maße daran interessiert, funktionierende Veränderungen und minimale Reibungen zu produzieren. Das gelingt nicht immer.

Deshalb auch das relativ strenge interne Controlling? Es gibt ja bei Führungskräften schriftliche Befragungen, die sehr weit reichen.

Es ist die Frage, was man unter »sehr weit« versteht. Es gibt einerseits eine ausgeprägte Qualitätssicherung. In meiner Firma wurden die Verfahren der Qualitätssicherung selbst wiederum für die Testierung als Euronorm von Dritten geprüft. Andererseits gibt es im Rahmen der Personalführung viele explizite Beurteilungen. Ich selbst habe mich in meiner Firma dafür eingesetzt, dass wir beispielsweise eine 360-Grad-Führungskräftebewertung haben. Das heißt, sowohl die Gleichrangigen als auch die Untergebenen werden in die Beurteilung einer Führungskraft mit einbezogen. Das halte ich nach wie vor für richtig.

Läuft das seriös?

Das Personalmanagement läuft sehr seriös. Aber Berater-Praxis ist auch kein Himmel der Seligen. Sie finden in einer Beratungsfirma genauso viel hausinterne Politik, Seilschaften und Mobbing, wie Sie das in jedem Funkhaus, in jeder Verwaltung, in jedem Unternehmen finden.

Gibt es auch Fehlbeurteilungen?

Ganz klar, es gibt Fehlbeurteilungen und Vorurteile. Sie haben aber kein so langes Leben wie in anderen Organisationen, weil ein Beratungsunternehmen insgesamt schneller taktet. Da ist selten jemand vier Jahre in derselben Position. Auch eine stabile Homogenität von Abteilungen länger als vier Jahre ist extrem selten. Wegen dieser schnelleren Umschichtung und regelmäßigen Durchmischung und weil es auch in sehr viel höherem Maß objektivierbare Kriterien gibt, sind bürokratische Machtspiele und systematische Benachteiligungen in Beratungsunternehmen geringer und unwahrscheinlicher. Aber die Kehrseite ist natürlich, dass das Personalgerangel bei der Beratung mehr Hebel hat und mehr bewegt – wenn es darum geht, ob Sie zwanzig Prozent mehr oder weniger Gehalt kriegen, und das jedes Jahr, dann ist die Frage, ob Sie ein bisschen besser oder ein bisschen schlechter angesehen sind, natürlich sehr viel wichtiger.

Schnelligkeit ist ja fast ein Fetisch in dieser Branche.

Schnelligkeit ist tatsächlich ein Fetisch, mit einigen positiven und vielen negativen Folgen. Die negativen fangen mit dem Burn-out der Berater an. Außerdem mit dem Grundsatz: Achtzig Prozent des Problems zu lösen ist genug. Ich bin mir selbst gar nicht sicher, ob ich das gut oder schlecht finde. Es hat seine Vor- und Nachteile.

Meinen Sie damit Beratungslösungen?

Lösungen für jede Aufgabe. Wenn ein Journalist etwas zu recherchieren hat, dann ist er eigentlich nie damit fertig, aber irgendwann muss er einen Punkt machen. Auch im Beratungsgeschäft wird die Grenze im Zweifel eher nach vorne verlegt. Es wird nicht alles an Research betrieben, was denkbar wäre, sondern man versucht, mit hinreichendem Research ein Ergebnis zu erreichen. Das führt manchmal dazu, dass man beispielsweise Vergangenheitsfragen nicht richtig berücksichtigt oder mit den Leuten nicht redet, mit denen man besser hätte reden sollen, um das Ergebnis sicherer zu machen. Es geht immer darum, den Aufwand auf Dinge zu beschränken, die das Gesamtergebnis nicht gefährden.

Burn-out ist für einen Berater ein hohes Risiko. Eigentlich rechnet sich das doch nicht, wenn wichtige Leute der Firma früh verloren gehen?

Am Ende rechnet es sich bei allen Beratungsfirmen. Mir ist nicht bekannt, dass es da irgendwelche Probleme gäbe. Jedenfalls zeigen die Gewinne, Verdienste und Personalzuwächse, dass das Geschäft unter Burn-out nicht leidet.

Aber welche Funktionalität hat es denn, Burn-out zu produzieren?

Burn-out wird ja nicht gezielt produziert, sondern es ist das Ergebnis einer mangelnden Balance zwischen dem, was gut wäre fürs persönliche Leben, und dem, was tatsächlich in der Arbeit geleistet wird. Und es beruht auf mangelnder Fürsorge seitens der Vorgesetzten, die eigentlich darauf achten sollten, dass die Mitarbeiter die Balance wahren. Es geht um die Balance zwischen kurzfristigen und langfristigen Aspekten. Generell verschätzen wir Menschen uns da häufig zu Lasten der langfristigen Aspekte.

Bei dem Wettbewerbs- und Schnelligkeitsdruck kommt Burn-out im Beratungsgeschäft vielleicht häufiger vor als in anderen Branchen, und es wird durchaus thematisiert. In meiner Firma gab es immer wieder zentrale Kampagnen, wo einem die Listen von Mitarbeitern geschickt wurden, die vier Monate Urlaub angesammelt hatten. Solche Mitarbeiter wurden dann erst im nächsten Projekt eingesetzt, nachdem sie ihren Urlaub abgefeiert hatten – aus der Sorge heraus, dass man weiß: Irgendwann klappt es nicht mehr, wenn Leute drei Jahre nonstop durcharbeiten. Es gab bei uns auch immer wieder Schulungen durch Experten, die auf die Notwendigkeit hinwiesen, das Leben auszubalancieren, und die entsprechenden Techniken vermittelten.

Aber ist die stille Haltung dabei nicht: »Die werden gut bezahlt, also müssen sie jetzt auch Milch geben, solange sie es können?«

Das mag bei dem einen oder anderen so sein. Aus eigener Erfahrung weiß ich, dass es auch in Beratungsfirmen solche und solche Vorgesetzte gibt. Es gibt die Teamleiter, die ihre Leute ausnutzen, und es gibt die Teamleiter, die ihre Leute entwickeln und tatsächlich fördern. Das ist aber kein beraterspezifisches Problem. In jedem Unternehmen stellt sich die Frage: Gehe ich nur auf das kurzfristige Optimum fürs nächste halbe Jahr, oder mache ich was, das auch drei oder gar zehn Jahre hält?

Was entspricht da eher der Realität?

Es ist sicher so, dass Berater kürzer takten. Ein Jahr ist ein langer Horizont. In anderen Branchen, beispielsweise in der Versorgungswirtschaft, mit der ich viel mit zu tun hatte, beginnt ein langer Zeithorizont bei fünf Jahren. Ein Jahr ist da fast noch kurzfristig.

Es gibt harte Konkurrenz unter den Beratern. Auffällig ist ein starkes negatives Campaigning untereinander oder Blaming, wie es auch genannt wird. Warum kämpft man so gegeneinander, oftmals mit ganz schön unsauberen Methoden?

Sagen wir es mal so: Wenn Sie zu einem neuen Zahnarzt gehen, dann sagt der Ihnen nach meiner Erfahrung in drei von vier Fällen, dass Ihr alter Zahnarzt lauter Mist gemacht hat. So ähnlich ist das beim Berater: Was Sie kriegen, wissen Sie nicht. Ob er wirklich Recht hat, wissen Sie auch nicht. Ob der Prozess tatsächlich schneller ging oder tatsächlich so lange dauerte und so weiter – das wissen Sie alles nicht. Als Berater arbeiten Sie im Vertrauenssektor, wie ein Arzt. Und man kann das Vertrauen in die eigene Leistung natürlich schon etwas erhöhen, indem man dafür sorgt, dass die Mitbewerber in keinem ganz so günstigen Licht erscheinen.

Im Übrigen ist das nicht unbedingt immer bewusstes Lügen, sondern man lernt schon, von sich selbst überzeugt zu sein. Und dieses Von-sich-selbst-überzeugt-Sein lernt man auch dadurch, dass man die Eigenleistung positiv gegenüber anderen hervorhebt. Es wird einfach Teil der eigenen Person und des eigenen Weltbilds, der eigenen Weltanschauung. Die wenigsten Berater haben bei drei oder vier Beratungsunternehmen gearbeitet. Sie kennen das, was die Kollegen machen, nur vom Hörensagen beziehungsweise von dem, was andere Kunden sagen.

Das heißt, Selbstzweifel kommen da nicht vor?

Selbstzweifel sind auf Dauer nicht sehr hilfreich.

Warum nicht?

Weil Selbstzweifel Zeit kosten, Reibungspunkte erzeugen. Zu definierten Zeitpunkten sind sie gut, aber im Prozess, wenn Ihnen jemand den Auftrag gegeben hat: »Rette uns!«, da kann man sich nicht hinstellen und sagen: »Ach, ob das alles so richtig ist, das weiß ich jetzt auch nicht...«

Ein weiterer Kritikpunkt ist, dass Berater sehr viel Wissen aus den Akteuren, die sie in einer Firma beraten sollen, herauskitzeln und absaugen.

Ja, so ist das.

Ist das nicht verwerflich?

Nein, ich wüsste nicht, warum das verwerflich sein sollte. Ein guter Berater versteht Sie sehr gut, bevor er in einer Firma anfängt zu arbeiten. Er versteht sehr gut, was die anderen Hauptakteure wollen, wo sie alle zusammen eigentlich hinwollen. Und wenn er eine Schlussempfehlung macht, dann bezieht sie sich auf das, was die Leute wollen. Sie ist also nicht so weitab von allem, dass sie keine Chance hätte, umgesetzt zu werden. Und sie ist nicht so formuliert, dass sie alle wunden Punkte, die es in der Firma gibt, trifft. Aber häufig reicht die Zeit nicht, um das so gut zu machen. Dann ist die Empfehlung doch etwas aufgesetzt. Aber die Voraussetzung ist immer, dass man sich die spezifische Sicht auf das Geschäft des Kunden aneignet und einverleibt.

Das hat auch den Effekt, dass man, wenn man zum nächsten Kunden kommt, sofort die Unterschiede sieht. Man hat damit etwas, das der normale Mitarbeiter und Kunde nicht hat. In dem Moment, wo man fünf Verwaltungsabläufe für Personalmanagement gesehen hat, weiß man: Was ging in dem einen, was ging in dem anderen nicht? Warum da, warum so? Man hat dann natürlich auch ein anderes Wissen, als wenn man zehn Jahre nur in ein und demselben Verwaltungsablauf – meinetwegen bis in die letzte Verästelung – drin war. Insofern ist man dem Abteilungsleiter vor Ort überlegen.

Das heißt, Berater sind zum Teil auch Wissens-Recycler?

Genau. Wissen ist das Geschäft von Beratern – Wissen und die Veränderungstechnik, das Veränderungsmanagement.

Kritisiert wird häufig auch, dass Berater zu wenig Wert auf die Implementierung legen und beim Beratungsprozess darauf achten, dass sie Fortsetzungsaufträge bekommen. Ist das so?

Das ist so. Wenn Sie mal die Anzeigen von Beratern analysieren, dann merken Sie: Berater stellen in den letzten Jahren zunehmend darauf ab, dass sie auch Umsetzungskompetenz haben. Das hat damit zu tun, dass einige Beratungsunternehmen sich eine Zeit lang nicht so sehr um die Umsetzungsfähigkeit oder um die Umsetzung selbst gekümmert haben.

Wie ist es mit der Konkurrenz untereinander auf einer Ebene oder innerhalb der Berater-Szene bestellt?

Die Konkurrenz zwischen verschiedenen Unternehmen versteht sich von selbst. Es gibt aber auch Wettbewerb innerhalb desselben Unternehmens. Das gehört zu den schwierigsten, andererseits auch faszinierendsten Teilen der Kultur in einem Beratungsunternehmen. Man hat einerseits eine extreme Konkurrenz des Beraters A zum Berater B, auch deshalb, weil fast alle Beförderungs- und Entlohnungsentscheidungen über Rankings laufen. Jeder weiß: Der neben mir, mein Kollege, ist im Ranking entweder vor mir oder hinter mir. Insofern fördert das eine gewisse Wettbewerbshaltung oder auch ein Konkurrenzgefühl.

Andererseits ist gerade die typische Arbeit von Beratern nur im Team machbar. Das heißt, es ist notwendig, eine starke Wettbewerbsorientierung mit einer hohen Teamorientierung und hohen gemeinsamen Anstrengungen, auch einem Füreinander-Eintreten, zu verbinden. Das gelingt allerdings nicht immer.

Das ist ein recht anspruchsvolles Konzept, beide Pole zusammenzubringen.

Richtig. Bei einem Konzept, wo man Bewegungsaufstieg macht, hat man diesen Anspruch nicht, aber man hat dafür andere Probleme.

Welche?

In dem Moment, wo Sie sagen: »Bleib nur lange genug da, dann wirst du befördert«, gibt es Missstimmung vor allen Dingen bei den Leistungsbereiten darüber, dass sie nicht schneller befördert werden als die Leute, von denen alle wissen, dass sie Trittbrettfahrer sind. Und Trittbrettfahrer gibt es immer.

Die können im Beratungsunternehmen bleiben, trotz der Selektionsmechanismen?

In vielen Consultingfirmen haben Trittbrettfahrer auch weiterhin ein Zuhause und finden eine Position.

Wie wichtig ist die Research-Abteilung, die ja oft als Backoffice arbeitet?

Extrem wichtig – für die einen Aufgaben mehr, für die anderen weniger. In dem Moment, wo es darum geht, ein Unternehmen strategisch am Markt zu positionieren, müssen die relevanten Informationen vollständig vorhanden sein: Wie werden sich die Volkswirtschaften entwickeln? Wie werden sich die bestimmten Sektoren in der Volkswirtschaft entwickeln? Und wie werden sich die Konkurrenzunternehmen in dieser Branche entwickeln? Alles andere führt zu Fehleinschätzungen, zu falschen Ergebnissen. Dieses Wissen reproduzieren in der Regel Research-Abteilungen.

Und da wird auch investiert?

Da wird meiner Kenntnis nach bei fast allen Unternehmen sehr viel investiert.

Wie erklären Sie sich das öffentliche Interesse an Beratern?

Dass die Öffentlichkeit wenig über Berater und ihre Tätigkeit weiß, hat damit zu tun, dass es heute viel mehr gibt als noch vor zwanzig Jahren. Diese Profession in der Masse ist ein relativ neues »Phänomen«. Und weil es neu ist, hat es einen besonderen Reiz.

Das Zweite ist, dass Berater natürlich mit den Entscheidungsspitzen in Wirtschaft und Politik zu tun haben, denn das sind ihre Kunden. Und sie sind auch – der eine mehr, der andere weniger – zu einem festen Bestandteil des Führungsapparats unserer Gesellschaft geworden. Wenn der Vorstandsvorsitzende eines großen Konzerns dauernd vier oder fünf Beratergruppen beschäftigt und in dem Unternehmen erhebliche Summen für Beraterleistung ausgegeben werden, produziert das öffentliches Interesse.

Das heißt, der Einsatz von Beratern ist auch ein Accessoire der Macht?

Das klingt wie die Frage, ob man einen Siegelring trägt oder nicht. Nein, es ist einfach so, dass die Mächtigen über die Instrumente zum Gestalten verfügen, und eines der neuen Instrumente sind eben Berater. Die Mächtigen nehmen dieses Instrument selbst in die Hand, durch persönlichen Kontakt.

Mit welchem Ziel? Was soll dieses Instrument ihnen nutzen?

Schneller und besser sein. Von daher kommt der Druck. Sie wollen besser sein als die Konkurrenz. Sie wollen ein neues Produkt schneller am Markt haben als die anderen. Sie wollen den Kundenservice schneller in einer bestimmten Form haben.

Nehmen Sie das Beispiel Telekommunikation. Früher war es so, dass man nur für den monatlichen Telefondienst zahlte. Heute kriegen Sie alle möglichen Services über die Telefonrechnung. Und eine Zeit lang war es ein entscheidender Wettbewerbsvorteil, wenn Sie differenzierte Abrechnungen anbieten konnten, denn diese waren die Voraussetzung dafür, dass Sie verschiedene Tarife abrechnen konnten. Mittlerweile ist die Fähigkeit, unterschiedliche Tarifarten und Tarifzusammensetzungen in Kombinationen abzurechnen, der wesentliche Wettbewerbspunkt von Telekom-Unternehmen. Ein Unternehmen, das da nicht mithalten kann, erreicht einen Teil des Marktes und bestimmte Umsätze nicht.

Auch wenn ein Unternehmensvorstand sich Berater »hält« – könnten diese Aufgaben nicht zum Teil von eigenen Mitarbeitern gelöst werden?

Es gibt tatsächlich eine rege Fluktuation beispielsweise zwischen Vorstandsassistenten und Beratern – in beide Richtungen: Berater werden Vorstandsassistenten, und Vorstandsassistenten gehen zu Beratern, weil die Stabsaufgaben relativ ähnlich sind.

Aber nehmen wir mal an, Sie wollen das Personalmanagement so ändern, dass die Führung intensiver auf die Beschäftigten, auf die Mitarbeiter eingehen kann und dort mehr Entwicklungspotenziale fördert und erkennt. Bisher ist Ihnen die Personalabteilung zu administrativ, verwaltet gerade mal Urlaubs- und Gehaltskonten, und das war es. In einem solchen Fall muss es meiner Erfahrung nach schon ungewöhnlich zugehen, dass die Mitarbeiter und die Leitung der Personalabteilung selbst die Richtigen wären, um diese Veränderung tatsächlich zu bewirken.

Warum?

Sie haben zehn Jahre lang etwas gemacht, von dem es nun heißt: »Es ist nicht mehr richtig.« Damit stoßen Sie auf Widerstand, weil Sie das Arbeitsselbstverständnis erschüttern. Dann heißt es: »Das haben wir noch nie gemacht, jenes haben wir schon immer so gemacht, und das Neue kann gar nicht funktionieren, das geht gar nicht.« Sie bekommen einen erheblichen Veränderungswiderstand, der im Übrigen normal und auch verständlich ist. Um diesen zu bearbeiten, sind Außenstehende besser geeignet. Sie sind Veränderungsprofis und neutral. Von dieser Position aus können Berater mit neuen Sichtweisen und mit Rückendeckung des zuständigen Vorstands reingehen – auch wenn sie vielleicht im Ergebnis nur Dinge verändern, die die Mitarbeiter auch selbst hätten verändern können, aber eben nicht verändern, weil sie durch den Veränderungswiderstand psychologisch blockiert sind.

Wenn Sie ohne Berater bei einer Panelsitzung diskutieren, wie etwas gemacht werden soll, dann gibt es in der Regel häufig Streit und kein Ergebnis – oder erst nach sehr vielen Sitzungen. Wenn Sie es mit einem Berater machen, der solche Abläufe und Sitzungen schon zehnmal gemacht hat, dann haben Sie nach einer Sitzung das erste Ergebnis, und nach fünf Sitzungen ist das Projekt durch. Dabei führt der Berater Ihre Mitarbeiter nur zu einer Identifikation mit der richtigen Lösung. Und wenn die Berater gut sind, dann sagen die Mitarbeiter nachher womöglich: »Wozu haben wir eigentlich den Berater gebraucht? Das haben wir doch alles selbst gemacht.« Das gehört zur Tragik von Beratern im Veränderungsmanagement.

Ich habe meinen Leuten immer gesagt, dass eine solche Aussage zwar schlecht ist fürs weitere Verkaufen, weil es dann heißt: rausgeschmissenes Geld. Aber es ist gut, weil es zeigt, dass man einen Veränderungsprozess so gestaltet hat, dass die Leute jetzt wirklich von dem überzeugt sind, was sie machen. Sie machen es zu ihrer Sache. In der Regel kann man das guten Führungskräften auch erklären.

Gibt es bei Ihnen einen spezifischen »Instrumentenkoffer«, wie Sie an ein Thema rangehen?

Den gibt es. Ich habe zum Beispiel ein vierhundert Seiten starkes Methodenhandbuch. Im Grunde liegen dahinter Checklisten für jede Frage. Mitarbeiter müssen in der Arbeit vor Ort die Checklisten durchgehen. Weil das Wissen in dieser Form strukturiert und kondensiert ist, ist es möglich, dass Sie auch mit vielen jungen und unerfahrenen Beratungsmitarbeitern eine entsprechende Beratungsleistung erbringen können. Aber so etwas haben nicht alle Beratungsfirmen.

Die Firmen selbst reden ja nur ungern über ihre Arbeit. Zu Burkhard Schwenker, dem Nachfolger von Roland Berger, gab es eine sehr gezielte PR-Kampagne unter anderem in der Zeit und der Welt am Sonntag. Ansonsten gehen sie sehr sparsam mit Öffentlichkeit um – Erfolgsmeldungen ja, aber anderes nein. Woran liegt das?

Das kann ich so nicht bestätigen. Über die Firma, bei der ich war, gibt es zum Beispiel ganze Bücher, die das Innenleben beschreiben. Sie sind frei erhältlich und wurden teilweise im Einvernehmen mit der Firma geschrieben. Es gibt aber auch welche, mit denen die Firma nicht einverstanden war. Über McKinsey gibt es sehr, sehr viel, auch Treffendes. Alle Beratungsfirmen haben zudem in der Regel Broschüren, quasi Monatszeitschriften, die sie an den Entscheiderkreis zu verbreiten suchen. Diese Broschüren enthalten wissenschaftlich fundierte Aufsätze über die jeweiligen Firmen, in denen deren Beratungsmethodologien, die Vorgehensweisen, die Best-Practice-Lösungen und dergleichen beschrieben sind. Etwas Geheimes sehe ich da eher nicht.

Ein Punkt, der einen Geheimbund-Nimbus befördern könnte, hängt mit dem zusammen, was wir eben besprachen: Dadurch, dass es Methoden gibt, um Wissen in strukturierter Form auch mit jungen Leuten bei Kunden umzusetzen, und dadurch, dass die jungen Mitarbeiter auch in Drucksituationen beim Kunden eingesetzt werden und lernen, diesen Druck produktiv auszuhalten, kann das Vorgehen wie Geheimwissenschaft aussehen.

Da kommt jemand mit dreiundzwanzig von der Uni, hat drei Jahre Praxis und erzählt jetzt einem vierzigjährigen Sachgebietsleiter, dass er seine Arbeit völlig anders machen muss. Das erzeugt natürlich eine Drucksituation, ein Problem. Der Berater wird geschult, mit diesem Problem umzugehen. Er erlernt Sozial- und Kulturtechniken. Dadurch kommt hin und wieder der Vorwurf auf, dass das die Grenze zum Sektenhaften überschreite. Aber das sehe ich nicht so, und es deckt sich nicht mit meiner Erfahrung.

Bei der Einführung neuer IT-Systeme gab es ja zahlreiche Pannen: bei der Einführung von Inpol neu beim BKA, dem Mautsystem oder dem virtuellen Arbeitsmarkt in der Bundesagentur für Arbeit. Warum haben diese »Beratungsskandale« keine Folgen?

Das ist ein großes Problem in unserem Vergabesystem: Der Vergebende ist auf der sicheren Seite, wenn er an den Billigsten vergibt. Aber der Billigste ist nicht immer unbedingt der Beste.

Um wieder das Beispiel vom Zahnarzt zu nehmen: Sie machen auch keine Ausschreibung und fragen, welcher Zahnarzt das bei Ihnen am billigsten macht. Sie machen schon einen Preis-Leistungs-Vergleich, aber der Preis allein ist es nicht. Gerade bei IT-Projekten ist es so, dass einfache Projekte fast jeder machen kann, dass aber bei komplexeren Projekten schon entsprechende Programm- und Projektmanagement-Erfahrung nötig ist. Die hat nicht jeder, und das kostet auch Geld.

Wo sehen Sie bilanzierend aus Ihrer Berufserfahrung die Hauptdefizite der Berater-Branche?

Das Hauptdefizit ist häufig, dass das Denken einseitig auf Wertorientierung ausgerichtet ist, auf den rein ökonomischen Erfolg. Das sind ökonomistische Vorgehensweisen, die bestimmte Berater mehr, andere weniger einsetzen.

Das zweite Manko ist ein relativ kurzfristiges Denken, manchmal damit gepaart, dass Beraterfirmen, die überwiegend von Gutachten und Ähnlichem leben, ein großes Defizit haben in der Umsetzung der Pläne, die ja auch in die Zukunft reichen müssen.

Einen Teil des Problems sehe ich auch darin, dass die Berater-Branche nach wie vor sehr, sehr schnell wächst, mit zweistelligen Zuwachsraten. Sie muss den Prozess, von der Avantgarde zu einer normalen Industrie zu werden, die Veränderungsprozesse begleitet, erst noch bewältigen. Das bedeutet auch, dass Berater in Zukunft weniger Gehalt bekommen werden, dass die Branche weniger steile Karrieren bieten wird, dass sie ein Stück weit eine »völlig normale Industrie« wird wie alle anderen auch. Dieser letzte Anpassungsprozess hat gerade erst begonnen. Im IT-, im Software-Implementierungsbereich sieht man das schon ein bisschen, aber es ist noch ein langer Weg.

Wie könnte man den letzten Bereich definieren? Wie sieht dieser Anpassungsprozess aus?

Dieser Prozess ist typisch für die Industrialisierung einer Sache. Am Anfang ist der Künstler, der auch Künstlerhonorare kriegt. Dann kommt der Handwerker, der nach wie vor differenzierte Honorare bekommt. Und irgendwann ist man eine Industrie, und da gibt es eben Standardpreise bei harter Konkurrenz.

Wann ist diese dritte Stufe erreicht?

Für den Software-Implementierungsbereich, also für Standardsoftware, ist er jetzt schon erreicht. Er führt aber zu solchen Problemen, wie wir sie eben ansprachen: dass in bestimmten Bereichen dann Dinge einfach nicht funktionieren, weil die Software nicht mehr verantwortungsvoll implementiert wird.

Wie bedeutend sind aus Ihrer Sicht persönliche Schwächen der Akteure in der egomanischen »Showbranche« der Berater?

Ich habe viele Vorstände und Politiker kennen gelernt und kann nicht behaupten, dass die Egomanendichte bei Beratern größer ist als bei Vorständen und Politikern. Bei Beratern ist Egomanie sehr weit verbreitet. Eine notwendige Voraussetzung, um als Berater erfolgreich zu sein, ist das Wissen, dass man die richtige Lösung hat, und zwar die einzig richtige, und dass man sich unter den widrigsten Bedingungen hinstellen und sagen kann: »Folgt mir, ich weiß, wo es langgeht.« Das ist manchmal sehr überzogen und ein Irrglaube, aber es ist Teil des Berufs.

Ist das Motivsplitting der Auftraggeber aus Ihrer Sicht ein Problem – die Tatsache, dass man indirekte Wirkung erzielen will? Der Kunde will beispielsweise sein Unternehmen in eine bestimmte Richtung führen, Konkurrenz ausschalten, Geschäftsfelder abstreifen, Leute loswerden – alles indirekte Botschaften, für die er Zuarbeit und ein Wissensfundament braucht. Oftmals kommen ja Unternehmer zum Berater und sagen: »Ich will das und das erreichen, helfen Sie mir auf dem Weg dahin.«

Ob nun ausgesprochen oder nicht ausgesprochen – Kunden wollen immer was. Mehr Geld zu verdienen ist immer nur eines von mehreren Zielen. Manche Ziele sind strategisch: »Wir wollen die Größten sein.« Manche Ziele entstehen durch Alltagsvergleiche: »Ich habe gehört, die Nachbarn haben das, wir wollen es auch haben.« Ein guter Berater ist insofern immer auch ein Stück »responsive« in Bezug auf das, was der Kunde möchte. Negativ ausgedrückt: Natürlich ist es bei jeder Dienstleistung so, dass man dem Auftraggeber ein Stück weit entgegenkommt.

Implementierung war auch ein Aspekt. Sehen Sie da ebenfalls Defizite?

Nehmen wir mal Projekte, die es häufiger gegeben hat, beispielsweise die Einführung von Kosten- und Leistungsrechnung in öffentlichen Verwaltungen und Veränderung der Führungssysteme. Da ist es nach meiner Erfahrung so, dass das Aufzeichnen des Systems, das Benennen der neuen Kostenstellen, das Benennen der neuen Abläufe und so weiter etwa ein Viertel bis ein Drittel des Aufwands ausmachen, bevor das System läuft. In der Regel ist es so, dass man sagt: »Wir brauchen soundso viele Menschtage für das Entwickeln des Systems und dann noch mal den vierfachen Betrag, um es zu implementieren.« Da sagt der Kunde natürlich: »Seid ihr verrückt, so viel Geld haben wir nicht, so viel Geld wollen wir nicht ausgeben! Das Implementieren machen wir ohne euch, das können wir allein.« Dann sagt man: »Na gut, ihr kriegt die Materialien, die Unterlagen und so weiter, und könnt es selbst machen.« Nach einiger Zeit stellt der Auftraggeber dann fest, dass er es ohne die Berater doch nicht kann, und es kommt zu mehreren nachträglichen Auftragserhöhungen, oder die Veränderung funktioniert ganz einfach nicht.

Ich habe in einem Fall bei einem Unternehmen über anderthalb Jahre ein Führungs- und Steuerungssystem entwickelt, immer im engen Kontakt mit dem gesamten Vorstand. Als es fertig war, wurde es auch eingeführt. Nach einem halben Jahr habe ich bei dem Unternehmen wieder nachgefragt, und da lief es zwar noch, wurde aber nicht mehr benutzt. Mit dem System waren Dinge verbunden, die auf so viel Widerstand im Unternehmen stießen, dass es später eingestampft wurde.

Was macht die Kundenseite aus Ihrer Sicht falsch im Umgang mit den Anbietern, mit den Beratern?

Der Kernpunkt ist die Auftragsformulierung, die Beschreibung des Zieles und die sukzessive, an bestimmten Punkten umfassende Meilenstein-Berichterstattung. Das ist bei Beratern nicht anders als bei jedem Bauauftrag. Man weiß: Wenn man einmal ein Gebäude ausgeschrieben und es dann vergeben hat, ist es gut. Das meiste Geld wird mit den nachträglichen Änderungen verdient, und zwar gar nicht unbedingt wegen Böswilligkeit, sondern weil es komplizierter ist, wenn man alle Termine wieder umwerfen muss, wenn man alles neu einpassen muss, wenn man gemachte Arbeit noch mal aufheben muss und so weiter.

Wie wird sich der Beratermarkt künftig in Deutschland entwickeln?

Er wird auf Jahre hinaus noch mit zweistelligen Prozentraten wachsen. Zum Teil deswegen, weil die Arbeitsteilung zunimmt, weil Unternehmen einsehen, dass es besser ist, für Aufgaben, die alle zwei Jahre anfallen, ein halbes Jahr lang einen teuren Berater zu beschäftigen, als zwei Jahre lang das Personal vorzuhalten. Zum Teil wächst der Markt auch deshalb, weil zusätzliche Beratungsleistungen nachgefragt werden. Ich glaube, im gesamten öffentlichen Bereich stehen wir erst am Anfang von dem, was dort an Beratung künftig beauftragt wird.

Außerdem wird ein Teil der Beratungsleistung in eigene Serviceeinheiten ausgelagert werden. Der Kunde sagt dann: »Bevor ich hier eine neue Personalverwaltung etabliere, gebe ich meine Personalverwaltung einfach ab, mache also Outsourcing. Das wird der Trend sein, da stehen wir erst ganz am Anfang. Durch das Outsourcing wird natürlich auch ein Teil der Berater abgezogen, da die Veränderungen dann in den neuen Serviceunternehmen praktiziert, weiterentwickelt und umgesetzt werden.

Das sind die beiden Hauptveränderungen. Beratungsdienstleistungen werden weiter wachsen, aber sie werden sich aufspalten in den Outsourcingteil und den engeren Beratungsteil.

Es gibt noch eine dritte Veränderung: In der IT-Beratung wird die Industrialisierung des Beratungsgeschäfts zunehmen, sprich, die Standardisierung und die Wettbewerbsfähigkeit.

Wie kommen Berater an ihre Aufträge?

Größere Beratungsleistungen werden genauso verkauft beziehungsweise akquiriert wie Großaufträge in der Industrie. Wenn beispielsweise Siemens in China einen ICE zu verkaufen versucht oder wenn Linde chemische Anlagen ins Ausland verkauft, läuft das nicht anders ab. Es ist ja nicht so, dass man in ein Geschäft geht, und da stehen die Berater aufgereiht. Die Vergabeprozesse ziehen sich oft über mehrere Monate bis zu einem Jahr hin. Teilweise wird schon vor der Auftragsvergabe um Lösungswege gerungen, es werden Risiken abgewogen und unterschiedliche Preis-Leistungs-Pakete nebeneinandergestellt. Das ist das so genannte Relationship-selling, das heißt, es werden Vertrauenspositionen aufgebaut, man beeinflusst sich gegenseitig, bis man »sich verheiraten will«. Da geht alles ineinander über. Man braucht in diesem Akquisitionsprozess hohe soziale Kompetenz. Das ist ein eigenständiges Geschäft, was auch dazu führt, dass manchmal am Ende ganz andere Aufträge rauskommen, als am Anfang gedacht war.

»Wir haben sehr effiziente Qualitätsmanagement-Prozesse«

Fragen zur Berater-Praxis an Holger Bill, Accenture, Berlin

Welches Selbstverständnis als Berater haben Sie?
Ich sehe meine Aufgabe darin, unseren Kunden dabei zu helfen, erfolgreicher zu sein und sich im zunehmend globalen Wettbewerb besser aufzustellen. Für die öffentliche Verwaltung heißt das, Kostensenkungen und Effizienzsteigerung parallel zu realisieren.

Welches Persönlichkeitsprofil sollte ein »guter« Berater haben? Welche Skills sind zentral? Welche Tugenden?
Wichtig sind die klassischen Softskills wie Teamfähigkeit und Einfühlungsvermögen, ergänzt durch Fachkompetenz und Methoden-Know-how. Zentral ist die Selbstverpflichtung auf die zufriedenstellende Erfüllung des Kundenauftrags.

Wissen und Methodenkenntnisse sind wesentliche Beratungsressourcen. Haben diese aus Ihrer Sicht Priorität?
Sie sind sicher ein wichtiges Kriterium. Immer wichtiger aber wird, nachhaltige Kundenbeziehungen aufbauen zu können, die auf gegenseitigem Vertrauen und Zuverlässigkeit beruhen.

Welche zentralen Erwartungshaltungen haben die Auftraggeber an die Berater?
Vor allem, dass die beauftragten Leistungen im vereinbarten Umfang, »on time and on budget«, geliefert werden. Darüber hinaus sollte eine Vertrauensbasis da sein.

Wie effizient verläuft die Rekrutierung des Beraternachwuchses in Deutschland? In Ihrem Unternehmen?
Wir haben eine ausgezeichnete Recruiting-Abteilung, die sich professionell um den kleinen Pool potenzieller Kandidaten bemüht. Wir wollen in diesem Fiskaljahr (2005) über tausend neue Leute einstellen und sind zuversichtlich, dass uns dies auch gelingen wird.

Wie bewerten Sie das interne Leistungscontrolling in ihrem Unternehmen?

Wir haben sehr effiziente Qualitätsmanagementprozesse.

Wo sehen Sie die wesentlichen Defizite und Störfaktoren im Beratungsprozess?

...

Immer wieder wird in der Fachliteratur die unzulängliche Implementierung der Beratungsergebnisse kritisiert. Teilen Sie diesen Befund? Und was sind die Ursachen?

Diese Kritik bezieht sich vor allem auf die strategische Beratung, deren Auftrag endet, wenn die Umsetzung anfängt. Deshalb wählen viele Kunden zunehmend Häuser, die nicht nur die Strategie, sondern auch die Umsetzung realisieren. Auch der Betrieb von Unterstützungsfunktionen (gemeint ist ein Teil der Implementierung von Beraterleistungen, Anm. d. Verf.) wird immer aktueller.

Ergebnisse von Beratungsprojekten gelangen nur selten an die Öffentlichkeit. Welche Gründe sehen Sie für die öffentlichkeitsferne Arbeit der Berater?

Das sind Absprachen zwischen Beratungshaus und Kunde – es gibt aber auch eine Reihe von Beratungsprojekten, über die die Öffentlichkeit umfassend informiert wird.

Wo sehen Sie die wesentlichen Beratungstrends der Zukunft? Wie wird sich der Beratermarkt Ihrer Ansicht nach entwickeln?

Wir sehen, dass der Markt zunehmend von Komplettanbietern, so genannten Business-Innovation-Partnern, geprägt sein wird. Business-Innovation-Partner ergänzen das zeitlich befristete Beratungsangebot spezialisierter Häuser und bieten das gesamte Portfolio von der Strategieentwicklung über die Implementierung bis hin zum Betrieb. Der Name ist Programm: »Business« steht für Industrie und Projektmanagement-Know-how, »Innovation« schafft kreative Lösungen, die in langfristigen Partnerschaften und Investitionen Kostensenkungs- und Wachstumspotenziale realisieren. Innovationspartnerschaften sind das Geschäftsmodell der Zukunft. Viele Unternehmen außerhalb von Deutschland nutzen bereits heute Out-, Co- und Netsourcing als strategisches Instrument, um mit Hilfe eines externen Partners eine fundamentale und ganzheitliche Veränderung im Unternehmen durchzuführen. Ziel dieser »neuen Generation« von Outsourcing ist es in erster Linie, die Kernprozesse zu optimieren und die Organisation in die Lage zu versetzen, sich schnell und flexibel an die sich kontinuierlich verändernden Marktbedingungen anzupassen. Anders als bei einer singulären Auftragsvergabe optimiert der Business-Innovation-Partner gemeinsam mit dem Auftraggeber die ausgelagerten Prozesse.

Teil II
Berater, öffentliche Hand und Politik

»*Das Gutachten zur Haushaltskonsolidierung hätten unsere Personalräte zwischen Frühstück und Mittagessen auch kostenfrei aufschreiben können.*«

Ver.di-Landeschef Wolfgang Denia[1]

1. Die Berater-Branche und die Ermittlungen des Bundesrechnungshofs

Schon frühzeitig hatten der Bundesrechnungshof und die Landesrechnungshöfe die Brisanz des »Berater-Themas« im öffentlichen Sektor erkannt. Der Trend in den Behörden, Verwaltungen und Ministerien, teuren externen Sachverstand dem internen vorzuziehen, war den Staatscontrollern im Zuge ihres Tagesgeschäfts immer wieder aufgefallen. Aber auch in der Bonner Spitzenbehörde mahlen die Mühlen langsam, und es dauerte viele Monate, bis die mühsamen Recherchen abgeschlossen waren und eine Bewertung vorgelegt werden konnte. Denn besonders Behördenchefs kennen die Logik des Bundesrechnungshofs und wissen ausstehende Antworten in die Länge zu ziehen. Doch die Hartnäckigkeit und Geduld des Rechnungshofs zahlte sich aus: Nach intensiven Nachforschungen legten die Prüfer den amtlichen »Berater-Komplex« frei.

Die Beratung von Politik und Verwaltungsführung

Die Beratung von Politik und Verwaltungsführung ist so alt wie die Staaten selbst. Stand am Anfang vor allem die Strategieberatung im Vordergrund, so war später zunehmend der Rat von Sachverständigen gefragt. Ausgestattet mit einem fachspezifischen Spezialwissen juristischer, technischer oder wissenschaftlicher Art, widmen sich die Berater der Lösung von Einzelfragen – die Entscheidungsfindung insgesamt bleibt beim Auftraggeber. Die Arbeit der Unternehmensberater beschränkt sich heute aber längst nicht mehr auf Einzelgutachten. Berater entwerfen Pläne für die Haushaltssanierung und für vollständige Gesetzesentwürfe; Anwaltskanzleien arbeiten Gesetze und relevante Verträge[2] aus.

Ein wesentliches Merkmal unserer wissenschaftlich-technischen Zivilisation ist, dass der Problemzuwachs schneller steigt als die Problemverarbeitungskapazität des politischen Systems: Die Krisenanfälligkeit wächst.[3] In der Politikberatung geht es deshalb vor allen Dingen darum, »Sachverstand« in den politischen Prozess einzubringen.[4] Politische Instanzen sollen durch Berater über die Voraussetzungen und die möglichen Auswirkungen politischer Entscheidungen informiert sowie auf Handlungsalternativen aufmerksam gemacht werden. Auch die Beratung der Verwaltung fällt unter Politikberatung: Selten kann Politik allein auf Legislativ- oder Regierungsebene durchgesetzt werden, sondern meistens erst mit Einbindung der Verwaltung.

Beratungsgremien an der Schnittstelle von Politik und Verwaltung sind heute nicht mehr wegzudenken: Was 1963 mit den »Fünf Weisen«, dem Sachverständigenrat zur Begutachtung der gesamtwirtschaftlichen Entwicklung, begann, setzt sich in unzähligen Sachverständigenräten, Beiräten und Kommissionen fort. Unter der Regierung Schröder erreichte die Anzahl der einberufenen Beratungsgremien einen neuen Höchststand. Manche Parlamentarier sahen schon eine »Entparlamentarisierung des Parlaments« voraus.

Zunächst bestanden diese Gremien aus Wissenschaftlern und Repräsentanten verschiedener Interessengruppen; später kamen Vertreter namhafter Beraterfirmen hinzu. Die »Berger-Kommission« ist nur ein Beispiel. Mittlerweile erarbeiten Unternehmensberatungen in komplexen Abstimmungsprozessen Politikkonzepte für die teilweise widerstreitenden Interessen von Politik und Wirtschaft. Über die beteiligten Vertreter aus Politik und Gesellschaft gelangen diese Konzepte in das parlamentarisch-administrative System. Berater fungieren so zum Teil als »parteipolitische Konsensstifter«.

Dabei beschäftigen sich die Berater nicht nur mit allgemeinen Konzepten oder Koalitionspapieren, sondern auch mit Fachthemen. Dazu müssen Gewerkschaften und Interessenverbände mobilisiert werden, ohne deren Zustimmung politische Reformen nur sehr langsam vorankämen. Berater versuchen deshalb, im Vorfeld Kompromisse auszuhandeln, um eine möglichst konsensfähige Lösung zu finden.

Eine ähnlich vermittelnde Rolle übernehmen Berger & Co. auch in der Verwaltung. Im Zentrum steht dabei nicht die Erarbeitung neuer gesellschaftspolitischer Konzepte, sondern die Unterstützung bei der Lösung einzelner, meist inneradministrativer Probleme.

Die Beteuerungen der Berater, dass Aufträge der öffentlichen Hand höchstens acht bis zehn Prozent ihres Jahresumsatzes ausmachten, dürfen nicht darüber hinwegtäuschen, dass sie längst exekutive Kernaufgaben übernommen haben. Die normativen Regeln allerdings, die die Unabhängigkeit der Exekutive sichern sollen, sind demgegenüber nur unzureichend: Zwar gelten Haushalts- und Vergaberecht auch für Beratungsverträge. Doch in der Praxis handeln die beteiligten Parteien oft an den Vorschriften vorbei.

»Fachlicher Offenbarungseid«

Wirtschaftliche, soziale und gesellschaftliche Rahmenbedingungen verändern sich schneller als noch vor fünfzig Jahren, Fragestellungen sind komplexer, und Lösungen erfordern neue Perspektiven – auch und gerade in der Politik. Änderungen müssen her, Wirtschaftlichkeit und Reformen. Doch der strukturelle Umbau erfordert Einschränkungen und unpopuläre Entscheidungen – und wer will sich schon ins eigene Fleisch schneiden? Oft ist die Verwaltung überfordert oder nicht willens, neue Wege einzuschlagen.

So ist es auch in Politik und Verwaltung Mode geworden, selbstbewusste, dynamische Berater ins Haus zu holen – Leute mit vorab attestiertem Weitblick, umfangreichem Know-how und ohne verstaubten Beamtenkittel. Leute, die wissen, wie es in der Wirtschaft abläuft und wie man zukunftsorientierte Entscheidungen trifft. Sie sind überall, aber sie sind selten sichtbar. »Wir fragen lieber Unternehmensberater wie McKinsey oder Berger, wenn wir schnell ein Politikkonzept brauchen«, erklärte der frühere Wirtschaftsstaatssekretär Alfred Tacke (SPD) auf einer Jahrestagung des »Vereins für Socialpolitik« im Jahr 2003. Tacke sprach damit laut aus, wie die Auftragsvergabe im Bereich der Politik funktioniert.

Doch was so forsch daherkommt, ist nicht billig und hinterlässt oft besonders für die Steuerzahler einen schalen Geschmack. Nicht selten werden fragwürdige Ergebnisse mit begrenztem Nutzen vorgelegt, Studien, Gutachten, Planungspapiere. Es gilt die Beamtenweisheit: Gelesen – gelacht – gelocht.

Ob tatsächlich die Verwaltung profitiert oder am Ende nur die Berater ihre Bilanzen aufbessern, hat der Bundesrechnungshof deshalb in einem unveröffentlichten Bericht an den Deutschen Bundestag[5] überprüft. Jahrelang hatten die Beamten des Rechnungshofs gezögert, das brisante Thema »Berater-Verträge« anzugehen, denn Politiker, die sich Berater ins Haus holen, lassen sich nur ungern in die Karten schauen. Das Finanzministerium wollte den Bericht gar mit allen Mitteln verhindern.

Der Bundesrechnungshof kommt zu einem niederschmetternden Ergebnis: »Fehlentwicklungen« seien erkennbar und »immer wieder unzureichend begründete, unwirtschaftliche und nicht ordnungsgemäße Beratungsprojekte«[6].

Die Öffentlichkeit wird aufmerksam. Schlagzeilen wie »Sprungbrettbohrer«[7], »Nackte Gier«[8], »Guter Rat, teurer Rat«[9] oder »Heuschrecken am Wasserhahn«[10] skizzieren die Stimmung. Die Nerven liegen blank, die Kritik an den Beratern wird schärfer. Eine Branche steht unter Bluff-Verdacht und muss ihre Leistungsfähigkeit und die Qualität ihrer Arbeit immer häufiger nachweisen. Die Gegenseite aus dem Lager der Berater holt aus und verurteilt die Diskussion als »polemische Debatte«[11]. Aber ist sie das wirklich?

»Berater stürzen sich auf die Politik, weil fast die Hälfte des Bruttoinlandsprodukts in öffentlicher Hand liegt«, analysiert die *Zeit* Anfang 2004[12] und schreibt weiter: »Die Politik, sagen Kritiker, stürzt sich auf die Berater, weil es in schweren Zeiten so gut tut, ein wenig Verantwortung – und damit auch Schuld – abzugeben. So verkommt eine grundsätzlich sinnvolle Hilfestellung zu einer Art modernem Ablasshandel.«

Die Beraterwelle nimmt mittlerweile auch im Bereich der öffentlichen Hand eine beachtliche Größenordnung an: Zwischen 1992 und 2003 hat sich der Umsatz der Branche in Deutschland von 5,9 auf 12,3 Milliarden Euro[13] mehr als verdoppelt, 2001 wurde sogar ein Spitzenwert von 12,9 Milliarden Euro erreicht. 2004 konnten vier von fünf der größten Beratungshäuser ihren Umsatz steigern oder zumindest halten. Insgesamt wuchsen die Top 25 der Branche um durchschnittlich 8,7 Prozent, wie die aktuelle Lünendonk-Rangliste[14] zeigt. Auch für 2005 und 2006 sind die Berater optimistisch: Im Schnitt rechnen sie mit einem Umsatzplus von zehn Prozent im Jahr 2005[15], der Umsatz soll auf 12,7 Milliarden[16] wachsen.

Die rot-grüne Bundesregierung unterhielt allein im Bereich PR und Öffentlichkeitsarbeit 65 Rahmenverträge.[17] Von 1998 bis 2003 haben die Bundesministerien 205 Millionen Euro[18] für Beratungsaufträge ausgegeben, ihre nachgeordneten Behörden nochmals 401 Millionen Euro.[19] Allein das Land Baden-Württemberg wandte zwischen 2000 und 2004 insgesamt 22 Millionen für 336 externe Beratungsleistungen[20] auf. Andere Länder stehen diesem hohen Beratungslevel nicht nach. Und das sind nur die offiziellen Zahlen. Daneben gibt es zahlreiche Beraterauträge, die – falsch deklariert – in der Statistik erst gar nicht auftauchen.

Auffallend ist dabei, dass rund sechzig Prozent der Aufträge nicht ausgeschrieben wurden[21] – das entspricht einem Volumen von rund hundert Millionen Euro. In Baden-Württemberg liegt der Anteil mit neunzig Prozent[22] sogar noch höher; in der Regel wurden nicht einmal Vergleichsangebote eingeholt.

Das Urteil des Bundesrechnungshofs[23] fällt dementsprechend hart aus: Gutachten funktionierten oft als Beruhigungspillen, um Probleme zu verschieben, zu verlagern und zu delegieren. Dabei sei die Vergabe von Beratungsleistungen häufig ein Armutszeugnis für Spitzenbeamte: Anstatt Verantwortung abzuschieben, müssten und könnten sie die Daten, Fakten und Lösungswege auch selbst erfassen – Wirtschaftlichkeit stehe im Gutachterwesen meist an letzter Stelle.

Auch der Rechnungshof Baden-Württemberg bilanziert in einer Studie eindeutig: Wirtschaftlichkeitsuntersuchungen zu den Gutachten seien selten, Erfolgskontrollen fehlten generell, und Vorschriften zur Korruptionsverhütung würden nicht eingehalten. Das Resümee lautet: »Die bisherige Praxis der Mittelveranschlagung beeinträchtigt die Haushaltstransparenz.«[24] Die Kosten müssten deutlich gekürzt werden.

Dabei geht es um mehr als um die Vergeudung von Steuergeldern: Mangelnde Kontrolle und geringe Effizienz lassen die Beraterflut zunehmend zu einem Problem der parlamentarischen Demokratie werden. »Wer Politik auf Verwaltung und Expertentum reduziert, der hat die Demokratie schon aufgegeben«, schließt Johano Strasser in einem Beitrag für das *SZ-Magazin*[25]. Beratung ist längst zum Scheinbeleg für politische Tatkraft mutiert, intransparente Geschäfte und damit weiche Korruption sind an der Tagesordnung.

Doch was bedeutet »externe Beratung«? Was sind Sachverständige, Gutachter, Unternehmensberater, Consultants oder Coaching-Experten? Der Bundesrechnungshof bemüht sich um eine klare und eindeutige Abgrenzung: »Gegenstand der externen Beratung ist eine entgeltliche Leistung, die dem Ziel dient, im Hinblick auf konkrete Entscheidungssituationen des Auftraggebers praxisorientierte Handlungsempfehlungen zu entwickeln und zu bewerten, den Entscheidungsträgern zu vermitteln und gegebenenfalls ihre Umsetzung zu begleiten.

Leistungsempfänger sind Einrichtungen der mittelbaren und unmittelbaren Bundesverwaltung sowie Einrichtungen außerhalb der Bundesverwaltung, soweit sie durch Bundesmittel institutionell gefördert werden.

Leistungserbringer ist eine außerhalb dieses Bereichs tätige natürliche oder juristische Person.«[26]

Ausgeschlossen sind laut dieser engen Definition also wissenschaftliche Gutachten, Forschung, Tätigkeiten von Rechtsanwälten oder Prozessbevollmächtigten, Lieferbeziehungen oder sonstige Dienstleistungen, bei denen der Beratungsanteil eine eher untergeordnete Rolle spielt.[27]

Was bleibt, sind Dienste von Unternehmensberatungen, Werbeagenturen und Medienberatern. Um diese Leistungen, die zunehmend in Anspruch genommen werden, geht es bei den Ermittlungen des Bundesrechnungshofs also vorrangig.

Externe Beratung ist meist überflüssig

Einen umfassenden Überblick über die Praxis von Beratungsprojekten in den Bundesministerien und -behörden lieferte eine im Jahr 2004 durchgeführte Befragung (Bericht vom 15. Juni 2004).[28] Anhand der Antworten identifizierte der Bundesrechnungshof mehr als neunzig Einzelstudien, die er in den Folgejahren genauer untersuchte. Im Mittelpunkt dieser Prüfungen stand die Frage, ob der Grundsatz der Wirtschaftlichkeit und Zweckmäßigkeit (§ 7 Bundeshaushaltsordnung) beim Einsatz externer Berater durch den Bund beachtet wurde.

Auch der Rechnungshof Baden-Württemberg ermittelte in einer Querschnittsprüfung Daten zur Vergabe von Gutachten bei

Ministerien zwischen 2000 und 2004. Einzelne Beratungsleistungen prüfte er genauer. Die Ergebnisse sind in einer beratenden Äußerung vom Januar 2005 zusammengefasst und veröffentlicht.[29] Doch nicht nur diese Prüfung blieb weitgehend folgenlos.

In fast allen Bundesländern wurden immer wieder parlamentarische Anfragen zum jeweiligen Beratermarkt gestellt. Gelegentlich berichteten die Medien über auffällige Besonderheiten. Systematisch wurde die organisierte Geldverschwendung aber fast nie analysiert – ein typisches Beispiel für den grassierenden »Stichflammen-Journalismus«. Doch die journalistischen Defizite lassen sich unter anderem auch mit der mangelhaften parlamentarischen Kontrolle begründen. Wenn die jeweiligen Oppositionsparteien als Beobachter der Berater ausfallen, dann versiegt offenbar auch jedes journalistische Interesse.

Folgende Phasen des Beratereinsatzes haben sich nach den Erkenntnissen des Bundesrechnungshofs als besonders wichtig, aber auch als besonders fehleranfällig erwiesen[30]:

- die Prüfung der Notwendigkeit des Beratereinsatzes
- die Ermittlung der Wirtschaftlichkeit
- das Vergabeverfahren
- die Erfolgskontrolle sowie
- die Umsetzung und Nutzung der Beratungsergebnisse

Der Bundesrechnungshof rügt[31], dass schon die Entscheidung darüber, ob eine externe Beratung wirklich notwendig ist, oft nicht nachvollziehbar sei. Zu selten stützten sich die Verantwortlichen auf eine ausführliche und fundierte Problemanalyse. Dies veranschaulicht folgendes Beispiel:

»Ein Bundesministerium beabsichtigte, sich bei der Konzeption einer Kosten- und Leistungsrechnung (KLR) sowie eines Controllings durch Externe beraten und bei der Einführung dieser Instrumente stützen zu lassen. Es schrieb die Leistung im Rahmen eines Teilnahmewettbewerbs aus. Noch bei der Auswertung der Angebote bestanden innerhalb des Bundesministeriums unterschiedliche Auffassungen über die Projektziele. Einige Projektverantwortliche vertraten die Ansicht, dass untersucht werden solle, ›ob‹ eine KLR wirtschaftlich sei, andere wiesen darauf hin, dass es nur noch um ein Konzept zur Einführung, d. h. um das ›Wie‹ gehe. Die Ausschreibung war sowohl in diesen als auch in anderen Punkten nicht eindeutig abgefasst. Als Folge davon wichen auch die in den Angeboten formulierten Ziele der Anbieter voneinander ab, so dass unterschiedliche Leistungen angeboten wurden und die Preise nicht vergleichbar waren. Die ungenauen Festlegungen belasteten auch den weiteren Projektverlauf erheblich.«[32]

Für den sinnvollen Einsatz externer Berater ist es also unumgänglich, dass die von der Verwaltung zu bewältigende Aufgabe ausführlich und nachvollziehbar beschrieben und abgegrenzt wird. Ziele und Maßstäbe müssen festgelegt werden, so dass eine spätere Erfolgskontrolle möglich ist.[33] Nur so kann sich der Beratereinsatz überhaupt lohnen.

Mangelhafte Qualifikation des Personals

Häufig begründen die Bundesbehörden den Beratereinsatz damit, sie seien personell unterbesetzt, und es fehle an fachlicher Qualifikation.[34] Eine Farce, meint der Bundesrechnungshof. Die Kontrolleure stellten Erstaunliches fest: Häufig würden die Bundesbehörden nicht nur die Kompetenz des eigenen Personals unterschätzen, sondern sogar aus anderen, nicht fachlichen Erwägungen heraus einfach ungenutzt lassen.

Der Rechnungshof Baden-Württemberg schlägt noch schärfere Töne an: »Die Notwendigkeit zum Einsatz externer Beratung wird in rund 94 Prozent der Fälle von den Ministerien mit fehlendem Personal und mangelnden Fachkenntnissen begründet.

Wenn dies im genannten Umfang wirklich zuträfe, käme es einem fachlichen Offenbarungseid gleich.«[35]

Ein Beispiel: »Ein externes Beratungsunternehmen wurde beauftragt, ein Detailkonzept für die Organisation einer Bundesbehörde zu entwickeln. Die Bundesbehörde hatte etwa einheinhalb Jahre zuvor acht Arbeitsgruppen eingesetzt, die sich jeweils mit Teilaspekten des Vorhabens befassten. Die externe Beratung wurde im Wesentlichen mit fehlender Fachkompetenz der eigenen Beschäftigten und damit begründet, dass das Personal mit seinem Tagesgeschäft fast vollständig ausgelastet sei. Auch hätten die Ergebnisse der Arbeitsgruppen qualitativ nicht den Anforderungen genügt.«[36] Dennoch stützte sich der externe Berater bei seinen Vorschlägen wesentlich auf die Ergebnisse der internen Arbeitsgruppen.

Um solche Auswüchse zu verhindern, müsse die Bundesbehörde kritisch prüfen, ob sie die Leistung nicht selbst erbringen könne, so die Forderung des Rechnungshofs.[37] Eine verantwortungsvolle Verwaltung sollte auch bei knapperen Ressourcen in der Lage sein, ausreichend personelle Kapazitäten für größere Projekte bereitzustellen.[38]

Und nicht nur das – der Bundesrechnungshof spitzt zu: »Im Hinblick auf die Qualifikation der Beschäftigten ist zu berücksichtigen, dass das Verwaltungspersonal ohnehin in der Lage sein muss, die für die Problemlösung wesentlichen Tätigkeiten und Aufgaben zu übernehmen.«[39] Auch externe Berater müssten begleitet und kontrolliert werden. Häufig würden sogar solche Aufgaben an Externe vergeben, die zu den »Kernaufgaben einer verantwortlich handelnden Verwaltung gehören«.[40]

So kommt es oftmals zum unerwünschten – und teuren – Ergebnis, dass die Notwendigkeit des Einsatzes externer Berater viel zu schnell bejaht wird. Das kann und muss jedoch nicht sein. Die Organisation der personellen Ressourcen sei schließlich eine Frage der Priorität[41], lautet das eindeutige Urteil des Bundesrechnungshofs.

Der Rechnungshof Baden-Württemberg bestätigt in aller Deutlichkeit: »Fachliche Expertisen und Untersuchungen gehören zu den originären Aufgaben der Fachreferate. Diese sollten im Regelfall auch zeitlich in der Lage sein, durch sachgerechte Prioritätensetzung diese Kernaufgaben selbst wahrzunehmen.«[42]

Falsche Zeitplanung und verspätete Ergebnisvorlagen

Ebenso wenig Beachtung schenken die Behörden laut Bundesrechnungshof der Wahl des richtigen Zeitpunkts. Wann ein Berater-Projekt vergeben wird, kann aber von entscheidender Bedeutung sein. Folgender Beratungsfall wurde untersucht:
»Ein Bundesministerium beabsichtigte, mit Hilfe externer Berater die betriebswirtschaftlichen Abläufe in fünf Dienststellen mit vergleichbaren Aufgaben zu optimieren. Das Beratungsprojekt begann bei der Dienststelle, die die umfangreichsten Aufgaben und die komplexesten Abläufe aufwies. Das Bundesministerium ging davon aus, dass viele der dort erarbeiteten Lösungen auf die übrigen Dienststellen übertragbar sein würden, so dass diese nur einen geringen Beratungsbedarf im Hinblick auf spezifische Probleme haben würden.

Dennoch wurden die Untersuchungen der Dienststellen 2 bis 5 ausgeschrieben, während die Beratung der Dienststelle 1 noch lief und noch keine Ergebnisse vorlagen. Die ursprünglich nacheinander vorgesehenen Untersuchungen der Dienststellen 3 und 4 wurden zusammengefasst und zeitlich parallel vorgenommen. Der in den Angeboten der externen Beratungsunternehmen veranschlagte Zeitaufwand für die Optimierungsberatungen unterschied sich nur geringfügig für die einzelnen Dienststellen und ließ keine Synergie- und Einspareffekte durch die Gleichartigkeit der Beratungsfälle erkennen.«[43]

Auch Rahmenbedingungen können sich ändern. Es ist deshalb erforderlich, rechtzeitig und mit genügend Vorlauf Projekte vorzubereiten und zu planen. Nach den Erkenntnissen des Bundesrechnungshofs ist das häufig nicht der Fall: »In einem Beratungsprojekt sollten die zu erwartenden spezifischen Auswirkungen der Wirtschafts- und Währungsunion auf einen bestimmten Bereich dargestellt werden. Die Beratungsergebnisse wurden jedoch so spät vorgelegt, dass sie als Grundlage für politische Entscheidungen ebenso wie für die ursprünglich beabsichtigte Veröffentlichung nicht mehr verwendbar waren.«[44]

Wirtschaftlichkeit: Fehlanzeige

Wenn zwei arbeiten, arbeitet einer zu viel – das gilt zumindest für die Politik und ihre Berater. Nur in wenigen Fällen wurde die geplante externe Vergabe vorab mit anderen Ministerien mit dem Ziel abgestimmt, bereits vorliegende Daten oder Erkenntnisse nicht noch einmal erheben zu müssen.[45] Teilweise ließen Bundesbehörden bereits vorhandene Informationen von externen Beratern ein zweites Mal erfassen.

»Verschiedene Rentenversicherungsträger beauftragten externe Beratungsunternehmen mit Organisationsuntersuchungen, ohne zuvor eigene Erkenntnisse über Mängel in der Ablauf- und Aufbauorganisation zu verwerten oder die Beraterauftrage auf Teilfragen oder bestimmte Bereiche zu beschränken.

Es kam zu Doppelarbeiten sowohl bei der Datenerhebung als auch bei der Neukonzeption der Abläufe, weil Berater auftragsgemäß vorhandene Daten neu erfassten oder Vorschläge für Bereiche unterbreiteten, deren Umgestaltung bereits vorher feststand.«[46]

Ein typischer Fall. Wirtschaftlich ist das natürlich nicht. Aber teuer.

Um unnötige Kosten zu vermeiden, ist deshalb bereits im Vorfeld die Wirtschaftlichkeit des Projekts zu überprüfen. Diese Untersuchungen sind essenziell – aber werden »ausgesprochen selten durchgeführt«.[47] So wurde im Rahmen der Querschnittsprüfung des Bundesrechnungshofs bei keinem der über neunzig näher untersuchten Beratungsfälle eine Wirtschaftlichkeitsuntersuchung vorgefunden.[48]

Bei den vom Rechnungshof Baden-Württemberg geprüften Vergaben wurden meist Pauschalhonorare vereinbart – ob in der Höhe angemessen, lässt sich mangels Vergleichsangeboten nicht nachprüfen. Aber die Tagessätze der Berater können schnell das Vierfache der Kosten für Landesbedienstete erreichen. Auch bei der Vergütung von Reise- und Nebenkosten waren Plausibilität und Notwendigkeit nicht immer erkennbar.[49]

So lautet die katastrophale Erkenntnis des Rechnungshofs Baden-Württemberg: »Wirtschaftlichkeitsuntersuchungen im Rahmen der Planung und Entscheidung wurden selten durchgeführt.«[50] Auch »Erfolgskontrollen fehlen generell«[51], schreiben die Prüfer. Eine ernüchternde Bilanz.

Neunzig Prozent der Beratungsleistungen werden »freihändig« vergeben

In der überwiegenden Zahl der geprüften Beratungsaufträge wurde die Leistung ohne Wettbewerb vergeben, obwohl die Ausschreibung gesetzlich vorgeschrieben[52] ist und nur in Ausnahmefällen ausbleiben kann[53].

Nach den Vorschriften im vierten Teil des Gesetzes gegen Wettbewerbsbeschränkungen (GWB), der Vergabeordnung (VgV) und § 55 BHO[54] beziehungsweise LHO[55] sind öffentliche Aufträge grundsätzlich im Wettbewerb zu vergeben. Dabei sind die Bestimmungen der Verdingungsordnung für Bauleistungen (VOB), für Leistungen (VOL/A), für freiberufliche Leistungen (VOF) sowie die Bundeshaushaltsordnung (BHO) beziehungsweise Landeshaushaltsordnung (LHO) und die hierzu erlassenen Verwaltungsvorschriften zu beachten.

Bei der Vergabe externer Beratungsleistungen handelt es sich regelmäßig um Leistungen im Sinne des § 1 VOL/A. Solche Leistungen sind bei Aufträgen ab dem Schwellenwert von 200 000 Euro nach § 2 Nr. 3 VgV gemäß § 101 GWB in Verbindung mit § 3 a VOL/A europaweit im Wege des offenen Verfahrens auszuschreiben, soweit nicht die Voraussetzungen für eine Vergabe im nichtoffenen Verfahren oder Verhandlungsverfahren vorliegen.

Der Vergabe von Dienstleitungen unterhalb des Schwellenwerts muss[56] gemäß BHO beziehungsweise LHO eine nationale öffentliche Ausschreibung vorausgehen, sofern nicht besondere Umstände eine Ausnahme rechtfertigen. »Dies ist eine wesentliche Voraussetzung für Transparenz«, analysiert der Bundesrechnungshof.[57] Die Beamten nutzen ihre Kompetenz jedoch oft, um die Vorgaben der Bundeshaushaltsordnung und der Landeshaushaltsordnung auszuhebeln. Die entsprechenden Vermerke sind nicht selten juristische Kunststücke.

Laut Rechnungshof Baden-Württemberg erfolgte bei rund neunzig Prozent der Gutachten die Beauftragung auf dem Wege der freihändigen Vergabe, das heißt ohne Wettbewerb. Bei rund 82 Prozent wurde nicht einmal ein Vergleichsangebot eingeholt. Lediglich zehn Prozent der Gutachtenaufträge lag eine beschränkte beziehungsweise öffentliche Ausschreibung zugrunde.[58]

Auch ignorierten die Behörden, dass die Ausnahmeregelungen den Auftraggeber keineswegs von der Verpflichtung befreien, ein möglichst wettbewerbsorientiertes Verfahren zu wählen. Die häufig verwendete Begründung, die Sache sei besonders eilbedürftig, war bei näherer Betrachtung in der Regel nicht nachweisbar und damit obsolet.

»Die freihändige Vergabe eines Auftrages mit einem Wert über 1 Million Euro an einen Medienberater wurde in einem Vergabevermerk mit der ›höchsten geschäftspolitischen strategischen Bedeutung der schnellen Umsetzung‹ der Beratung und mit den besonderen fachspezifischen Kernkompetenzen des Beratungsunternehmens begründet.

Die Eilbedürftigkeit und die zwingenden Gründe i. S. d. § 3 a Nr. 2 d) VOL/A wurden mit dem Reformbedarf der Bundesbehörde, anstehenden Änderungen der gesetzlichen Rahmenbedingungen und einer drohenden Verschlechterung wichtiger ökonomischer Zielgrößen begründet.«[59]

Keiner der von der Bundesbehörde herangezogenen Faktoren konnte allerdings einer rechtlichen Prüfung standhalten. Alle genannten Entwicklungen hatten sich bereits über längere Zeiträume abgezeichnet. Eine frühzeitige Reaktion wäre ohne weiteres möglich gewesen.

»Der Ausnahmefall der freihändigen Vergabe ohne jedes Vergleichsangebot ist zur Regel geworden«, resümiert der Rechnungshof Baden-Württemberg.[60] »Das in den Vorschriften maßgebende Regel-Ausnahme-Verhältnis zwischen Vergabe im Wettbewerb und ohne Wettbewerb wird so ins Gegenteil verkehrt.«

Die Vergaberegelungen sind kompliziert und sehen Ausnahmen vor. Doch anstatt von der Regel auszugehen – der öffentlichen Ausschreibung –, stützen sich die Verantwortlichen auf die Ausnahmen und missbrauchen sie als Schlupflöcher für ihre eigenen Zwecke. Dies stellt der Bundesrechnungshof klar.

Erschreckendes Fazit des baden-württembergischen Rechnungshofs: »Die bisherige Praxis der Gutachtenvergabe auf der Ebene der Ministerien ist nicht zu akzeptieren.«[61]

Verzicht auf Projektcontrolling, Dokumentation und Wissensmanagement

Die Verwaltung kann durch sachgerechte Kontrolle und Steuerung des Beratungsprojekts zu einem erfolgreichen Abschluss wesentlich beitragen. Ein solches »Projektcontrolling« fehlte bei nicht wenigen der untersuchten Fälle völlig.[62]

»Viele der festgestellten Mängel könnten vermieden werden, wenn die Gutachtenvergaben von Beginn bis zur Abnahme nach

Projektgrundsätzen behandelt werden würden«, erläutert der Rechnungshof Baden-Württemberg. »Dabei kommt den vereinbarten Terminen, zu denen der Auftraggeber einen Zwischenbericht vorzulegen hat, besondere Bedeutung zu.«[63] In diesem Stadium seien oft inhaltliche und zeitliche Korrekturen noch möglich.

So wurde in einem Fall entgegen der vertraglich vereinbarten Dauer von vier Monaten der endgültige Bericht erst nach zwanzig Monaten abgeliefert. Diese Überschreitung wurde ohne Konsequenzen akzeptiert und das Honorar wie vereinbart bezahlt.[64] »Im Ergebnis sind so Haushaltsmittel für nicht oder nicht ausreichend brauchbare Beratungsergebnisse ausgegeben worden, obwohl die Verwaltung bereits während des Projektverlaufs Fehlentwicklungen hätte erkennen können«[65], lautet die unverblümte Kritik des Bundesrechnungshofs.

Auch den Dokumentationspflichten wird zu wenig Beachtung geschenkt. Die Verstöße sind erheblich und nahezu durchgängig[66] – obwohl die vergabe- und haushaltsrechtlichen Bestimmungen der Dokumentation des Verwaltungshandelns eine hohe Priorität zumessen.

»Das Gebot der Transparenz und Nachvollziehbarkeit des Verwaltungshandelns durch entsprechende Dokumentationen ist kein Selbstzweck, sondern Ausdruck einer ordnungsgemäßen und wirtschaftlichen Aufgabenerfüllung«, betont der Rechnungshof Baden-Württemberg.[67] Nur so könnten Korrumpierbarkeit und Korruption verhindert beziehungsweise eingeschränkt werden. Hinweise auf zu viel Bürokratie gehen laut Rechnungshof deshalb an der Sache vorbei. Die Untersuchungen des Bundesrechnungshofs haben auch ergeben, dass zwischen den Bundesbehörden kaum ein Erfahrungsaustausch über Beratungen stattfindet. Auch in Sachen Vertragsmanagement gibt es kein ressortinternes oder ressortübergreifendes Vertragsmanagement.[68]

Im Rahmen anderer Untersuchungen haben sich zur Frage des

Informationsaustauschs ähnliche Schwachstellen gezeigt.[69] So hat der Bundesrechnungshof bereits im Jahr 2000 gefordert[70], die ressortübergreifende Koordination bei der Einführung der Kosten- und Leistungsrechnung zu verstärken, um unnötige Kosten zu vermeiden. Offenbar lief der Vorschlag ins Leere.

Fundierte Analyse, aber folgenlose Beratung der Rechnungshöfe?

Der Bundesrechnungshof schafft klare Verhältnisse und kritisiert das gesamte Beraterunwesen der öffentlichen Hand. Ein Bericht mit Brisanz. Prof. Dr. Ulrich Battis, Verwaltungsrechtler in Berlin, überprüfte die Expertise: »Sehr angenehm berührt hat mich die hohe Qualität dieses Berichts. Er ist sachlich, außerordentlich gut fundiert, nicht so ein allgemeines Wischiwaschi. Es werden immer konkrete Fälle genannt, und diese werden dann anschließend verallgemeinert.«

Auf die Frage, warum so viele Gutachten in Auftrag gegeben werden, erklärt Battis: »Sicherlich werden Beratungen aus Bequemlichkeit gemacht. Auch der Rechnungshof sagt, dass man vieles besser machen könnte. Und es sei ja geradezu ein Offenbarungseid, wenn man hier fremde Hilfe brauche. Das ist das eine, aber man muss auch sehen, dass es gerade in der Politik Mode war und wohl auch immer noch ist, gegen den Amtsschimmel Bürokratie nun endlich mal smarte, sehr fähige Unternehmensberater mit einem ganz anderen Image einzusetzen. Mit Hilfe des Glanzes der Unternehmensberater möchte die Politik sich selbst als Innovator darstellen.«

Für die Opposition kümmerte sich zu Zeiten der rot-grünen Bundesregierung der frühere haushaltspolitische Sprecher der CDU, Dietrich Austermann, konsequent um das Thema. Mit kleinen und großen Anfragen im Bundestag versuchte er, seine Kollegen im Parlament dafür zu interessieren. Ein mühsames

Feld, das seit seiner Berufung zum Wirtschaftsminister von Schleswig-Holstein brach liegt. Die betroffenen Berater haben in der CDU/CSU-Fraktion massive Lobbyarbeit gegen Austermanns konsequente Aufklärungspolitik betrieben. Offenbar mit Erfolg.

Austermann im Interview im Jahr 2005: »Man möchte fast sagen, es handelt sich um eine organisierte Verantwortungslosigkeit. Die Ministerien, die politische Führung, aber auch die Beamten möchten nicht mehr die Verantwortung für das übernehmen, was sie tun und tun müssten, und verlagern das auf Berater, greifen gedankenlos zu diesem Hilfsmittel, um sich dann möglicherweise von der Verantwortung freizukaufen. Und der Steuerzahler muss das alles bezahlen. Hunderte von Millionen werden pro Jahr verschwendet.«

Es steht also schlecht um die Berater-Republik. Deutschland im Beratungsfieber, kopflos, grenzenlos? »Ganz markant ist zunächst einmal der Vorwurf des Rechnungshofs, dass die Verwaltung sich sehr häufig beraten lässt, obwohl sie es eigentlich viel besser wissen müsste,« erläutert Ulrich Battis, »und dies aus Bequemlichkeit und zum Teil auch aus Unfähigkeit, überhaupt nachzuforschen, über welches Wissen sie bereits verfügt. Wenn man es böse sagen will: Viele Unternehmensberater sind teuer bezahlte Lehrlinge.« Vernichtender könnte ein Urteil nicht sein.

Bis zum 31. Dezember 2005 sollte der Bundesrechnungshof in Zusammenarbeit mit dem Finanzministerium einen Vorschlag zur präziseren Definition des Beratungsbegriffs vorlegen. Ziel war es, einen praktischen Handlungsleitfaden für den Umgang mit Beratern zu erstellen. Auch sollten in Zukunft vermehrt Kontrollprüfungen auf Bitten des Haushaltsausschusses durchgeführt und anschließend im Ausschuss über die Ergebnisse berichtet werden. Doch all diese guten Transparenzvorsätze scheiterten am Beharrungsvermögen der Ministerialbürokratie. Bislang ist nichts geschehen. Der zuständige Referent des Haushaltsausschusses verweist auf den Regierungswechsel und die damit verbundene Zeitverzögerung. Man wolle dem federführenden Finanzministerium noch drei Monate – also bis März 2006 – Zeit geben, ehe eine Mahnung erfolge. Noch habe niemand den vereinbarten Termin angemahnt oder einen Zwischenbericht angefordert. Typisch für den normalen Parlamentsbetrieb in Zeiten der großen Koalition: Ohne funktionierende Opposition gibt es augenscheinlich keine funktionierende parlamentarische Demokratie.

Der Umgang des Haushaltsausschusses mit den eigenen Beschlüssen ist symptomatisch. Niemand hat Interesse, spürbare Veränderungen im Umgang mit dem Thema Berater durchzusetzen. Die große Koalition klammert das Thema aus, weil keine Partei hier konsequent handelt, und die Oppositionsparteien haben das Thema noch nicht für sich entdeckt. Der Bundesrechnungshof wartet geduldig ab, sieht sich als devoter Dienstleister und nicht als effektiver Kontrolleur.

Immerhin: Dietrich Austermann ist es gelungen, im zuständigen Haushaltsausschuss einen Kontrollbeschluss[71] durchzusetzen. Künftig sollen die Ministerien vorab prüfen, ob sie überhaupt Berater brauchen, was sie wissen wollen und wie viel sie für Beratung zahlen wollen. Aber dieses Ergebnis wird vom Ausschuss wie eine Geheimsache behandelt. Warum nur?

Das Beispiel Austermann zeigt, dass im Parlament effektive Kontrolle nicht selten vom Engagement einzelner Abgeordneter abhängig ist. Heute interessiert sich im Haushaltsausschuss trotz des mittlerweile erfolgten Beschlusses zu Vergabekriterien von Berateraufträgen kaum jemand mehr für die große Geldverschwendung.

Alternativen: Zwanzig Schritte für den sinnvollen Einsatz von externen Beratern

Der Bundesrechnungshof wollte nicht nur als Kritiker der Geldverschwendung auftreten, sondern hat in seinen Berichten konkrete Handlungsvorschläge formuliert. Die wichtigsten Vorschläge des Rechnungshofs kann man als »Road Map« für den vernünftigen Einsatz von Beratern – nicht nur in der Verwaltung – in zwanzig Punkten zusammenfassen:

1. »Die von der Verwaltung zu bewältigende Aufgabe, für die die Einschaltung Externer erwogen wird, muss ausführlich und nachvollziehbar beschrieben und abgegrenzt werden«[72], empfiehlt der Bundesrechnungshof. »Ziele und Maßstäbe« sind klar »festzulegen«, um eine »spätere Erfolgskontrolle« zu »ermöglichen«. Das »Beratungsziel, der -gegenstand und -umfang müssen so definiert sein, dass die Ergebnisse grundsätzlich von eigenen Mitarbeitern ohne weitere externe Unterstützung umgesetzt werden können«.

2. »Die Verwaltung muss zunächst kritisch prüfen, ob sie die Leistung selbst erbringen kann, bevor sie über die Auftragsvergabe an externe Kräfte entscheidet.«[73] Eigenes Personal muss genutzt werden, »denn die durchschnittlichen tagesbezogenen Kosten für den Einsatz externer Berater können das Vierfache der Kosten für eigenes Personal erreichen«. Die zunehmende Eigenleistung kann folgendermaßen umgesetzt werden:

a) »Schulungsmaßnahmen«
Der dauerhafte Wissenszuwachs wirkt sich auch längerfristig für die Verwaltung positiv aus. »Im IT-Bereich sollten die Aus- und Fortbildungsmöglichkeiten für Verwaltungsangehörige etwa durch die Einrichtung eines Studiengangs mit dem Schwerpunkt Verwaltungsinformatik verbessert werden.«[74]

b) »Versetzung, Abordnung und andere Personalmaßnahmen«

Das Know-how ist meist vorhanden, doch es fehlt an Flexibilität und Führungsfähigkeit. Mitarbeiter aus anderen Bereichen »müssen herangezogen« und »gegebenenfalls zeitweise versetzt« werden.

c) »Änderung von Prioritäten«

Grundsätzlich sind »Kapazitäten« des Verwaltungspersonals »mit allen möglichen Mitteln freizusetzen«.

d) »Einrichtung eines zentralen Kompetenzteams innerhalb des Geschäftsbereichs«

Insbesondere in größeren Ressorts können »ein oder mehrere Teams eingerichtet« werden, die bestimmte Projekte wie »Organisationsuntersuchungen, Personalbedarfsermittlungen oder IT dienststellenübergreifend bearbeiten«. Zusätzlicher Vorteil: Die Verwaltung erlangt auch »langfristig ein breites Fachwissen« auf dem jeweiligen Gebiet.

3. »Im Rahmen einer Wirtschaftlichkeitsuntersuchung sind alle Lösungsalternativen darzustellen und zu bewerten.«

Gezielte Qualifikationsanstrengungen können oftmals eine Problemlösung bringen, so der Bundesrechnungshof. »Beim Bundesverwaltungsamt sind bereits seit einigen Jahren zentrale Teams eingerichtet, die Organisationsuntersuchungen und Personalbedarfsermittlungen vornehmen und beraten. Darüber hinaus bietet das BVA auch Hilfestellung und Beratungen im IT-Bereich und zur Kosten-Leistungs-Verantwortung an. Diese Teams werden nicht nur für das Innenministerium tätig (BMI), sondern stehen auch anderen Geschäftsbereichen zur Verfügung.« Diese bereits bestehenden Alternativen müssen durch die Bereitstellung zusätzlicher Kapazitäten gestärkt werden, regt der BRH an.

4. »Die Leistung muss nach den einschlägigen vergaberechtlichen Vorschriften grundsätzlich öffentlich, gegebenenfalls auch europaweit ausgeschrieben werden.«[75]

5. Das Vergaberecht muss dringend »verschlankt« werden. Das »Ausschreibungsgebot« für Beratungsleistungen muss »verdeutlicht«[76] werden. Der Gesetzgeber muss mit allen ihm zur

Verfügung stehenden Mitteln den Missbrauch verhindern, etwaige Schlupflöcher schließen und Sanktionen verschärfen.

6. Abzulehnen sind »Erwägungen, mit dem Rückgriff auf Externe haushaltsrechtliche Regelungen, Knappheit eigener personeller Ressourcen oder Widerstände gegen beabsichtigte Maßnahmen – seien sie extern oder intern – umgehen zu können«.[77]

7. »Erfolgskontrolle«, »Wirtschaftlichkeit« und »Beachtung des Wettbewerbs«[78] zwischen den Leistungsanbietern müssen »in der Praxis verinnerlicht und umgesetzt« werden. »Umfang der benötigten Beratertage, zeitliche Bedingungen« und besonders die »Honorarhöhe« sind klar »festzulegen«.

8. Beratereinsätze schon »am Anfang des Entscheidungsprozesses« sind laut BRH »grundsätzlich abzulehnen«.[79] Die Verwaltung muss zunächst definieren, was sie wissen will.

9. »Wenn die Beauftragung externer Berater als wirtschaftliche Alternative in Betracht kommt, muss die gewünschte Beratungsleistung eindeutig und umfassend beschrieben werden«, fordert der BRH. »Das setzt entsprechende, zumindest grundlegende Fachkenntnisse in der Verwaltung voraus. Fehlen diese, sind auch eine sachgerechte Beraterauswahl und die spätere Kontrolle des Beratungsprojekts nicht gewährleistet.«[80]

10. Die Verträge müssen so abgefasst sein, dass die Leistung »sowohl inhaltlich als auch zeitlich beschrieben und kontrollierbar« ist. Es müssen »Regelungen für den Fall der Schlechtleistung und des Abbruchs«[81] vorgesehen sein. »Leistungsfristen« müssen klar festgelegt werden.

11. Die Leistung muss »explizit abgenommen« werden, Nachbesserungen müssen dokumentiert werden, so der BRH. »Diese Aufgabe darf nicht an externe Kräfte übertragen werden.«[82]

12. Abhängig vom Beratungsgegenstand müssen die Ergebnisse durch die Verwaltung »sachgerecht genutzt« oder »fortgeschrieben« werden. Die gesamte Maßnahme muss »abschließend einer Erfolgskontrolle« unterzogen werden, deren »Ergebnisse schriftlich« niederzulegen sind.[83]

13. »Die Qualifikation der externen Berater« muss »präzise definiert«[84] sein. »Der Auftragnehmer« muss »verpflichtet werden, dass er nur fachbezogen »qualifiziertes Personal«[85] einsetzt.

14. Informationen über Beratungsprojekte müssen »gezielt innerhalb der Bundesverwaltung verbreitet« werden. So können unnötige Mehrfachbeauftragungen vermieden und eine effiziente Nutzung von Beratungsergebnissen ermöglicht werden. Wichtig ist das so genannte »Instrument der Pilotberatung«[86]: Dabei handelt es sich um Projekte, deren Ergebnisse ressortübergreifend zur Verfügung gestellt werden müssen. So kann der sachbezogene Informationsaustausch besser funktionieren und intensiv genutzt werden. Im Rahmen eines »Wissensmanagements« kann er innerhalb der Verwaltung direkt zur Verfügung gestellt werden.

15. »Generell müssen die Möglichkeiten, den Informationsaustausch zwischen den Behörden zu nutzen, umfassender genutzt werden«[87], fordert der BRH. »So können zum Beispiel ressortübergreifende Arbeitskreise und Ausschüsse Informationen unmittelbar austauschen. Beispielhaft zu nennen sind der Ausschuss für Organisationsfragen (AfO) sowie der Ausschuss für Information und Kommunikation.« Auch der »Bund-Länder-Arbeitskreis ›Kosten- und Leistungsrechnung‹ oder das jährlich stattfindende Bundescontroller-Treffen des Finanzministeriums« müssen stärker für den internen Informationsaustausch genutzt werden.

16. Über den fachbezogenen Austausch hinaus sollte auch das »Wissensmanagement systematisiert« werden. Informationen müssen »in strukturierter Form und IT-gestützt verfügbar« gemacht werden. So könnten »die Behörden ihre Informationen und Ergebnisse zu einer vorgegebenen Struktur im Informationsverbund der Bundesverwaltung (IVBV) ablegen, so dass sie dann allen Nutzern dieses Netzes zur Verfügung stehen«[88].

17. »Die einzelnen Schritte von der Notwendigkeitsprüfung bis hin zur Umsetzung von Beratungsergebnissen sind von der

Verwaltung nachvollziehbar zu dokumentieren«[89], verlangt der BRH.

18. Es muss »grundsätzlich eine vertragliche Bestimmung aufgenommen« werden, die es der »Verwaltung ermöglicht, längerfristig angelegte Beratungsprojekte abzubrechen und den Vertrag zu kündigen«.[90] Für diesen Fall muss vereinbart werden, dass »nicht das Gesamthonorar, sondern lediglich das Honorar für die bereits erbrachte Teilleistung fällig wird«.[91]

19. »Will die Verwaltung« bestehende Verträge »erweitern oder verlängern«, so müssen die vergaberechtlichen Vorschriften erneut geprüft und auch eingehalten (!) werden. Es gilt dabei die »Voraussetzung, dass nicht mehr als 50 Prozent des ursprünglichen Auftragswertes von der Umgestaltung betroffen«[92] sein dürfen.

20. Beratereinsätze müssen transparent gemacht werden: »Die derzeitige Praxis, externe Leistungen bei verschiedenen Haushaltstiteln zu veranschlagen, erschwert den Überblick«, urteilt der BRH. Zahlungen an externe Berater sollten »unabhängig von ihrem sachlichen Zusammenhang und ihrer titelmäßigen Verbuchung verpflichtend im Haushalt gekennzeichnet«[93] werden. Dafür müssen »die haushaltstechnischen Möglichkeiten geschaffen« werden, zum Beispiel »durch die Eingabe vordefinierter Buchungstexte oder die verbindliche Nutzung von Objektkonten«, wie der BRH vorschlägt. Nur so kann der Informationsbedarf der Öffentlichkeit, des Parlaments und der Bundesregierung gedeckt werden.

Zwanzig Schritte, zwanzig Ideen für alle Auftraggeber, die mit Beratern zu tun haben. Würden nur Teile dieser Reformimpulse des Bundesrechnungshofs in die Praxis umgesetzt, so wären die Beratungsergebnisse besser, der Nutzen für die Kunden größer und die Kosten wesentlich geringer.

Trotz der intensiven Bemühungen des Bundesrechnungshofs, der »Macht der Berater« wirksam entgegenzusteuern, ist in der

Praxis bislang allerdings fast nichts geschehen. Dies wirft die Frage auf, warum die Politik es zulässt, dass der Staatsapparat sich gegenüber einer auf Argumente und zahlreiche Fallbeispiele gestützten Kritik dermaßen immunisieren kann. Die Grenzen parlamentarischer Kontrolle sind in diesem Fall jedenfalls ausgelotet, die Inkompetenz der verantwortlichen Politiker ist erschreckend deutlich nachgewiesen worden.

2. Immer dabei: Berater auf Landes- und auf Bundesebene

Parlamentarische Anfragen zum Thema externe Berater häufen sich in deutschen Landtagen und geben Auskunft über die Beraterlandschaft in Deutschland, über Gutachten, die keiner kennt, über Studien, von denen noch niemand etwas gehört hat – ein unübersichtliches Feld. Es ist der vorsichtige Versuch, mit Mitteln der parlamentarischen Demokratie Licht ins Dunkel der Beraterwelt zu bringen. Dabei stolpert man über zahlreiche Ungereimtheiten, Erstaunliches und Absurdes.

Normalerweise lesen nicht einmal alle Abgeordneten die Antworten auf ihre parlamentarischen Anfragen. Es lohnt sich aber, das Kleingedruckte der deutschen Ministerialbürokratie unter die Lupe zu nehmen. Die Lektüre illustriert die Abhängigkeit der deutschen Politik von externen Beratern, und vor allem die Willkür der Auftraggeber.

Merkwürdiges und Kurioses: Gutachten von Nordrhein-Westfalen bis Baden-Württemberg

Das Umweltministerium in Düsseldorf leistete sich 2004 eine 35 000 Euro teure Studie zur »Waldpädagogik unter Gender-Aspekten«: der Wald und die Frauen also. Grund für die Studie war die Sorge des Ministeriums, dass die Waldpädagogik – die die Aufgabe hat, den Bürgern in Nordrhein-Westfalen die Forstwirtschaft zu erklären – ihr Ziel verfehlen könnte. Sie gehe angeblich zu wenig auf geschlechtsspezifische Unterschiede der Waldbesucher ein, eine These, die auf einer Tagung mit dem Frauennetzwerk Ruhrgebiet diskutiert wurde. Manche sehen das allerdings anders: Die Regierung solle »auf derart unsinnige Gutachten verzichten«, forderte FDP-Haushaltsexpertin Angela Freimuth. Die ehemalige Umweltministerin Bärbel Höhn dagegen verteidigte das Projekt: Ein EU-Vertrag zwinge die Regierung, »mehr auf die Geschlechtergerechtigkeit zu achten«.[1]

Ähnliches geschieht im Bundesministerium für Finanzen: 99 000 Euro gaben die Beamten für einen Beraterauftrag zum Thema »Benchmarking« aus, weitere 65 000 Euro für »Medienberatung«, außerdem 127 000 Euro für die »Erarbeitung eines strategischen Zielsystems« und 74 000 Euro für »Koordinierungsoptimierung«.[2] Schöne, nichtssagende Worte für klassische Aufgaben, die Fachbeamte eigentlich zu erledigen haben.

Opulente Einnahmen hatte auch der Fischereiverband Saar e.V. mit Sitz in Dillingen. Neun verschiedene Aufträge erhielten die Fischer zwischen 2000 und 2003 von der Landesregierung, Kostenfaktor: fast 167 000 Euro. Das »Artenschutzprogramm einheimischer Krebsarten« schlägt dabei mit insgesamt 15 800 Euro zu Buche.

In Rheinland-Pfalz erhielt eine »Einzelperson« satte 10 000 Euro für ein Gutachten zur »Gesetzesfolgenabschätzung für die Novelle des Landespflegegesetzes«.[3] Die Studie ist allerdings nur für den internen Entscheidungsbedarf der Verwaltung bestimmt. Die gut ausgebildeten Juristen in den Ministerien können eine solche Analyse offenbar nicht selbst erstellen und beschäftigen damit lieber Berater.

Und dann ist da noch die Sache mit den USA: »Zur Unterstützung des Landes Rheinland-Pfalz in der Vor- und Nachbereitung eines Besuchs einer Delegation in den Vereinigten Staaten vom 13. bis 18. September 2003« wurde ein »Dienstleistungsvertrag zur Vermittlung der Position der Landesregierung gegenüber der US-Regierung« geschlossen. Kostenfaktor: 14 539 Euro, Vertragspartner: eine Einzelperson. Dazu kamen zwei Folgeaufträge »im Hinblick auf die Privatisierung von Leistungen zu Gunsten der US-Streitkräfte«, Kostenfaktor: 37 000 Euro.[4] Die Dienstleistung war bis Dezember 2003 erbracht. Fachleute in der Staatskanzlei waren mit einer solchen Untersuchung wohl überfordert.

Auch das Umweltinstitut Offenbach konnte sich freuen: Es erhielt knapp 100 000 Euro[5] für die »Erfassung gewerblicher Altstandorte gem. § 20 Landesabfallwirtschafts- und Altlastengesetz«. Das Ingenieurbüro UMGIS hatte den gleichen Auftrag und durfte ebenfalls Altstandorte erfassen. Es verdiente damit allerdings nur 80 000 Euro.[6] Beide Ergebnisse waren lediglich für den internen Gebrauch bestimmt. Ob die Auftragnehmer auch exakt denselben Inhalt recherchierten, bleibt wohl ewig das Geheimnis der Behörden.

Die Anwaltskanzlei Clifford Chance Pünder hatte in Rheinland-Pfalz am meisten Glück: Mit 1,65 Millionen bekam sie den Löwenanteil des Berater-Budgets für die »Entwicklung eines marktgängigen und bankenaufsichtsrechtlich genehmigungsfähigen Kernkapitalproduktes«, kurz: »Profit Linked Perpetual«[7]. Die Tätigkeit steht im Zusammenhang mit der Absicht des Landes, die landeseigenen Forderungen des Wohnungsbauvermögens an den Finanzierungsfonds für die Beamtenversorgung Rheinland-Pfalz zu verkaufen. Die Anwaltskanzlei soll den Barwert des Wohnungsbauvermögens ermitteln. Es handelt sich um eine »laufende Beratungs- und Unterstützungsleistung«, so die Landesregierung.[8] Intern, versteht sich. Konkrete Termine wurden nicht angegeben.

Erwähnenswert ist auch die Straußenhaltung. Für eine Studie zu diesem tierischen Thema machte das sächsische Staatsministerium für Soziales immerhin viertausend Euro locker. Die Ergebnisse sollen für die Genehmigungspraktik der zuständigen Behörden intern genutzt werden, heißt es.[9]

In Niedersachsen durfte jeder mal ran:[10] Die »Neustrukturierung der Fischfangunion« übernahm Roland Berger. Das Gutachten kostete 28 070 Euro. Ob Fisch, ob Fleisch – Unternehmensberater verstehen von allem etwas. McKinsey erhielt als

Startschuss 165 000 Euro für das »Niedersachsen-Projekt«, eine Untersuchung, die die Wirtschafts- und Wachstumspotenziale Niedersachsens ausloten sollte.

Neue Erkenntnisse brachte das alles nicht: »In der McKinsey-Studie steht eigentlich das, was wir vorher auch schon wussten, es ist jetzt nur einmal von einem renommierten Unternehmen mit einem Namen von Rang niedergeschrieben worden«[11], so die Einschätzung von Dr.-Ing. Gunther Schänzer, Universitätsprofessor an der TU Braunschweig und Vorsitzender des »Forschungsflughafen e.V.«, beispielsweise zu einer McKinsey-Studie über »Entwicklungsmöglichkeiten am Forschungsflughafen«.

Auch Arthur Andersen bekam einen Auftrag: 127 875 Euro für eine »Positionierung«[12] – unklar ist, was damit genau gemeint war. Eine Studie von Booz, Allen & Hamilton zur »Evaluierung der Multimedia-Analyse Niedersachsen« kostete das Land 368 000 Euro, und die »Organisations- und Wirtschaftlichkeitsuntersuchungen der Verwaltungs- und Servicefunktionen der Fachhochschule Nordostniedersachsen« waren der Landesregierung eine Zahlung von 90 377 Euro[13] an KPMG wert. Alle sind dabei, alle verstehen sich, alle profitieren. Ein gutes Geschäft eben.

Für einen Vorschlag zur »Neuorganisation der KFZ-Instandhaltung der hessischen Polizei« waren 45 700 Euro an die Berater fällig[14], vergleichsweise ein Schnäppchen. Das Ziel der Untersuchung: mehr Wirtschaftlichkeit im Unterhalt des Fuhrparks der Beamten in Grün. Teurer war da schon das Gutachten einer nicht genannten Beraterfirma zur »Position und den Entwicklungsperspektiven des Finanzplatzes Frankfurt«[15] – satte 180 000 Euro. Hochkomplexe Themen haben eben ihren Preis.

Eine »Studie zur Situation ehrenamtlicher Feuerwehrangehöriger in Baden-Württemberg« kostete 73 491 Euro, eine Grundlagenermittlung dazu vorab 18 386 Euro.[16] Wem das zu langweilig ist, der findet auch spannendere Themen: Die »Untersuchung der Treffgenauigkeit der für die Polizei beschafften Dienstpistole Heckler & Koch« für nur 2429 Euro. Vergleichsweise fad wirkt da die Studie über »50 Jahre Entwicklung ländlicher Gemeinden in Baden-Württemberg – von der Dorfsanierung zum ›Entwicklungsprogramm ländlicher Raum‹ (ELR)« – dafür zahlte die Landesregierung aber immerhin 40 020 Euro.

Gender-Mainstreaming in Jützenbach:
Beratung als Selbstzweck

Jützenbach, ein kleines Dorf mitten in Thüringen. Beamte und Gutachter haben viel vor: Mit einem »Gender-Check« und einem »Gender-TÜV« soll Jützenbach unter die Lupe genommen werden. In einer Studie[17] wurde untersucht, wie in Jützenbach Dorferneuerung unter besonderer Berücksichtigung von Geschlechterbeziehungen – genannt »Gender-Mainstreaming« – bewerkstelligt werden soll. Für dieses Projekt beauftragte das Thüringer Ministerium für Landwirtschaft, Naturschutz und Umwelt den Ingenieur und Universalisten Dr. Peter Lachmann. Vor Ort studierte er den Kampf der Geschlechter – für 15 000 Euro.[18]

Peter Lachmann: »Ziel ist, die bisherige Umsetzung des Gender-Maintreaming-Leitprinzips von Top-down auf Bottom-up zu verlagern. Das ist EU-Deutsch und heißt einfach, dass die Durchsetzung der Geschlechtergleichheit mehr oder weniger von unten, von den Menschen vor Ort, kommen muss und nicht von oben durch irgendwelche Gleichstellungsbeauftragte oder ähnliche Institutionen.« Alles Gute kommt also von unten in Jützenbach.

Geprüft wurden die »Gender-Relevanz«, die »Gender-Kompetenz«, die »Gender-Defizite« und die »Gender-Konformität«.[19] »Es wurden exemplarisch die Strukturen, Entscheidungsprozesse, Ergebnisse, Wirkungen und Erwartungshaltungen (...) analysiert«, heißt es in der Studie.[20] Zur Klärung der Fragestellungen wurde auf eine so genannte »3-R-Methode« zurückgegriffen:
- »Repräsentation – hier wird erhoben, wie die Geschlechter in den Entscheidungsprozessen und -gremien vertreten sind.

- Ressourcenverteilung – hier geht es um die geschlechtsspezifische Verteilung von Zeit und Geld.
- Realia – hier werden formale und informelle Strukturen in Organisation oder Einstellungen gegenüber Mitmenschen erfasst.«[21]

Analysiert wurden beispielsweise die Altersstruktur, das Verhältnis von Geburten und der Geschlechter, Wanderungsbewegungen oder die Mitgliedschaft in Vereinen.[22] Das ganze Dorf inklusive freiwilliger Feuerwehr war eingespannt. Braucht Jützenbach eine solche Studie? Nancy Brodhun, Kindergärtnerin und Mitglied im begleitenden Gremium »Gender-Beirat«, versteht den ganzen Aufwand nicht: »Ich brauche es nicht. Ich kann mich selbst durchsetzen.«

Im Kindergarten von Jützenbach, dem Glanzstück der Gemeinde, ist die Gleichstellung von Jungen und Mädchen schon längst erreicht. Auch im Vorfeld der Studie war bereits klar, »dass keine Probleme der Chancengleichheit im Ort existieren«. Der Beirat erkannte »keine expliziten Handlungsfelder«.[23]

Sechzig Seiten über Gleichberechtigung wurden niedergeschrieben. Ergebnis: Die Vorhaben »Dorfgemeinschaftshaus« und »Kindertagesstätte« verfügen über eine geschlechtsspezifische Relevanz, das Vorhaben »Trauerhalle« hingegen »nicht«.[24] Neunzig Prozent der Befragten sind mit der Wohnsituation, der Sicherheit und den öffentlichen Verkehrsmitteln zufrieden.[25] Also wirklich alles im Lot in Jützenbach? Nein, denn bei der Feuerwehr, dem wichtigsten Verein, ist keine einzige Frau aktiv.

Daniel Gatzemeier, Mitglied im »Gender-Beirat« und Feuerwehrmann, erklärt hierzu: »Es geht nicht nur um Frauen beim Gender-Mainstreaming. Und unsere Frauen reden im Dorf sehr viel mit. Ohne unsere Frauen läuft hier gar nichts. Das ist so. Auch in der Feuerwehr. Hinter jedem Feuerwehrmann steht eine Frau.«

Auf die Frage »Was hat denn Gender-Mainstreaming mit der Feuerwehr zu tun?« antwortet Daniel Gatzemeier: »Der Begriff kommt vom Erfinder, denke ich mal. Der Herr Gender, der diese Hauptrichtlinien erfunden hat. Und daraus hat sich das ergeben. Man versucht, da einen Begriff einzuführen, der dann bundesweit übernommen werden soll.« Nun entspinnt sich ein aufschlussreicher Dialog zum Thema:

»Man kann es im Grunde auch auf die Feuerwehr übersetzen?« – »Ja, man kann den Gender-Mainstreaming-Gedanken auch auf die Feuerwehr münzen.« – »Sie haben sicherlich noch viel zu tun in diesem Sinne?« – »Ja, sicher.«

Wozu der ganze Aufwand? 15 000 Euro für sechzig Seiten Papier, in denen steht, dass Frauen auch die Gemeindehallen mitbenutzen dürfen sollten, und ähnliche Binsenweisheiten. Von einem »Herrn Gender« ist allerdings nicht die Rede.

Egal, ob in Thüringen, Bayern oder im Saarland – alle wollen sie, alle buchen sie: die externen Berater. Kaum ein Thema, zu dem es nicht schon ein Gutachten gäbe. Dabei kann die Studie noch so grotesk sein, um eine Begründung für den Auftrag sind die Verantwortlichen nie verlegen. Gutachten an externe Firmen zu vergeben gehört schon fast zum guten Ton in deutschen Amtsstuben.

Dabei herrscht bei der Vergabe eine fast vorsätzliche Willkür: Es gibt keine gemeinsame Linie, keine klar erkennbaren Entscheidungswege. Hauptsache, am Ende wird ein Ergebnis geliefert. Willkür bei der Auftragsvergabe ist jedoch auch dann nicht zu entschuldigen, wenn das Papier schließlich in den Schubladen verschwindet und die Umsetzung nicht geplant ist. Der Nutzen der Gutachten ist zweifelhaft – da wird schon mal eine Firma beauftragt, um sich die eigene Arbeit vom Schreibtisch zu schaffen. Geht es nach den Regeln der Beraterwelt, dann funktioniert so der moderne, zahlende Staat.

Anatomie des Beratermarkts auf Bundesebene

»Im übersichtlichen alten Klassenkampf trägt das Böse einen Laptop, dunklen Anzug und die goldene Senator-Card«, grantelt die *Financial Times Deutschland*[26] über die Berater-Diskussion. McKinsey kommt – immer öfter auch zur Bundesregierung. Auf persönliche Einladung, etwa um dem früheren Bundeskanzler Gerhard Schröder etwas über Bildung zu erzählen oder träge Arbeitsämter aufzufrischen. Die Kollegen von Roland Berger, IBM oder KPMG sind auch schon da, und die Rechnungen sind so hoch, dass die Opposition gelegentlich ein Thema wittert.

Darüber hinaus haben die Bundesbehörden weitere 918 Beraterverträge erteilt, davon 428 durch die obersten Bundesbehörden, 444 durch Bundesbehörden und 46 durch bundesunmittelbare Körperschaften. Das Auftragsvolumen beläuft sich damit insgesamt auf weitere 401 Millionen Euro. Allein die Aufträge bei der Bundesagentur für Arbeit sind rund 278 Millionen Euro wert. Die rot-grüne Bundesregierung hat bestätigt, dass die Bundesagentur für Arbeit seit 1998 insgesamt 128 Informationstechnologie- und 35 Beraufträge für sonstige Themen vergeben hat.[27]

Die Opposition vermutete allerdings schon damals weit mehr Beratung auf Kosten der Steuerzahler: »Die sagen immer noch nicht die ganze Wahrheit«, mutmaßte noch zu Zeiten von Rot-Grün der Ex-Abgeordnete Dietrich Austermann. Millionenschwere Bereiche seien in der Aufstellung der Bundesregierung gar nicht aufgeführt, kritisiert der frühere CDU-Haushaltsexperte.[28] So fehlen beispielsweise die Beträge aus der Bundeswehr-Privatisierungsgesellschaft g.e.b.b.

Die Regierung Schröder argumentierte in diesem Fall findig: Zahlenangaben zur g.e.b.b. würden verweigert, weil die Privatisierungsgesellschaft keine hoheitlichen Aufgaben wahrnehme. Das Verteidigungsministerium führte an, dass Verträge über juristische und technische Fragen nicht zum Beratungswesen gehörten.[29]

Mittels dieser Definition des Beratungswesens konnte auch der Vertrag mit der Anwaltskanzlei Beiten/Burkhardt/Goerdeler aus der Liste der früheren Bundesregierung herausgehalten werden. Das Nürnberger Büro von Beiten/Burkhardt/Goerdeler betreut seit 2001 für rund 27 Millionen Euro das IT-Projekt »Herkules« der Bundeswehr. Es geht um ein gigantisches Geschäft: 6,65 Milliarden Euro will die Bundeswehr in den nächsten Jahren allein für die Modernisierung der IT ausgeben.[30] Die Auftragsvergabe erfolgte Mitte 2007 nach jahrelangem Hin und Her.

Verträge in der rechtlichen Grauzone

Doch wer sind die Auftraggeber und Auftragnehmer der Berater-Verträge mit der Bundesregierung?

Über drei Viertel der Ausgaben von mehr als 205 Millionen wurden für Consulting aufgewendet, rund die Hälfte davon für IT-Beratung und weitere 37 Prozent für »wissenschaftliche Politikberatung«. Das ergab eine Analyse[31] der Antwort der Bundesregierung auf die kleine Anfrage der Abgeordneten Dagmar Wöhrl, Karl-Josef Laumann, Dietrich Austermann und der CDU/CSU-Fraktion vom 24. März 2004.[32]

14,5 Prozent der Ausgaben in Höhe von 205 Millionen flossen in Gutachten und 4,5 Prozent in die »schillernde«[33] PR-Arbeit. Verschwindend gering mit 2,35 Prozent war der Anteil an Rechtsberatung, 2 Prozent entfielen auf Lobbying.[34]

Die IT-Beratung macht dabei nicht nur den größten Anteil der Aufträge aus – mit dem höchsten Satz pro Auftrag kostet sie den Staat auch am meisten: Das durchschnittliche Umsatzvolumen pro Auftrag liegt im IT-Bereich mit 915 000 Euro am höchsten, gefolgt von der Beratung in Sachen Strategie mit 630 000 Euro. Die wissenschaftliche Politikberatung hat in der Regel ein Volumen von 415 000 Euro pro Auftrag, die Organisationsberatung kommt am günstigsten: Durchschnittlich 147 460 Euro kostet die Leistung externer Berater auf diesem Gebiet.[35]

Die Vergaberichtlinien werden in der Regel nicht eingehalten: Rund ein Drittel der Ausschreibungen liegt über einem Volumen von 130 000 Euro und ist damit ausschreibungspflichtig. Von den über der Ausschreibungsgrenze liegenden Aufträgen wurden aber nur vierzig Prozent ausgeschrieben, die restlichen sechzig Prozent vergab die Regierung Schröder freihändig. Die Summe der in den meisten Fällen widerrechtlich[36] nicht ausgeschriebenen Aufträge liegt insgesamt bei rund hundert Millionen Euro, also fast bei der Hälfte der Aufträge. Mehr als vierzig Prozent der freihändig vergebenen Aufträge betreffen die IT-Beratung. Aber auch die Aufträge der wissenschaftlichen Politikberatung gehen oft ohne Wettbewerb an den Auftragnehmer: Mit 37,54 Prozent ist ihr Anteil fast genauso hoch.[37] Ob die große Koalition diese »Ausschreibungspolitik« ändert, lässt sich noch nicht absehen.

Für wissenschaftliche Politikberatung gab die rot-grüne Bundesregierung 63 Millionen Euro aus. Verkehr, Technologie und Wirtschaft sind die Politikfelder mit den größten Volumina. Deshalb stammt mehr als ein Drittel der Aufträge an externe Berater aus dem Bereich Verkehr.[38] Die Gründe liegen auf der Hand: Allein die Vorbereitung und Durchführung der LKW-Maut kosteten mehr als 15 Millionen Euro Beratungshonorar. Eine Rückzahlung durch das Betreiberkonsortium ist nicht absehbar: Noch verhandelt man außerhalb der Gerichte. Auch die Weiterentwicklung der Magnetschwebebahntechnik ist ein Fall für die Berater: Hierfür gab die Regierung Schröder über sechs Millionen Euro aus.[39]

Grenzen der Auskunftspflicht

Mit Verweis auf den Datenschutz gab die rot-grüne Bundesregierung seinerzeit bei der Beantwortung entsprechender Anfragen keine Auskünfte zu den Auftragnehmern sowie zu deren Beratungshonoraren. Die Grundrechte aus Art. 2 Abs. 1 GG (Recht auf informationelle Selbstbestimmung) und Art. 14 Abs. 1 GG, gegebenenfalls in Verbindung mit Art. 19 Abs. 3 GG verbürgen den Schutz vor einer unbegrenzten, vor allem öffentlichen Verwendung individualisierter Daten. Dieser Schutz darf nur im überwiegenden Interesse der Allgemeinheit und unter Beachtung des Grundsatzes der Verhältnismäßigkeit eingeschränkt werden. Die Einschränkung darf nicht weiter gehen, als es zur Wahrung öffentlicher Interessen unerlässlich ist.[40]

Das allgemeine parlamentarische Fragerecht ist dadurch gekennzeichnet, dass Fragen und Antworten der öffentlichen Kenntnisnahme unterliegen. Dies ist ein wesentlicher Unterschied zu vertraulichen Ausschussberatungen. Dort können und müssen gegebenenfalls Vorkehrungen für den Geheimnisschutz getroffen werden.[41] Daraus folgt für die Beantwortung parlamentarischer Fragen, dass die rot-grüne Bundesregierung bei der Abwägung der Interessen des Parlaments und der Betroffenen einen strengeren Maßstab anlegen musste als bei der Unterrichtung parlamentarischer Ausschüsse. Sie nutzte diesen Mechanismus – wie die anderen Regierungen zuvor – aber zur gezielten Desinformation und Informationsverweigerung.

Um die parlamentarische Kontrolle zu wahren, besteht formal die Möglichkeit, zu den datenschutzrechtlichen Details in vertraulicher Sitzung des Haushaltsausschusses Stellung zu nehmen. Hierbei gilt aber: Nur was explizit abgefragt wird, kommt eventuell ans Licht der nichtöffentlichen Ausschüsse. Auch hier gilt der alte parlamentarische Leitsatz: »Macht ist die Schaffung von Ungewissheitszonen.«

Nach Art. 19 Abs. 3 des Grundgesetzes gelten Grundrechte auch für inländische juristische Personen, soweit sie ihrem Wesen nach auf sie anwendbar sind. Auch Beraterfirmen fallen darunter. Dies gilt nach der Rechtsprechung des Bundesverfassungsgerichts jedenfalls für die Grundrechte aus Art. 14 und Art. 12 GG.[42] Zum Schutz rechtmäßig handelnder Unternehmen ist es also wichtig, für die Ausübung der – unbestritten legitimen – parlamentarischen Kontrolle das nichtöffentliche Verfahren vor den Bundestagsausschüssen zu wählen.

Saarland & Friends und die INSM

Auch im Saarland, dem kleinsten und ärmsten Flächenland Deutschlands, steht Beratung hoch im Kurs. Die Eigenwerbung als Tourismusziel oder als moderner Hochschulstandort lässt sich das Bundesland jedes Jahr mehrere Millionen kosten. Dabei wird die Not des Landes immer größer, nachdem das Ende der zehn Jahre dauernden Teilentschuldung durch Bund und Länder gekommen ist, die der frühere Ministerpräsident Oskar Lafontaine einst vor dem Bundesverfassungsgericht erstritten hatte.

Fast jeder vierte Euro in dem 3,3 Milliarden umfassenden Etat für das Jahr 2005 musste gepumpt werden. Im Zuge des Notprogramms, das Einschnitte beim Staatstheater ebenso vorsieht wie bei den Landesbeamten, will die Regierung von Peter Müller (CDU) in den nächsten Jahren sogar 26 von 91 Grundschulen schließen.[43] Ein abermaliger Gang nach Karlsruhe gilt als problematisch, da die Verfassungshüter auf den Gedanken kommen könnten, ein Exempel dafür zu statuieren, dass die »Kleinstaaterei« – ganz im Sinne des Bundesfinanzministers – nicht mehr bezahlbar sei.

Zwischen Oktober 1999 und Februar 2004 gab die saarländische Landesregierung rund 13 Millionen Euro für Gutachten, Studien und Analysen aus. Dazu kommen rund zwölf Millionen für Öffentlichkeitsarbeit und Repräsentation.[44] Per Image-Werbung erklärt sich das Armenhaus Deutschlands zum Paradies der Fleißigen.

So schrieb *Die Welt*[45] im Juli 2003: »Wenn es dem Wohl seines Landes dient, legt Peter Müller schon mal das Sakko ab. Dann trottet der Mann sogar hinter einem Fotografen her und lässt sich so hinstellen, dass hinter ihm ein acht mal acht Meter großes Plakat ins Bild rücken kann. Ein Mann mit weißem Hemd krempelt darauf mit der linken Hand den rechten Ärmel hoch. Müller krempelt mit. ›Alles wartet auf den Aufbruch‹, steht links oben auf dem Plakat. Als Müllers Krempelaktion den Ellbogen erreicht, drückt der Fotograf ab. Jetzt ist auch die rechte untere Ecke zu sehen. ›Wir fangen schon mal an. Das Saarland.‹«

Diese Imagepolitur haben Kommunikationsberater entwickelt. Der Ministerpräsident solle einen Mentalitätswandel verkünden, so die Berater. Hauptsache, die Kosmetik stimmt. Die opulenten Aufträge der Regierung an die Berater rufen die Opposition im Landtag auf den Plan. »Die Vergabepraxis der Landesregierung ist skandalös, von der Flut der Gutachten ganz zu schweigen«, erklärt die SPD-Abgeordnete Karin Lawall Ende 2004 im saarländischen Landtag. Die Gutachten, die die SPD-Politikerin erst nach langem Kampf einsehen durfte, überraschten sie: »Wir haben festgestellt, dass ein Großteil (der Gutachten, Anm. d. Verf.) überhaupt nicht in die Politik einfließt, sondern in den Schubladen verstaubt. In der letzten Periode wurden ca. 13 Millionen Euro ausgegeben – bei einem Land von knapp über einer Million Einwohnern ist das schon ein großer Batzen«, erklärt die Vizepräsidentin des Landtags. »Es sind Profilierungssucht, Gefälligkeit, Mauschelei. Da gibt es Verbindungen zu pflegen, auch ein bisschen Selbstdarstellung ist dabei. Es ist ein Sumpf.«[46]

Mitverantwortlich ist die Berliner Agentur Scholz & Friends. Sie erhielt im März 2003 von der saarländischen Staatskanzlei den Auftrag für eine groß angelegte Imagekampagne der saarländischen Landesregierung. Die Agentur ist spezialisiert auf strategische Kommunikationsberatung und versucht, Aufträge erteilende Politiker in den Medien ins rechte Licht zu rücken. Auch die Kampagne für das Anpackerland stammt von ihr.

Die Agentur leistete im Saarland ganze Arbeit. Peter Müller wurde im Juli 2003, also vier Monate nach der Auftragsvergabe an Scholz & Friends, zum »Ministerpräsidenten des Jahres« gekürt – von einer von der Metallindustrie finanzierten Initiative. Grundlage für die Auszeichnung Müllers war eine Vergleichsstudie der Initiative Neue Soziale Marktwirtschaft (INSM) und der *WirtschaftsWoche*[47] zwischen den 16 deutschen Bundesländern. Im Zentrum standen dabei die wirtschaftliche Entwicklung und die Veränderung der politischen Rahmenbedingungen der Länder. Das Dynamikranking umfasst den Zeitraum 2000 bis 2002, inklusive einer Prognose des Gesamtrankings für 2004. Ausgerechnet das bettelarme Saarland wurde Spitzenreiter im Dynamikranking[48], und Peter Müller erhielt den dekorativen Titel.

Eine zweifelhafte Siegerehrung: Die INSM wird ebenfalls von der PR-Agentur Scholz & Friends betreut. Gelenkt wird sie von einem kleinen Unternehmen namens berolino.pr, für das wiederum Scholz & Friends arbeitet. Diese feine Orchestrierung von Wissenschaft, Medien-PR und Werbung nennt sich »integrierte Kommunikation«.[49] Nach Analysen des Berliner Politikwissenschaftlers Rudolph Speth hat die Agentur Scholz & Friends die INSM »erfunden«: »Scholz & Friends ist das Gehirn«, sagt er.[50] Geschäftsführer Klaus Dittko sei nicht nur ein Werbe-, sondern als ehemaliger Redenschreiber von Helmut Kohl auch ein echter Politprofi. Während das Steuerungsbüro berolino.pr in Köln nur sieben Angestellte habe, arbeiteten bei Scholz & Friends weitere Mitarbeiter am Konzept der INSM. Mit großem Erfolg: Der Arbeitgeberverband Gesamtmetall lässt sich die INSM seit 2001 rund zehn Millionen Euro netto im Jahr kosten. Er ist sehr zufrieden mit ihrer Arbeit, deshalb hat er just den Vertrag mit berolino.pr um fünf Jahre, bis 2010, verlängert.[51]

Die Detailbegründungen[52] der INSM über die Erfolge der Landesregierung im Saarland sind dünn. Sie halten keinem seriösen Vergleich mit anderen Regionen stand – sowohl was die wirtschaftliche als auch was die finanzpolitische Entwicklung im Saarland betrifft. Dass mit dem Saarland ein Land an der Spitze des Rankings steht, das im Rahmen des Finanzausgleichs Haushaltsnothilfen vom Bund bekommt, sei zwar, wie die Initiatoren anmerken, »ein überraschendes Ergebnis«. Das Land habe aber in jüngster Zeit erhebliche Fortschritte erzielt. Heute ist es allerdings pleite und ohne Bundeshilfen nicht existenzfähig.

Die INSM ist ausgesprochen präsent im Meinungsbildungsbetrieb. Sie erfindet nicht nur wirkungsvolle Slogans und inszeniert diese gut, sondern arbeitet auch in Form von Medienpartnerschaften unter anderem mit der *Financial Times Deutschland*, der *WirtschaftsWoche* und der *Frankfurter Allgemeinen Sonntagszeitung* zusammen. Ein moderner »Thinktank«:[53] Themen werden pseudowissenschaftlich durchdrungen, kampagnenfähig inszeniert und professionell vermittelt.

Wesentlicher Pfeiler der INSM ist die Riege ihrer »Botschafter«. Dazu gehören der ehemalige Bundesbankpräsident Hans Tietmeyer, Gesamtmetall-Chef Martin Kannegiesser, der Unternehmer Randolf Rodenstock, der Grünen-»Haushaltsexperte« Oswald Metzger sowie Spitzenmanager Hans-Dietrich Winkhaus, Mitglied des Gesellschafterausschusses der Henkel AG und Aufsichtsratsvorsitzender der Schwarz-Pharma AG. Aber auch Florian Gerster, ehemaliger Vorstandsvorsitzender der Bundesagentur für Arbeit, ist im Förderverein mit von der Partie. Unterstützt wird die Initiative von Wissenschaftlern wie Juergen B. Donges (Universität Köln), Bundesverfassungsrichter a. D. Paul Kirchhof (Universität Heidelberg) und Gerhard Fels (Institut der deutschen Wirtschaft Köln) sowie von Unternehmensberater Roland Berger.

Das Geheimnis des Erfolgs: Die Botschafter und Kuratoren kommen aus allen gesellschaftlichen Gruppen und sorgen durch ihre Tätigkeit für eine beachtliche Präsenz der Initiative. Sie sind ihrerseits wiederum in verschiedenen Netzwerken aktiv und können dadurch breit agieren – mit dem Anschein der Neutralität und der überparteilichen Unabhängigkeit.

Inzwischen strebt die INSM sogar den Einzug in die Schulen an, indem sie Fortbildungen und Unterrichtsmaterialien tendenziösen Inhalts anbietet. Textprobe: »Die sozialen Sicherungssysteme verschlingen immer mehr Geld, aber zugleich werden sie immer ineffizienter.« Oder: »Die Abgabenbelastung ist trotz der Steuerreform immer noch zu hoch.« Coole Kids werden direkt über den Musikkanal MTV und das Portal www.wassollwerden.de auf Linie gebracht – etwa mit Comics über »irre Arbeitskosten«.[54]

So pseudoneutral dieser Angriff auf die Bildung daherkommt, so bewusst zielt er auf nachhaltige klimatische Veränderungen in Deutschland. Schon die Jüngsten sollen den Begriff »Reform« positiv eingeimpft bekommen. Es bleibt offen, ob die Initiative deshalb so erfolgreich wirkt, weil sie die Thesen der Meinungsführer der Gesellschaft besonders gekonnt abbildet, oder ob die INSM echten Erfolg damit hat, ihre Themen so zu platzieren, dass die Meinungsführer der Gesellschaft sie als ihre eigenen übernehmen.[55]

Im Saarland war die Kombination aus geschickter Imagekampagne und platziertem Innovationsanschein jedenfalls erfolgreich. Zufall oder nicht – ein Land wurde gesundgebetet, ein Ministerpräsident dafür ausgezeichnet. Vollkommen zweckfrei? Nun, die Agentur wurde bezahlt, die Regierungspartei hat den verkündeten Ruhm – alles Zufall?

Die Beraterverträge der saarländischen Staatskanzlei und der Ministerien

Bereits in der 11. Legislaturperiode ab 1996 erhielt Roland Berger von der saarländischen Landesregierung eine Summe von 502 033 DM für eine »Sektorale Analyse – Strategie zur Ergänzung saarländischer Produktions- und Dienstleistungssektoren«.[56] Erfolg? Ungeklärt. Auch in der 12. Legislaturperiode stieß die Opposition auf hohe Summen und zweifelhafte Seilschaften.

In der Staatskanzlei nahmen SPD-Abgeordnete Einsicht in 21 Gutachten mit einem Auftragsvolumen von über 700 000 Euro.[57] Diese Gutachten wurden in der Regel freihändig vergeben. Als »einen ganz dicken Hund« bezeichnet die SPD-Abgeordnete Karin Lawall die Ausgaben für einen Beratervertrag zwischen dem Ministerpräsidenten und einem Medienberater. Der jahrzehntelang für renommierte Medien tätige »Gutachter« Felix Schmidt habe über zwei Jahre ein monatliches Honorar von über zweitausend Euro plus Auslagenerstattung für »publizistische Beratung« erhalten. Weder eine konkrete Aufgabenstellung noch Arbeitsergebnisse seien vorgelegt worden. Schmidt lehnte eine Stellungnahme zu seiner Tätigkeit für die Saarbrücker Staatskanzlei ab. Seine Beratertätigkeit bleibe geheim.

Geld sei auch für ein so genanntes »Sachverständigengutachten« zum Fenster hinausgeworfen worden, fand die Opposition heraus: Eine Machbarkeitsstudie für den ehemaligen Bergbaustandort Göttelborn wurde gleich doppelt bearbeitet. »Es ist nicht nur skandalös, dass die Berater für ihre obskuren Gedanken und ihr inhaltsloses Geschwafel rund 25 000 Euro kassiert haben, sondern dass parallel dazu die Gesellschaft für Industriekultur für eine Vielzahl von Gutachten und Workshops zum gleichen Thema rund 600 000 Euro verschwendet hat«, kritisiert Lawall.

Auch der Vertrag mit einer Berliner Werbeagentur kam das

Land teuer zu stehen: Eine »Loseblattsammlung«, bestehend vor allem aus diversen Presseberichten der Staatskanzlei sowie dem Internet entnommenen Porträts von saarländischen Forschungsvorhaben und Wissenschaftlern, wurde als »Gutachten« deklariert und mit 10 000 Euro in Rechnung gestellt.

Das Software- und Beratungshaus IDS-Scheer AG erhielt 103 936 Euro[58] für eine Studie zur Optimierung des Verwaltungsprozesses im Landesbetrieb für Straßenbau und im Landesamt für Umweltschutz. Pikant ist, dass an der Spitze der Scheer AG ein enger Berater des Ministerpräsidenten steht. Gleichzeitig ließ das Wirtschaftsministerium von der Unternehmensberatung Mummert + Partner ein Gutachten zum selben Thema erarbeiten – Kostenpunkt hierfür: nochmals 73 306 Euro. Zweimal gezahlt, ein Ergebnis.

Auch im saarländischen Wirtschaftsministerium finden sich fragwürdige Beispiele zur Berater-Praxis. Eine Expertise zur Gemeindefinanzreform kostete 31 000 Euro – obwohl sich schon längst ein Arbeitskreis von Bund und Ländern unter Hinzuziehung von Experten über Monate hinweg eingehend mit den unterschiedlichen Modellen für eine Gemeindefinanzreform befasst hatte. Ein typisches Beispiel für mangelnde Kooperation und Ressourcenverschwendung.

Zur Abwicklung der EU-Programme gab der Wirtschaftsminister ein Gutachten für 202 246 Euro bei der Beraterfirma Arthur Andersen, jetzt Accenture, in Auftrag. Dem folgte ein weiteres Gutachten für 179 412 Euro an dieselben Berater – ebenfalls freihändig.[59] Dabei ist ab einer Summe von 200 000 Euro Auftragsvolumen für Liefer- und Dienstaufträge eine EU-weite Ausschreibung zwingend erforderlich.

Ganz dubios wird es bei einem freihändig vergebenen Gutachten mit dem Titel »Geschäftsbesorgung, Machbarkeitsstudie, Planungsleistungen, Benutzungs- und Belegvarianten für das Haus der Wirtschaftsförderung«. Der Beratervertrag mit einem Volumen von rund 606 000 Euro ging ausgerechnet an einen Investor des Hauses der Wirtschaftsförderung.⁶⁰ Die Akteneinsicht heizt weitere Spekulationen an: Leistungen, die offensichtlich nicht erbracht wurden oder die in einem fragwürdigen Zusammenhang mit dem Mietobjekt stehen – wie zum Beispiel eine Hochglanzbroschüre für 35 000 Euro, die Vorbereitung einer Landespressekonferenz des Ministers zum Thema für 28 000 Euro oder ein nicht auffindbares Präsentationskonzept für 28 000 Euro –, wurden, offenbar ohne jeden Selbstzweifel, abgerechnet.

Die vom Berater vorgelegten Belegungspläne für das Haus der Wirtschaftsförderung, die mit 176 686 Euro zu Buche geschlagen hätten, seien ebenso inakzeptabel wie horrende Zahlungen für Skizzen einer vorgesehenen Atriumsüberdachung, so die SPD-Fraktion. Für diese Arbeiten verfüge die Landesregierung über einen Liegenschaftsrat, ein Organisationsreferat und eine Hochbauverwaltung. Der Auftrag sei zudem gestückelt worden, um die Vergaberichtlinien zu umgehen – ein Verstoß gegen die gesetzlichen Vorschriften.

Manchmal liefert der teure externe Sachverstand auch positive Impulse – aber leider wird er nicht umgesetzt. So förderte eine Bürgerbefragung zum Thema Internet laut Lawall interessante Erkenntnisse zutage, hatte aber keinerlei wirtschafts- oder strukturpolitische Entscheidungen zur Folge.

»Nicht kleckern, sondern klotzen« scheint auch die Devise des saarländischen Umweltministeriums unter Stefan Mörsdorf. Obwohl das Ministerium den kleinsten Haushalt hat, gab Mörsdorf mit 6,2 Millionen Euro fast zwei Drittel der Gesamtsumme für Beratungsleistungen aus. 350 000 Euro flossen in Gutachten zur Biosphäre Bliesgau, der Verkehrsentwicklungsplan der ÖPNV kostete 300 000 Euro – »in den Sand gesetzt«, meint Ulrich Commerçon von der SPD-Opposition. Auch McKinsey erhielt Aufträge von Minister Mörsdorf: Der Berater-Gigant bearbeitete die »Überprüfung der Struktur und Organsiation des EVS Saar« für 213 515 Euro und erstellte eine »Vertiefende Vertragsanalyse Abfallbereich und GKE« für 223 880 Euro.⁶¹

Schön, dass das Umweltministerium trotzdem auch noch kleinere Projekte fördert: Die Konzeption eines Familienwandertags durch externe Berater kostete 1022 Euro, die eines Schulwandertags 767 Euro.[62] Begründung des Ministeriums für den Bedarf an Beratersachverstand zum Wandertag: »Kein eigenes qualifiziertes Personal.«

Das Saarland ist keine Ausnahme in der »Berater-Republik«. Auch in anderen Bundesländern verläuft der Umgang mit Beratern und den Ergebnissen in ähnlichen Bahnen. Reformbedarf besteht daher überall. Änderungsbereitschaft ist nicht zu erkennen.

3. Auf Wachstumskurs: Politikberatung und Politikmanagement

In Zeiten der Mediengesellschaft mit mehr als 400 Zeitungen, 850 Zeitschriften, 220 Radiosendern und 35 TV-Kanälen sowie zahlreichen digitalen Angeboten müssen Akteure aus Wirtschaft und Gesellschaft vor allem eines: Aufmerksamkeit für ihre Themen wecken.

Auch die Politikberatungsszene befindet sich im Wandel. War sie noch vor kurzem in Deutschland ein weitgehend unbekanntes Berufsfeld, so zeichnet sich immer deutlicher eine Nachfrage nach speziellen Dienstleistungen auf diesem Gebiet ab. Die Wahrnehmung in der Öffentlichkeit reduzierte sich bislang meist auf Wahlkampfberatung oder auf Beratungsleistungen von öffentlich finanzierten wissenschaftlichen Einrichtungen, wie etwa der Stiftung Wissenschaft und Politik. Das Spektrum reicht jedoch von Kampagnenberatung, politischer Kommunikation, Public Affairs, Lobbying und Politikberatung bis zu Strategic Research und Online-Politikberatung.

Politiker und ihr Agenturen-Netzwerk

Der Markt für Politikberatung der früheren Bundesregierung hat ein Volumen von 8,85 Millionen Euro. Nur fünf Prozent davon wurden für Policy-Beratung, also für Regierungsprogrammatik, ausgegeben. 95 Prozent, fast acht Millionen Euro, flossen in die allgemeine Kommunikationsberatung.[1]

Die frühere Bundesregierung unterhielt allein im Bereich Öffentlichkeitsarbeit und PR 65 Rahmenverträge. Die Agentur

Zum Goldenen Hirschen erhielt beispielsweise vom Bundespresseamt ein »monatliches Pauschalhonorar«, das sich in zwei Jahren bereits auf insgesamt 493 580 Euro summierte.[2] Die Agentur ist seit Jahren eng mit den Grünen verbunden. Insgesamt strich Zum Goldenen Hirschen unter der früheren Bundesregierung zahlreiche Aufträge »in Höhe eines zweistelligen Millionenbetrags«[3] ein. Die Aufträge wurden nicht immer per Ausschreibung, sondern »in Einzelfällen« in beschränkter Ausschreibung oder freihändig vergeben.[4] Daraufhin geriet die Bundesregierung unter Druck; im Mai 2005 wurde der Rahmenvertrag gekündigt.

Von Odeon Zwo, der Agentur, die in Niedersachsen Wahlkampf für Gerhard Schröder machte, ist bekannt, dass sie allein zwischen 1998 und 2002 rund 26 Millionen Euro von der Bundesregierung erhielt. Dazu kamen kleinere Aufträge von verschiedenen Regierungsstellen und Ministerien, so dass sich das Gesamtvolumen auf fast dreißig Millionen Euro summierte. Der Bundesrechnungshof hatte bereits im Herbst 2002 mehrfach das Vergabeverfahren und die Ausschaltung des Wettbewerbs zugunsten der »Kanzleragentur« beanstandet.[5]

Auch der bis Ende 2005 ohne Sonderkündigungsrecht geschlossene Vertrag mit der Großagentur ECC Kohtes Klewes hat ein stattliches Volumen von 832 416 Euro.[6] Detlev Samland leitet den PR-Bereich – er ist ehemaliger SPD-Europaabgeordneter (1989–1999) und war von 2000 bis 2001 Minister für Bundes- und Europaangelegenheiten des Landes Nordrhein-Westfalen. Zudem ist Samland Geschäftsführer von ECC, einer Tochter von Kohtes Klewes. Die Agentur arbeitet bei Regierungsaufträgen oft mit der Werbeagentur Batten, Barton, Durstine & Osborn (BBDO) zusammen, die ihrerseits an Kohtes Klewes beteiligt ist. Matthias Machnig (SPD), ehemaliger Bundesgeschäftsführer, heute wieder Staatssekretär und früher Leiter der Kampa – der Wahlkampfzentrale der SPD –, hatte hier ebenfalls ein kurzes Gastspiel: Bis Ende 2003 verantwortete er bei BBDO den Bereich »Public/Communications«. Auch Benjamin Mikfeld, ehemaliger Juso-

Chef, arbeitete ein paar Monate lang bei BBDO, zusammen mit Matthias Machnig. Seit Januar 2004 ist Mikfeld auch offiziell zur SPD zurückgekehrt und Leiter der Abteilung Grundsatz. Solche Querverbindungen reichen weit und sorgen immer wieder für neue Aufträge.

Ein Schwergewicht in der Agenturszene ist WMP EuroCom, deren Kürzel für »Wirtschaft, Medien, Politik« steht und gleichzeitig offenbart, welche Kontakte da geknüpft werden. Was die WMP EuroCom so erfolgreich macht: Sie ist ein Spiegelbild der politisch-medialen Klasse der Bundesrepublik. Den Part des bekennenden Konservativen übernimmt Hans-Hermann Tiedje, der die WMP EuroCom gemeinsam mit Hans-Erich Bilges, ehemaliges Mitglied der Chefredaktion von *Bild*, führt. Auch Tiedje war in den neunziger Jahren Chefredakteur der *Bild*-Zeitung. Das hielt ihn nicht davon ab, 1999 genau 100 000 Mark an die Konservativen zu spenden; so steht es jedenfalls im Rechenschaftsbericht der Partei. Doch als Unternehmer könnte politische Einseitigkeit dem Geschäft schaden.

Mit im Team sind auch Berlins Medienbeauftragter Bernd Schiphorst, Unternehmensberater Roland Berger sowie Ex-Außenminister Hans-Dietrich Genscher. »Unser Netzwerk wächst fast metastasenartig«, schwärmt Hans-Erich Bilges, dessen Unternehmen exemplarisch für die neue Branche steht und der »eine Viertelmillion Euro Jahressalär« verlangt, bevor er den Telefonhörer in die Hand nimmt.[7]

In Verruf kam WMP im Zusammenhang mit den Beraterverträgen der Bundesagentur für Arbeit und ihrem Chef Florian Gerster. Im November 2003 geriet Gerster wegen eines PR-Auftrags an WMP EuroCom in Höhe von 1,3 Millionen Euro, der nicht ausgeschrieben worden war, in die Schlagzeilen. Mitte Januar 2004 wurden zudem Verträge mit fünf Beraterfirmen und einem Gesamtvolumen von 38 Millionen Euro bekannt. Am 20. Januar 2004 wurden Vorwürfe laut, Gerster solle veranlasst haben, dass interne Protokolle der Behörde verfälscht wurden, um die Affäre zu vertuschen. Am 24. Januar 2004 entzog ihm der Verwaltungsrat der Bundesagentur mit Ursula Engelen-Kefer an der Spitze fast einstimmig das Vertrauen; eine halbe Stunde später wurde Florian Gerster vom damaligen Bundesminister für Wirtschaft und Arbeit, Wolfgang Clement, entlassen. WMP EuroCom kam damals ungeschoren davon.

Was aber machen Politikberater? Die meisten Branchenvertreter wollen nichts mit Kontaktmakelei à la Hunzinger, WMP und Co. zu tun haben.[8] Der Schwerpunkt der Beratungstätigkeit liegt in Wirtschaftsfragen. In jedem zweiten Fall ist eine strategische Beratung gewünscht. Gutachten oder forschungsgestützte Arbeit werden seltener verlangt.[9] Public-Affairs-Berater agieren also im Spannungsfeld von Wirtschaft und Politik oft als Mittler. Sie beraten Unternehmen in Bezug auf ihre Chancen, in den Medien prominent aufzutauchen, entwickeln Strategien der Interessenvermittlung und leiten das Feedback der Politik an die Wirtschaft zurück. Die Public-Affairs-Agenturen bieten so – neben den Konzernvertretungen und den Verbänden – eine dritte Ebene des florierenden Lobbyismus.

Die Vermittlung der richtigen Geschäftspartner spielt eine wichtige Rolle, aber Kontakte allein bestimmen nicht den Erfolg von Public Affairs. Vor allem die Positionierung von Unternehmen und deren Interessen in der Öffentlichkeit gehört zu den Strategien der Politikberater. »Man muss wissen, wann ein Brief mit einem gewissen Stempel auf einem bestimmten Tisch liegen muss, wann man zu Christiansen gehen muss, wann man welches Thema in die Zeitungen bringt«, erklärt Richard Schütze, Leiter der Agentur ipse communication[10], das Arbeitsprofil eines Politikberaters.

Dabei sind die Auftragnehmer meist noch nicht lange im Geschäft: Der Großteil der Politikberatungsfirmen wurde in den neunziger Jahren gegründet, über ein Drittel der Unternehmen schoss sogar erst nach 2000 aus dem Boden.[11] Etwa dreißig Agenturen betreiben nach ihrer eigenen Auffassung Public Affairs in Berlin. Rund die Hälfte ist in internationale Netzwerke eingebettet. Die andere Hälfte besteht aus kleineren Agenturen, die bereits in Bonn zu den bekannten Akteuren zählten und vom Umzug der Regierung nach Berlin durch den Bedeutungszuwachs der Kommunikationsberatung profitierten. In vielen Regierungs-, Parlaments-, aber auch Verbandsbüros gab es eine spürbare Verjüngung, die Newcomern auf dem Markt mehr Chancen eröffnete.[12] Auch zahlreiche Einzelberater haben ihre Nische: Die kleinen Büros mit ein bis zwei Schreibkräften verfügen meist über langjährige Kontakte in die Politik und die Verwaltung.

Von eigenen Berufsstandards ist die Public-Affairs-Branche noch weit entfernt. Im Mai 2002 wurde die Deutsche Gesellschaft für Politikberatung (degepol), ein Zusammenschluss von fünfzig Politikberatern, gegründet. Nach monatlanger Diskussion legte sie einen wachsweichen, unverbindlichen Verhaltenskodex für die Mediatoren zwischen Wirtschaft, Politik und Öffentlichkeit vor. Ein recht oberflächliches Regelwerk, das gerade mal zwei Seiten umfasst, soll als moralischer Leitfaden bei der täglichen Arbeit helfen. Auf sieben Punkte konzentriert, enthält der Kodex allerdings nur viel Gutgemeintes, aber wenig Konkretes. Im Wesentlichen wird geltendes Recht wiedergegeben: keine Diskriminierung, kein unlauterer oder verbotener Wettbewerb, sondern Integrität, Transparenz und Wahrhaftigkeit. Die Mitglieder sollen außerdem gegenüber der Öffentlichkeit die Namen ihrer Auftraggeber bei der Ausübung ihrer Tätigkeit bekannt geben. Letzteres dürfte schwer umzusetzen sein: Gerade im Bereich Public Affairs gehört Verschwiegenheit gegenüber Dritten zum Geschäft. Die Verpflichtung, den Namen des Auftraggebers nicht öffentlich zu erwähnen, ist deshalb meist Vertragsbestandteil.[13]

Kritiker diagnostizieren, die Politikberater-Szene sei ein großer Verschiebebahnhof von ehemaligen Politikern und eine Arbeitsbeschaffungsmaßnahme erster Güte. Tatsächlich klopfen immer häufiger Berufspolitiker, deren Mandat ausläuft, bei den Agenturen an – oder umgekehrt. In rund der Hälfte der befragten Unternehmen oder Institutionen haben über zwanzig Prozent der Mitarbeiter vorher hauptberuflich in politischen Organisationen gearbeitet. Die meisten sind Politik- oder Wirtschaftswissenschaftler. Das Verständnis gerade der Politikwissenschaftler für Prozesse und Inhalte ist allerdings auf Grund der fehlenden Praxis als gering einzuschätzen. Fachleute aus der Kommunikations- oder PR-Branche sind unterrepräsentiert.[14]

Politikberater versprechen Imageverbesserung, Interessenartikulation und zielgruppenspezifische Politikvermittlung. Die Boomphase ist allerdings vorbei: Der Großteil der für eine Studie von Svenja Falk Befragten sieht den Markt in der Konsolidierungsphase.[15] Die Mitarbeiterin von Accenture erhob die Daten für ein für 2007 erschienenes Handbuch der Politikberatung. Hauptkunde der Politikberater ist demnach unverändert der private Sektor. Aber Politiker und Verwaltung holen auf: 15 Prozent der Kunden sind Politiker, weitere neun Prozent kommen aus der öffentlichen Verwaltung. Das Parlament mit drei Prozent, die Europäische Union und die Ministerien mit jeweils sechs Prozent ergeben insgesamt immerhin einen Anteil von fast vierzig Prozent.[16] Bei Kunden aus dem privaten Sektor ist der Vorstand der wichtigste Kontakt, in der öffentlichen Verwaltung ist es die Ministerialbürokratie. Persönliche Beziehungen schätzen fast drei Viertel als wichtig bis sehr wichtig ein.[17]

Netzwerke und informelle Kreise wie Salons oder Society-Gruppen haben die Mitgliedschaft in Branchenverbänden wie dem Bundesverband deutscher Unternehmensberater (BDU), dem Bundesverband Informationswirtschaft, Telekommunikation und neue Medien (BITKOM), der Deutschen Gesellschaft für Public Relations (DPRG) oder in Kommunikationsverbänden längst als Anlaufstelle für Interessenaustausch überholt: Neu und trendy sind organisierte Netzwerke wie Forum Junge Lobby, MEETINGplus, Berlin-Netzwerk oder Arge.[18]

Politikberatung ist vor allem Beratung von Unternehmen im Umgang mit Politik, Beziehungsmanagement sowie der Einkauf wissenschaftlicher Expertise. Politischen Journalisten wird jedenfalls ein höherer Einfluss sowohl auf die inhaltliche Gestaltung als auch auf die operative Durchführung nachgesagt als Politikberatern.[19] Auch aus diesem Grund wächst das Arbeitsfeld von Kommunikations- und Politikberatern immer mehr zu einem Segment des Lobbyismus zusammen.

Lobbying und PR in einem Boot: Die Berliner Thinktanks

Lobbying schien sich bislang fernab der Öffentlichkeit und der medialen Aufmerksamkeit abzuspielen. Über Lobbying wird wenig in den Medien berichtet, und die Lobbyisten haben es tunlichst vermieden, die Aufmerksamkeit von Journalisten zu erregen. Nun kehrt sich – bei bestimmten Organisationen – das Verhältnis teilweise um: Lobbyisten machen plötzlich auch Öffentlichkeitsarbeit. Vor allem die Repräsentanzen großer Unternehmen in Berlin versuchen, die Politik gezielt zu beeinflussen, aber auch die Öffentlichkeit. Strategische Öffentlichkeitsarbeit (PR) und Lobbying schließen sich dabei nicht mehr kategorisch aus, sie werden vielmehr in Kombination eingesetzt.

Den Medien kommt heute eine immer größere Bedeutung zu. Journalisten, einst Beobachter und Kritiker der Politik, sind zu einem Teil der Politik geworden. Das Verhältnis von Medien und Lobbyismus hat damit eine neue Qualität erreicht.[20] Die Medien haben heute einen weit größeren Einfluss auf den politischen Prozess, als dies noch in den frühen Jahren der Bundesrepublik der Fall war. Sie sind vom Beobachter zum Mitgestalter der Politik geworden. Deshalb wird die gezielte Beeinflussung der Öffentlichkeit durch strategische Kommunikation für alle Akteure, die Lobbying betreiben, immer wichtiger. Die kommunikative Durchdringung von Politik durch Dramatisierung, Personalisierung und Kampagnen hat eine eigene Wirklichkeit geschaffen. Das Gewicht der Darstellungspolitik nimmt zu gegenüber der

Entscheidungspolitik, in der es um die Lösung von Sachfragen geht.[21] Nicht mehr die Inhalte sind bei politischen Sachfragen ausschlaggebend, sondern die Präsentation und die Medienresonanz bestimmen darüber, ob ein Thema weiterverfolgt wird und zur politischen Entscheidung reift. Profis fassen diesen Trend zugespitzt in der These zusammen: »Aus Emotionen werden Fakten.«

Ohne die mediale Vorbereitung und die flankierende Präsenz in den Medien lässt sich heute kaum mehr ein Thema durchsetzen. Wir befinden uns auf dem »Weg zur Mediendemokratie«[22], in der Parteien und Parlamente immer weniger die Themen der Politik bestimmen. Themen werden durch die Medien gesetzt, und gerade Gruppen mit ökonomischen Interessen – aber auch andere – versuchen, auf diese Themensetzung Einfluss zu nehmen. Die Medien werden damit zur eigenständigen Machtsphäre neben der Politik. Deshalb muss Lobbying mehr und mehr zweigleisig vorgehen: Es muss einerseits abseits der öffentlichen Aufmerksamkeit auf die politische Entscheidungsebene einwirken, andererseits gezielt Einfluss nehmen auf die Meinungsbildung in der Öffentlichkeit. Denn wer heute die Themensetzung in den Medien mitbestimmen kann, wird auch sichergehen können, dass morgen politische Entscheidungen in seinem Sinne gefällt werden: Sind erst einmal die Medien als Multiplikatoren für die Interessen der Lobbyisten gewonnen, ist es hinterher einfacher, die eigenen Interessen auch in den Gesetzesvorlagen und Verordnungen zu platzieren. Medienpräsenz der führenden Politiker ist heute der zentrale Faktor für ihr »Standing« im Kabinett und den Fraktionsspitzen. Die jeweilige Medienresonanz ist oft die Voraussetzung für ein akzeptables Abschneiden im monatlichen Beliebtheitsranking der Meinungsforscher.

Nach Einschätzung des früheren VW-Kommunikationschefs Prof. Dr. Klaus Kocks steht PR heute den Medien genauso nahe wie Lobbying der Politik. PR artikuliert gegenüber den Medien ein deutliches Einzelinteresse, so wie Lobbying dies gegenüber der Politik tut. Sowohl Lobbying als auch PR sind darauf angewiesen, dass ihr Gegenüber eigenständig handeln kann.[23] Durch den Trend zur Mediengesellschaft wird dieses Verhältnis aber immer mehr gestört, weil die Medien zunehmend PR aufnehmen und zugleich PR Journalismus immer besser simuliert. Der Anreiz für die Vertreter von Einzelinteressen, PR zu machen und neben der Politik auch die Medien zu beeinflussen, nimmt daher zu.

Deutlich ablesen lässt sich dieser Trend am Verhalten von Teilen der Wirtschaft, die verstärkt die Instrumente der PR nutzen, um neben dem Lobbying, mit dem gezielt politische Entscheidungen beeinflusst werden sollen, auch die Öffentlichkeit mit den eigenen Themen und Sichtweisen zu beeinflussen. Dazu nutzt sie eine neue Spezies: die PR-Journalisten. Sie wissen, wie man Themen setzt, Bilder produziert, Kampagnen inszeniert, Informationen gezielt weitergibt oder blockiert und damit Deutungsmacht entfaltet. Für die Herstellung der gewünschten Interpretationshoheit arbeiten immer mehr kommerziell agierende Akteure im Auftrag von Interessengruppen. Auch die großen Beraterfirmen entwickeln sich zunehmend zu PR-Experten im Interesse der Vermittlung ihrer Themen und Ideologien.

Exemplarisch verdeutlichen lässt sich diese zweigleisige Vorgehensweise an der Initiative Neue Soziale Marktwirtschaft (INSM). Sie kann als PR-Agentur der Wirtschaft verstanden werden, speziell des Arbeitgeberverbands Gesamtmetall, der sie 1999 ins Leben gerufen hat. Cerstin Gammelin und Götz Hamann bezeichnen die INSM als die »modernste Lobbyorganisation des Landes«.[24] An der INSM kann beispielhaft die zunehmende Verbindung von Lobbying, Journalismus und PR studiert werden.

Die INSM ist mit einem bis ins Jahr 2010 gesicherten Jahresbudget von zehn Millionen Euro ausgestattet und hat den Auftrag, für einen Wandel des politischen Klimas zu sorgen und das Image von Unternehmern und Unternehmen in der Bevölkerung zu verbessern. Vor allem soll die Zustimmung der Bevölkerung zu Reformen, wie sie mit Hartz I bis IV begonnen wurden, erhöht werden. Außerdem will die INSM die Bedeutung von Eigenverantwortung und Marktmechanismen als Lösungs- und Koordinationsinstrumente aufwerten. Dabei wendet sie sich vor allem gegen ein Übermaß an (sozial-)staatlichen Regulierungen; sie möchte erreichen, dass die Bevölkerung möglichst ohne Sozialtransfers auskommt und mehr auf die Wirkungen des freien Marktes vertraut.

Im Vergleich zu den anderen Reform- und Wirtschaftsinitiativen, die wir noch vorstellen werden, verfügt die INSM über umfangreichere Ressourcen, entfaltet mehr öffentliche Wirksamkeit und arbeitet so professionell wie eine Parteizentrale im Wahlkampf. Ihr größter Trumpf ist sicherlich die kontinuierliche strategische Ausrichtung. Das Ziel, das Klima für wirtschaftsliberale Reformen zu verbessern, soll nach dem Willen der Auftraggeber im Hintergrund über mehrere Jahre hinweg konsequent verfolgt werden.

Entstanden sind die Reforminitiativen während der 1. Legislaturperiode der Schröder-Regierung. Offensichtlich hatte das bürgerliche Lager Angst, dass sich durch die rot-grüne Koalition das Klima für die Wirtschaft weiter verschlechtern würde. Viele der heute drängenden Probleme – der demografische Wandel, die steigende Staatsverschuldung, Massenarbeitslosigkeit und Innovationsschwäche der Industrie, wurden während der 16-jährigen Regierungszeit von Helmut Kohl zwar mit verursacht, aber nicht als drängende Probleme gesehen und angegangen.

Die Unruhe, die das bürgerliche Lager nach der Bundestagswahl 1998 erfasste, fand kein Ventil, und ihr stand auch keine politische Gestaltungsmöglichkeit mehr offen. Mit dem rasch wachsenden Globalisierungsdruck hat sich Ende der neunziger Jahre darüber hinaus das Krisenbewusstsein verstärkt. Ausdruck dafür waren die verschiedenen Reden des damaligen Bundespräsidenten Roman Herzog. Die »Ruck-Rede« vom 26. April 1997 wurde dann auch der Bezugspunkt der Reforminitiative »Deutschland packt's an«. Karl-Ulrich Kuhlo, Aufsichtsratsvorsitzender des Senders n-tv, gründete diese Initiative im Frühjahr 2002 mit dem Anspruch, »die öffentliche Lähmung zu überwinden«.[25] Zum Initiatorenkreis zählen unter anderen: Lothar Späth, Ex-Ministerpräsident von Baden-Württemberg und ehemaliger Vorstandsvorsitzender der Jenoptik AG, Sebastian Turner, Chef der Agentur Scholz & Friends, Renate Köcher, Geschäftsführerin des Instituts für Demoskopie Allensbach, und Claus Strunz, Chefredakteur der *Bild am Sonntag*.

Bei der Initiative »Deutschland packt's an« sind Werbe- und PR-Agenturen die treibenden Kräfte. Mehrere große, teils international tätige Agenturen entwickeln kostenlos Werbe- und PR-Kampagnen für diese Initiative.[26] Diese umfassen die üblichen Werbemittel: Anzeigen, Plakate und so genannte »Testimonials«, also lobende Äußerungen über die Ziele der Kampagne von prominenter Seite. Die Initiative kann als wirtschaftspsychologischer Beitrag der Medien und der Werbewirtschaft zur Verbesserung der Stimmung in Deutschland angesehen werden. Sie stößt damit aber auch an ihre Grenzen, denn die mangelnde Reformbereitschaft, die sie diagnostiziert, ist nicht nur eine Frage von Stimmungen, sondern auch der konkreten Politik und politischer Interessen.

Im Mai 2003 betrat der so genannte BürgerKonvent die öffentliche Bühne. Eine Gruppe anonymer Mäzene stattete die Initiative mit sechs Millionen Euro aus. Die von der Düsseldorfer Agentur Abels & Grey professionell betreute Initiative erreichte innerhalb der ersten Monate ihres Bestehens einen ungewöhnlich hohen Bekanntheitsgrad. Als Sprecher traten Prof. Dr. Meinhard Miegel, ein ehemaliger Mitarbeiter von CDU-Generalsekretär Kurt Biedenkopf und geschäftsführendes Vorstandsmitglied des Instituts für Wirtschaft und Gesellschaft (IWG) in Bonn, sowie Prof. Dr. Gerd Langguth auf.[27] Langguth war in vielen Funktionen für die CDU aktiv und gilt als intimer Kenner der Partei.[28] Im Januar 2006 enthüllte Christian Rickens im *manager-magazin* den Finanzier des BürgerKonvents: Es ist der Milliardär August von Finck. Der Bankier ist der Kopf der Initiative, die auch als »rechte APO« charakterisiert wird. In den neunziger Jahren hatte er bereits den Rechtsaußen Manfred Brunner und dessen Bund Freier Bürger mit 4,3 Millionen Euro unterstützt.[29]

In der Selbstbeschreibung wird der Bewegungscharakter der Initiative betont: Der BürgerKonvent sei eine Nichtregierungsorganisation des Bürgertums, der bürgerlichen Mittelschichten. Er möchte mit der Macht seiner Mitglieder Druck »von unten« erzeugen. Ihm liegt ein Politikverständnis zugrunde, das emphatisch einen nicht weiter definierten Bürgerbegriff hochhält und mit bürgerlichen Tugenden rechnet. Die Politik dürfe man nicht, wie das beispielsweise bei der INSM geschehen sei, den Werbeagenturen überlassen, heißt es im BürgerKonvent.

Der BürgerKonvent arbeitete im Unterschied zur INSM mit einer aggressiveren Anti-Parteien-Rhetorik und verfolgte das Ziel, die Politiker unter Druck zu setzen. Angeblich hat er noch zweitausend Mitglieder; Aktivitäten sind gegenwärtig aber nicht erkennbar. Die Akteure haben sich im Organisationschaos heftig zerstritten.

Interessant ist, dass eine andere Reforminitiative, die unter dem Namen »Konvent für Deutschland« firmiert, offenbar Grundgedanken des BürgerKonvents aufgenommen hat. Hier arbeiten neben Altbundespräsident Roman Herzog auch der Unternehmensberater Roland Berger, Bayer-Manager Manfred Schneider und Monika Wulf-Mathies, Lobbyistin der Post AG. Der Konvent engagiert sich für eine Föderalismusreform und für eine Wahlrechtsreform und tritt betont konservativ auf.[30]

Im Gegensatz zum BürgerKonvent und dem Konvent für Deutschland ist die Kampagne »Marke Deutschland« – wie die Initiative »Deutschland packt's an« – von Werbe- und PR-Agenturen geprägt. »Marke Deutschland« ist eine Initiative dreier Partner: eines Unternehmens der Technologiedienstleistung, einer Marken- sowie einer PR-Gruppe.[31] Hinzu kommen Medienpartnerschaften im Print- und TV-Bereich.

Ziel der Initiative ist es, Deutschland als Marke zu etablieren und dem Land und den Menschen zu einem neuen Selbstbewusstsein zu verhelfen. Auch hier ist die Absicht erkennbar, durch PR-Maßnahmen ein wirtschaftsfreundliches Klima in der Öffentlichkeit zu schaffen, um letztlich die Investitionsbedingungen für Unternehmen zu verbessern. Deutlich zu spüren sind dabei das Denken und die Handschrift von Werbern. Zupackend, tatkräftig und vorwärtsweisend soll das neu entstehende Markenbewusstsein sein, nachdem das alte »Made in Germany« sich wegen des Fünfziger-Jahre-Images abgenutzt habe. Das neue Markenbewusstsein soll als Katalysator für Reformen und gesellschaftliche Veränderungen genutzt werden. Das Konzept der Markenbildung will man von der Konsumgüterwerbung auf die Politik übertragen.

Politisches Handeln und Konsum sollen sich annähern. Letztlich soll auch die Demokratie als Marke begriffen werden.[32]

Eine besondere Wirkung hatte die Kampagne »Du bist Deutschland«, die ebenfalls von Werbeagenturen entwickelt wurde und das Selbstbewusstsein der Deutschen heben sollte. Auffallend war hier die große Zahl der Unterstützer aus dem Bereich der Medien.

Die hier vorgestellten Kampagnen beziehungsweise Initiativen hatten sich mit anderen im Mai 2004 zur »Aktionsgemeinschaft Deutschland« zusammengeschlossen. Sie umfasst Strömungen wie BerlinPolis, Aufbruch jetzt!, Stiftung liberales Netzwerk, Projekt Neue Wege, Reforminitiative »Für ein attraktives Deutschland« und die Initiative »Klarheit in die Politik«. Letztere wird getragen von Dieter Rickert, einem Münchener Headhunter, der in der Elite der Wirtschaft sein Tätigkeitsgebiet hat und vom *manager-magazin* als »Strippenzieher auf höchstem Niveau« bezeichnet wurde.[33] Rickert betätigt sich als Fundraiser, mit dem Ziel, hundert Millionen Euro zu sammeln, die dem Werben für marktwirtschaftliche Reformen den nötigen finanziellen Hintergrund verschaffen sollen.

Der Zusammenschluss »Aktionsgemeinschaft Deutschland«, der zutreffender als lose Koordination bezeichnet werden kann, geht auf den Reformkongress des BDI in Berlin im Jahr 2003 zurück und soll dem Problem entgegenwirken, dass die Öffentlichkeit die Initiativen für gesellschaftliche Veränderungen und Politikkorrekturen entweder nicht wahrnimmt oder nicht zwischen ihnen unterscheidet. Einer Untersuchung zufolge[34] lagen lediglich die INSM und der BürgerKonvent an der Wahrnehmungsschwelle, das heißt, sie hatten monatlich zwischen zehn und einigen hundert Nennungen in den ausgewerteten Medien. Alle anderen Initiativen lagen weit darunter.[35]

Die INSM begründet den Zusammenschluss »Aktionsgemeinschaft Deutschland« ebenfalls mit dem Bestreben nach einheitlichem und geschlossenem Auftreten in der Öffentlichkeit. Zudem wolle man gegenüber den Parteien, die nicht in der Lage seien, Lösungswege aus der Krise zu finden, eigene Akzente setzen.[36] Andererseits ist die INSM nicht bereit, sich als schlagkräftigste und finanzstärkste Organisation allzu eng mit den anderen Initiativen zu verbinden oder ihre Zielrichtung zu ändern.[37]

Der Versuch der verschiedenen »Reforminitiativen«, sich unter einem Dach zusammenzuschließen, muss insgesamt als gescheitert angesehen werden. Geld allein scheint keine ausreichende Ressource zu sein, um auf Dauer politisch wirksam zu intervenieren. Das *manager-magazin* kommentiert diesen Prozess bissig: »Vielleicht liegen die Probleme der Reforminitiativen darin begründet, dass Politik doch ein schwierigeres Geschäft ist, als es Manager und Unternehmer gemeinhin wahrhaben wollen. ›Politik heißt, langfristig an Themen arbeiten, Kompromisse schließen, um öffentliche Unterstützung werben‹, sagt Experte Daniel Dettling. Offenbar keine Aufgaben, die Wirtschaftsführern besonders liegen.«[38]

Im journalistischen Tarnmantel:
Die PR-Instrumente der INSM

Bis Anfang 2006 hatte der Geschäftsführer von berolino.pr, Tasso Enzweiler, die Arbeit der INSM geprägt. Der erfahrene und gewiefte Journalist war Chefreporter bei der *Financial Times Deutschland* und hat im Grunde sein Know-how über die Arbeitsprozesse im Journalismus auf seine PR-Initiative übertragen; er wechselte dann als Managing Director zur Kommunikationsberatung Hering Schuppener. Sein Nachfolger bei der INSM ist Max A. Höfer, früher Journalist bei *Capital*. Dieter Rath ist der zweite Strippenzieher der INSM, er leitete zuvor die PR-Abteilung beim Vorstand des Bundesverbands der Deutschen Industrie (BDI).

Für ihre PR-Strategie nutzt die INSM wissenschaftliches Know-how, das entweder aus dem eigenen Haus, dem Institut der Deutschen Wirtschaft (IW), oder aus dem Kreis der eigenen »Botschafter« kommt. Eingekauft werden aber auch Gutachten aus anderen Wirtschaftsforschungsinstituten. Hinzu kommen die Expertisen von Meinungsforschungsinstituten wie Allensbach.

Zur Infrastruktur der INSM gehören zudem TV-Agenturen. Sie beliefern TV-Sender mit vorproduzierten Beiträgen oder Radiostationen mit O-Tönen und versorgen Redaktionen mit Themenvorschlägen. All diese Angebote gehorchen der PR-Strategie der INSM. »Dort arbeiten einzelne Leute weitgehend für uns«, so der Ex-Geschäftsführer Tasso Enzweiler.[39]

Das intime Verhältnis der INSM zu den Medien

Die Arbeitsweise der INSM ist durch die besondere Nähe zu den Medien geprägt. Die INSM-Macher wissen, was Journalisten wünschen und wie sie »gefüttert« werden müssen, um die Anliegen der Initiative möglichst ohne kritische Begleitung zu transportieren. Sie wissen, dass Politikbeeinflussung heute über die Medien laufen muss, weil sich diese zu einer Wirkungsmacht in der Republik entwickelt haben.

Die Aktionen der Initiative sind deshalb auf die heute etablierten Nachrichtenfaktoren und die Regeln des Agenda-Settings der Medien genauestens abgestimmt. Pressekonferenzen werden für bestellte wissenschaftliche Studien organisiert, Prominente wie der Fußballstar Oliver Bierhoff treten für die Initiative in der Berliner Humboldt-Universität auf, Lord Dahrendorf und Kardinal Lehmann wurden zu den »Ludwig-Erhard-Lectures« in Berlin eingeladen. Die INSM stellt Bildagenturen aufwendig produzierte Motive zur Verfügung, und Hörfunkjournalisten können sich O-Töne von Interviews für ihre Sendungen von der Website der Initiative herunterladen.

Gezielt nutzt die INSM die Schwachstellen und Defizite der Medien, die zunehmend auf vorgefertigte Materialien zurückgreifen. Journalisten haben immer weniger Zeit für Recherche und verwenden meist nur noch wenige oder eine einzige Quelle, um eine Meldung oder einen Bericht zu verfassen. Der ökonomische Druck hat auch in den Redaktionen zugenommen, die sich bereitwillig vorproduzierte Berichte von PR-Agenturen kostenfrei zuliefern lassen. Journalisten machen häufig auch nebenher PR, um ihr Einkommen zu sichern oder aufzubessern. Dadurch werden die Grenzen zwischen Journalismus, der eine unabhängige, auf die Prüfung verschiedener Quellen beruhende Aufklärungsfunktion haben soll, und PR, also interessengesteuerter Information, systematisch aufgeweicht.

Die Wirtschaftskrise hat die Werbeetats bei Zeitungen und Zeitschriften zusammenschmelzen lassen. Viele Verleger und Chefredakteure sehen es daher gern, wenn die INSM mit ihrem großen Etat Anzeigen bei ihnen schaltet. Am Ende ist die Initiative zweifach in dem Medium vertreten: einmal über eine bezahlte Anzeige, das andere Mal über kostenlos bereitgestellte Inhalte.

Die Public-Affairs-Profis der INSM wissen, dass die Medienresonanz von Themen in wichtigen Blättern, bei Agenturen und TV-Sendern inzwischen eine entscheidende Referenzgröße bei der Steuerung von Politik geworden ist. Wird ein Thema von Presse, Hörfunk und Fernsehen positiv aufgenommen, dann gilt es als wichtig und wird weiterbehandelt. Die Medien konstruieren die Wirklichkeit für die Politiker und Meinungsmacher und bestimmen nicht selten die Tagesordnung der wichtigen Themen. Deshalb ist es für die INSM entscheidend, dass ihre Themen so häufig wie möglich in den Medien auftauchen.

Als PR-Agentur, die die Interessen und Sichtweisen der Wirtschaft transportieren will, muss die INSM auf die Medien und auf die Multiplikatoren in der Gesellschaft einwirken. Dazu nutzt sie exzessiv das Instrument der Medienpartnerschaften, das in den vergangenen Jahren immer beliebter geworden ist. Medienpartnerschaften sind allerdings sehr umstritten, weil damit die Grenzen zwischen Journalismus und PR systematisch verwischt werden und interessengeleitete Berichterstattung in die Medien gelangt, die Leser, Hörer oder Zuschauer nicht als solche erkennen können. Für die Chefredakteure und Verlage wiederum sind Medienpartnerschaften besonders interessant, weil dadurch Redaktionskosten reduziert werden können – allerdings um den Preis der Glaubwürdigkeit und Unabhängigkeit.

Der INSM geht es darum, in der Öffentlichkeit Themen zu platzieren und Meinungen in ihrem Sinne zu prägen. Hierbei wäre aber ein allzu offensichtlicher Zusammenhang mit der INSM eher störend. Wenn Hans Tietmeyer sich in großen überregionalen Tageszeitungen äußert, so gibt es daher meist keinen Hinweis darauf, dass diese Verlautbarungen zuvor mit der INSM koordiniert wurden. Sie erscheinen als Stellungnahmen und Expertisen mit ganz normalem journalistischem Charakter. In Wirklichkeit sind vorher die Sprecherrollen festgelegt worden. Oswald Metzger erklärt das Zustandekommen eines Engagements für die INSM so: »Die fragen mich an, ob ich Interesse hätte, bei einer Kampagne gegen die Kohlesubventionen oder beim Agrarthema etwas zu machen. (...) Dann sage ich: Okay, das Thema liegt mir besonders, da kenne ich mich aus, da will ich mich positionieren. Und dann kommt es zu einer Abstimmung.«[40]

Dieses Vorgehen der Themensetzung liegt im Trend des neuen PR-Journalismus, der die Grenzen zwischen Public Relations und Journalismus langsam und für das Publikum kaum wahrnehmbar schleift.[41] Eine Folge ist, dass zwischen einer journalistischen Meldung oder Recherche und absichtlich erzeugter Kommunikation nicht mehr unterschieden werden kann. Nach Angaben des Leipziger Medienwissenschaftlers Michael Haller stehen in Deutschland 30 000 Politik- und Wirtschaftsjournalisten 15 000 bis 18 000 PR-Leute gegenüber. In den USA hat sich das Verhältnis schon zugunsten der PR-Branche umgekehrt: Dort beruhen mittlerweile mindestens vierzig Prozent der Informationen in einer Tageszeitung nicht mehr auf journalistischer Recherche, sondern gehen zurück auf mediengerecht aufbereitete Informationen, auf Erklärungen, Pressemeldungen und Anzeigen von Anbietern, die Eigeninteressen mit diesem Material verfolgen.[42] Die Produkte der INSM sickern auf diese Weise langsam in die seriösen Medien ein; Slogans, Sichtweisen und Vergleichsrechnungen werden übernommen, weil sie mediengerecht und verfügbar sind.

Wie die Mechanismen des PR-Journalismus funktionieren, führt das Magazin *impulse* vor: In einem Bericht über Reforminitiativen wie die der INSM beschreibt der Autor, wie es der INSM mit unpolitischen Aktionen gelingt, Präsenz in der Öffentlichkeit zu erzeugen, und zitiert den Geschäftsführer Dieter Rath mit dem Satz: »Unser Erfolg hängt damit zusammen, dass wir nicht wie wild plakatieren, sondern mit Medien gezielte Partnerschaften eingehen.« Unerwähnt bleibt dabei, dass *impulse* selbst in einer engen Partnerschaft mit der INSM verwoben ist.[43]

Eine Vielzahl weiterer Zeitungen und Zeitschriften ist ähnliche

Partnerschaften mit der INSM eingegangen. Kooperationen gab es mit der *Financial Times Deutschland* (Beilage »Ökonomie: Klassiker kompakt«), mit der *WirtschaftsWoche* (Reformbarometer, Subventionsrechner), mit der *Zeit* (»Bildungsmonitor«), mit der *Frankfurter Allgemeinen Sonntagszeitung* (Wahl des »Blockierers« und des »Reformers des Jahres«), mit *Focus* (»Karikaturenwettbewerb«), mit dem *Handelsblatt*, in dem regelmäßig die Kolumnen des Kuratoriumsvorsitzenden Prof. Dr. Hans Tietmeyer erscheinen, und mit der *Fuldaer Zeitung*. Sie wurde mit Interviews beliefert, die Mitarbeiter von berolino.pr geführt hatten. Weitere Kooperationen gibt es mit der *Magdeburger Volksstimme*, mit der *Neuen Westfälischen*, der *Hörzu* und der *Schweriner Volkszeitung*.

Zu den PR-Instrumentarien der INSM zählen auch direkte Kooperationen mit Journalisten. Mit Preisen wurden Reportagen von Journalisten (zwei Autoren der *Welt am Sonntag* und eine Journalistin der *Zeit*) prämiert, die »beschäftigungsfeindliche Verkrustungen des deutschen Wirtschafts- und Sozialsystems« darstellen. Schüler der Kölner Journalistenschule erstellten im Sommer 2004 die Image-Broschüre der INSM.

Die INSM bietet diese Medienpartnerschaften mit dem Argument an, »fundierte Inhalte« zu liefern, die dem »Grundsatz sachlicher Neutralität« entsprechen. Begründet wird diese angebliche Neutralität mit der wissenschaftlichen Erfahrung, die über das Institut der Deutschen Wirtschaft und die eigenen Botschafter eingeholt werde, und mit dem »parteiübergreifenden Netzwerk angesehener Persönlichkeiten aus Politik, Wirtschaft, Wissenschaft und Kultur«.[44] Die INSM hebt besonders den »Nutzwert für die Medien« hervor, der darin bestehe, dass ihnen meist unentgeltlich Inhalte geliefert werden.

In Zeiten personell ausgedünnter Redaktionen stellt dies für die Verleger eine große Verlockung dar. Damit wird nicht nur die Tendenz zur unkritischen Berichterstattung gefördert, die dazu führt, dass die Medien sich selbst den Ast absägen, auf dem sie sitzen:

Laut Prof. Dr. Klaus Kocks, früher selbst als PR-Fachmann in großen Konzernen tätig, leitet ein publizistisches Medium seine Selbstzerstörung ein, wenn es eine bestimmte Schwelle an verborgener PR überschreitet.[45] Der junge Kommunikationswissenschaftler Christian Nuernbergk hat an der Universität Münster im Jahr 2005 seine Magisterarbeit über die PR-Arbeit der INSM geschrieben. Sein Fazit nach der Analyse von elf Meinungsführermedien: »Den Rezipienten (werden) notwendige Rahmungen und orientierende Informationen zur Einordnung der Berichterstattung vorenthalten.« Die Absender der Informationen und die Folgen der Medienkooperationen müssten klar und transparent benannt werden. »Der Journalismus droht ansonsten durch ein dauerhaft einseitiges und prädisponiertes Handeln in Glaubwürdigkeits- und Legitimationsprobleme zu geraten.«

Sprachrohr der Metallindustrie:
Die politischen Ziele der INSM

Im Kern geht es der INSM um die Unterstützung von Wirtschaftsinteressen durch PR-Maßnahmen. Dies zeigen die inhaltlichen Positionen der INSM, die sich weitgehend mit denen der Wirtschaftsverbände und des Wirtschaftsflügels der CDU und der FDP decken. Die INSM kann als »PR-Maschine für ein wirtschaftsfreundliches Klima« verstanden werden, denn nach Martin Kannegiesser, Arbeitgeberpräsident und Botschafter der INSM, »klafft das, was die Bevölkerung will, und das, was die Führungskräfte in der Wirtschaft für notwendig halten, himmelweit auseinander«.

Die Finanziers und die Manager der INSM haben sich bezüglich des Arbeitsbereichs der Initiative auf die strategisch wichtigen Felder der Politik geeinigt: Arbeit, Soziales, Bildung, Steuern und Finanzen. Auf dem Gebiet des Arbeitsmarkts gilt als Zielvorgabe, regulierenden »Ballast« zu entsorgen und Arbeitsplätze zu schaffen. Arbeitsplätze schaffen aus der Sicht der INSM nur Unternehmer, und deshalb sind diese zu unterstützen: »Weniger Bürokratie für mehr Existenzgründungen und mehr Arbeitsplätze«, heißt es dazu auf der INSM-Website.[46]

Im Sozialbereich sind die beiden großen Themen der INSM Rente und Gesundheit. Die Altersversorgung soll teilweise auf Kapitaldeckung umgestellt werden. Der »überdehnte« Wohlfahrtsstaat müsse wieder zum möglichst schlanken Sozialstaat werden. Es könne nicht dauerhaft eine breite Schicht nur durch staatliche Transferleistungen über Wasser gehalten werden. Im Gesundheitsbereich geht es um mehr Wettbewerb und Eigenbeteiligung und um ein System, das sich über »Kopfpauschalen« finanziert.

Auf dem Gebiet der Steuern und Finanzen sind die Ziele mit »Verschlankung des Staates« und mit einer »größeren Freiheit und Verantwortung der Bürger« umrissen. Konkret bedeutet dies Subventionsabbau, niedrigere Steuersätze und Beschränkung des Staates auf ganz wenige Kernaufgaben. Hier konnte die INSM einen ersten Erfolg verbuchen: Paul Kirchhof, Botschafter der INSM, wurde im Bundestagswahlkampf 2005 mit seinem Steuerkonzept, für das die INSM immer Werbung gemacht hatte, als möglicher künftiger Finanzminister in das Kompetenzteam von Kanzlerkandidatin Angela Merkel geholt.

Auch wenn Kirchhof auf Grund des unausgereiften und von der breiten Öffentlichkeit nicht akzeptierten Konzepts scheiterte, muss diese Platzierung einer INSM-Leitfigur im Zentrum der Macht als politischer Erfolg gewertet werden. Gleichzeitig zeigt der Fall das Dilemma der INSM: Einerseits kann sie in den Medien auf eine große Präsenz ohne kritische Begleitung verweisen. Andererseits gelingt es ihr nicht, »ihre« Reformthemen in der Bevölkerung positiv zu verankern. Diesen Befund haben mehrere von der INSM veranlasste Meinungsumfragen ergeben.

Bei der Stiftung Marktwirtschaft, mit der die INSM eng kooperiert[47], arbeitete eine Kommission am Steuerkonzept, das zum Regierungsprogramm für die CDU/CSU nach dem Wahlsieg im September 2005 werden sollte. Die Stiftung stellte ihr Steuerkonzept Anfang 2006 dann als eigenständiges Konzept vor.

In der Summe ist dieses Programm leicht als das neoliberale Programm zu identifizieren, das bereits in anderen Ländern – in den USA, in Großbritannien oder Neuseeland – teilweise umgesetzt wurde. Das Theoriefundament der INSM bilden also nicht der Ordoliberalismus der Freiburger Schule, in dem der Staat einen Rahmen für wirtschaftliches Handeln schaffen und den Wettbewerb mit marktkonformen Mitteln erhalten will, sondern moderne neoliberale Positionen, die allein auf das Prinzip der Marktsteuerung setzen. Die genannten Themen und Ziele stellen so etwas wie ein Grundsatzprogramm oder die Philosophie der INSM dar. Sie kann auf vielfältige Weise durchbuchstabiert werden.

Die Bevölkerung soll über die Notwendigkeit marktwirtschaftlicher Reformen im Sinne des Unternehmerlagers aufgeklärt werden. Ein weiteres damit verbundenes Ziel ist, Druck auf die politischen Entscheider auszuüben. Ähnlich wie beim BürgerKonvent sollen Politiker dazu bewegt werden, sich mit bestimmten Themen und Stoßrichtungen auseinanderzusetzen. Die INSM vermeidet es aber, die Bevölkerung direkt zu mobilisieren und konkrete Anlässe zu schaffen, in denen sich der Unmut ausdrücken kann.

Den Anschein der politischen Neutralität öffentlich zu vermitteln wird immer schwieriger, denn die Legitimationsbasis der INSM schwindet durch den Austritt von Botschaftern aus dem rot-grünen Lager (Rainer Wend, Christine Scheel, Wolfgang Clement), aber auch durch den Weggang des früheren bayerischen Ministerpräsidenten Edmund Stoiber. Sie kehrten der INSM im Lauf des Jahres 2004 den Rücken, nachdem immer mehr kritische Fragen über ihr Engagement für eine Initiative, die offensichtlich die Politik der Regierung Schröder bekämpfte, an sie gerichtet wurden. Die propagierte Überparteilichkeit wird dadurch zur Farce, und die INSM wird immer stärker als PR-Agentur wahrgenommen, die ungeschminkt Unternehmerinteressen vertritt.

Aus diesem Grund hat die INSM im Frühjahr 2005 einen Förderverein gegründet, dem Bürgerinnen und Bürger beitreten können. Der erhoffte Erfolg blieb allerdings aus, so die Einschätzung des *manager-magazins*.[48] Die INSM, die sich nach Aussage ihres früheren Geschäftsführers Tasso Enzweiler als »APO des Kapitals« versteht, nutzt dafür – anderen Initiativen ähnlich – Methoden, die von politischen Gruppen aus dem linken Spektrum entwickelt wurden. Dazu gehören die Nutzung symbolischer Aktionen für die Medien im Stil von Greenpeace, freche Slogans, Protestplakate und vieles mehr.

Heute ist bei der INSM Routine eingekehrt; ihre Resonanz nimmt ab, da etwa ein Dutzend vergleichbare Initiativen die gleiche Dramatisierungs-Rhetorik betreibt. Die Botschaften kommen zwar gut in den Medien an, breite Bevölkerungsgruppen erreichen sie jedoch nicht.

Die Veränderung der Politik durch Lobbying und Marketing

Die INSM und die anderen wirtschaftsnahen Initiativen, die in den vergangenen Jahren entstanden sind, markieren einen deutlich wahrnehmbaren Trend im Lobbying und in der politischen Kommunikation. Zu beobachten ist nicht nur, dass Lobbying immer wichtiger wird, sondern auch, wie sich Lobbying mit PR und mit Politikmarketing verbindet. Es genügt nicht mehr, den politischen Entscheidern den eigenen Standpunkt nahezubringen; wichtig ist, dass auch die Öffentlichkeit von bestimmten Vorhaben überzeugt wird. Weil sich das Selbstverständnis der ökonomischen Akteure verändert und politischer wird, wird auch das Lobbying breiter und bezieht PR mit ein.

Das Auftreten der INSM beschleunigt einen bereits seit längerem erkennbaren Trend: die Veränderung des Politischen insgesamt. Vor allem Umfragen unter Jüngeren zeigen, dass sich ein Wertewandel vollzieht, der dem Postmaterialismus die Spitze bricht und Werte wie Leistung, Sicherheit und Familie wieder in den Mittelpunkt rückt.[49] Nutzenorientiertes Denken und egoistisches Handeln nehmen zu, während die Bedeutung von Politik insgesamt zurückgeht.

Unter Jüngeren ist der Trend erkennbar, nicht mehr scharf zwischen Politik und Wirtschaft zu unterscheiden. Dies macht sich auch dadurch bemerkbar, dass Markendenken und Marketingmethoden in der Politik immer stärker zur Geltung kommen. Ausdruck dieser Entwicklung ist nicht zuletzt, dass eine Werbeagentur wie Scholz & Friends die INSM maßgeblich formt. PR-Agenturen entdecken zunehmend das Feld der Politik für sich und bieten ihre Dienste nicht mehr nur für Wahlkampfzwecke an, sondern sind auch gewillt, den politischen Normalbetrieb mit Marketingmethoden der Wirtschaft zu verändern.

Dadurch gewinnt ökonomisches Denken in der Politik an Bedeutung, die Differenzen zwischen Politik und Ökonomie schleifen sich ab. Dieser Trend verbindet sich mit einem wachsenden Pragmatismus, der nur die Kehrseite der Entideologisierung des Politischen ist. Teil dieses Trends, den Initiativen wie die INSM kräftig verstärken, ist, dass das Verhältnis von Staat und Gesellschaft sowie von Wirtschaft, Politik und Gesellschaft neu justiert wird. Auf diesem geistigen Fundament setzt auch die Arbeit der Berater an.

»Der Markt wird wachsen und sich weiter spezialisieren«

Fragen an Sebastian Turner, Agentur Scholz & Friends

Welches Selbstverständnis als Berater haben Sie?
Wie der Name schon sagt: Ein Berater berät – er entscheidet nicht.
Welches Persönlichkeitsprofil sollte ein »guter« Berater haben? Welche Skills sind zentral? Welche Tugenden?
Kompetenz, Einfallsreichtum, Courage, Teamfähigkeit.
Wissen und Methodenkenntnisse sind wesentliche Beratungsressourcen. Haben diese aus Ihrer Sicht Priorität?
Ja – ich hatte es mit »Kompetenz« zusammengefasst –, passend zum Beratungsfeld.
Welche zentralen Erwartungshaltungen haben die Auftraggeber an die Berater?
Ergänzende Kompetenz und Ressourcen, Lösungsorientierung und Loyalität.
Wie effizient verläuft die Rekrutierung des Beraternachwuchses in Deutschland? In Ihrem Unternehmen?
Für Deutschland kann ich es nicht beurteilen. Unser Unternehmen hat eine ganze Reihe von Programmen, um Nachwuchs zu finden und weiterzuqualifizieren. Sie sind relativ effizient.
Wie bewerten Sie das interne Leistungscontrolling in Ihrem Unternehmen?
Wir haben ein Bewertungssystem, das die wesentlichen Leistungsfelder des Unternehmens abdeckt und sich an den erfolgreichsten Modellen im Markt orientiert. Ein wichtiger Baustein ist die Beurteilung durch die Auftraggeber.
Wo sehen Sie besondere Defizite und Störfaktoren im Beratungsprozess?
Mangelndes Verständnis des Problems seitens des Beraters, mangelnde Bereitschaft, alle Konsequenzen einer Lösung mitzutragen seitens des Auftraggebers.

Immer wieder wird in der Fachliteratur die unzulängliche Implementierung der Beratungsergebnisse kritisiert. Teilen Sie diesen Befund? Was sind die Ursachen?

Es kommt darauf an. Guter Vorsatz und konsequente Umsetzung sind überall zwei Paar Dinge. Der Berater ist in seiner Rolle immer eingeschränkt bei der Implementierung, sie kann nur gelingen, wenn der Auftraggeber ihn unterstützt und die Durchsetzung befördert.

Ergebnisse von Beratungsprojekten werden nur selten öffentlich. Welche Gründe sehen Sie für die öffentlichkeitsferne Arbeit der Berater?

Es handelt sich meist um wettbewerbsrelevante Fragen – und die behält jedes Unternehmen lieber für sich.

Wo sehen Sie die wesentlichen Beratungstrends der Zukunft? Wie wird sich der Beratermarkt nach Ihrer Ansicht entwickeln?

Er wird wachsen und sich weiter spezialisieren.

4. Medien und Politikberatung

Die Rollenverteilung der »Gewalten« in der Demokratie hat sich in den vergangenen Jahren grundlegend geändert. Parallel zum Einflussverlust der Parlamente wächst die Macht der Medien als Mitgestalter der Politik. Wichtige Medien haben sich im Geist dieser Gestaltungsrolle zusammengeschlossen und koordinieren – jenseits früherer ideologischer Grenzen – gemeinsame Medienauftritte. Dies war so beim Protest gegen den Ausschluss eines *Bild*-Reporters bei Kanzlerreisen und bei der Debatte um die Kürzung und Veränderung von Politikerinterviews. In der Öffentlichkeit besonders stark sichtbar wurde der Prozess beim Einsatz zahlreicher Verlage gegen die Rechtschreibreform. Das koordinierte Auftreten bei der Bewertung des so genannten »Caroline-Urteils«, das die Rechte von Prominenten am eigenen Bild massiv stärkte und die Interessen der Verlage tangierte, belegt ebenfalls diesen Trend.

Günter Bannas hat in der *Frankfurter Allgemeinen Zeitung* »Sieben Jahre Dramatisierung« in der Berliner Republik bilanziert und die Rolle der Medien in Berlin (»härter, aggressiver, aufregender« als Bonn) gekennzeichnet: »Die Medienwelt hat die ersten Jahre in Berlin genossen, geprägt und befördert. Sie schaute auf die Personen und am liebsten auf Duelle. Sie schuf eine eigene Wirklichkeit, in der nicht mehr die Inhalte der Politik, sondern deren Präsentation entscheidend sein sollten. Wie nie zuvor in der Geschichte der Bundesrepublik war nicht das ›Was‹, sondern das ›Wie‹ zum Maßstab der Bewertung geworden.«[1]

Mythos Spindoctor

Die hier skizzierte Verzahnung von Politik und Kommunikation ist in Großbritannien bereits viel weiter fortgeschritten als in der so genannten Berliner Republik. Eines der drei wesentlichen politischen Steuerungsinstrumente von Tony Blair war neben der Machtzentrierung und der Informalisierung von Entscheidungsstrukturen die Professionalisierung der Kommunikation. Während das Kabinett immer unwichtiger wurde, stieg der Einfluss der Kommunikationsabteilung in der Downing Street Nr. 10. Wöchentlich tagt die Planungsrunde, die die zentralen Botschaften definiert. Für zwei Monate im Voraus wurde jeder Tag der politischen Agenda durchdacht und im Detail geplant. All das unterlag einem Prinzip: Politisches Handeln und die stets eingebundene politische Kommunikation sollen von denselben Personen durchgeführt werden.

Eigentlich wollte die Regierung Schröder dieses Prinzip der »kommunikativen Durchdringung der Politik« seinerzeit übernehmen. Im Juni 2003 forderte Regierungssprecher Bela Anda alle Ministerien auf, für »politisch wichtige Vorhaben« gleichzeitig auch umfassende Kommunikationskonzepte vorzulegen. »Spätestens vier Wochen vor der geplanten Kabinettsbefassung« wollte der Regierungssprecher die kommunikative Durchdringung eines neuen Themas kontrollieren. Kommunikationsziele und Problemlagen sollten definiert und die Kernbotschaften für Medien und Zielgruppen vorbereitet werden. Runderlasse sollten künftige Prozesse festlegen. Die politische Praxis in den Ministerien hinkte jedoch den Vorschriften hinterher.[2] Nicht nur Insider im Bundeskanzleramt räumen ein, dass diese Zielsetzung nie Praxis wurde. Im Gegenteil: Die Kommunikation etwa um die Hartz-Reformen illustrierte eine gewisse Inkompetenz, mit der sich die deutschen Akteure von ihren Kollegen in Großbritannien unterscheiden.

Bundeskanzlerin Angela Merkel scheint in den ersten Monaten ihrer Amtszeit ganz bewusst ein kommunikatives Kontrastprogramm zu ihrem Vorgänger aufzulegen: demonstrative Bescheidenheit, keine großen Gesten, nüchterner Umgang mit den Medien. Sie pflegt einen eher unpathetischen, präsidialen Kommunikationsstil nach dem Motto: »Lieber nichts mehr versprechen, was man ohnehin nicht halten kann.«

Auch die Regierungschefin kennt das kommunikative Dilemma. In ihrer Zeit als Fraktionsvorsitzende suchte sie noch nach der besten Kommunikationsstrategie und setzte Berater für diese Aufgabe ein. 120 000 Euro ließ sich Angela Merkel damals ihre persönliche Politikberatung kosten. Dabei griff sie auf Vertraute des früheren Bundeskanzlers Helmut Kohl zurück, die heute für die Politikberatungsfirma dimap consult tätig sind. Zu den Gesellschaftern der Tochterfirma des Meinungsforschungsinstituts dimap gehören der frühere Kohl-Berater und Journalist Michael Mertes, Kohls früherer Experte für politische Werbung im Bundespresseamt, Klaus Gotto, und Herbert Müller, der als Generalsekretär der hessischen CDU Kochs »Anti-Ausländer-Kampagne« erfolgreich steuerte. Das erfahrene Trio berät verschiedene Gremien der Union in Fragen der politischen Kommunikation und kann auf die bewährten Kontaktnetze aus der aktiven politischen Zeit setzen.

Wenn im politischen Betrieb Beratungsbudgets zur Debatte stehen, sind Konflikte meist vorprogrammiert. Denn hier geht es um den Zugriff auf wichtige Ressourcen. Diese Erfahrung musste auch Klaus-Peter Schmidt-Deguelle, persönlicher Berater von Ex-Finanzminister Hans Eichel, machen, der mit Unterbrechungen seit 1999 Eichels Auftritt kommunikativ plante und begleitete. Der Journalist, der an bis zu zehn Tagen im Monat für einen Tagessatz von 510 Euro den Ex-Finanzminister beriet, musste sich gegen Angriffe des Bundesrechnungshofs wehren. Die Bonner Beamten unterstellen in ihrem Prüfbericht, dass sich die fachliche Beratung für den früheren Finanzminister und den SPD-Politiker nicht trennen ließen. Außerdem werde nicht begründet, warum Schmidt-Deguelles Beratertätigkeit nicht von dem hauseigenen Personal wahrgenommen werden könne. Schließlich verfüge das Finanzministerium insgesamt über 22 Mitarbeiter im Presseferat.

Wo die CDU gleich »Genossenfilz« und »Missbrauch von Steuergeldern« witterte, sah Eichels Berater die pure Notwendigkeit. In einem der ganz seltenen Schlüsseltexte aus der Feder eines Praktikers reflektiert der Medienberater kühn und klar: »Die Mitarbeiter in den Pressestellen der Ministerien haben meist keine journalistische Erfahrung, die Ausstattung der Öffentlichkeitsarbeit mit Ressourcen ist zum Teil völlig unzulänglich. Hier wird an der falschen Stelle Zurückhaltung geübt.«[3] Über die Jahre wurde das Qualifikationsprofil von Regierungs- und Ministeriumssprechern auf Bundes- und Landesebene immer weiter abgeschliffen und tendenziell zu einem reagierenden Dienstleistungsberuf umgeprägt. Disziplinierte Vermittlung von Ergebnissen statt kommunikativer Vermittlung von politischen Grundlinien und Prozessen – dieser Trend prägt das Berufsprofil der professionellen Kommunikatoren nicht nur in Berlin.

Der frühere Fernsehjournalist Schmidt-Deguelle, der zeitweise auch in den Diensten von Sabine Christiansens TV-Produktionsfirma TV21 stand, lässt die Schreibtisch-Illusionen vieler Medienwissenschaftler zum meist mystifizierten Thema ungerührt platzen: »Deutschland ist in Sachen Medienberatung der Politik eine Entwicklungsland. (…) Noch sind Spindoctoring und Medienberatung in Deutschland die Ausnahme. (…) Das Diktat der Medien bestimmt das politische Kommunikationsgeschäft.«[4] Die Wirkung des Spindoctoring[5] scheint zudem in der Praxis begrenzter auszufallen, als sich manche Autoren – sozusagen befreit von den Zwängen der empirischen Realität – vorstellen. »Eine gezielte Themensteuerung ist unter diesen Bedingungen (Anm.: gemeint sind die immense Informationsverflachung in den Medien und die Anonymität der politischen Entscheidungsprozesse) nur eingeschränkt möglich.« Ein Grund für den sehr begrenzten Handlungshorizont und ein »Risiko der Kommunikationssteuerung« durch einen Medienberater liegt – so Schmidt-Deguelle – »in der Konkurrenz zwischen den einzelnen Regierungsstellen«.

Nach seiner Einschätzung bestimmen die Medien in Berlin »sehr viel mehr den Takt als in der Bonner Republik. Ich würde nicht so weit gehen, dass die Medien allein den Takt bestimmen. Aber die Politik ist oft und nach meinem Dafürhalten zu oft die Getriebene. Politik reagiert leider oft genug auf vordergründige und kurzfristige Schlagzeilen.«

Schmidt-Deguelle war einer der wenigen, der – auf Grund seines engen Verhältnisses zum ehemaligen Finanzminister Hans Eichel – die Rolle eines Spindoctors wirklich ausgefüllt hat. Es gibt nur eine Hand voll Pressesprecher in Berlin und in den Bundesländern, die die politische Kommunikation mit der Öffentlichkeit planvoll und perspektivisch anlegen; in der Regel werden auch Pressesprecher von den Tagesereignissen und einem dichten Terminkalender getrieben.

Gedämpfte Medienmacht

Auch Fritz Kuhn, der »Allroundpolitiker«, Fraktionssprecher und Kommunikationsexperte der Grünen, hält eine strategische Steuerung der Öffentlichkeit nur ausnahmsweise für möglich: »Diese Möglichkeit ist durch eine Vielzahl von einschränkenden Bedingungen sehr reduziert. (...) Diese Einschränkungen haben mit Ressourcen, mit Personen, mit Glaubwürdigkeitsfragen und mit Veränderungen in der Umwelt der Parteien zu tun.«[6] Fritz Kuhn nannte bei einem Kolloquium zur Politikvermittlung in Berlin vier Bedingungen, die Voraussetzungen für eine erfolgreiche Kommunikation sind: Verständlichkeit, Relevanz, Glaubwürdigkeit und Unterhaltsamkeit. Damit dieser Vierklang sich voll entfalten kann, müssen alle vier Faktoren in eine durchdachte, langfristig angelegte Kommunikationsstrategie eingebettet sein.

Dass es solche anspruchsvollen Strategien in den Parteien aber nicht gibt, bezweifelt kaum ein Praktiker. Kuhn, dessen Ehrgeiz viele Grüne fast zur Verzweiflung treibt, hat die Möglichkeiten der medialen Steuerung – aus der Sicht eines Politikers im Machtzentrum – in ein vielsagendes Bild gepackt: »Man sitzt auf einem Baumstamm, der in einem Hochwasser oder gar in einem reißenden Fluss treibt, und stellt sich die Frage: Kannst du den steuern?« Kuhns Antwort: »Man kann vieles eben nicht steuern, man ist allen möglichen Zufälligkeiten, Strömungen und Widrigkeiten des Flusses ausgesetzt. Aber zu sagen, man hätte selbst keinen Einfluss darauf, ob man durchkommt oder herunterfällt, wäre auch ignorant. Eine falsche Bewegung, und man liegt im Wasser. Es gibt ein paar stabilisierende Bewegungen, die man gemeinhin als Steuerung ausgibt, wenn man durchgekommen ist.«[7]

Kuhns Bild, mit dem er den politischen Prozess der Berliner Republik als »reißenden Fluss« und den Politiker »auf einem Baumstamm« sitzend beschreibt, sagt mehr über die Möglichkeiten und die Rahmenbedingungen von politischer Beratung aus als viele von der nüchternen Realität abgekoppelte »Consultant-Texte«. Welche Grunderkenntnis kann man aus diesem Erfahrungswissen ableiten? Wer die Steuerungsmöglichkeit von Öffentlichkeit – als zentraler Ressource im politischen Geschäft – grundsätzlich als gering einschätzt, wird die Chancen von politischer Beratung in der Praxis entsprechend justieren und nicht ins Zentrum seiner Aktivitäten rücken. Wenn eine erfolgreiche Steuerung der Öffentlichkeit faktisch nicht vorgenommen werden kann, werden die investierten Beratungsressourcen eng begrenzt sein. Den Medien im politischen Beratungsprozess kommt folglich eine Rand- und Sonderrolle zu. Fritz Kuhn betont eher die Ohnmacht der Politik, spricht nur indirekt von der Macht der Medien. Im Gespräch mit dem Autor betont er: »Wenn Sie bei

Frau Christiansen oder bei Frau Illner in den Talkshows nicht vertreten sind, dann existieren Sie sozusagen politisch nicht.«

Eine führende Figur in der Union, Friedrich Merz, bestätigt diese Sichtweise. Demnach sind Talkshows wichtiger als Parlamentsdebatten. Der Sonntags-Talkshow »Sabine Christiansen« misst der Dauergast Merz eine besonders große Wirkung zu. Bei FDP-Politikern steht der Auftritt bei Christiansen – und die Konkurrenz um die interne Platzierung – ebenfalls ganz oben auf der Prioritätenliste, wie der FDP-Spitzenpolitiker Rainer Brüderle in einem Hintergrundgespräch erläuterte. Der Auftritt hier ist immer »Chefsache« von Guido Westerwelle. Seine Vertretung regelt der FDP-Chef meistens selbst – eine große Gunst für die Auserwählten.

Über das Wechselverhältnis von Politik und Medien und die Frage, wer wen treibt, gibt es von Akteuren auf beiden Seiten unterschiedliche Einschätzungen. Skeptisch über die Reichweite der Medienmacht im politischen Tagesgeschäft zeigte sich beispielsweise der CDU-Spitzenpolitiker Roland Koch auf einem Unternehmertag. »Koch spricht den Medien Macht ab«, titelte die *Allgemeine Zeitung Mainz*. »Wahlen werden nach wie vor durch die Summe von Multiplikatoren entschieden und nicht ausschließlich durch Medien«, so Koch. Öffentliches Thema werde nur, was den Bürger interessiere und betreffe, und nicht das, was die Medien als Thema setzten.[8]

Auch Franz Müntefering glaubt, dass die Medienmacht in der Politikberichterstattung überschätzt werde. Während einer Diskussion in Mainz bilanzierte der SPD-Politiker: »Ich glaube nicht, dass die Kirchs und die Springers dieses Land beherrschen können.« Seine vorsichtige Einschätzung hat sich auch im Sommer 2005, nach dem Bekanntwerden der geplanten, aber schließlich gescheiterten Fusion des Axel-Springer-Verlags mit der ProSiebenSat.1-Gruppe nicht grundlegend geändert. Zersplitterung der Öffentlichkeit in viele Teilöffentlichkeiten *und* die gleichzeitige Konzentration von Medien zu multimedialen Monopolen –

diese nüchterne Realität haben viele Politiker noch nicht wahrgenommen.

Aus den Einschätzungen wichtiger politischer Akteure lässt sich eine grundlegende Erkenntnis ableiten: Öffentlichkeitssteuerung steht auf Grund der ihr anhaftenden Unberechenbarkeit und ihres begrenzten Einflusses nicht ganz oben auf der Skala der politischen Prioritäten. Daraus ergibt sich die bereits von den zitierten Politikern diagnostizierte Sondersituation für die mediale Beratung. Sie hat nach wie vor Ausnahmecharakter und erfolgt vor allem indirekt durch die detaillierte Auswertung der Leitmedien seitens der Politiker und ihrer Mitarbeiter. Die Lektüre der täglichen Pressespiegel hat eine größere Bedeutung als die »klassischen Beratungsprozesse« mit Profis aus den Medien. Die informellen, meist individuell gestützten persönlichen Kontakte und politischen Austauschbeziehungen zwischen Medien und Politik – und nicht der direkte Einfluss von Beratern – spielen also eine gewichtige Rolle in der Berliner Republik.

Andreas Fritzenkötter, viele Jahre Berater von Ex-Kanzler Helmut Kohl, formuliert sein Erfahrungswissen aus der Machtzentrale pointiert und selbstbewusst gegenüber der dpa: »Jeder Politiker ist nur so gut wie seine Berater« – eine Beurteilung, die viele Politiker sicher nicht akzeptieren würden. Träfe Fritzenkötters Analyse zu, wäre es schlecht um die Politik in Deutschland bestellt. Denn folgt man den vorliegenden empirischen Studien und den Auskünften von wichtigen Spitzenbeamten in Bund und Ländern, so werden die für die Beratung und die politische Analyse zuständigen Abteilungen und Stabsstellen etwa der Staatskanzleien seit Jahren immer stärker ausgedünnt. Die entsprechende Abteilung im Bundeskanzleramt wurde unter Ex-Kanzler Schröder sogar aufgelöst, die Beratungsaufgaben wurden in andere Referate verlagert.[9]

Die Berater selbst klagen über die grassierende Beratungsresistenz der Politiker. Selbst wenn ein Ministerpräsident oder ein Minister von einer neuen Idee oder einer weit reichenden Initiative überzeugt worden sei, werde dieser Impuls oft in der Praxis nicht oder nur halbherzig umgesetzt. Die Flut der Gutachten, die von Ministerien Jahr für Jahr bestellt werden, belegt zudem den oft zweifelhaften Nutzen der teuren Papierproduktion. Die jeweilige Opposition fragt denn auch in regelmäßigen Abständen nach Sinn und Funktion der »wissenschaftlichen Ratschläge«.

Die Antworten nähren die Zweifel am praktischen Nutzen der Gutachten-Maschinerie. Der Rechnungshof hatte nicht nur die zehn Beratertage von Eichel-Berater Klaus-Peter Schmidt-Deguelle im Visier; auch Finanzminister Peer Steinbrück musste sich öffentlich rechtfertigen, nachdem er die Nachfolgeposition Schmidt-Deguelles öffentlich ausschrieb.

Die Behörde untersuchte auch die wuchernde Berater-Praxis in Bund und Ländern.[10] Oft seien die Gutachten nur Selbstzweck, um komplizierte Entscheidungen hinauszuschieben oder konkurrierende Politikentwürfe auszugrenzen. Zwei Drittel der eingekauften Erkenntnisse könne die Ministerialbürokratie ohnehin selbst produzieren, der Rest sei häufig überflüssig. Aus den wenigen brauchbaren und innovativen Gutachten würden nur selten politische Konzepte abgeleitet.

Der oft routiniert-administrative Umgang mit den »formalen« Gutachten im politischen Betrieb steht stellvertretend für die Haltung vieler Politiker zu politischen Beratern insgesamt. Der Adressat der Beratung hat zudem in der Regel das Bedürfnis nach absoluter Vertraulichkeit, weil die Wahrnehmung eines Beratungsmandats immer noch als Zeichen von Schwäche interpretiert wird. Aus diesem Grund verteilen viele Politiker ihre Beratungs-Infrastruktur auf mehrere Stellen. Statt die Berater etwa in den Staatskanzleien oder Ministerien zu versammeln, weichen etliche Spitzenpolitiker auf Einzelpersonen in den Fachressorts aus oder suchen den Rat von Experten im vertrauten, nichtöffentlichen Raum. Das Prinzip »Kommunikationsmanagement der Vielfalt« gilt ganz besonders in der Politik.

Zusammenfassend lässt sich also feststellen, dass die Kultur der wirksamen und sinnvollen Beratung in Deutschland noch unterentwickelt ist; systematische politische Beratung spielt im hektischen politischen Betrieb nur eine nachgeordnete Rolle. Für die Medien gilt diese These in Potenz. Es besteht kein Zweifel, dass der Instinkt das wichtigste Navigationsinstrument eines Politikers ist. Viele Akteure setzen aber ausschließlich auf ihren Instinkt und wollen sich durch Analysen und Handlungsvorschläge nicht verunsichern lassen.

Welche Rolle bleibt den Medien?

Die Durchführung von Medienkampagnen – im Angriff und in der Verteidigung – gehört zunehmend zum Kerngeschäft von »Public-Affairs-Beratern«. »Es wird ja viel über die Medien gespielt«, sagt Wigan Salazar von der Agentur Publicis Public Affairs, die unter anderem den Wahlkampf der Berliner CDU betreut hat. Der Umgang mit den Medien und die Verschmelzung von Journalismus, PR und Werbung zu einem Konglomerat von »politischer Kommunikation« gehören zum Handwerk der PR-Consultants.[11]

Nur in den seltensten Fällen werden Medienvertreter außerhalb solcher wie Pilze aus dem Boden schießenden Agenturen direkt in den Beratungsprozess eingebunden. Dies kann bei langjährigen und engen persönlichen Beziehungen zwischen Spitzenpolitikern und Journalisten gelegentlich vorkommen, ist jedoch die seltene Ausnahme. Beispielsweise, wenn Joschka Fischer in seiner langjährigen Funktion als Außenminister einen pensionierten, sehr erfahrenen *Spiegel*-Redakteur zeitweise zu seinem persönlichen Berater macht.

Oft sollen Berater aus dem Journalismus die Stimmung im unübersichtlichen Berliner Mediendschungel aufnehmen und möglichst treffsicher kommunizieren: Was denken die Journalisten, welche Gerüchte wabern durch die Straßenschluchten rund um die Friedrichstraße, welcher Politiker wird mit welchem Marktwert taxiert? Joschka Fischer war bekannt für diese Art der »journalistischen Meinungsinspektion«. Was gerade der meinungsbildende Kern der Berliner Journalisten besprach und verhandelte, war für ihn von besonderem Interesse.[12] In seinen »Pollenflügen« nahm er Witterung auf, wollte wissen, wie Journalisten gerade »tickten«, was sie umtrieb, wo Gefahr im Verzug war. Richard Meng, Korrespondent der *Frankfurter Rundschau*, hat Fischer jahrelang journalistisch begleitet und kommt in einem Interview für das SWR-/NDR-Feature »Strippenzieher und Hinterzimmer«[13] zu folgender Bewertung: »Fischer hat wie ein trockener Schwamm alles aufgesogen. Der war schon interessiert daran, zu erfahren, was wir denken. Er hat sich oft darüber geärgert, aber er wollte es wissen, um ein bisschen zu riechen: Wohin läuft das in der Medienlandschaft? Politiker sind heute alle sehr, sehr medienfixiert. Jedenfalls die, die wichtig sind, oder die, die es werden wollen. Die spiegeln sich in den Medien, und sie leben im Grunde von ihrem eigenen Medienbild. Wenn sie nicht vorkommen, haben sie ein Problem mit sich selber. Und so sind wir auch ein bisschen Spiegel für die Politiker. Nicht nur in unseren Produkten, sondern auch als Gesprächspartner. Das ist natürlich auch ein Geschäft der Eitelkeiten, das da stattfindet.«

Frühwarnsysteme, Konfliktfernmelder und Atmosphärendiagnostiker werden immer gebraucht. Der frühere Wirtschaftsminister Wolfgang Clement vertraute ebenfalls auf das Urteil eines Journalisten aus der »alten *Spiegel*-Garde«. Er nutzte Journalisten in kleinen Runden als Sparringspartner, die ungeschminkt und subjektiv Konflikte benennen und die »Kollegenstimmung« artikulieren sollten. In solchen informellen Runden können die Vertrauten ihre Positionen und ihre Konzeptionen freimütig präsentieren; informelle Gespräche sind für die praktische Tagespolitik gelegentlich sogar wichtiger als die offiziellen mit der Ministeriumsspitze. Der regelmäßige Stimmungstest gehört mittlerweile zum Grundinventar der Berliner Republik. Auch hier hat sich ein informeller Beratungsprozess zwischen Medien und Politik entwickelt.

Doch solche direkten, informellen Begegnungen zwischen Politik und Medien gehören nicht zur täglichen Routine, auch weil viele Journalisten »nur die Papiere mit den News haben wollen«, sich aber »nicht mehr die Zeit für Hintergrundgespräche nehmen« – so der frühere FDP-Wirtschaftsminister Helmut Haussmann, der einen gravierenden Substanzverlust der politischen Berichterstattung in Berlin ausgemacht hat. Und er ist damit nicht allein: Die Klagen über den Kompetenzschwund des politischen Journalismus – jenseits der wenigen Qualitätsmedien – nehmen stetig zu.

Der frühere Chefredakteur der *Bild am Sonntag* und Stoiber-Wahlkampfberater Michael Spreng sieht die Lage im Berliner Mediengeschäft noch drastischer: »Der Konkurrenzkampf ist mörderisch. Die soziale Angst der Beteiligten ist größer, das Geschäft ist härter geworden. Der Kampf gegeneinander ist härter geworden. Und es tummeln sich auch viele unqualifizierte Leute. Das betrifft aber eher die elektronischen Medien.«[14]

Führende Politiker gehen daher dazu über, enge Kontakte zu einzelnen, ihnen vertrauten Journalisten zu pflegen. Aus solchen Konstellationen soll eine »Win-win-Situation« geschmiedet werden. Verbraucherminister Horst Seehofer nimmt beispielsweise einzelne, genau ausgewählte »wichtige« Journalisten mit auf Reisen, lässt ungewöhnlich viel Nähe zu und schafft so die Basis für eine kompetente und meist wohlwollende Berichterstattung. Exklusivgeschichten werden zunehmend einzelnen, seriösen Journalisten von *FAZ* und *SZ* zugespielt. Eine prominente Platzierung in ihren Blättern – etwa im Kasten auf Seite 1 der *SZ* – ist meist die Garantie für weitere Berichte in anderen Medien.

Der informelle Austausch am Rande von Hintergrundgesprächen, Parteitagen oder Pressefesten ist vielleicht die häufigste Alltags-Scharnierstelle zwischen Medien und Politik. Immer öfter wird zudem eine weitere Variante der persönlichen Begegnung zwischen den sonst getrennten Welten organisiert: Ausgewählte

Journalisten erhalten die Einladung, an internen politischen Beratungsprozessen als Beobachter teilzunehmen. Die hessische Landesregierung lud beispielsweise einige Journalisten zur internen Ergebnisdebatte der Studie »Zur Neuen Familienpolitik« ein. Und der rheinland-pfälzische Ministerpräsident Kurt Beck tat das Gleiche anlässlich einer internen Diskussion über die Weiterentwicklung der Bildungspolitik in Berlin.

Journalisten beraten die Politiker bei solchen Anlässen nicht. Es werden aber Nischen der Nähe erzeugt – seltene Gelegenheiten, den sonst versperrten Maschinenraum der Politik zu besichtigen, Politiker im Diskurs mit ihren Beratern zu erleben und daraus Schlüsse für die journalistische Aufbereitung zu ziehen. In einem konkurrierenden Medienmarkt, der nach dem Prinzip »More of the same« funktioniert, werden solch exklusive Zugänge künftig noch an Bedeutung gewinnen.

Viel wichtiger und wahrscheinlich wirksamer ist allerdings der »Beratungs-«Einfluss der Medien auf die Politik auf dem Umweg über die Veröffentlichungen. Medienberichte sind die entscheidende Referenzgröße für Politiksteuerung, der Resonanzboden für die präsentierten Ideen oder anvisierten Gesetzesvorschläge. Diese Informationsquellen und Wahrnehmungsfilter gewinnen an Bedeutung, weil die klassischen Bezugsquellen von Information – nämlich die direkte Kommunikation mit Beratern, Parteieliten oder der Parteibasis – gleichzeitig an Bedeutung verlieren und nur noch eingeschränkt für die Einschätzung des aktuellen politischen Prozesses genutzt werden. In »Morgenrunden« in Ministerien und Abgeordnetenbüros werden die Medienpräsenz und Resonanz eines Themas, die jeweilige Wertung und der Grundtenor analysiert. Dies sind oft die wichtigsten Termine von Politikern. Die Medien – wahrgenommen über Pressespiegel und über die Auswertung der elektronischen Medien – konstruieren also eine bestimmte Wirklichkeit für die Politiker, die ihrerseits nur selten über direkten Quellenzugang zu Ereignissen und Entwicklungen verfügen.

Die Resonanz der wichtigen Zeitungen und Agenturen nach

der Platzierung der Hartz-Kommission in den Medien war beispielsweise ein zentraler Indikator für die SPD, wie die Partei mit diesem Thema im Wahlkampf umgehen würde. Das heißt: Medienresonanz beeinflusst zumindest die Intensität, mit der Politiker ein »neues« Thema behandeln. Zu diesem Zweck führte der frühere Bundesgeschäftsführer der SPD, Matthias Machnig, ein »Hintergrundgespräch zum Thema »Hartz-Reform« mit der Redaktion der *Financial Times* in Berlin – sicher auch, um die Stimmung und die Chancen für das neue Thema auszuloten und zu testen, welche Aspekte der Arbeitsmarktreform »kampagnenfähig« sein könnten und welche nicht.

Weil die persönlichen Bewertungskriterien brüchiger werden und es in der Regel eine Vielzahl von Meinungen zu einem Thema gibt, werden die Medien als »Stimmungsbarometer« für Politiker immer wichtiger, als Ergänzung zur völlig überbewerteten Demoskopie und den Erkenntnissen aus der qualitativen Befragung einzelner Zielgruppen in so genannten Focusgruppen zu politischen Themen. Weil politische Konzepte und gelebte Überzeugungen in der Politik immer seltener werden, gewinnen »Rankings« in jeder Form neue Bedeutung. Demoskopische Werte – ganz gleich, wie sie zustande kommen – sind in der Politik folglich zentrale Stützpfeiler in einer fiebrigen Atmosphäre.

Politische Akteure nutzen die Analysen der Medien deshalb zunehmend auch im täglichen Meinungskampf. In den deutschen Machtetagen gilt die geheime Regel, dass Initiativen und Projekte nicht existieren, solange sie nicht in den Medien gespiegelt werden. Ex-CDU-Generalsekretär Laurenz Meyer kritisierte auf dem ökumenischen Kirchentag in Berlin die kurzatmige Mediengesellschaft: Er bemängelte, dass die Bürger ihre Informationen über politische Zusammenhänge fast ausschließlich über die elektronischen Medien bezögen. Für ihn sei fraglich, ob komplexe Themen in dreißig Sekunden langen TV-Beiträgen sinnvoll zusammengefasst werden könnten. »Was im Fernsehen nicht vorkommt, gibt es nicht«, bilanzierte Meyer.

Auf Grund dieser Einschätzung – die lagerübergreifend zu hören ist – wird Politik zunehmend bereits in der Ideenphase auf ihre Medienwirkung hin taxiert und akzentuiert. Auf diese Weise kommt den Medien ein besonderer Einfluss im politischen Prozess zu; zugespitzt könnte man sagen: Die Medien filtern in diesem Selektionsprozess vorab, sie entscheiden mit, welches Thema »funktionieren« könnte und was nicht ankommt.

Der Wunsch der Medien nach Vereinfachung, Komplexitätsreduzierung, Personalisierung und Unterhaltung überträgt sich folglich auf die Tagesordnung der Politik. Aus diesen indirekten Selektionsmechanismen entstehen Agenda-Setting- und Agenda-Cutting-Prozesse: Die Medien bestimmen durch ihre Selektionsmuster das Kommunikationsverhalten der Politik mit.

Die meisten politischen Akteure in Spitzenfunktionen halten den Produktionsprozess der Medien weitgehend für unberechenbar. Wichtiges versickert, Unwichtiges schafft es ganz nach vorne in die Schlagzeilen. Die klassischen Nachrichten- und Relevanzfaktoren sind im aktuellen Medienbetrieb heute nur noch sehr schwer zu definieren. Klaus-Peter Schmidt-Deguelle hat diesen Mechanismus in seiner Rolle als PR-Berater von Finanzminister Eichel perfektioniert, indem er vor einigen Jahren die *Bild*-Zeitung vorab mit »Exklusiv-Informationen« über avisierte Steueränderungen fütterte. Nach der Veröffentlichung überprüfte er die Intensität und das Ausmaß der Reaktionen. Diese Informationen galten dann als »Pretest« für die potenzielle Wirkung eines Vorschlags, der sich noch in der Abklärungsphase befand. Der stellvertretende Regierungssprecher Thomas Steg macht diese Entwicklung am Beispiel der zahlreichen Hintergrundkreise in Berlin deutlich: »Es geht in solchen Gesprächen nicht um Geheiminformationen. Man versucht, Eindrücke, die Journalisten vielleicht im Ansatz haben, zu verstärken, ihnen bestimmte Einordnungen zu ermöglichen. Wenn man gern erst einmal abschätzen möchte, ob etwas funktioniert, kann man dies in Hintergrundkreisen gut machen. Das ist ein Schutz, weil man als Quelle hinterher nicht auftaucht. Da ist man eben ein so genannter informierter Kreis oder wie auch immer.«[15]

In den meisten Medien hat sich das Grundverständnis der »Personalisierung« bei der Berichterstattung als zentrales Kriterium etabliert. Gleichzeitig gibt es selbst in politischen Magazinen eine Tendenz, auf so genannte »Politik-Politik-Themen« zu verzichten – die oft verpönte, eher bildarme, als langweilig verpönte Berichterstattung über Strukturen und komplexe Sachzusammenhänge. Auf diese beiden Linien reagiert die Politik, indem sie zunehmend »weiche« Themen anbietet, die stets mit dem Angebot der »Personalisierung« kombiniert den Medien angeboten werden.

Martin Bialecki, Leiter des Berliner Büros der führenden Nachrichtenagentur dpa, bilanziert das Wechselverhältnis zwischen Politik und Medien in Berlin nicht ohne Skepsis: »Die Medien setzen Politik unter Druck. Indem sie immer mehr haben wollen, immer mehr absaugen. Sie glauben auch, einen Anspruch zu haben, immer der Erste, der Beste, der Schnellste zu sein. Mit den größten Schlagzeilen und dem knalligsten Foto. Diese Überhitzung schadet beiden. Das ist ein System, das sich selber zu fressen beginnt. So richtig nutzen kann das eigentlich keinem.«[16]

Sondersituation Wahlkampf

Die Berichterstattung in den Medien wird ganz besonders in Wahlkämpfen immer wichtiger. So hatte eigentlich ursprünglich niemand von Edmund Stoibers Entgleisungen gegenüber den ostdeutschen Wählern bei einer Rede im Allgäu Notiz genommen. Erst als die *Leipziger Volkszeitung* gut eine Woche nach dem Ereignis groß über Stoibers Kritik am Wahlverhalten der Ostdeutschen berichtete, explodierte die Medienbombe in Berlin. Skandal! Niemand fragte nach den Zusammenhängen, Terminen und Absichten. Ein Zitat machte die Runde…

Auch der Fall des Heidelberger Professors Paul Kirchhof gilt als Musterbeispiel für die Wirkung der Medien in der Hitze des Wahlkampfs. Kirchhofs Scheitern wird als Beleg für die Macht der Medien herangezogen, die angeblich einen ehrenwerten Fachmann erledigten. Solche Klischees haben eine lange Lebensdauer; niemand klärt genau, ob es möglicherweise auch inhaltliche Positionen in Kirchhofs vage und widersprüchlich präsentiertem Steuermodell waren, die die Wähler abschreckten.

Gerhard Schröder ging noch in der Wahlnacht 2005 hart mit der Macht der Medien ins Gericht: Nach seiner Wahrnehmung wurde seine Konkurrentin im Wahlkampf von den Medien eindeutig favorisiert. Diese Einschätzung teilte auch der frühere Finanzminister Hans Eichel im Gespräch mit dem Autor im November 2005: »Die Presse darf nicht selber Meinungsmacht sein. Sie darf nicht Mitspieler im politischen Prozess sein. Aber diese Tendenz beobachte ich verstärkt.«

In der Mediendemokratie werden Medienwahlkämpfe ausgetragen; die Medienwirkung bestimmt die Schlachtordnung. Diese Regel galt auch schon im Wahlkampf 2002. Die »Stoiberlight«-Fassung beispielsweise, also der Abschied des bayerischen Ministerpräsidenten und Unions-Kanzlerkandidaten vom Image des harten »Law-and-Order«-Politikers, wurde für die Medien 2002 inszeniert, um eine indirekte Wirkung auf die SPD-Anhänger und -Sympathisanten auszuüben. Stoibers Platzierung in der »Mitte« der Gesellschaft wurde über die unionsnahen Medien »intensiv gespielt«, mit einem eindeutigen Ziel: Die SPD-Strategen sollten in ihren Planspielen gestört und die Mobilisierung potenzieller SPD-Wähler sollte erschwert werden.

Da das Erreichen der eigenen Klientel über Sieg und Niederlage entscheidet, war die mediale Inszenierung des Kandidaten ein zentraler Baustein des Unions-Wahlkampfs 2002. Die Medien wirkten bei diesem Projekt als Transporteure und als »Rückkoppler« der anvisierten Stimmung. »Regionalkonferenzen« – von Union und SPD jeweils in turbulenten Krisenzeiten geschickt eingesetzt – haben eine ähnliche Funktion. Die im August 2005 kontrovers geführte Debatte über die Gestaltung der Fernsehduelle der Spitzenkandidaten von SPD und CDU illustriert die beschriebene Tendenz. Die mediale Interpretation – wer war Sieger, wer Verlierer? – war wichtiger als die Debatte zwischen Schröder und Merkel selbst.

Ein weiterer Einfluss kommt den Medien zu, auch wenn er in der Parteien- und Kommunikationsforschung bislang noch weitgehend unbemerkt geblieben ist: Die Medien bestimmen indirekt die Kandidaten-Rekrutierung von der Kommune bis hin zum Kanzleramt mit. »Medientauglichkeit« und Telegenität werden zunehmend zum entscheidenden Faktor für die interne Auswahl und Vermittlungsfähigkeit eines Kandidaten. Mediale Akzeptanz, gutes Aussehen und klare Botschaften sind wichtiger als überzeugende Ideen, Fachkenntnis, Lebenserfahrung, Belastbarkeit und Durchsetzungsfähigkeit. An diesem Auswahlprozess wirken die Medien mit ihrer Berichterstattung und ihren Forderungen indirekt mit. Roger de Weck schrieb dazu in der *Frankfurter Allgemeinen Zeitung*: »Unter den Journalisten finden sich mehr Populisten als unter Politikern.« Folglich erhalten populistische Stimmungswellen durchaus Resonanz in den Medien.

Besonders auffällig ist diese Tendenz bei Entscheidungen über Personen und bei der Berichterstattung über emotionalisierende und polarisierende Themen. Dies gilt beispielsweise für das aufwühlende Thema »Vogelgrippe« im Frühjahr 2006: Ganze Heerscharen von Journalisten pilgerten nach Rügen, um dort einen Hauch der Epidemie zu erhaschen. An manchen Tagen schaffte es sogar eine tote Katze auf die Spitzenposition seriöser Nachrichtensendungen. Aber ordentliche Hintergrundberichterstattung zu den Ursachen und zur möglichen präventiven Bekämpfung der Seuche standen weniger hoch im Kurs. Und bei der Neujahrsansprache der neuen Kanzlerin war am Ende die neu eingeführte Brille von Frau Merkel wichtiger als ihre Aussagen.

Gelegentlich gibt es auch ungewöhnliche Formen der Verschmelzung von Journalismus und Politik: Immer häufiger legen Medien den Politikern so genannte »quotes« – also Zitate – vor, die sie mit ihrem Namen belegen können oder nicht. Nachweislich wird dies inzwischen nicht nur von Boulevardzeitungen praktiziert, wie der rheinland-pfälzische Ministerpräsident Kurt Beck berichtete. Es gibt aber noch eine weitere Spielart dieser »bestellten Wahrheiten«: Ein prominenter Parteienforscher, der regelmäßig die Medien mit Erkenntnissen der Wahlforschung bedient, beschwerte sich kürzlich in kleinem Kreis darüber, dass ein Autor eines renommierten ZDF-Magazins schon mit ausgearbeiteten Statements bei ihm aufgetaucht sei und seine vorgefertigte Einschätzung nur noch aufzeichnen wollte.

Wirksame Beratung setzt Kompetenz und intensives politisches Interesse voraus: Beides fehlt aber weitgehend bei den Akteuren im kurzatmigen Mediengeschäft. Journalisten mit Weit- und vor allem Durchblick sowie langjähriger Erfahrung sterben zunehmend aus; stattdessen wächst ein Heer von Mediendienstleistern und -producern heran, die Politik nur noch als relativ langweilige Roadshow begreifen; sie wünschen sich mehr Action, Abwechslung, Dramatik und Spannung in der gut geölten Maschinerie der Berliner Republik. Sogar ein Leitartikler der *Süddeutschen Zeitung* hat diese verbreitete Stimmung nach der Bundestagswahl 2002 im Wochenendmagazin der *SZ* protokolliert und deutlich vermittelt, dass er sich wieder mehr Abwechslung im politischen Berlin wünsche.

Eine weitere Spezies vermehrt sich rasant: die PR-Journalisten; sie wissen, wo man Informationsblockaden setzt, wie man Bilder produziert, Kampagnen anzettelt, Soundbites – kurze, zitierfähige Sätze für die elektronischen Medien – vorbereitet und die Schlachtordnung der Definitionsmacht festlegt. Denn im hektischen politischen Geschäft geht es im Wesentlichen um Deutungsmacht und Zitierfähigkeit zu einem bestimmten Thema. Präsenz ist alles, Aufmerksamkeits-Managment ist die zentrale Aufgabe von professionellen Beratern, die im Treibhaus Berlin mitspielen wollen. Und an der Konstruktion von Deutungsmacht arbeiten zunehmend kommerziell agierende Akteure im Auftrag von Parteien, Verbänden und Ministerien.

Diese Gruppe von PR-Agenten und politischen Consultants hat faktisch beratenden Einfluss auf die Politik, weil sie das Repertoire der Tricks und Fouls kennt, mit denen Journalisten »angefüttert« oder blockiert werden. Gespickt mit deren Empfehlungen, schlagen sich Politiker die Schneisen durch den Mediendschungel.

Die Attacke Schröders in der Wahlnacht 2005

Nach der vorgezogenen Bundestagswahl im September 2005 setzte Noch-Bundeskanzler Gerhard Schröder mit heftigen Attacken in Richtung der Medien die Frage des »wechselseitigen Beratungsprozesses« zum ersten Mal auf die Tagesordnung. Wie ist diese Intervention und das neu aufgebrochene Konfliktverhältnis zwischen Medien und Politik zu bewerten?

1. Am Wahlsonntag polterte der Bundeskanzler in Hochstimmung gegen »die Medien«, die monatelang – gestützt auf falsche und unpräzise demoskopische Daten – nach dem TINA-Prinzip (»There is no alternative«) die Gewinnerin und den Verlierer der Bundestagswahl bereits ausgemacht hätten. Der Webfehler dieser Kritik: Schröder machte sich nicht die Mühe der Differenzierung, er wurde aber auch nicht nach Begründungen, Belegen und Beweisen für seine mutige Attacke gefragt. Die Folge: Schröders berechtigter, aber undifferenzierter Impuls ohne Argumentations-Fundament verpuffte.

2. Die Medien müssten nach einem fulminanten Wahlkampf ihre Rolle als Akteure in der Mediendemokratie verlässlich reflektieren: Wann wurden Pseudogewissheiten verbreitet? Warum machen sich Journalisten von den Befragungsergebnissen der Demoskopen, die ihre fachlichen Defizite selbst einräumen, so

abhängig? Wie entsteht eine Stimmung unter Journalisten, die nur noch eine Sichtweise – nämlich die auf das erwartete Wahlergebnis – zulässt? Warum verdrängt die zugespitzte Personalisierung immer häufiger die bilanzsichere Analyse von Zukunftskonzepten? Warum wird so viel von vermeintlichen Experten abgeschrieben und zu wenig nachgefragt?

Nach der Bundestagswahl 2005, dem TV-Duell und der intensiven Berichterstattung in allen Medien hat die Mediatisierung der Politik einen neuen Höhepunkt erreicht. Die Akteure dieser Mediatisierung – die Medien – müssen sich deshalb selbstkritisch mit ihrer Rolle beschäftigen. Die Medienseiten von *SZ, FAZ, Tagesspiegel* und ein paar Spezialdienste reichen nicht aus, um die verdrängten Hausaufgaben der kritischen Selbstreflexion zu erledigen.

3. Vielen Medien droht ein Substanzverlust, wenn sie sich von einem temporeichen, blinden Mainstream treiben lassen. Über die Show-Effekte und die wechselseitige Abhängigkeit der Macher in Berlin-Mitte müssten sich die Meinungsmacher verständigen. Diese interne Debatte unter Journalisten hat jedoch nie stattgefunden. In Berlin gibt es eine schier unüberschaubare Terminflut an Konferenzen und Kongressen; lediglich ein Angebot fehlt: Foren zur Diskussion des Verhältnisses von Medien und Politik sowie Reflexionszonen über die Arbeit der Journalisten.

4. Die Architektur der Leitmedien hat sich in den vergangenen Jahren grundlegend verändert. Neoliberale Medieneliten schreiben ab, was ihnen die Initiative Neue Soziale Marktwirtschaft und die mit ihr assoziierten Institute vorgeschrieben haben. Eine solide Pluralität im wirtschaftspolitischen Diskurs um die besten Ideen und Konzepte gibt es nicht mehr. Dies liegt auch an der intellektuellen Auszehrung der Kritiker dieses Mainstreams.

5. »Wenn Medien Themen hochgeigen und nur mit einem Hot Dressing servieren, trifft sie das irgendwann selbst. Sie verlieren Glaubwürdigkeit.« Diese treffende Analyse des *Stern*-

Chefredakteurs Andreas Petzold wurde drei Monate vor der Bundestagswahl veröffentlicht.[17] Nach der Wahl gewinnt die Prophezeiung eine besondere Bedeutung: Eine selbstkritische Analyse über die Macht der Medien und ihre Abhängigkeit von Demoskopen fand jedenfalls nicht statt. Die Demoskopen, die durchgehend von einer schwarz-gelben Koalition ausgingen, gaben den Journalisten den inneren Halt für ihre Kommentare, die überwiegend eine Wechselstimmung favorisierten. Niemand hat Interesse an einer immer noch ausstehenden, soliden Selbstaufklärung; sie könnte das selbstreferentielle Mediensystem in Frage stellen.

Mediale Beratung durch Nähe

Im Wahlkampf 2005 hatte zunächst niemand reagiert, als die Kanzlerkandidatin in einem Interview mit der ARD »brutto« und »netto« verwechselte. Erst als diese »News« durch entsprechende Hinweise professioneller Beobachter auf die Seite 1 der *Süddeutschen Zeitung* gelangte, brach die Berliner Lawine los. Ein neues Thema war geboren, das tagelang die Medien beherrschte und die Kompetenz der Kandidatin – mit Bezug auf die frühere Brutto-netto-Panne Rudolf Scharpings – in Frage stellte.

Auch Joschka Fischers Visa-Skandal wäre ohne den professionellen und perfekt organisierten Informationsservice der CDU-Fraktion nie so intensiv kommuniziert worden. Der parlamentarische Geschäftsführer Eckart von Klaeden nutzte einen einfachen Trick: Er versorgte bestimmte Leitmedien regelmäßig und konsequent mit den internen Unterlagen des Untersuchungsausschusses. Die entsprechend ausgestatteten Journalisten konnten auf dieser geschickt terminierten und klug dosierten Informationsbasis »exklusiv« berichten. Das Thema wurde ausgewalzt und war mit dem Auftritt Fischers vor dem Ausschuss schließlich erledigt. Jahre vorher, als es in der Kölner Lokalpresse und sogar in der ARD aufgegriffen wurde, hatte sich niemand dafür interessiert.

Themenkonjunkturen entstehen also auch durch die Nähe von Politik und Medien – eine besondere Form eines Beratungsprozesses, der schon im Wahlkampf 2002 gut funktionierte. Damals lancierte die SPD-Wahlkampfzentrale Kampa ihre Strategiepapiere am liebsten über Michael Inacker, der die Texte dann in der *Frankfurter Allgemeinen Sonntagszeitung* veröffentlichte. Susanne Höll von der *Süddeutschen Zeitung* publizierte ganz zufällig das CDU-Programm auf Seite 1 am selben Tag, als auch die SPD ihr Programm präsentierte.

Gesteuerte Exklusivität gehört zur Normalität in den Austauschbeziehungen von Medien und Politik. Medienberichte mit einem bestimmten »Timing« sollen das Tempo eines Themas bremsen oder beschleunigen oder just zu einem Termin einen politischen Gegenakzent setzen, um die Wirkung eines Themas der politischen Konkurrenz durch einen inhaltlichen Gegenakzent zu begrenzen. Dies herauszufinden ist die Aufgabe der jeweiligen Abteilungen der »Feindbeobachtung«. Ihr Einfluss und ihre Professionalität sind in den vergangenen Jahren gewachsen. Politische Berater funktionalisieren in diesem Sinne einzelne, einflussreiche Medienvertreter, indem sie diese mit erstklassigem Informationsmaterial oder privilegierten Informationszugängen versorgen, ohne dabei entsprechende Spuren zu hinterlassen.

Auch über andere »Kommunikationsformate« werden Beratungssituationen hergestellt. Hauptjob der »Feindbeobachter« auf Parteitagen ist es etwa, die relevanten Journalisten auf ihre Sicht der Dinge einzustimmen. Ergänzend gibt es zahlreiche »Hintergrundgespräche« mit den entsprechenden Botschaften und fast täglich intensive Telefonate mit den wichtigsten Journalisten der Hauptstadt. Das heißt: Die einflussreichsten Journalisten – gemessen an Auflage, Reichweite und Meinungsführerschafts-Potenzial ihres Mediums – und die so genannten »Watcher« einer bestimmten Partei befinden sich in einem dauernden, wechselseitigen Austauschprozess. Um Spuren der Nähe zu verwischen, wird gelegentlich mit wichtigen Magazinen sogar eine Negativgeschichte über einen bedeutenden Informanten vereinbart, um die Quelle mittelfristig nicht zu gefährden und der Skepsis von Kollegen bereits im Vorfeld zu begegnen.

Wer als Journalist zu den Regierungssprechern ins Kanzleramt oder zu Ministern eingeladen wird, um die Themen und Ereignisse der nächsten Woche zu besprechen, befindet sich gewollt oder ungewollt in einem beratenden Prozess, in dem Meinungen und Positionen vertraulich ausgetauscht werden. Wer diese Vertraulichkeit verletzt, wird zu solchen Treffen sicherlich nicht mehr eingeladen. Dies gilt generell für relevante »Hintergrundgespräche«. Nähe und Distanz zwischen Politik und Medien bewegen sich also in einem dauernden Pendelzustand des Gebens und Nehmens. Exklusiver Informationszugang hängt am Ende davon ab, wie belastbar das wechselseitige Vertrauensverhältnis ist.

Auch mit Hilfe gesteuerter Exklusivität (beispielsweise den Ergebnissen der Hartz-Kommission in einer *Spiegel*-Titelgeschichte) entstehen faktisch Beratungssituationen. Denn bestimmte mediale Schlüsselfiguren erhalten nur dann wertvolle Informationen aus Ministerien oder dem Sicherheitsapparat, wenn sie sich strikt an die vereinbarten Zeitpläne und Zitierregeln halten. Über die gemeinsamen Projekte wird natürlich intensiv kommuniziert. Hier entfalten sich ebenfalls Beratungsprozesse, weil die Informationen in einer vertraulichen Sphäre vermittelt werden. Am deutlichsten sind die Auswirkungen solcher »Beratungen« bei den so genannten Geheimdienst-Experten etwa des ZDF, der ARD, der *Süddeutschen Zeitung*, des *Spiegel* und von *Focus* zu besichtigen: Was und wie eine Geschichte veröffentlicht werden kann und soll, ist Ergebnis eines Verhandlungsprozesses mit klaren Vorgaben.

Manchmal entwickeln sich auf diesem Wege auch Beratungsfreundschaften, die aber individuellen Charakter haben und gelegentlich der Karriereförderung auf beiden Seiten dienen. Sympathie zwischen Politikern und Journalisten, die Teilnahme an internen Konferenzen, die Gewährung von längeren Interviews, das Mitreisen im In- und Ausland, das Einweisen in relevanten Hintergrundgesprächen, in denen tatsächlich Tacheles geredet wird – all diese Arbeitsprozesse ermöglichen einen Beratungsdiskurs über aktuelle Fragen nach dem Motto: Was kommt an, welche Themen werden wichtig, was lässt sich (nicht mehr) vermitteln? Wer wird wichtig, wer gerät aufs Abstellgleis? Solche Beratungssituationen dienen vor allem der besseren Einschätzungskompetenz von politischen Prozessen.

Im Dialog ist der Austausch zwischen Politik und Medien kein ungewöhnlicher Vorgang. Rund um den früheren Gesundheitsminister Horst Seehofer und den neu in den Bundestag eingezogenen SPD-Abgeordneten Prof. Dr. Karl Lauterbach hat sich ein neuer Hintergrund-Arbeitskreis für sozialpolitisch interessierte Journalisten in Berlin etabliert, der sich den Austausch zwischen Politik und Medien zur Aufgabe gemacht hat – ein echtes Novum.

Die Journalisten-Rituale rund um den CDU-Spenden-Untersuchungsausschuss sind typisch für die Grauzone zwischen Informationsaustausch und beratender Kommunikation: Streng getrennt nach Politiker- und Journalistenlagern, traf man sich regelmäßig vor den Sitzungen, um Details zu besprechen und Unterlagen auszutauschen. Besonders amüsant: Bestimmte Politiker entwickelten ein intensives Arbeitsverhältnis zu verschiedenen Journalisten einer bestimmten Redaktion. Daraus ergab sich gelegentlich die groteske Situation, dass Mitglieder einer Redaktion zum Teil über konkurrierende Informationen verfügten, die jeweils an unterschiedliche Politiker-Informanten gebunden waren. Das Ergebnis war eindeutig: Je näher Journalisten an den beratenden Informanten waren, umso besser und ausführlicher war ihre Berichterstattung.

In vielfältig gestaffelten Beratungsprozessen – informell und sehr selten formell – geht es also oft um »bestellte Wahrheiten«, die verpackt als »exklusive« Informationen und Hintergrund-Erläuterung den fiebrigen Medienmarkt inspirieren sollen. Bei der Visa-Affäre war diese Tendenz detailliert zu besichtigen. Wenn es um den stark strapazierten Begriff des Spindoctoring geht, dann muss abschließend festgestellt werden, dass die Medien selbst heute den wichtigsten Spin produzieren.

Zusammenfassend untermauern diese Fallbeispiele den generellen Befund: Journalisten beraten fast nie offiziell aus der Position formal definierter Rollen, aber häufig indirekt mit ihren Publikationen und Analysen. Sie sind wie Igel: Sie suchen die Wärme der Informanten und rollen sich anschließend wieder ein; später fahren professionelle Journalisten aber erneut die Stacheln der Kritik aus. Profis auf der Gegenseite reagieren dann nicht selten mit Respekt – und mit Distanz.

Teil III
Die Reform von staatlichen Einrichtungen

»Schmeißen Sie die ganzen Experten in den Papierkorb! Und tun Sie die ganzen Professoren noch dazu.«

Altbundeskanzler Helmut Schmidt[1]

1. Die Beratung der Berater oder: Die Privatisierung der Bundeswehr

Als im Juni 2001 der damalige Verteidigungsminister Rudolf Scharping (SPD) im Berliner Palace-Hotel die Bundeswehrreform präsentierte, stand einer der größten Gewinner der Reform direkt neben ihm: Roland Berger.[2]

Berger und seinen Mitarbeitern war ein Kunststück gelungen, das Konkurrenten bis heute neidisch macht: Ohne Ausschreibung, nur auf Grundlage einer Präsentation, engagierte das Ministerium den Unternehmensberater. Er erhielt unmittelbaren Zugang zu dem bei weitem größten Brocken im Geschäft mit dem Staat – dem Großbetrieb Bundeswehr mit 400 000 Mitarbeitern und 24,4 Milliarden Euro Jahresumsatz.[3]

Seit 1998 hat das Verteidigungsministerium fast 850 Aufträge für Beratungsleistungen, Studien und Gutachten mit einem Vertragsvolumen von mehr als 500 Millionen Euro vergeben.[4] Das ist mit Abstand das größte Volumen an externen Beratungsleistungen im Bundeshaushalt. Der Sprecher des ehemaligen Verteidigungsministers Peter Struck (SPD), Hannes Wendroth, betont jedoch, dass diese 850 Verträge auch Dienstleistungs- und Werkverträge umfassten. »Dass das alles Beraterverträge seien, stimmt nicht«, so Wendroth.[5] Vielmehr seien darin alle in Anspruch genommenen Unterstützungsleistungen, etwa für Computerinstallation und die Schulung von Bundeswehrpersonal für neue Software, enthalten.[6] Das habe mit Beratung im eigentlichen Sinne nichts zu tun.

Dennoch: Für die Berater lohnte sich der Einsatz. »Dies ist die mutigste Reform, die es in der öffentlichen Verwaltung jemals gegeben hat«, lobte Berger den auftragsfreudigen Minister.[7] Sein

Enthusiasmus hatte einen Grund: Scharpings Reformideen stammten großenteils von Bergers eigenen Mitarbeitern. Und was empfahl Roland Berger? Die Privatisierung von Dienstleistung in der Bundeswehr. Dadurch könnten mittelfristig – so das nie eingelöste Versprechen – bis zu zwei Milliarden Euro jährlich gespart werden. Bergers Stichwort lautete: Innovation.

Besonders innovativ war die Unternehmensberatung Roland Berger bei der Preisgestaltung. Immer wieder wurden die Vertragssummen hochgeschraubt, zum Beispiel von 4,4 Millionen Euro auf 7,9 Millionen Euro.[8] Bergers Team verlangte bis zu 3500 Euro[9] pro Tag und pro Berater. Das ist mehr als doppelt so viel wie bei den meisten per Ausschreibung vergebenen Aufträgen anderer Behörden. Die Bundeswehrreform war für Berger eine Goldgrube.

Die Gründung der g.e.b.b.

Gut kassieren konnte Berger schon am Anfang, bei der so genannten »Unterstützungsmaßnahme Integriertes Reformmanagement der Bundeswehr« (IRM). Der Berater-Job war auf nur drei Monate terminiert – trotzdem veranschlagten Bergers Buchhalter gut zwei Millionen Euro für sechshundert Beratertage.[10]

Richtig lohnend wurde dieser Auftrag aber noch aus einem anderen Grund: Mit einem zehnköpfigen Team saß die Firma Berger nun ganz weit oben im Ministerium. Aus dem »Pfadfindervertrag« zum Start, wie die Branche den Mechanismus nennt, erwuchsen in den folgenden neunzehn Monaten neun weitere Verträge.[11] Sie brachten den Berger-Umsatz mit der Bundeswehrreform schon auf gut fünf Millionen Euro.[12] Die Verlängerung der Beraterverträge erfolgte ebenfalls ohne erneute Ausschreibung.

Um die Privatisierung umzusetzen, schlugen die Berater vor, eine Firma zu gründen. Gesagt, getan. Am 17. Mai 2000 wurde die Bundeswehr-Gesellschaft für Entwicklung, Beschaffung und Betrieb (g.e.b.b.) ins Leben gerufen. Ihr Ziel: die Bundeswehr bei der Privatisierung der Fahrzeugflotte, der Privatisierung der Bekleidungswirtschaft und dem Verkauf von Liegenschaften zu beraten und auch operativ tätig zu werden.[13] Auch der damalige Verteidigungsminister Rudolf Scharping rechnete mit einem Einsparpotenzial in Milliardenhöhe.[14]

Seither gab die g.e.b.b. etwa 31 Millionen Euro für externe Berater aus. Spitzenreiter: Roland Berger mit 9,6 Millionen Euro, vor Ernst & Young mit 5,3 Millionen Euro und KPMG mit 4,9 Millionen Euro.[15] Ministerium und Berater halten dieses Geld für gut investiert. Beim Einkauf so genannter handelsüblicher Güter wie Büromaterial und Werkzeug habe die Bundeswehr – so die Phantomzahl – bereits 30 Millionen Euro eingespart – abzüglich der angefallenen 4,8 Millionen Euro Honorare.[16]

Die Konzepte der g.e.b.b. zum Flotten- und Bekleidungsmanagement sahen ihrerseits wieder die Gründung eigener Firmen vor. Im Juni 2002 wurde das Tochterunternehmen BwFuhrparkService GmbH gegründet. Minderheitenpartner mit knapp 25 Prozent ist die Deutsche Bahn AG. Allein in den Jahren 2003/2004 hat die Gesellschaft 1,3 Millionen Euro[17] externe Unterstützungsleistungen in Anspruch genommen. Der Aufbau der BwFuhrparkService GmbH sah die Nutzung von 30 Mobilitätscentern sowie etwa 100 000 Fahrzeugen für den gesamten Mobilitätsbedarf der Streitkräfte vor.[18]

Auch die Bekleidungswirtschaft bekam ihre eigene Firma. Ein Bieterkonsortium, bestehend aus den Firmen Lion Apparel und Hellmann Worldwide Logistics, erhielt den Zuschlag für die Gründung einer Bekleidungsgesellschaft mit dem Namen LH Bundeswehr Bekleidungsgesellschaft (LHBw). Die g.e.b.b. hatte ebenfalls ihre Hände mit im Spiel: Sie beteiligte sich mit 25,1 Prozent als Minderheitsgesellschafter. Im August 2002 übernahm schließlich die LHBw, eine so genannte Public Private Partnership[19], die Bekleidungswirtschaft der Bundeswehr. Das Ziel: In den kommenden Jahren sollten Kosten und Ausgaben der Bekleidungswirtschaft um 61,4 Millionen Euro gesenkt werden.

Ein zentrales Aufgabenfeld der g.e.b.b. aber ist die Veräußerung der Liegenschaften. Allein in diesem Bereich versprach Scharping zeitnahe, großzügige Gewinne von rund 380 Millionen Euro für 25 verkaufte Objekte. Stattdessen hat die g.e.b.b. in zwei Jahren nur sehr wenige Liegenschaften verkauft, darunter ein Verpflegungslager für 1,1 Millionen Euro im bayerischen Ansbach und die Liegenschaft »Butzweiler Hof« in Köln für 26 Millionen Euro. Letztere wurde von einem Gutachter im April 2002 auf rund 40 Millionen Euro geschätzt, also fast die Hälfte mehr. Bis heute lässt sich die enorme Differenz zwischen Wertgutachten und tatsächlichem Verkaufswert nicht aufklären.[20]

Die Aufgabe der Bundeswehrmodernisierung war gewaltig. Mehr als dreitausend laufende Modernisierungsprojekte mussten gesichtet und in ein Gesamtkonzept gebracht werden. »Wir haben wirklich bis zu 14 Stunden am Tag geschuftet«, versichert einer der beteiligten Berger-Partner.[21] Auffällig nur, dass dieses Unterfangen auch für die Berger-Berater offenbar zu groß war. Bald stellte sich heraus, was Beamte schon immer wussten: dass beispielsweise der geltende Tarifvertrag für Bundeswehrangestellte betriebsbedingte Kündigungen auf Jahre hinaus ausschloss. Die Bundeswehr konnte die Mitarbeiter nicht so schnell loswerden wie erhofft.[22] Die Personalabbaupläne platzten.

Was der Öffentlichkeit und dem Parlament verschwiegen wurde: Schon frühzeitig gab es Warnungen der Haushaltsexperten der Ministerien über die fehlende Wirtschaftlichkeit der g.e.b.b. Ein interner Schriftwechsel im Verteidigungsministerium dokumentiert, dass bereits im Jahr 2001 Staatssekretäre und Minister auf die erheblichen Defizite der g.e.b.b. hingewiesen wurden. So heißt es etwa in einem Schreiben des Abteilungsleiters Haushalt an Minister Scharping im August 2001: »Bei der Bewertung des Wirtschaftlichkeitsnachweises gibt es schwer wiegende Problembereiche.«[23] In einem anderen Schreiben der Haushaltsabteilung des Ministeriums steht: »Das g.e.b.b.-Modell stellt einen Erlös aus dem Verkauf von Bundeswehrliegenschaften in der Größenordnung von vier Milliarden DM auf der Zeitachse bis 2011 in Aussicht. Diese Summe scheint deutlich überhöht zu sein.«[24]

Ebenso heißt es in einem Brief des früheren niedersächsischen Finanzministers Aller, der die Planungen der g.e.b.b. scharf kritisiert: »Ich halte diese Vereinbarungen[25] zwischen BMVg und BMF für höchst unwirtschaftlich. Angesichts der angespannten Finanzlage von Bund und Ländern ist es für mich unerträglich, wenn derart kostenträchtige, dem Wirtschaftlichkeitsprinzip widersprechende Absprachen getroffen werden.«[26]

Das »Kompetenzzentrum Modernisierung«

Als schließlich Peter Struck im Juli 2002 das Verteidigungsministerium übernahm, lag das großspurig angekündigte Reformprojekt in Trümmern.[27] Die Berater hätten offenkundig »keine Ahnung von den Gegebenheiten im öffentlichen Dienst«, erklärte Strucks neuer Staatssekretär Peter Eickenboom und verwies Bergers Prognose von den Milliardeneinsparungen ins »Reich der Träume«.[28]

Eickenboom ließ das Beraterwesen seines Ministeriums von der Innenrevision überprüfen. Die Prüfer knöpften sich 23 Verträge vor, darunter auch einige mit Berger. Das Ergebnis war vernichtend: Es sei eine »Monopolstellung einzelner Firmen« geschaffen worden. Gleichzeitig sei die Gefahr entstanden, »dass Firmen sich zum Nachteil der Bundeswehr Aufträge selbst generieren«.[29]

Um Schlimmeres zu verhindern, entzog Verteidigungsminister Struck bereits wenige Tage nach seinem Amtsantritt am 4. Oktober 2002 der g.e.b.b. im Bereich der Liegenschaften weitgehend die Kompetenz. In einem internen Schreiben heißt es: »Das Neue Liegenschaftsmanagement (NLM) ist hoch komplex. (...) Im

Einvernehmen mit dem BMF wird deshalb von dem vereinbarten Zeitplan Abstand genommen und zunächst nur das Liegenschaftsmanagement (...) in den nachstehend aufgeführten Teilbereichen umgesetzt, ohne dass es dazu einer Gründung einer gesonderten Gesellschaft (b.i.g.g.) bedarf.«[30]

Doch dem Geschäft von Roland Berger tat das zunächst kaum Abbruch. Zwar stoppte Struck Ende 2002 auch das Vorhaben »IRM«. Doch an die Stelle der »IRM« trat am 26. Mai 2003 der Aufbau eines »Kompetenzzentrums Modernisierung« mit einem General an der Spitze. Mitglieder des Kompetenzzentrums waren Peter Struck, die Staatssekretäre Peter Eickenboom und Klaus-Günther Biederbick, Werner Heinzmann, Werner Müller und Wolfgang Schneiderhan.[31] Mit Ausnahme von Ex-Staatssekretär Biederbick, dem Förderer der g.e.b.b., und dem damaligen Verteidigungsminister Struck gehören die übrigen Herren dem g.e.b.b.-Aufsichtsrat an.

Das so genannte Modernisierungs-Board solle als »ganzheitlicher Ansatz« die »Linien« zwischen g.e.b.b. und Bundeswehr »untereinander verknüpfen«[32], so das Verteidigungsministerium. Auch das war offenbar nicht ohne Berger-Berater zu bewerkstelligen. Struck ließ die Berater erneut anheuern:[33] Um die Ausgestaltung des Kompetenzzentrums »zu konkretisieren und schnell handlungsfähig zu machen«[34], erhielt Berger am 27. August 2003 einen Auftrag im Wert von einer Million Euro.[35]

Auch die »Einrichtung eines Beteiligungscontrollings« mit 1,4 Millionen[36] und das Projekt »neues Flottenmanagement« mit 400 000[37] Euro vergab Struck an Deutschlands gewieftesten Berater. Am 28. Februar 2004 lief der letzte Vertrag aus[38] – die Berger-Ära bei der Bundeswehr war zunächst einmal beendet.

Modernisierungs-Board klingt gut, doch bei genauem Hinsehen ist es vor allem eines: viel heiße Luft. Mit dem neuen »Kompetenzzentrum« schuf Struck eine in weiten Teilen parallele Struktur zur g.e.b.b. »Den Beweis größerer Wirtschaftlichkeit ist die g.e.b.b. bisher schuldig geblieben«, erklärt auch Thorolf

Schulte, Bundesvorsitzender der Beamten in der Bundeswehr in Bonn (VBB).[39] Außer der Befassung mit sich selbst brachte das Modernisierungs-Board bisher keine praktischen Ergebnisse.

Elke Leonhard, Ex-Hauhaltsexpertin der SPD im Bundestag, sieht das anders: »Angesichts der neuen Aufgaben der Bundeswehr, die in einem veränderten sicherheitspolitischen Umfeld aus Landes- und Bündnisverteidigung, Krisenprävention, Krisenreaktion und Krisenbewältigung bestehen, ist eine strategische Partnerschaft zwischen Bundeswehr, Industrie und auch externen Beratern notwendig.«[40]

Die Erneuerung der maroden Informations- und Kommunikationstechnik der Bundeswehr, das Projekt »Herkules«, entpuppt sich ebenfalls als Millionengrab. Das 6,65 Milliarden teure Projekt wurde 1999 ins Leben gerufen, als es galt, die gesamte nichtmilitärische Informationstechnik (IT) der Streitkräfte zu modernisieren und später zu privatisieren. Jährlich verschlingt »Herkules« zweistellige Millionensummen – nur für Rechts- und Softwareberatung. Täglich werden allein für dreihundert Mitarbeiter von Software-Unternehmen dreihunderttausend Euro ausgegeben[41], mit kaum erkennbarem Erfolg.

Isic 21 – das Vorgängerkonsortium aus dem IT-Unternehmen Ploenzke, dem Rüstungskonzern EADS und der Mobilfunkfirma mobilcom – sei zu Beginn mutiger gewesen als das folgende Konsortium aus Siemens, Telekom und IBM, so der verteidigungspolitische Sprecher der SPD-Fraktion, Rainer Arnold, im Februar 2004. »Aber dieser Mut am Anfang holt einen, wenn es um die Details geht, wieder ein.«[42] – »Jeder Tag, an dem wir die alte Software, die alte Hardware und die alten Strukturen nutzen, ist teurer, als wenn Herkules schon wirken würde«, gab ein Sprecher des Verteidigungsministeriums unumwunden zu.[43] Das Projekt läuft immer noch weiter – endgültig geklärt ist bisher nichts. Verhandelt wird noch mit Siemens und IBM. Die Telekom ist mittlerweile aus dem Konsortium ausgestiegen.

Die frühere SPD-Expertin Elke Leonhard bleibt dabei: »Trotz

zahlreicher nicht zu übersehender und auf Dilettantismus beruhender Anfangsschwierigkeiten ist die g.e.b.b. (...) auf dem Weg, die Modernisierung der Bundeswehr sowohl durch optimierte Eigenmodelle als auch durch privatisierte Betreibermodelle voranzubringen.« Dabei verursacht die g.e.b.b. enorme Kosten – den Nachweis der Wirtschaftlichkeit bleibt sie schuldig. »Wir halten die g.e.b.b. für überflüssig«, meint deshalb auch Thorolf Schulte, Vorsitzender des Verbands der Beamten in der Bundeswehr: »Wir brauchen sie nicht. Sie verspricht viel, sie hält nichts, und eine vernünftige, politische Entscheidung wäre, sie aufzulösen.«[44]

Der frühere Verteidigungsminister Struck stoppte im Jahr 2004 die Auswüchse der g.e.b.b.-Vergabepolitik. In Zukunft sollen teure Verträge im Verteidigungsministerium wieder vorschriftgemäß vergeben werden. Was davon tatsächlich umgesetzt wird, steht in den Sternen. Klar ist jedenfalls, dass schon jetzt Millionen an Steuergeldern in den Sand gesetzt wurden.

Mitte August 2005 kündigten die Verteidigungsexperten von CDU und CSU gegenüber der g.e.b.b. an, »dass sie mit einer sehr kritischen Prüfung und (...) mit einer höchst extremen Gefährdung ihrer weiteren Existenz zu rechnen hat«. Der CSU-Verteidigungsfachmann Christian Schmidt pointierte im *Handelsblatt*: »Ein signifikanter Wirtschaftlichkeitsvorteil für den Wehretat ist nicht erkennbar.« Es gebe keine »Bestandsgarantie« für die g.e.b.b.[45]

Strucks Nachfolger im Amt des Verteidigungsministers, der CDU-Politiker Franz-Josef Jung, reduzierte die Aufgaben der g.e.b.b. und nahm sie damit aus der politischen Schusslinie.

Unter Druck: Die g.e.b.b. und der Bundesrechnungshof

Auch die Beamten vom Bundesrechnungshof haben sich intensiv für die Arbeit der g.e.b.b. interessiert. Am 10. März 2004 legten sie einen Bericht über die Haushalts- und Wirtschaftsprüfung der g.e.b.b. vor.⁴⁶ Am 6. August 2004 nahm der Bundesrechnungshof zu den Einwänden des Bundesverteidigungsministeriums abschließend Stellung.⁴⁷ Schließlich schickte das Prüfungsamt München im Auftrag des Bundesrechnungshofs am 13. Dezember 2004 eine Mitteilung an das Verteidigungsministerium. Darin befasst sich die Expertengruppe nochmals detailliert mit der Einführung des neuen Fuhrparks. Das Urteil könnte vernichtender nicht ausfallen: »Zusammenfassend ist festzustellen, dass sich ein wirtschaftlicher Erfolg der g.e.b.b. bis heute nicht ermitteln lässt.«⁴⁸

Der Fuhrpark als Symbol des Stillstands

In Sachen Fuhrpark finden die Prüfer scharfe Worte: »Eine deutliche Entlastung wesentlicher Haushaltspositionen wurde bislang nicht erreicht.«⁴⁹ Die Bundeswehr einschließlich BundeswehrFuhrparkService GmbH verfügte Mitte 2004 über einen Bestand von mehr als 100 000 ungepanzerten Fahrzeugen. Ziel war und ist es, den Bestand bis zum Jahr 2008 um mehr als 50 000 Fahrzeuge zu reduzieren. Aber: »Zwei Jahre nach dem Start der Privatisierung des Fuhrparks sind grundlegende Voraussetzungen für ordnungsgemäße und wirtschaftliche Privatisierungsvorgänge nicht vorhanden. Nach wie vor verfügt die Bundeswehr über 100 000 Fahrzeuge«, stellten die Prüfungsämter im Auftrag des Bundesrechnungshofs fest.⁵⁰

Auch hier moniert der Rechnungshof die Etablierung von zwei Parallelsystemen. »Durch die neue Aufbauorganisation der BundeswehrFuhrparkService GmbH und die Beibehaltung eigener Fuhrparkkapazitäten in der Bundeswehr sind zwei Systeme entstanden. (…) Art und Umfang der Ausgliederung bisher staatlich wahrgenommener Aufgaben sind in ihren Grenzen unklar.«⁵¹ Wirtschaftlich sinnvoll ist dies sicherlich nicht.

So gestaltet sich die Zusammenarbeit schwierig: »Der Versuch, militärische und zivile Ausgaben im Fuhrpark (…) durch unternehmerische Mittel und Konzepte vollständig zu ersetzen, stößt auf Probleme. Die Abrechung von Leistungen zwischen Bundeswehr und BwFS GmbH ist seit zwei Jahren mit erheblichen Mängeln behaftet.«[52] Solche Strukturen müssen Probleme schaffen – zwei Systeme, zwei Abrechnungsmodelle. »Die (...) vorgesehene Auftragskontrolle durch die Bundeswehr wird nicht ordnungsgemäß durchgeführt. Das installierte Controllingsystem ist bislang nicht wirksam.«[53] Die Folge des unwirksamen Controllings: Grauzonen und fehlerhafte Zahlen.

Aber es kommt noch schlimmer: »Mit einem ›grünen Fahrzeugfriedhof‹ im Umfang von nahezu 30 000 Fahrzeugen liegt das Verteidigungsministerium um mehrere Jahre hinter der Abbauplanung zurück. Ein wesentliches Ziel der Privatisierung – der Bestandsabbau der Fahrzeuge – wird bislang nicht erreicht. Wegen ungebremster Neueinkäufe von Fahrzeugen sowie eines fehlenden Konzepts zur Absteuerung großer Fahrzeugmengen wird die Abbauzielstellung zum Jahr 2008 kaum erreicht werden können. Einnahmen aus der Verwertung von ca. 100 Millionen Euro bleiben somit aus.«[54] Mit dem Verkauf der 30 000 Fahrzeuge ließen sich also 100 Millionen Euro Verkaufserlös erzielen. Bisher hat der Staat jedoch auf diese Einnahmen verzichtet.

Die Bekleidungswirtschaft als Beispiel für das Camouflage-System

Die LH Bundeswehr Bekleidungsgesellschaft (LHBw), an der die g.e.b.b. als Minderheitsgesellschafter beteiligt ist, übernahm im August 2002 als Public Private Partnership die Bekleidungswirtschaft der Bundeswehr. Dabei machte sie gleich mehrere Versprechen auf einmal: In Zukunft sollten Waren auf dem freien Markt – ohne Ausschreibung – und damit günstiger beschafft werden. Die Anzahl der Mitarbeiter sollte von 3300 auf 1100 reduziert werden.[55] Die g.e.b.b. als Gesellschafterin rühmt sich, in der Bekleidungswirtschaft etwa 265 Millionen eingespart zu haben.[56] Diese Zahlen lassen sich aus dem Haushaltsvollzug – so Spitzenbeamte des Verteidigungsministeriums – allerdings nicht belegen.

Der Rechnungshof kennt diese Zahlen, sieht den Grund für die »Einsparungen« allerdings anders gelagert: »Zwei Jahre nach Einführung des ›Neuen Bekleidungsmanagements‹ (NBM) liegen die Ausgaben für die Beschaffung von Kleidung sowie der Personalbestand unter den im Wirtschaftlichkeitsnachweis genannten Zahlen. Diese Effekte sind jedoch nicht unmittelbar auf die Tätigkeit der LHBw (...) zurückzuführen, sondern beruhen fast ausschließlich auf Organisationsentscheidungen des Bundesministeriums. So hat die Bundeswehr die Lagerbestände reduziert und damit auf Neubeschaffungen von Bekleidung verzichtet und deutlich weniger Rekruten eingekleidet, als (...) angenommen worden ist.«[57]

Personalkosten wurden nicht reduziert

Auch die Einsparung der Personalkosten funktionierte nicht wie geplant: 75 000 Stellen sollten eingespart werden.[58] Doch dem standen geltende Tarifverträge im Weg, die betriebsbedingte Kündigungen bei Bundeswehrangestellten ausschlossen. Auf den Personalabbau und den dadurch eingesparten Kosten basierte aber ein großer Teil der Versprechungen Bergers.

Der Rechnungshof stellt hierzu fest: »Die Bundeswehr ist ihren Verpflichtungen der Personalbeistellung nicht nachgekommen. Die Zielgröße (...) wurde mehrmals nach unten korrigiert und bisher nicht erreicht. Zusätzliche Personalausgaben sind die Folge.«[59] Auch »die Personalagentur der LHBw hat bisher nicht wie vorgesehen 200, sondern lediglich acht Beschäftigte in ein Arbeitsverhältnis außerhalb der Bundeswehr vermitteln können«[60], so die Prüfer.

Stattdessen erhalten die leitenden Mitarbeiter weiterhin satte

Boni: Eine Sonderzahlung von 50 000 Euro für den Geschäftsführer blätterte die LH Bekleidung für den »Erfolg« hin – und dies, obwohl es bereits eine lineare Gehaltserhöhung von 2,5 Prozent ab 1. Januar 2004 gegeben hatte. Schon das frühere Grundgehalt des Geschäftsführers belief sich auf 192 000 Euro.[61]

Auch der Rechnungshof zweifelt am Sinn der opulenten Bezahlung der g.e.b.b.-Manager: »Die finanzielle Ausstattung ihrer Mitarbeiter (...), insbesondere der leitenden (...), basiert auf unrealistischen Expansionserwartungen des Unternehmens. Die Vergütungs- und Abfindungsregelungen für die Geschäftsführer sind unangemessen. (...) Die Personalkosten sind je nach betrachtetem Einzelfall um bis zu 47 Prozent höher als beim Einsatz des Personals in der Bundesverwaltung selbst.«

Im Verteidigungsministerium sieht man das anders. Die Gehälter seien »üblich« und »moderat«.[62] Hierzu erwidert der Bundesrechnungshof: »Die materielle Ausstattung des Geschäftsführervertrages haben wir ausführlich an der Kienbaum-Vergütungsstudie ›Geschäftsführer 2000‹ gemessen. Wir sind zu dem Ergebnis gekommen, dass die Vergütung weit über die selbst im Bereich der freien Wirtschaft bei Unternehmen mit mehr als 5000 Beschäftigten oder einem Jahresumsatz von mehr als 1 Milliarde DM gezahlten Durchschnittsbezüge hinausgeht.«[63]

Schicke Autos, ein repräsentatives Büro und teure Computerausstattung dürfen auch bei der g.e.b.b. nicht fehlen: »Die g.e.b.b. stellt ihren Mitarbeitern (...) Fahrzeuge der 48 000-Euro-Kategorie zur Verfügung. Hierfür (...) übernimmt sie auch sämtliche Betriebs- und Versicherungskosten. Wir halten diese aus Sicht der g.e.b.b. in der freien Wirtschaft üblichen Vergünstigung im Falle der g.e.b.b. für unangemessen. Sie steht in einem deutlichen Missverhältnis zu ihren eigenen Überlegungen«[64], schreiben die Prüfer, und außerdem »haben wir (...) Überbestände an vornehmlich besonders hochwertiger Hardware festgestellt. Dies wurde (...) ohne sachliche Notwendigkeit beschafft.«[65]

Dabei hat die g.e.b.b. das Glück, wesentlich fürstlicher als das normale Bundeswehrpersonal zu residieren: »Die Größe des in Köln angemieteten Bürogebäudes beruht auf einer unrealistischen Einschätzung des Bedarfs an Büroraum. Die alternative Unterbringung in Liegenschaften des Bundes wurde nur unzureichend geprüft und repräsentative Gesichtspunkte unseres Erachtens überbewertet.«[66] Geschäftsführer Ulrich Horsmann räumte mittlerweile ein, das Gebäude sei auf ein anderes Wachstum der Gesellschaft ausgerichtet gewesen.[67]

Aber das ist eben die Krux zwischen Wirtschaft und Staat, Industrie und Beamtenapparat: verschiedene Interessen, unterschiedliche Ansprüche. Die g.e.b.b. wäre gern ein reines Wirtschaftsunternehmen, allerdings subventioniert vom Steuerzahler. Dabei vergessen die Manager dieses »Unternehmens«, dass es sich hier lediglich um eine Organisations-Privatisierung handelt. »Bei ihrer Unternehmensführung verkennt die g.e.b.b. bis heute, dass es sich nicht um ein typisches Unternehmen der freien Wirtschaft handelt, über dessen Erfolg oder Misserfolg ausschließlich Marktmechanismen entscheiden. (…) Finanzielle Usancen der freien Wirtschaft, die Verfügbarkeit hochwertiger Sachmittel und repräsentative Gesichtspunkte werden im Hinblick auf ein vergleichsweise geringes unternehmerisches wie persönliches Risiko überbewertet«[68], resümieren die Prüfer vom Rechnungshof.

Fazit: Teure Büros und hohe Gehälter bringen nicht automatisch den erhofften Erfolg – was viel kostet, ist nicht immer gut. Bei der g.e.b.b. lassen sich detailliert die Ergebnisse besichtigen, die Berater hinterlassen.

Externe Berater für die Berater

Die Erwartungen an die g.e.b.b. waren bei ihrer Gründung hoch: Die Inhouse-Firma der Bundeswehr sollte viel leisten, hohe Gewinne erzielen und die Bundeswehr wirtschaftlich und effizient gestalten. So war der Plan. In der Realität kam ein Rückschlag nach dem anderen, die Mitarbeiter waren überfordert. Was lag da näher, als Berater ins Haus zu holen? So kam es zu der grotesken Situation, dass eine Beratungsfirma selbst Beratung anheuerte – und mehr als siebzig Prozent ihres gesamten Budgets in den ersten drei Jahren dafür ausgab. »Wenn eine Beratungsgesellschaft permanent Beratungsgesellschaften einkauft, stellt sie unter Beweis, dass sie es selbst nicht kann«, analysiert Thorolf Schulte. Der Bundesrechnungshof schreibt hierzu in seiner Zusammenfassung:

– »Die Erwartungen überforderten die g.e.b.b. personell wie organisatorisch. Die Folge war ein unangemessen hoher Beratungsbedarf des eigentlichen Beraters. In der Spitze betrug der Anteil des Aufwandes der g.e.b.b. für externe Beratungen an ihren Gesamtaufwendungen fast 70 Prozent. Noch heute ist er der wesentliche Kostenfaktor der g.e.b.b. Bereits dieser Umfang externer Beratung der g.e.b.b. muss Zweifel an der Sinnhaftigkeit des beschrittenen Weges wecken.«[69]

– »Die g.e.b.b. sollte (...) Optimierungssätze identifizieren. Diese Aufgabe war Kern der Geschäftstätigkeit der g.e.b.b. Von Anfang an war sie jedoch nicht in der Lage, diese Aufgabe zu erfüllen. Ganz offensichtlich hatte die g.e.b.b. zunächst nicht einmal eigene Vorstellungen über die zu erledigende Aufgabe und musste sich schon deshalb externer Expertise bedienen.«[70] Die kommerzielle Beratung der Berater in der g.e.b.b. trieb ganz besondere Blüten:

»Die von uns gesichteten Vertragsvorgänge zu externen Beratungsleistungen (lassen) keine schlüssige Gesamtkonzeption und kritische Bedarfsanalyse erkennen. (...) Nicht hinnehmbar ist, dass die g.e.b.b. als eine auf Kostenerstattungsbasis aus dem Bundeshaushalt finanzierte In-House-Gesellschaft sogar Expertisen in Auftrag gab, um den erklärten Willen ihres alleinigen Geschäftsführers zu überprüfen.«[71] Berater führten ein Eigenleben und hatten das Ziel, die ihnen übertragenen Aufgaben neu zu definieren: der Staat als Beute.

»Die g.e.b.b. betrieb auch die erforderlichen Gesellschaftsgründungen für die Umsetzung ihres (...) Geschäftsfeldes ›Neues Liegenschaftsmanagement‹ mit massiver Hilfe externer Berater. Allein hierfür betrug der Aufwand rund 7,5 Millionen Euro. Die Wirtschaftlichkeit des letztlich gescheiterten Geschäftsvorhabens konnte sie jedoch zu keinem Zeitpunkt nachweisen. Selbst wesentliche Rechtsfragen blieben ungeklärt (...). Insbesondere die Verwertung nicht mehr benötigter Liegenschaften (...) sollte der Bundesvermögensverwaltung überlassen werden.«[72]

Aber nicht nur, dass die g.e.b.b. einen enormen Beratungsbedarf hat – sie verstößt auch gegen die vergaberechtlichen Vorschriften. Die Aufträge an Berger & Co. wurden in fast allen Fällen freihändig vergeben: »Die Beauftragung (...) des (...) Beratungsunternehmens erfolgte zudem in wettbewerbswidriger Weise. Den Grundsatz, Aufträge an externe Berater in einem öffentlichen Verfahren zu vergeben, hat die g.e.b.b. (...) mehrfach missachtet«[73], so die Expertengruppe vom Bundesrechnungshof.

Die frühere SPD-Haushaltsexpertin Elke Leonhard verteidigt allerdings die freihändige Vergabe: »Ich bin entschieden der Auffassung, dass der Prozess der Modernisierung nicht durch permanente Ausschreibungsverfahren und ständigen Wechsel der Akteure behindert werden durfte. Eine Behinderung des Prozesses oder einen permanenten Wechsel der Agenturen halte ich bei der Kompliziertheit der Thematik für falsch und kontraproduktiv.«[74]

Sicherlich, Kontinuität ist ein wichtiger Gedanke. Doch solche Aussagen fordern geradezu heraus, gegen die geltenden Gesetze zu verstoßen. Haben Vergaberichtlinien nicht auch einen tieferen, die Korruption hemmenden Sinn? Eine Umgehung, gestützt auf das Votum von Abgeordneten, schadet jedenfalls der Glaubwürdigkeit der parlamentarischen Demokratie. Ein System wird so von innen ausgehöhlt.

Strukturelle Defizite bei der g.e.b.b.

Die g.e.b.b. wurde als Beratungsunternehmen gegründet. Kurze Zeit später kamen die Tochtergesellschaften hinzu. Die Grenzen zwischen den einzelnen Einheiten verschwammen. Der Rechnungshof bemängelt diesen Zustand mit folgender Analyse: »Indem (die g.e.b.b.) ihre Rolle als (neutraler) Berater zunehmend auf solche Felder beschränkte, auf denen sie selbst später operativ tätig werden wollte, erschienen ihre Bewertungen alternativer Handlungsoptionen immer weniger als neutrale Expertise.«

Ein gefährliches Modell: Die g.e.b.b. kann sich selbst Aufträge zuschanzen und bleibt dabei unbehelligt. Die Prüfer sehen ebenfalls Gefahren: »Wir halten es in diesem Zusammenhang für bedenklich, dass die g.e.b.b. die Gründung von Tochtergesellschaften durch Mitarbeiter vorbereiten ließ, die bereits für eine Tätigkeit bei ebendiesen Tochtergesellschaften vorgesehen waren. Als Berater des BMVg wirkten diese Mitarbeiter an der Ausgestaltung des Aufgabenprofils ihres künftigen Arbeitgebers und damit letztlich auch an ihren eigenen arbeitsvertraglichen Regelungen mit.«

Die g.e.b.b. riss zunehmend Aufgaben an sich, die nicht in ihren Bereich gehörten: »Nach ihrer ursprünglichen Konzeption sollte die g.e.b.b. das BMVg zunächst bei der Umsetzung von Pilotprojekten zur Steigerung des Investitionspotenzials der Streitkräfte beraten. Bereits mit der Gründung der g.e.b.b. begann jedoch eine Verschiebung ihres Aufgabenprofils (…) hin zur Wahrnehmung eigenständiger operativer Aufgaben. Sachgerechte Wirtschaftlichkeitsuntersuchungen hat es dabei weder für die Gründung der g.e.b.b. selbst noch für die Übertragung von operativen Aufgaben gegeben.«

Die Struktur der g.e.b.b. bleibt somit ein in sich geschlossener Kreislauf, in dem sich das Management im Verbund mit den Beratern offenbar selbst am nächsten steht. Aufträge können ungehindert die Kontrollen passieren, Missmanagement führt zu Schwachstellen – ein idealer Nährboden für weiche Korruption.

Jenseits der Fakten:
Die g.e.b.b. und ihr Selbstdarstellungs-Mantra

Die g.e.b.b. liebt – wie alle Berater – schöne bunte Folien: Darauf finden sich Zahlen und Schlagwörter zum Mammutprojekt Bundeswehrreform. Das Motto der g.e.b.b. lautet: »Die Perspektive: Der Weg ist richtig!«, und es wird gebetsmühlenartig wiederholt. Auch Motivations-Slogans wie »Es lohnt sich«, »Realisierungshürden zwar hoch, aber überwindbar!« oder »Es ist machbar«[75] werden Kunden und Politik vermittelt. Die g.e.b.b. präsentiert sich innovativ, jung und schlagkräftig – doch Tatendrang herrscht bisher nur auf dem Papier.

Ungefähr 200 Mitarbeiter sitzen in der g.e.b.b.-Holding, 57 kümmern sich um die Geschäftsentwicklung. In den Tochtergesellschaften Fuhrpark und LH Bekleidung arbeiten 460 Angestellte, dazu kommen noch 3729 beigestellte Mitarbeiter der Bundeswehr.[76] Für den Etat der g.e.b.b. 2005 veranschlagte die Bundesregierung bis zu 10 Millionen Euro, für 2004 waren es 14 Millionen Euro.[77]

Die BwFuhrparkService GmbH hat rund 300 Millionen in die Beschaffung der neuen silbergrauen Bundeswehrautos investiert. Bis zum Jahr 2011 erhoffte sich Dr. Ulrich Horsmann, Ex-Geschäftsführer der g.e.b.b., dadurch Einsparungen von 1,18 Milliarden Euro.[78] Wie diese Phantomrechnung aufgehen soll, ist allerdings nicht nur den professionellen Controllern des Bundesrechnungshofs schleierhaft.

Das Volumen der geplanten Verkäufe von Kasernen und Grundstücken will Horsmann lieber gar nicht mehr beziffern. Ihre Privatisierung sei schwierig wegen gesunkener Immobilienpreise, der langwierigen Klärung der Nutzungsmöglichkeiten und wegen des haushaltsrechtlichen Umgangs mit den Einnahmen.[79] Am Beispiel der Immobilie »BW-Standortverwaltung Münster« kritisierte die Oberfinanzdirektion die Arbeitsweise der g.e.b.b. im Februar 2006 noch einmal scharf. In einem internen Bericht des Präsidenten der Wehrbereichsverwaltung West vom 4. Januar 2006 wird die von der g.e.b.b. eingereichte Studie zur Bewertung der Immobilie in Münster im Detail zerpflückt.[80]

Die komplizierte Abstimmung zwischen Privatwirtschaft und Verwaltung prägt auch die Pläne zur Privatisierung der Bundeswehrverpflegung. Den Zuschlag für dieses lukrative Geschäft erhielt die Firma Dussmann.[81] Die Kosten für die Verpflegung der Bundeswehr belaufen sich derzeit auf 700 Millionen Euro. Die Bundesregierung erhofft sich durch die Privatisierungen Einsparungen in Höhe von 25 bis 39 Prozent. Aber auch dies – nur Wünsche auf dem Papier.

Trotzdem ist Ex-g.e.b.b.-Geschäftsführer Dr. Ulrich Horsmann, studierter Zoologe und ehemaliger Berater bei McKinsey, stolz auf den errechneten Break-even im zweiten vollen Geschäftsjahr. Von 75,3 Millionen Euro Aufwandssenkungen ist die Rede, im Jahr 2003 seien es sogar 253,9 Millionen Euro gewesen.[82] Woher diese Zahlen stammen, ist allerdings nicht einmal der Haushaltsabteilung des Verteidigungsministeriums ersichtlich.

Ähnliche Formen der Misswirtschaft stellten die Prüfer des Bundesrechnungshofs im Bereich des Fuhrparks fest. 20 000 neue Fahrzeuge wurden seit Gründung des Fuhrparks angeschafft – darunter auch Karossen der Luxusklasse. Doch Rolf Lübke, Ex-Geschäftsführer der BwFuhrparkService GmbH, hat eine andere Erklärung: »Wir reden nicht über teuer, wir reden über Wirtschaftlichkeit. Natürlich – wie auch in Privatunternehmen gibt es gewisse Hierarchien. Und ein General freut sich heute, wenn er eine E-Klasse fahren kann. Das sind Fahrzeuge, die sind gut ausgestattet. Sie unterliegen den Kriterien, wie es heute üblich ist, wie Klimaanlage und Navigationssystem.«[83] Auf den

Einwand »Aber beim Bundesrechnungshof heißt es, Sie machen nur Defizite und Schulden« antwortete Lübke nur: »Dass wir Schulden machen, liegt an der Tatsache, dass wir erst mal einen Investitionsstau auflösen mussten.«

Was lernen wir daraus? Mit dem Kauf neuer Autos kann man angeblich viel Geld sparen. Es wundert nur, dass gleichzeitig noch so viele alte Autos verrotten. Zurzeit verfügt die Bundeswehr über rund 100 000 Fahrzeuge. Der Fuhrpark kostet den Steuerzahler jedes Jahr eine Milliarde Euro. Gespart wurde bislang nichts.

Der neue Fuhrpark der Bundeswehr wird privatwirtschaftlich betrieben. Nebenan, praktisch Tür an Tür mit der g.e.b.b., arbeitet die alte Bundeswehr nach bewährtem Muster. Zwei Systeme nebeneinander – das kann keinen Sinn machen. Und trotzdem bleiben die g.e.b.b.-Berater dabei, dass dies alles betriebswirtschaftlich sinnvoll sei. »Der Faktor, der hier eine Rolle spielt, ist das Down-Time-Argument. Das heißt, die Stehzeiten unserer Fahrzeuge, bedingt durch Reparaturen und Wartung, sind ganz deutlich reduziert. Wir sprechen hier im einstelligen Tagesbereich auf ein Jahr betrachtet, den ein Fahrzeug nicht vermietfähig ist«, erklärt Eric Breitzke, Leiter des g.e.b.b.-Mobilitäts-Centers.

Vermietbarkeit, Standzeiten – der normale Steuerzahler denkt doch, Autos würden angeschafft, weil sie tatsächlich gebraucht werden. Der Rechnungshof dachte ähnlich. Sein Resümee: Hier herrscht offenbar eine Art Voodoo-Ökonomie. Bis heute gibt es keine überprüfbaren Daten zum Betrieb der Fahrzeugflotte.

In der Zentrale der g.e.b.b. in Köln residieren die privaten Bundeswehrberater, für die extra eine Firma gegründet wurde. Hier befindet sich auch das Büro von Ex-Geschäftsführer Dr. Ulrich Horsmann. Etwa zweihundert Mitarbeiter unterstützen den früheren McKinsey-Mann. Nicht wenige, die jetzt für die g.e.b.b. arbeiten, haben früher ihr Geld bei Beratungsfirmen verdient.

»Ich sage immer, eher scherzhaft, als Biologe bin ich hier richtig, weil ich mit giftigen Tieren umgehen kann«, begrüßt uns der g.e.b.b.-Geschäftsführer lachend zu einem Interview. »Der Bundesrechnungshof sieht dabei aber keinerlei Erfolg«, werfen wir ein. Horsmann widerspricht dieser Auffassung: »Die g.e.b.b. ist eine Erfolgsstory. Sie hat erfolgreiche Dinge auf den Weg gebracht, und wenn Sie auf die Autobahn schauen und die silbernen neuen Fahrzeuge der Bundeswehr sehen, würde ich sagen, da sehen Sie, dass sich hier richtig was ändert, und zwar zum Guten.«

»Aber die Kritik ist, dass Sie fünfzigtausend Fahrzeuge einsparen sollten. Es sind jedoch nur neue Fahrzeuge hinzugekommen. Das ist doch kein Erfolg, oder?«, wenden wir ein.

»Doch, das ist ein großer Erfolg, der hier erzielt worden ist«, erwidert Horsmann unbeirrt.

Vorschlägen wie dem des Bundesvorsitzenden der Beamten in der Bundeswehr in Bonn (VBB), Thorolf Schulte, die g.e.b.b. aufzulösen, lehnen die Manager in der g.e.b.b.-Zentrale in Köln ab. Sie wollen ihre Privatisierungs-Aktiväten in Zukunft sogar noch ausbauen. Schließlich habe man bereits dreihundert Millionen Euro Gewinn gemacht.

Ulrich Horsmann: »Ja, das ist ein Erfolg, und wenn ich sehe, dass wir an Aufwandssenkungen für den Verteidigungshaushalt schon mehr als dreihundert Millionen beigetragen haben, dann glaube ich, dass wir das auch mit Selbstbewusstsein sagen können. Die g.e.b.b. hat seit ihrem Bestehen dreiundneunzig Millionen Euro gekostet, und die Aufwandssenkung, die wir für den Haushalt erzielt haben, beträgt über vierhundert Millionen, so dass im Saldo nach Abzug der Kosten dreihundertzehn Millionen entstehen.«

Thorolf Schulte entgegnet darauf: »Das ist schlicht falsch, das ist betriebswirtschaftliche Gesundbeterei. Aus dem Haushalt des Verteidigungsministeriums ist diese Einsparung nicht abzulesen. (…) Solche Zahlenlinien können von keinem in der Verwaltung richtig nachvollzogen werden. Sie behaupten das einfach.«

Auch beim Bekleidungsmanagement, dem zweiten Auftrag der

g.e.b.b., gehen die Bewertungen von Erfolg und Misserfolg weit auseinander. Die g.e.b.b. ist stolz darauf, bei den Uniformen gespart zu haben. Die Kritiker sagen, sie habe lediglich vom Schrumpfen der Bundeswehr profitiert. Die einfache Formel: weniger Soldaten – weniger Uniformen, also Erfolg.

Thorolf Schulte: »Es ist eine deutliche Reduzierung der Kosten in der Bekleidung festzustellen. Die haben aber ihre Ursache im geringeren Umfang der Streitkräfte. Von daher muss weniger Bekleidung beschafft werden. Es muss weniger Bekleidung gelagert werden, also brauche ich weniger Lager. Und als dritter Punkt ist hier anzumerken, dass man die Bekleidung, die man nicht mehr braucht, verkaufen kann. Und dies ist auch geschehen durch die entsprechenden Verwertungsgesellschaften, aber nicht durch die g.e.b.b.«

Eigentlich müsste Ulrich Horsmann wissen, dass seine Zahlen fragwürdig sind. Der frühere g.e.b.b.-Geschäftsführer bekam die Bilanz Mitte 2004 schriftlich von der Haushaltsabteilung der Harthöhe: »Von einer Bestätigung der ›Einsparerfolge‹ der g.e.b.b. (kann) keine Rede sein.« Seine Darstellungen seien »geeignet, das Parlament irrezuführen«[84], schreiben die Spitzenbeamten. Horsmann wird aufgefordert, die einvernehmliche »Sprachregelung einzuhalten, um unnötige Missverständnisse und Erklärungsaufwand in der Öffentlichkeit zu vermeiden«. Noch deutlicher wurde der Aufsichtsrat der g.e.b.b.: In einem internen Protokoll vom 14. März 2005 heißt es bezogen auf die g.e.b.b., »dass der große Wurf nicht gelungen ist und die Privatisierungserlöse und Kosteneinsparungen in erwarteter Milliardenhöhe nicht eingetroffen sind«.

Lange Zeit war unklar, wie die neue Bundesregierung künftig mit der Privatisierung im Bereich der Bundeswehr verfahren will. Die Antworten des Verteidigungsministeriums auf eine kleine Anfrage der FDP vom 6. April 2006 belegen das unklare Kursziel. Der g.e.b.b wird zwar eine »zentrale Rolle« als »Ideengeber für industrielle Lösungen« eingeräumt. Einschränkend heißt es aber: »Ob die Holdingfunktion durch die g.e.b.b. insgesamt beibehalten werden soll oder Änderungen an den vertraglichen Grundlagen erforderlich sind, wird geprüft.«

Auch im Immobiliengeschäft bahnte sich eine Korrektur an. Hier scheint die g.e.b.b zugunsten der Bundesanstalt für Immobilienaufgaben entmachtet zu werden. Positiv vermerkt das Verteidigungsministerium den Abbau von 850 Arbeitsplätzen auf 2340 Mitarbeiter im Bekleidungswesen. Bei der LH Bundeswehr Bekleidungsgesellschaft seien geringere Ausgaben in Höhe von 76,4 Millionen Euro – bezogen auf eine Prognose – für den Zeitraum vom 1. August 2002 bis zum 31. Juli 2004 ausgewiesen worden.

Fazit: Hunderte Millionen Euro wurden versenkt, der g.e.b.b.-Spuk ist immer noch nicht beendet.

»Der Veränderungsbedarf in der öffentlichen Verwaltung ist enorm«

Fragen an Andreas von Schoeler, CSC Ploenzke AG

Andreas von Schoeler ist Vorstand der CSC Ploenzke AG. Sein Verantwortungsbereich umfasst die Bereiche Public Sector, Defense und Utilities. Die 1959 gegründete Computer Sciences Corporation (CSC) mit Sitz in El Segundo, Kalifornien, zählt zu den weltweit führenden IT-Beratungs- und Dienstleistungsunternehmen. Der ehemalige Oberbürgermeister von Frankfurt am Main ist seit 2000 für CSC tätig. Davor arbeitete er als Business Development Director Government bei Andersen Consulting (jetzt: Accenture).

IT-Beratungsprojekte sind besonders störanfällig. Dies war nicht nur beim Bundeskriminalamt (Inpol neu), bei der Einführung der LKW-Maut oder bei der Einführung des virtuellen Arbeitsmarkts bei der Bundesagentur für Arbeit zu besichtigen. Auf die Fragen zum Themenfeld »Beratung in Deutschland« antwortete Andreas von Schoeler schriftlich.

Welches Selbstverständnis als Berater haben Sie?

CSC Ploenzke ist als Beratungsunternehmen sowohl mit seiner »deutschen« Wurzel Ploenzke als auch mit seiner amerikanischen Mutter CSC von Anfang an stark im Public Sector verwurzelt. Wir verstehen uns daher als »Public-Sector«-Spezialisten, die tiefes Verständnis der fachlichen Prozesse unserer Kunden mit langjähriger Erfahrung der Organisation der öffentlichen Verwaltung und herausragenden technologischen Fähigkeiten verbinden. Auf dieser Basis streben wir eine dauerhafte Partnerschaft mit unseren Kunden an. In dieser Partnerschaft wollen wir beraten, nicht bevormunden.

Welches Persönlichkeitsprofil sollte ein ›guter‹ Berater haben? Welche Skills sind zentral? Welche Tugenden?

Entscheidend für den Erfolg unserer Kunden ist die Fähigkeit, ein Team zu bilden, das insgesamt die verschiedenen fachlichen Skills (Organisation, Prozesse, Technologie, Change Management) aufbietet und als Team mit den Projektmitarbeitern des Kunden effizient zusammenarbeitet. Die projektspezifisch erforderlichen fachlichen Skills sind dabei genauso entscheidend wie Erfahrung, Kreativität und Vermittlungsfähigkeit einer reifen Persönlichkeit.

Welche zentralen Erwartungshaltungen haben die Auftraggeber an die Berater?

Natürlich sind diese Erwartungen sehr unterschiedlich. Grundsätzlich erwarten die Auftraggeber eine zeitgerechte Realisierung des ausgeschriebenen Projekts innerhalb des Budgets. Das ist ihr gutes Recht. Vielfach sehen sich die öffentlichen Auftraggeber allerdings auch als Spezialisten im Entwerfen von organisatorischen und technischen Lösungen für ihre Probleme und suchen einen Berater, der ihnen die bereits entworfene (und mit Leistungsheft im Detail ausgeschriebene) Leistung nur umsetzt. Zu selten wird schon bei der Suche nach der richtigen Lösung ein externer Berater hinzugezogen. Das führt leider dazu, dass mögliche Effizienzgewinne nicht realisiert werden.

Ein Grund für dieses Verhalten mag sein, dass sich Berater und öffentliche Auftraggeber jedenfalls in der Ausschreibungsphase in Deutschland häufig mit dem Unverständnis bis hin zum Misstrauen gegenüberstehen, das bei uns das Verhältnis zwischen privaten Unternehmen und öffentlicher Verwaltung viel zu oft prägt. Das führt dazu, dass völlig legitime wirtschaftliche Risikobetrachtungen auf der Seite des Dienstleisters beim öffentlichen Auftraggeber manchmal als übertriebenes Gewinnstreben interpretiert werden. Die öffentlichen Auftraggeber tun sich zum Beispiel häufig schwer mit der rechtsverbindlichen Vereinbarung von Beistellleistungen (Anm.: Leistungen, die der Auftraggeber bereithält, beispielsweise Personal, Räume u. a.), die für den Dienstleister insbesondere bei Festpreisprojekten, bei denen eine Unterstützung des Auftraggebers erforderlich ist, unverzichtbar und für sein wirtschaftliches Risiko entscheidend sind. Die öffentlichen Auftraggeber sehen dies auch durchaus ein. Da sie aber ein auf Erfahrung beruhendes Misstrauen gegenüber ihrer eigenen Deliveryfähigkeit haben, lehnen sie die Beistellleistungen häufig ab, wollen aber keineswegs auf den Festpreis verzichten.

Wie effizient verläuft die Rekrutierung des Beraternachwuchses in Deutschland? In Ihrem Unternehmen?

Da es den natürlichen Verlauf einer Berater-Karriere wohl kaum gibt, ist die Frage nach der Effizienz der Rekrutierung schwer zu beantworten. Der größte Teil unserer neuen Kolleginnen und Kollegen kommt entweder durch Empfehlungen unserer Mitarbeiter oder durch Initiativbewerbungen zu uns. Sie haben üblicherweise bereits mehrjährige Berufserfahrung als Berater oder auf der Kundenseite hinter sich. In Zukunft werden wir aber auch wieder stärker auf die Einstellung hochqualifizierter Hochschulabgänger setzen.

Wo sehen Sie die wesentlichen Defizite und Störfaktoren im Beratungsprozess?

Die starken Formalismen im Ausschreibungsverfahren, die starke Verrechtlichung des Vergabeverfahrens sowie die Zusammenarbeit in der Delivery, die Hürden für den Aufbau langfristiger Partnerschaften und das bereits angesprochene manchmal mangelhafte Verständnis für die wirtschaftlichen Rahmenbedingungen eines privaten Unternehmens einerseits und die Akzeptanz der Rahmenbedingungen der öffentlichen Hand aufseiten mancher Dienstleister andererseits.

Immer wieder wird in der Fachliteratur die unzulängliche Implementierung der Beratungsergebnisse kritisiert. Teilen Sie diesen Befund? Was sind die Ursachen?

In dieser Allgemeinheit teile ich diese Einschätzung nicht. Es gibt eine große Zahl von größeren Projekten im Bereich der Organisation und der Einführung von Informationstechnologie, die zeitgerecht und innerhalb des Budgets umgesetzt worden sind. Öffentliche Diskussionen gibt es dagegen immer nur über nicht oder zunächst nicht gelungene Projekte (Maut, ALG II). Das verfälscht das Bild.

Ergebnisse von Beratungsprojekten werden nur selten öffentlich. Welche Gründe sehen Sie für die öffentlichkeitsferne Arbeit der Berater?

Die öffentlichen Auftraggeber veröffentlichen Beratungsergebnisse in sehr viel stärkerem Umfang als private Auftraggeber. Das liegt schon an den im öffentlichen Sektor vorhandenen Kontrollmechanismen vom Parlament bis hin zum Bundesrechnungshof. Im Übrigen sollte mit Ergebnissen von Beratertätigkeit durchaus der Kunde »glänzen« und nicht der Berater.

Wo sehen Sie die wesentlichen Beratungstrends der Zukunft? Wie wird sich der Beratermarkt nach Ihrer Ansicht entwickeln?

Der Veränderungsbedarf in der öffentlichen Verwaltung ist enorm. Treibende Faktoren des Wandels werden unverändert der Einsatz von Standardsoftware anstelle von Eigenentwicklungen, die stärkere Vernetzung unterschiedlicher Behörden sowie die Digitalisierung der Verwaltung mit den entsprechenden Effizienzgewinnen sein. Dies eröffnet letztlich auch die Chance, eine stärkere Zentralisierung von administrativen Prozessen (zum Beispiel in Shared Service Centern) und einen verbesserten Bürgerservice (»One-face-to-the-customer«-Ansätze) anzubieten.

2. Berater bei der Arbeit: Das Consulter-Paradies in der Bundesagentur für Arbeit

Manche Menschen träumen davon, einmal in ihrem Leben den Gipfel eines Achttausenders zu erklimmen. Dafür sind sie bereit, ihre Gesundheit und ihr Leben aufs Spiel zu setzen. Manche Menschen wollen Veränderung: »Mein ›Gipfeltraum‹ war es, auch als kleines Würstchen, eines Tages doch noch die Veränderung bestimmter Verhältnisse herbeiführen zu können.«

Diese Worte stammen nicht von Nietzsche, nicht von Einstein, sondern von Erwin Bixler aus Rodalben in der Pfalz. Er war der Mann, der die Vermittlungsaffäre der Bundesagentur für Arbeit 2002 aufdeckte – ein »Whistleblower«[1], ein »ethischer Dissident«, ein »Nestbeschmutzer«, kurz gesagt: ein Informant. Er brachte die wohl größte Organisationsreform einer Riesenbehörde in der Nachkriegszeit ins Rollen.

Ein Whistleblower brachte den Skandal an die Öffentlichkeit

Der Skandal machte überall Schlagzeilen: Der Bundesrechnungshof prüfte damals in fünf Arbeitsämtern die von den Arbeitsvermittlern gebuchten Vorgänge. Von 4487 Vermittlungen – 640 waren nicht überprüfbar, da sie von den Arbeitsvermittlern vorzeitig gelöscht wurden – waren 3008, und damit 71,2 Prozent, »falsch verbucht« worden.[2] Die 181 Arbeitsämter hatten einen Großteil ihrer stolz aufgeführten Jobvergaben schlicht erfunden. »Die Beschäftigten vermittelten keine Stellen, sondern verwalteten Akten – und sich selbst.«[3] Erwin Bixler wollte »am Bau,

Ausbau und der Pflege dieser ›Potemkin'schen Dörfer‹ der (alten) Bundesanstalt für Arbeit« nicht mehr mitmachen. »Es kann nicht im Sinne der Erfinder unseres Sozialstaats sein, wenn eine öffentlich finanzierte Institution, die sich selbst als tragende Säule des Sozialstaats versteht, ihre ebenso hochgradige wie teure Ineffizienz unter anderem damit zu verbergen sucht, dass sie der Öffentlichkeit die kostenintensiven vermeintlichen Mittel zum Erfolg als erfolgreiche Bekämpfung der Arbeitslosigkeit verkauft oder verkaufen lässt – und unterdessen mehr und mehr die Zeit und Muße findet, ihrer chronischen Neigung zur Selbstbeschäftigung und Mehrung des eigenen Wohlergehens nachzugehen.«

Erwin Bixler wollte etwas tun, etwas ändern und gegen das marode System ankämpfen – notfalls auch in den eigenen Reihen. Warum wurde er schließlich zum Whistleblower? »Es dauerte rund zehn Jahre, in denen einiges geschehen und zusammentreffen musste«, resümiert Bixler.[4] Vielleicht sind es auch die Charaktereigenschaften, die für Whistleblower typisch sind, die ihn dazu brachten, sich an die Bundesregierung zu wenden, die seine Briefe dann den Medien zuspielte. »Mindestens punktuell uneinsichtig und starrköpfig, in bestimmter Hinsicht wenig flexibel, mit einer ausgeprägten Neigung, sich in Dinge zu verrennen, von denen man von vornherein besser die Finger lassen sollte«, so charakterisiert Bixler sich selbst. Er war leitender Mitarbeiter bei der Bundesanstalt für Arbeit in der Regionaldirektion Rheinland-Pfalz. Zunehmend konnte er sich vom Eindruck, »in einer für die Volkswirtschaft überwiegend nachteiligen Weise tätig zu sein, immer weniger freimachen«. Er fing an, gegen die einschlägigen Bedingungen anzuschreiben und anzureden. Doch es war nur eine »literarische Bekämpfung«, die weitgehend folgenlos blieb. Hin und wieder veröffentlichte er trotzdem Leserbriefe an die Mitarbeiterzeitschrift der BA oder »ließ eine mokante Bemerkung auf überregionalen Dienstbesprechungen fallen«. Doch es reichte nicht, den Koloss Arbeitsamt in Bewegung zu setzen.

»Ich musste mehr tun!« Und wo würden sich dazu bessere Gelegenheiten bieten als in der Innenrevision?

Im Jahr 1997 bekam Bixler die passende berufliche Chance: Aus einer Führungsposition heraus bewarb er sich für die Stelle eines Prüfers in der damals gerade im Aufbau befindlichen Innenrevision der Anstalt. Die handfesten materiellen und sonstigen Nachteile dieser – unter Karriereaspekten betrachtet – beruflichen »Querbewegung« nahm er dafür in Kauf; »die Sache, mein Selbstverständnis und Selbstwertgefühl waren mir das wert«, erklärt er.

»In der Innenrevision sah ich mich von Beginn an mit äußerst interessanten Prüfaufträgen konfrontiert (Stichworte: Bildungsmaßnahmen, Arbeitsbeschaffungsmaßnahmen, Arbeitsvermittlung)«, fährt Bixler fort. »Ich will nicht behaupten, dass die Auftraggeber es geahnt haben – aber für jeden wirklichen Kenner der Materie boten schon meine ersten Prüfaufträge die Chance, den durch und durch kranken, eigentlich längst todgeweihten, nur durch die ›sozialstaatliche‹ Herz-Lungen-Maschine und die beharrliche Infusion von jährlich über hundert Milliarden Mark scheinbar am Leben gehaltenen Riesen bis auf seine faulen Knochen zu sezieren.« Bixler musste sezieren, durfte sezieren. Und er begann zu sezieren.

Das Ergebnis – ernüchternd: Am Ende seiner Recherchen, Analysen, Bewertungen und Verbesserungsvorschläge stand wieder nur ein »literarisches Werk« – ein Prüfbericht, »der von höchster Stelle ›so nicht‹ hingenommen wurde«.

Doch Bixler ließ sich nicht entmutigen: In der Mitarbeiterzeitschrift *Dialog* veröffentlichte er einen Leserbrief, in dem er »einige geschäftspolitische Grundsätze und einige Zahlen in Frage stellte, die der damalige Chefpräsident hochhielt«.

Was folgte, war »verräterische Totenstille«. Bixlers Befürchtung, dass er alsbald im Rahmen einer sich damals konkret anbahnenden Umorganisation »versenkt« und »kaltgestellt« würde, konkretisierte sich. Zudem erfuhr er just zum gleichen Zeitpunkt, dass der Bundesrechnungshof in einem von Bixler geprüften Teilbereich zu Ergebnissen gekommen war, die seine drei Jahre zuvor getroffenen Feststellungen bestätigten.

»Inzwischen war bei mir nicht nur das Maß voll, sondern auch der Mut der Verzweiflung und zugleich die Hoffnung auf ein erfolgreiches Durchdringen so groß, dass ich es wenige Tage später wagte – kurz vor Weihnachten 2001 –, mich diskret an Mitglieder der Bundesregierung zu wenden, um ihnen von einem ›ganz dicken faulen Ei‹ zu berichten«, erinnert sich Bixler. Nachdem sich die Bearbeitung seines ersten Schreibens an den damaligen Staatsminister beim Bundeskanzler, Martin Bury, etwas zögerlich gestaltete, zündete sein zweites, ausführlicheres Schreiben an den damaligen Bundesarbeitsminister Walter Riester sofort, und zwar gewaltig.

Wenige Tage später begann das Thema für knapp drei Wochen die Schlagzeilen zu beherrschen. Durch Indiskretionen wurde Bixlers Name bekannt, Kopien seiner Schreiben, die den Eingangsstempel des Bundesministeriums für Arbeit und Sozialordnung trugen, lagen vielen Redaktionen vor. Bixler sollte zunächst für einige Tage aus dem Verkehr gezogen werden, worauf die Verantwortlichen dann doch verzichteten. »In meiner Rat- und Hilflosigkeit ob des telefonischen, schriftlichen und leibhaftigen Ansturms von Journalisten gab ich (gleichsam aus Versehen) sogar eine ›Pressekonferenz‹«, erinnert sich Bixler.

Erwin Bixler – ein Whistleblower? Daran habe er selbst nie gedacht. Er kannte das Wort überhaupt nicht. Welche Konsequenzen hatte sein Handeln für ihn persönlich? »Erst einmal die Versetzung in ein ›Backoffice‹ auf eine Stelle, die gerade zur Neubesetzung ausgeschrieben war«, erzählt Bixler. Einige Wochen nach seiner Ankunft im ›Backoffice‹ wurde eine neue Runde eingeläutet. Unter dem Vorwand, etwas für ihn tun zu wollen, legte ihm der damalige Personalchef nahe, sich auf einen (höher dotierten) Dienstposten, nämlich den des Leiters der Außenstelle des so genannten Vorprüfungsamts in Chemnitz, zu bewerben. Angeblich sei vorgesehen, ihn danach alsbald wieder heimatnäher einzusetzen. »Da mein Vertrauen in die mir bekannten Entscheidungsträger schier unbegrenzt war – ich traute ihnen fast alles zu –, lehnte ich dankend ab«, berichtet Bixler. Einige Monate später wurde das Vorprüfungsamt und mit ihm die Außenstelle in Chemnitz aufgelöst.

Von der Welt außerhalb der Anstalt wurde Bixler hermetisch abgeriegelt. Auch Interviews wurden – ohne Wissen Bixlers – abgelehnt:

»Guten Tag, Herr (…), vielen Dank für Ihr Interesse an der Steuerung und dem Controlling in der BA, dem derzeit innerhalb der Reform eine große Bedeutung zukommt. Ihre Bitte um Erlaubnis, mit Herrn Bixler ein Gespräch zu führen, hat Herr (…) an mich weitergeleitet.

Zum jetzigen Zeitpunkt kann ich Ihnen aber noch nicht sagen, ob hierfür eine Genehmigung erteilt wird, da, wie Sie sich sicher vorstellen können, alle Anfragen an den Kollegen Bixler mit unserer Zentrale in Nürnberg abgestimmt werden müssen. Dies insbesondere vor dem Hintergrund, dass Herr Bixler aufgrund der vielen Anfragen auch etwas ›geschützt‹ werden muss. Sobald eine Nachricht vorliegt, werde ich Ihnen unverzüglich eine Mitteilung zukommen lassen.

Darüber hinaus gibt es aber auch für Ihr Thema aus fachlicher Sicht wesentlich kompetentere Ansprechpartner hier im Landesarbeitsamt, die sich ausschließlich mit dem Aufbau eines Controllings innerhalb der BA beschäftigen und die Ihnen gerne als Ansprechpartner zur Verfügung stehen. Sollten Sie vorab schon Interesse an Gesprächen mit den derzeit im Bereich Controlling beschäftigten Mitarbeitern haben, bitte ich um kurze Rückmeldung.

Mit freundlichen Grüßen

(…) Leiter des Referates Personalentwicklung«[5]

Eine Woche später erhielt der angehende Verwaltungswissenschaftler, der um das Interview gebeten hatte, vom selben Absender die Mitteilung, dass die Hauptstelle das Gespräch mit Erwin Bixler nicht genehmigt habe.

Auch die Beurteilung von Bixlers dienstlichen Leistungen litt unter dem Skandal: »Angeblich bereits am 29. Oktober 2001, also vor dem Arbeitsamt-Skandal, aber nach meinem letzten Leserbrief, in dem ich (...) das Hochhalten gewisser Zahlen moniert hatte, wurde – von der damaligen Präsidentin meiner Dienststelle und meinem damaligen Referatsleiter unterschrieben – sie (die dienstliche Beurteilung, Anm. des Verf.) mir am 11. Juli 2002, also gut acht Monate später – und nach dem Arbeitsamt-Skandal – eröffnet. Sie fiel deutlich schlechter aus als alle Beurteilungen der zurückliegenden zwanzig Jahre.« Angeblich war dies nur auf eine Änderung der Beurteilungsrichtlinien und des »Beurteilungsmaßstabs« zurückzuführen.

Bixler ging das erste Mal in seinem Leben vor Gericht – und verlor. Justitia in Gestalt der zuständigen Kammer beim Verwaltungsgericht Saarlouis konnte »keine Rechtsfehler erkennen«. Parallel zu dem Verfahren richtete der »ethische Dissident« als Reaktion auf öffentliche Äußerungen hochrangiger Politiker während und kurz nach dem Arbeitsamt-Skandal eine Petition an den zuständigen Ausschuss des Deutschen Bundestags. Seine Bitte: Man möge ihn vor dem systematischen Mobbing seines Dienstherrn schützen. Auch diese Petition wurde abschlägig beschieden.

Auf die Frage, ob man die Risiken für Whistleblower minimieren kann, wird Bixler nachdenklich: »Whistleblowing ist seinem Wesen nach nur als Unikat zu haben. Jeder Mensch, dem Sachen wichtig sind und der Ziele verfolgt, denen sein Umfeld augenscheinlich gleichgültig begegnet, kann nur und muss in eigener Verantwortung abwägen, was ihm die Sache, die er für so überaus wichtig hält, wert ist. Dabei wird ein solcher Mensch meistens allein auf sich gestellt sein – weil er in dieser Hinsicht eben meistens irgendwie einsam ist.«

Er selbst sei noch recht gut davongekommen, meint Bixler.

»Unter dem Eindruck meiner unmittelbar bevorstehenden Versenkung dachte ich in etwa: Wenn schon, denn schon! – Ich machte mir bewusst, dass mein rechtlicher Status der eines Beamten auf Lebenszeit ist, und sagte mir: Aus dem Beamtenverhältnis können sie mich nur entfernen, wenn ich mir eine längere Freiheitsstrafe einhandele. Aber ein Schreiben an unsere Regierung wird mich hoffentlich nicht gleich ins Gefängnis bringen. Dann schrieb ich los.«

Reichen der derzeitige Schutz und die Unterstützung für Whistleblower also überhaupt aus? »Ich ahnte lange Zeit gar nicht, dass es überhaupt Einrichtungen gibt, die sich für Whistleblower einsetzen. Ich habe erst gar nicht nach solchen Organisationen gesucht, weil ich mir sagte: Da musst du jetzt allein durch! Der einzige Schutz, von dem ich mir etwas versprach, waren gelegentliche Anfragen von Journalisten, denen es trotz aller Abschottung gelungen war, an mich heranzukommen. Interviewwünsche lehnte ich zwar regelmäßig ab, machte mir diese Anfragen aber insofern zunutze, als ich sie ganz den Vorschriften gemäß der Pressestelle und dem einen und anderen Vorgesetzten meldete. Das tat ich in dem Bewusstsein, dass eine ›schlechte Presse‹ (und gute Journalisten) so ziemlich das Einzige sind, was man in den oberen Etagen politiknaher bürokratischer Apparate wirklich fürchtet. Meine damit verbundene Hoffnung war die, dass man die ganz groben Ränke wenigstens so lange zurückstellen würde, bis kein Hahn mehr nach mir krähte. Ich wollte einfach nur Zeit gewinnen.«

Im Vergleich zu anderen Ländern werde mit Whistleblowern hierzulande noch relativ gut umgegangen, doch »die rote Laterne hat Deutschland nicht verdient«, findet Bixler. »Etwas gründlichere Kenntnisse habe ich nur von dem Fall des EU-Beamten Paul van Buitenen, der mit seinem Whistleblowing die gesamte EU-Kommission zum Rücktritt zwang. Wer van Buitinens Buch *Unbestechlich für Europa* liest, wird unschwer feststellen, dass es ihm wesentlich schlechter erging als mir. (...) Von den Folgen, die

Whistleblower in diktatorischen und totalitären Systemen zu gewärtigen haben, will ich gar nicht reden.«

Das Verhältnis der Whistleblower zu Journalisten ist komplex und heikel. Persönlich habe er im Verlauf seines Falles mit Journalisten nur ganz vereinzelt Erfahrungen gemacht, auf die er hätte verzichten können, erklärt Bixler. »Dass ich von Journalisten nicht oder nur in wenigen Einzelfällen enttäuscht wurde, mag aber auch daran liegen, dass ich – was den Umgang von Journalisten mit Whistleblowern angeht – keine überzogenen Erwartungen hegte oder hege. Ich sehe die Aufgabe von Journalisten nicht darin, sich zum Anwalt von Whistleblowern oder vermeintlichen Whistleblowern zu machen. Journalisten haben eine andere Aufgabe – aber die kennen Sie alle besser als ich«, urteilt Bixler. »Whistleblower, insbesondere solche, die aus bürokratischen Strukturen hervorgehen, bevorzugen in aller Regel die ganz ›langen Strecken‹. Das ist eine Folge der Anpassung an die Bedingungen, die in solchen bürokratischen Strukturen herrschen. Dagegen stehen Journalisten chronisch unter Tempodruck und arbeiten meist kurzfristig. Auch das resultiert aus einer Anpassung – eben an jene Bedingungen, denen sie in ihrem Gewerbe unterworfen sind. Begegnen sich beide, so gerät der Langstreckenläufer leicht außer Atem, wenn er das Tempo des Spezialisten für kürzere Strecken mitlaufen will. Gleichwohl sehnt der Langstreckenspezialist hin und wieder die Gesellschaft eines Sprinters herbei. Aber in solchen Momenten ist der meistens schon wieder auf einer anderen Kurzstrecke unterwegs. So ist das eben.«

Um diese Verhältnisse – da ist sich Bixler sicher – wissen auch die beharrlichen Verteidiger bürokratischer Strukturen. »Auch das sind Langstreckler mit einem ganz, ganz langen Atem – und einem elefantösen Gedächtnis. Aber diese Sorte von Langstreckenläufern begegnet den meistens etwas kurzatmigen Kurzstreckenspezialisten insgeheim mit Herablassung. Und sie denken: ›Wir werden auf dieser Strecke noch unterwegs sein, wenn ihr längst wieder auf anderen kurzen Strecken herumhüpft.‹«

Journalisten schützen ihre Informanten – ein Berufsethos? »Als ich meine Schreiben an Mitglieder der Bundesregierung verfasste, dachte und wollte ich nicht, dass meiner Person öffentlich eine Rolle zukommen würde. Nachdem dies infolge einiger Indiskretionen aber doch geschah, war ich einigermaßen perplex und auf die Informanten, die meinen Namen einer Journalistin vom *Tagesspiegel* zusteckten, und jene, die als Erstes dem *Handelsblatt* eine Kopie meines Schreibens an Riester zuspielten, zuerst gar nicht gut zu sprechen. Wenig später sah ich mich diesen unbekannten Quellen und der Journalistin, die meinen Namen veröffentlichte und mir damit einige nervenaufreibende Tage beschert hatte, sogar zu großem Dank verpflichtet. Ich wage gar nicht daran zu denken, wie es mir ergangen wäre, wenn meine Identität allein leitenden Beamten des Arbeitsministeriums und der Bundesanstalt für Arbeit bekannt geblieben wäre...«

Erwin Bixler hat am Ende politisch viel bewegen können. David Kelly, einem britischen Wissenschaftler und Regierungsberater, wurden das Whistleblowing und die anschließende Treibjagd in der Öffentlichkeit dagegen zum Verhängnis. Er vertraute einem BBC-Journalisten sein Insiderwissen zum Stand der angenommenen Giftgasproduktion im Irak an. Kelly wurde als Informant nicht geschützt, konnte dem öffentlichen Druck nicht standhalten und nahm sich schließlich das Leben.

»Journalisten haben, wenn es um Informanten, Whistleblowing und Whistleblower geht, eine nicht zu überschätzende Verantwortung«, resümiert Bixler. »Wenn sie dieser riesigen Verantwortung mit gründlicher Recherche und um Vollständigkeit und Objektivität ringender Berichterstattung entsprechen, dann werden sie nicht nur ihrem Berufsethos gerecht, nein, sie werden damit zugleich die für unser Land heilsame Wirkung von Whistleblowing und die Effektivität der einzigen Gewalt, die meinem Eindruck nach noch nicht an schier unheilbarer Selbstlähmung leidet, erhöhen. Ja, die ›Vierte Gewalt‹ hat es vielleicht noch allein in der Hand, ihre Effektivität zu optimieren.«

Drei Wochen nach dem Ausbruch des so genannten »Arbeitsamt-Skandals« verkündeten der Bundeskanzler und der damalige Arbeitsminister Walter Riester vor der Bundespressekonferenz die »große Reform der Bundesanstalt für Arbeit«: Bernhard Jagoda, Chef der »Skandalbehörde«, die bis dato noch Bundesanstalt für Arbeit hieß, musste den Hut nehmen; Gerhard Schröder ersetzte ihn durch die SPD-Hoffnung Florian Gerster. Der Kanzler nutzte die Gunst der Stunde, beschnitt die Macht des Verwaltungsrats aus Gewerkschaften und Arbeitgebern und berief eine 15-köpfige Kommission unter Vorsitz des damaligen VW-Personalchefs Peter Hartz ein, die ein Reformpaket schnüren sollte.

Das war das Schönste, jubelt Bixler noch heute. Was will ein Whistleblower, ein ethischer Dissident, mehr als eine Eruption der verkrusteten Strukturen, als eine Komplettreinigung der schmierig gewordenen Substanz? Bixler stand auf »seinem Gipfel«. »Dass ich mir beim Auf- und Abstieg in diese und aus diesen stürmischen und eiskalten Höhen einige Blessuren, Knochenbrüche und Erfrierungen einhandelte und dass der Erfüllung meines Traumes eine Art Albtraum folgte, schmälert ›mein Gipfelerlebnis‹ in keiner Weise.«

Die hartnäckige Verfolgung seines Zieles kostete Bixler seine Gesundheit und im Zuge der Frühpensionierung einen Teil seines Einkommens – doch das ist wohl der Preis, den man auch in einem freiheitlich-demokratischen Land für die Erfüllung eines großen Traumes zu zahlen bereit sein muss.

In der Hand der Consultants

Im August 2002 wurden die Vorschläge der Hartz-Kommission vorgestellt und die umstrittenen Hartz-Gesetze sukzessive verabschiedet. Was der VW-Manager Peter Hartz mit Hilfe von McKinsey-Beratern präsentierte, »war eine Kombination erfolgreicher Reformrezepte, wie sie andere Länder lange zuvor ausprobiert hatten«, resümiert der *Spiegel*, und »flott verpackt in den Hartz'schen Manager-Sprech aus Quick-Vermittlung und Ich-AG, Job-Floater und Cluster-Bildung«[6]. Der Slang der Unternehmensberater hatte Einzug genommen in die dröge Bürokratiesprache. Kein Wunder: In der staatlichen Kommission saßen Leute aus der Berater-Branche wie Jobst Fiedler von Berger und Peter Kraljic, ein ehemaliger McKinsey-Mann. Im Hintergrund arbeiteten weitere McKinsey-Mitarbeiter, die zu Recht ein großes Geschäft witterten.

Die Sozialkürzungen der Hartz-Gesetze und der Gesundheitsreform wurden nicht von einem Bündnis für Arbeit, sondern von einer informellen »großen Koalition«[7] beschlossen; vielfältige innerparteiliche Konflikte verlagerten sich damit auf die überparteiliche Ebene. Am 14. März 2003 stellte Gerhard Schröder die Agenda 2010 vor. Die Gewerkschaften hatten inzwischen in fast allen Bereichen an Einfluss verloren. Im Juli 2003 musste die einstmals mächtige IG Metall zum ersten Mal in ihrer Geschichte einen Streik erfolglos abbrechen.[8] Sozialstaat, Mitbestimmung und Flächentarif verloren zusehends an Bedeutung. SPD und Union setzten bei der Arbeitsmarktpolitik auf Marktsteuerung und in der Sozialpolitik auf Kürzung der Budgets für Leistungsempfänger, besonders nach Ablauf des ersten Jahres der Arbeitslosigkeit.

Der Staat ist aktiv geworden – er interveniert in einem Politikbereich, der bislang weitgehend den Sozialpartnern und den damit verbundenen Sozialpolitikern der alten Garde[9] vorbehalten war. Die Einrichtung der Hartz- und Rürup-Kommission – die die Aufgabe hatte, Vorschläge zur Reform der Sozialversicherungssysteme zu erarbeiten – zielte darauf, Traditionalisten und Gegner von Veränderungen in Schach zu halten.[10] In der Amtszeit Schröders war der Sozialstaat Chefsache – und der Chef holte sich Hilfe bei Kommissionen, Beratern, Wirtschaftsprüfern und Wirtschaftsexperten. Die Berater machten gute Geschäfte: Ende 2004 betraute die Bundesagentur für Arbeit die Consultingfirmen Roland Berger und McKinsey mit der Umsetzung von Hartz IV, bei einem Projektvolumen von acht Millionen Euro.[11] Das Beratungsvolumen bei der Bundesagentur für Arbeit beläuft sich inzwischen auf rund 278 Millionen Euro. Viele Berater haben sich bei der Bundesagentur beworben – schließlich handelt es sich dabei um einen Riesenetat. »Man hat natürlich – Top-Projekt – auf die beiden renommiertesten hier in Deutschland gesetzt«, erzählt ein Insider.[12] »Das sind nach wie vor McKinsey und Roland Berger. Man wusste, wen man am Ende für die Umsetzung bei der Bundesagentur für Arbeit wollte. Dass das nicht öffentlich geworden ist, wundert mich bis heute.«

In wichtigen Fragen hatte McKinsey allerdings ein ganz anderes Konzept als Berger. Doch anstatt sich für eine Firma zu entscheiden, teilte man die Märkte zunächst innerhalb der Bundesagentur auf – mit einer Folge: Es gab ständige Konkurrenz der beiden Beratungsfirmen, permanente Kämpfe und Intrigen im Hintergrund.

Jetzt hapert es an allen Ecken und Enden: Die Software A2LL für das Arbeitslosengeld II, die von Prosoz, einem Anbieter kommunaler Software, entwickelt wurde, läuft seit Anfang 2005 mit großen Problemen. Datenpannen verursachen Kosten in Millionenhöhe. Betreut wird das Projekt von T-Systems, einer Tochter der Deutschen Telekom. Bezahlt werden sollen die Unternehmen laut Vertrag erst bei Fertigstellung – die bis heute aber noch nicht absehbar ist. Ursprünglich festgelegte Frist war der 31. Dezember 2006. Die ständig erforderliche Weiterentwicklung der Software brachte Prosoz in große Schwierigkeiten; T-Systems übernahm in der Folge die Rechte an A2LL. Die Abfindung für Prosoz lag laut der *Westdeutschen Allgemeinen Zeitung* bei vier Millionen Euro. Die Telekom darf sich noch auf die volle Summe von 163 Millionen freuen.

Der Einsatz von McKinsey: Wie die Spinne im Netz

Auch wenn die Beteiligten darüber lieber Stillschweigen bewahren: Das Auftragsvolumen des Beratungsvertrags mit McKinsey beträgt für 2005 22,64 Millionen Euro.[13] Davon entfallen 8,93 Millionen auf die Organisationsentwicklung und Transformationsprozesse, 7,09 Millionen auf Führung und Steuerung, 2,1 Millionen auf Produkte und Handlungsprogramme und 4,52 Millionen auf die Geschäftsprozessanalyse.[14]

In einem unveröffentlichten Bericht »identifiziert« die Bundesagentur für Arbeit ihren externen Beratungsbedarf folgendermaßen[15]:

»1. Die Einführung der Kundenzentren und Arbeitsgemeinschaften im Jahr 2005 muss betreut werden. Dabei wird die externe Beratung besonders zur professionellen Begleitung der Umstellung in den Agenturen, zur Wahrung der Konzepttreue und für eine laufende Evaluation der Ergebnisse benötigt.

2. Das System der Agentur-Beratung durch die Regionaldirektoren wird weiterentwickelt. Vor allem im Bereich des Controlling herrscht noch Betreuungsbedarf, die Agenturen müssen dabei begleitet werden, sich Controllingprozesse methodisch anzueignen, um diese konsequent und effektiv anzuwenden.

3. Das System der Produkte und Handlungsprogramme ist ein neues und zusätzliches Projekt, das auf Grund seiner hohen Bedeutung für einen erwarteten Leistungssprung in der aktiven Arbeitsmarktpolitik bereits gestartet wurde. Es wurde im engen Umfeld eine Projektgruppe entwickelt. Mit der Flächeneinführung wird ein enormer Schulungsaufwand zum Aufbau der Kenntnisse in der BA einhergehen. Die externen Berater unterstützen den Aufbau einer nachhaltigen Umsetzung und stringenten Qualitätssicherung.

4. Beratungsbedarf besteht auch schließlich darin, einen ganzheitlichen Arbeitsablauf datengestützt sicherzustellen. Die Bera-

**Bundesagentur für Arbeit
Der Vorstand**

Beratungsunterlage
Verwaltungsrat

16. September 2005
151/2005

Darstellung des Einsatzes externer Berater im Rahmen der Reform

Bericht

Seit Beginn der Reform ist der Umbau der BA zu einem modernen Dienstleistungsunternehmen von externem Sachverstand unterstützt worden.

Der Beratungsbedarf im Haushaltsjahr 2005 wurde für folgende Bereiche identifiziert (vgl. auch die Beratungsunterlage 56/2005): **Beratungsbedarf 2005**

1.) Die Einführung der Kundenzentren und Arbeitsgemeinschaften im Jahr 2005 muss betreut werden. Dabei wird die externe Beratung besonders zur professionellen Begleitung der Umstellung in den Agenturen, zur Wahrung der Konzepttreue und für eine laufende Evaluation der Ergebnisse benötigt.

2.) Das System der Agentur-Beratung durch die Regionaldirektionen wird weiter entwickelt. Vor allem im Bereich des Controlling herrscht noch Betreuungsbedarf; die Agenturen müssen dabei begleitet werden, sich Controllingprozesse methodisch anzueignen, um diese konsequent und effektiv anzuwenden.

3.) Das System der Produkte und Handlungsprogramme ist ein neues und zusätzliches Projekt, das aufgrund seiner hohen Bedeutung für einen erwarteten Leistungssprung in der aktiven Arbeitsmarktpolitik bereits gestartet wurde. Es wurde im engen Umfeld einer Projektgruppe entwickelt. Mit er Flächeneinführung wird ein enormer Schulungsaufwand zum Aufbau der Kenntnisse in der BA einhergehen. Die externen Berater unterstützen den Aufbau einer nachhaltigen Umsetzung und stringenten Qualitätssicherung.

4.) Beratungsbedarf besteht schließlich auch darin, einen ganzheitlichen Arbeitsablauf datengestützt sicherzustellen. Die Beraterunterstützung ist erforderlich, um die Anforderungen systematisch aufzuarbeiten, in ein Gesamtkonzept zu übersetzen und die eigentliche Programmierarbeit fachgemäß aufzusetzen.

In den vom Projektbüro gesteuerten Reformthemen kommen im Jahr 2005 ausschließlich externe Berater der Firma McKinsey & Company Inc. zum Einsatz. Dabei erfolgt die eigentliche Arbeit in gemischten Teams (BA - Berater), so dass die Ergebnisse als gemeinsame Arbeitserfolge verstanden werden müssen. Ein Verständnis, wonach die unter den Überschriften »Beiträge und Berater« genannten Punkte allein von Externen erzielt wurden, entspräche nicht der tatsächlichen Arbeit. Demzufolge wurde jeweils der Zentralbereich (bzw. die Organisationseinheit) angegeben, der in dem betreffenden Handlungsfeld unmittelbar mit den externen Beratern zusammenarbeitet. **Zusammenarbeit in gemischten Teams**

Weitere interne Dokumente zu den von Beratern geprägten »Kunden-Konzepten« der BA sind auf den Seiten 458–466 abgedruckt. Sie belegen, wie intensiv die Berater die zentralen BA-Reformen prägten und steuerten.

teruntersützung ist erforderlich, um die Anforderungen systematisch aufzuarbeiten, in ein Gesamtkonzept zu übersetzen und die eigentliche Programmierarbeit fachgemäß aufzusetzen.«[16]

Zum Einsatz »kommen im Jahr 2005 ausschließlich externe Berater der Firma McKinsey«.[17] Die »eigentliche Arbeit erfolgt dabei in gemischten Teams«, sodass »die Ergebnisse als gemeinsame Arbeitserfolge verstanden werden müssen«. Nach außen kann die Bundesagentur ihre Erfolge dann entsprechend verkaufen, ohne dass sie Proteste der Öffentlichkeit fürchten müsste.

Die Berater von McKinsey liefern ihre »Beiträge« beispielsweise durch »Sicherstellung der Qualität der Kundenzentrums-Schulungen«[18], die »regelmäßige Vorbereitung des ›Reform-Cockpits‹ zum aktuellen Stand der Reform«[19], »technisches und inhaltliches Projektcontrolling«[20], »Systematisierung der Führungsinteraktion in leistungsprägenden Zielvereinbarungs- und Zielnachhaltedialogen«[21] oder durch die »Entwicklung von Schulungsunterlagen«[22]. Die geplante Laufzeit des Vertrags war »bis Ende 2005« veranschlagt. Davon rückte der Vorstand aber ab:

»Auf Grund der veränderten Planung bei der Flächeneinführung der Handlungsprogramme wurde die Mitarbeiterbefragung ›Meine Arbeitswelt‹ auf das Jahr 2006 verschoben. Somit muss die Laufzeit des Vertrages mit McKinsey bis Ende 2006 verlängert werden.« Der Verwaltungsrat der BA, der längst nach dem Muster einer harmonischen großen Koalition funktioniert, hatte – wie schon zuvor – keine Einwände gegen den kostspieligen Beratereinsatz.

Damit der Austausch mit den Beratern reibungsloser funktioniert, wurde ein Berater von McKinsey an eine Spitzenposition in der Bundesagentur für Arbeit gesetzt: Dr. Sven Schütt wechselte vom Berater zum Zentralbereichsleiter Produkte und Programme. Der Auftrag des Dreiunddreißigjährigen, der auf eine steile Karriere bei McKinsey zurückblicken kann: Er muss in der »Denkfabrik der BA« Modelle entwickeln, mit denen die Beratung vor Ort systematisiert werden soll.[23]

3. Der Bundesrechnungshof durchleuchtet den »virtuellen Arbeitsmarkt«

Mit Rahmenvertrag vom 24. Februar 2003 beauftragte die Bundesagentur für Arbeit die Beratungsfirma Accenture mit der Realisierung des »virtuellen Arbeitsmarkts« (VAM). Der Plan war, eine moderne, zentrale IT-Plattform für Mitarbeiter und Nutzer zu etablieren. Binnen zwei Jahren, so rechnete die Bundesagentur, würden sich »ca. 50 Prozent des gesamten Beschäftigungsmarktes via Internet«[1] abspielen. Im Dezember 2003 nahm die Bundesagentur das Online-Portal inklusive Job-Börse, Job-Roboter sowie eines internen Vermittlungs-, Beratungs- und Informationssystems in Betrieb. Mit verheerenden Folgen: Organisatorische und technische Mängel führten zu erheblichen Kostensteigerungen.

Das Interesse der Öffentlichkeit war geweckt, der Vorstand reagierte, unterbrach das Projekt teilweise und setzte eine neue Projektleitung ein. Die Innenrevision begann ihre Arbeit, der Bundesrechnungshof untersuchte den Skandal.[2] Sein Fazit im Herbst 2004: Bislang hat »die Bundesagentur trotz ihres erheblichen Mitteleinsatzes – alleine (...) 98 Millionen Euro für die Bereitstellung der Programme – (...) keine deutliche Verbesserung der Qualität der im Internet veröffentlichten Daten (...) erreicht.«[3] Ein Fiasko.

Die Vorwürfe des Bundesrechnungshofs sind brisant: Die Bundesagentur für Arbeit habe mit dem »virtuellen Arbeitsmarkt« die Dauer der Arbeitslosigkeit um durchschnittlich eine Woche verkürzen und zusätzlich 200 000 so genannte »Marktkunden in Arbeit« integrieren wollen. »Ob dieser Erfolg eingetreten ist, bleibt offen, weil die Bundesagentur kein Verfahren hat, das es erlauben würde, die Verkürzung der Dauer der Arbeitslosigkeit insbesondere bei Marktkunden und der Selbstsuche einer Stelle durch den VAM statistisch abzubilden.«[4] Es sei ihr bislang nicht gelungen, die Neuzugänge an Stellenangeboten wie geplant deutlich anzuheben, so der Bundesrechnungshof. »Das im Vorfeld errechnete Einsparungspotenzial des VAM von mehr als 1,1 Milliarden Euro kann sie nicht nachweisen. Außerdem soll der VAM jährlich 100 000 Arbeitslosenmeldungen vermeiden.«[5] Es sei nicht erkennbar, wie die Bundesagentur diesen Nachweis führen wolle.

Es fehle an »validen Daten« und an »Wirtschaftlichkeitsbetrachtungen«[6]. Nicht nur das, auch die Funktionalität des Internet-Portals VAM erhält die Note mangelhaft. »Die von der Bundesagentur bisher in den Betrieb genommenen Teile des VAM wiesen Defizite in der Funktionstüchtigkeit und Benutzerfreundlichkeit auf«, resümiert der Bundesrechnungshof. »Die Vermittlungsfachkräfte nutzen die von dem sogenannten Job-Roboter im Internet aufgefundenen Stellenangebote nicht im gebotenen Umfang zur Einwerbung von Vermittlungsaufträgen.« Die Bundesagentur werde deshalb zur notwendigen Stellenmehrung initiativ auf die Anbieter von Stellen im Internet zugehen müssen, lautet die Empfehlung des Bundesrechnungshofs.

Jämmerlich auch der Zustand der Stellenangebote: »Der weit überwiegende Teil der vom BRH untersuchten Bewerberprofile und Stellenangebote im VAM war unvollständig, nicht aussagekräftig oder nicht schlüssig.«[7] Dies betraf vor allem die aus den bereits bestehenden IT-Verfahren der Bundesagentur übernommenen Daten. »Damit haben sich die Vermittlungschancen Arbeitsuchender im Vergleich zu dem bisherigen Selbstinformationssystem ›Arbeitgeber-Informations-Service‹ und ›Stellen-Informations-Service‹ nicht verbessert. Sie wurden teilweise sogar erschwert.« Die Bundesagentur werde deshalb »dafür sorgen müssen, dass die Bewerberprofile und Stellenangebote künftig vollständig und inhaltlich richtig abgebildet werden«.

Auch die Treffgenauigkeit der Suchprozesse lässt zu wünschen übrig. »Bis zu 44 Prozent der Suchabfragen des BRH führten zu fehlerhaften Ergebnissen, weil die gefundenen Bewerber nicht die in den Stellenangeboten geforderte Eignung besaßen oder umgekehrt die gefundenen Stellenangebote nicht der Eignung der Bewerber oder ihren Wünschen entsprachen«, ermittelte der Bundesrechnungshof und empfiehlt: »Um eine höhere Akzeptanz bei den Nutzern zu erreichen und unseriösen Angeboten vorzubeugen, sollte die Bundesagentur die Stellenangebote auf Vollständigkeit, Schlüssigkeit und rechtliche Unbedenklichkeit prüfen.«[8]

Ein Millionenloch im Haushalt, genervte Mitarbeiter und keine nachweisbaren Erfolge – trotz der Empfehlungen des Bundesrechnungshofs frisst die Plattform VAM nach wie vor Zeit und Geld. Am 22. Juni 2004 verständigte sich die Bundesagentur mit Accenture im Wege eines Vergleichs auf die Fortführung des Projekts. Für den vereinbarten Festpreis von 98 Millionen Euro sollte Accenture bis Ende 2005 14 000 Personentage zur Verfügung stellen.[9]

Im Oktober 2004 warf der Bundesrechnungshof in einem internen Prüfbericht der Projektleitung und dem BA-Vorstand schwere Fehler und mangelnde Kompetenz vor.[10] Inzwischen addieren sich die Kosten für den »virtuellen Arbeitsmarkt« auf 228 Millionen Euro. Die BA sieht trotzdem einen Erfolg, konnte diesen jedoch bis heute nicht nachweisen.

»Standing und Akzeptanz bei den Profis der Nation«

Die 36-seitige Mitteilung von Frau Teichmann-Schulz und Herrn Ehmann vom Bundesrechnungshof direkt an den Vorstand der Bundesagentur für Arbeit ist der wohl brisanteste Prüfbericht, den die Bonner Behörde bislang vorgelegt hat. Hinter dem Geschäftszeichen VI-2004-0933 vom 30. September 2004 verbirgt sich ein lückenloses Dossier über die »Prüfung der Beratungsaufträge bei der Neuausrichtung der Bundesagentur für Arbeit«. Die

Summe der Vorwürfe an die Berater von McKinsey (bezeichnet mit »A«) und Roland Berger (bezeichnet mit »B«) und ihre Förderer an der Spitze der Bundesagentur für Arbeit müsste eigentlich jede Staatsanwaltschaft in Deutschland auf den Plan rufen.
Detailliert wird nachgewiesen, dass mangelhafte Leistungen, zweifelhafte Vertragskonstruktionen und dubiose Abrechnungsmodalitäten durchaus von den zuständigen Haushaltsreferenten angemahnt und kritisch gemustert wurden. Dennoch wurde das Vergaberecht ignoriert, der Umfang des Beratungsbedarfs nur unzureichend geprüft, und Ergebnisse der Beratungen wurden nicht kontrolliert. Doch in jedem Kritikpunkt setzte sich die Spitze des Hauses über die Einwände der Fachleute hinweg und machte von ihrem Weisungsrecht zugunsten der Berater Gebrauch.
Ein zentraler Vorwurf des Bundesrechnungshofs betrifft die Vetternwirtschaft bei der Vergabe der millionenschweren Aufträge: »Der weitaus überwiegende Teil der Ausgaben der Bundesagentur für Beratungsleistungen ging an zwei Unternehmen, deren Vertreter zuvor die Bundesregierung als Mitglieder der Kommission für Moderne Dienstleistungen am Arbeitsmarkt (gemeint ist die Hartz-Kommission, Anm. d. Verf.) beraten hatten.« Für den Bundesrechnungshof gibt es keinerlei Rechtfertigung für die »freihändige Vergabe«. Wörtlich heißt es: »Das vom Vorstand der Bundesagentur herangezogene Kriterium ›Standing und Akzeptanz bei den Profis der Nation‹ reicht hierfür nicht aus.« Es gebe keine Anhaltspunkte dafür, dass andere Beratungsfirmen die gewünschten Aufträge nicht preiswerter und effizienter hätten erledigen können.
Strafrechtlich relevant könnte zudem die Ziffer 4 der Zusammenfassung sein: »Die Bundesagentur vergab Aufträge über die Beratung von internen Projektgruppen an zwei Unternehmen, die zuvor als Sachverständige für sie tätig waren. Beide Unternehmen (gemeint sind McKinsey und Roland Berger, Anm. d. Verf.) hätten deshalb von der Vergabe ausgeschlossen werden müssen.«
Auch in anderen Vergabeverfahren mit eingeschränktem Wett-

bewerb hat die Bundesagentur – so die Prüfer – »nicht die Vorgaben ihres eigenen Vergabehandbuchs beachtet«. Außerdem hätten die Verantwortlichen der Bundesagentur »gegen das Diskriminierungs-Verbot verstoßen, indem sie lediglich mit A und B Nachverhandlungen durchführte(n)«. Beide bekamen zudem als »teuerste Anbieter« den Zuschlag, um ein »passgenaues Strategie-Set« zu entwerfen. »So verlangte Anbieter A 2227 Euro und Anbieter B 2470 Euro pro Beratertag gegenüber 1050 bis 1500 Euro pro Beratertag der anderen im Teilnahmewettbewerb erfolgreichen Unternehmen.« Die gezielt eingeräumten Wettbewerbsvorteile von McKinsey und Roland Berger und die damit verbundene Ausschaltung der Konkurrenz führten dazu, dass die beiden Firmen »rd. 87,5 Prozent des gesamten Vergabevolumens im Rahmen dieser Aktion erhielten«.

Gemessen an der durch wissenschaftliche Überprüfungen im Auftrag der Bundesregierung nachgewiesenen Erfolglosigkeit der eingekauften Berater und den in zahlreichen Vermerken dokumentierten Einwänden stellt sich die Frage, auf welcher juristischen Grundlage diese Form der möglichen Vorteilsgewährung und Vorteilsnahme erfolgte. Der Bundesrechnungshof spricht die Themen lediglich an, enthält sich aber entsprechend der üblichen Praxis dieser loyalen Bundesbehörde einer konkreten Bewertung. Er verzichtet zudem grundsätzlich darauf, seine Prüfergebnisse der zuständigen Staatsanwaltschaft zu übergeben. Die Rolle des passiven Beobachters und kompetenten Buchhalters scheint im Lichte der Brisanz der unveröffentlichten Analysen der Rechnungsprüfer allerdings nicht mehr nachvollziehbar.

Auffällig ist in dem detaillierten und faktenreich unterlegten Prüfbericht die Kritik an der Qualität der Leistungen der beiden privilegierten Unternehmen. »Die Bundesagentur versäumte es, eindeutige Vertragsregelungen insbesondere zum Leistungsumfang zu treffen. Sie eröffnete damit für die zu erbringenden Leistungen erhebliche, in die Disposition der Auftragnehmer gestellte Spielräume.« Zudem war das Berater-Controlling mangelhaft: »Auch war der Anteil der Arbeit der externen Berater am Arbeitsergebnis der internen Projektgruppen der Bundesagentur nicht eindeutig erkennbar.« Im nüchternen Amtsdeutsch bilanzieren die Beamten des Bundesrechnungshofs in Ziffer 8 ihr niederschmetterndes Ergebnis: »Die Beratungsunternehmen erfüllten ihre vertraglichen Verpflichtungen teilweise nicht vollständig oder nicht zeitgerecht. Gleichwohl zahlte die Bundesagentur die vereinbarte Vergütung ungemindert.« Noch gravierender: Weil die Bundesagentur nicht wusste, was sie wissen wollte, unterschrieb sie ständig, ohne vorherige öffentliche Vergabebekanntmachungen, so genannte »Ergänzungsverträge«, die zum Teil fünfzig Prozent des Hauptauftragsvolumens überstiegen.

Es gab also ein über Jahre gepflegtes System der privilegierten Beraterauswahl, ein weitgehend unkontrolliertes Management, einen ausgeschalteten Wettbewerb und ein System der Zusatzfinanzierung durch unkontrollierte Ergänzungsaufträge. Allein 2003 und 2004 kassierten McKinsey, Berger & Co. mehr als siebzig Millionen Euro. Viel Geld für Berater, die »politikrobuste Konzeptionen« – so der Finanzvorstand der Bundesagentur – liefern sollten, am Ende aber über realitätsferne Stichworte nicht hinauskamen. Ein Beratungsdesaster, das das gewohnte Maß des Missmanagements weit übersteigt.

Zu dem Ende Dezember veröffentlichten Gutachten im Auftrag der Bundesregierung über die »Erfolgsbilanz der Hartz-Reformen« äußerten sich die für die Konzeption der gescheiterten Reform verantwortlichen Beratungsunternehmen bezeichnenderweise nicht. Der Bericht wurde bereits am 30. Juni 2005 fertiggestellt, genug Zeit also für eine konkrete Stellungnahme durch die Beraterfirmen. Aber wenn es um Kritik von Experten oder um die eigenen Interessen geht, dann wählen Berater lieber das Instrument der »vertraulichen Briefe«.

Wie reibungslos das fragwürdige Honorarsystem in der Bundesagentur funktionierte, beweist ein vertrauliches Schreiben der

Unternehmensberatung »B«, wie sie im Bericht des Bundesrechnungshofs genannt wird, vom 9. Juli 2002 an den Vorstand Finanzen der Bundesagentur. Darin heißt es, dass die Bundesagentur »prüfen wolle, bis zu welchem Betrag sie in freier Vergabe gehen« könne. Ausgehend davon, »dass diese Summe (leider) unter unserem tatsächlichen Aufwand liegt«, erklärte sich die Unternehmensberatung mit dem Betrag einverstanden. Für ein rechtlich fragwürdiges Verhalten der Verantwortlichen spricht auch der »Mitzeichnungsvermerk« – ein amtlicher Vorgang, der die Kontrolle in den Behörden fördern soll – des Beauftragten für den Haushalt der Bundesagentur vom 5. Juli 2002. Darin heißt es, dass B auch eine geringere Summe als 195 000 Euro akzeptiert hätte und die Unterlagen nur Stichworte über die zu erbringende Beratungsleistung ergäben.

Bei anderen Verträgen lehnte der Beauftragte für den Haushalt die Mitzeichnung ab, weil Aussagen zur Wirtschaftlichkeit der Leistungen fehlten. Außerdem sollte die Beschreibung der Leistungen »Gegenstand der beratenden Tätigkeit« sein. Das heißt: Die Berater definierten ihre Aufträge selbst. Dabei spielte auch »Insiderwissen« eine Rolle. Unter der Überschrift »Neues Führungsmodell« werde etwas vorausgesetzt, das nur einem potenziellen Anbieter bekannt sei. Andere Wettbewerber wurden demnach vom Auswahlverfahren ferngehalten.

Doch diese Kritik wurde vom Management der Bundesagentur ignoriert. Im Bericht der Prüfer heißt es dazu lapidar: »In einem weiteren Vermerk zog der neue Beauftragte für den Haushalt seinen Einwand zurück.« Wie viel Spielraum bei der Kostenkalkulation der Berater eingeräumt wird, zeigt ein Fallbeispiel der Prüfer: Bei einem Projekt wurde der ohnehin teuerste Tagessatz von 2470 Euro auf 2010 Euro reduziert. Die »benötigten Beratertage« wurden fast halbiert – von geplanten 20 592 Arbeitstagen auf 11 444.

Trotz der opulenten Ausstattung und hohen Tagessätze wurde die Qualität der Beratertätigkeit in den Projektgruppen von Mitarbeitern der Bundesagentur kritisiert. Vor allem »kurze Anwesenheitszeiten der Berater«, mangelnde »Verwertbarkeit der Beiträge« und »fehlende Transparenz des Projektmanagements« fanden nicht die Zustimmung der Praktiker. Doch all diese Defizite in der Arbeitsleistung hatten keine Auswirkungen auf die Zahlungen. Die Vergütung wurde nicht gekürzt. Die Prüfer bilanzieren: »Obgleich die Beratungsunternehmen diese wesentliche Leistungsverpflichtung nicht erfüllten, zahlte die Bundesagentur die vereinbarte Vergütung ungemindert.« Dies galt sogar für die verspätet abgeschlossene Untersuchung zur »Evaluierung der Personal-Service-Agenturen«. Die Ergebnisse konnten nicht mehr verwendet werden, gezahlt wurde trotzdem.

Aber mit den komplexen Beziehungen zwischen Beratern und Bundesagentur-Vorstand soll sich die Öffentlichkeit ja nicht beschäftigen. Der Bericht des Bundesrechnungshofs enthält deshalb »vertrauliche Geschäftsdaten« und die »Verschwiegenheitspflicht entsprechend § 395 AktG«. Deshalb ist er nur an die Verantwortlichen selbst gerichtet: »An den Vorstand der Bundesagentur für Arbeit«.

Der Vorstand sieht offenbar keinen Korrekturbedarf. Obwohl die Beraterauftrāge im Jahr 2005 auslaufen sollten, wurde auch diese Planung wieder verworfen. McKinsey hatte für 2006 noch einmal einen Nachschlag in Höhe von sechs Millionen Euro erhalten. Auch 2007 wurden McKinsey-Berater weiter beschäftigt.

Opulent und überflüssig: Die PR der Bundesagentur

Faulheit bei der Prüfung der Bundesagentur für Arbeit kann man den Rechnungsprüfern nicht vorwerfen. Im Juli 2005 widmeten sie sich der »Presse- und Öffentlichkeitsarbeit der BA«[11]. In ihrem 22-seitigen Bericht dokumentieren die Bonner Experten sogar illegale Aktivitäten der BA. Das Ziel von Öffentlichkeitsarbeit und gezielten Medienkooperationen war, »die kritische Berichterstattung« zu vermindern und gleichzeitig »die Akzeptanz der Bundesagentur zu erhöhen«. Dazu bemerken die Prüfer, dass »eine solche Öffentlichkeitsarbeit weder notwendig noch nach § 13 des Ersten Buchs Sozialgesetzbuch (SGB I) zulässig« ist. Kritisiert werden auch Pressekampagnen, die die »Grenzen der Informationspflicht« überschritten. Eine Kampagne sollte »lediglich das Meinungsbild in der Öffentlichkeit beeinflussen. Den Kampagnen lagen darüber hinaus weder Bedarfsanalysen zugrunde, noch war deren Wirkung untersucht worden.« Fazit der Untersuchung: Plumpe Imagewerbung der Bundesagentur ging vor sachliche Information der Öffentlichkeit. »Autogrammkarten für den Vorsitzenden des Vorstands sind nicht nötig«, schrieben die Prüfer den Verantwortlichen ins Stammbuch.

Auch für die Bundesagentur gilt: Verpackung und Kosmetik ist alles – und hier schließt sich wieder der Kreis des Berater-Komplexes. Für ein neues, leicht modifiziertes Logo der »Anstalt« wurden insgesamt 100 000 Euro ausgegeben. Darin enthalten sind – so die Bundesagentur – ein Farborientierungssystem für Broschüren und die Neugestaltung von Informationsmaterial. Das Logo selbst kostete nach Angaben der Bundesagentur nur 3000 Euro – ein schlechter Tagessatz für die Grafiker.

Fehlende Erfolgskontrolle und mangelhafter Leistungsvergleich im Weiterbildungsmarkt

Nicht nur beim Beratereinsatz und bei der Imagewerbung schauten die Rechnungsprüfer genau hin. Die Bonner Beamten untersuchten auch die Effizienz des von der Bundesagentur mit 3,6 Milliarden Euro geförderten Weiterbildungsmarktes. Die Bilanz der 33-seitigen »Mitteilung« vom 26. Oktober 2005[12] muss für das verantwortliche Management niederschmetternd sein: Klare Verfahren für Qualitätsprüfung der Weiterbildung gebe es nicht, so die Prüfer. »Einheitliche Qualitätskriterien, Bewertungsschemata und Kontrollabläufe« seien jedoch unverzichtbar, um Prüfergebnisse überhaupt zu vergleichen. Es fehlt der Bundesagentur – so der Bundesrechnungshof – jedes Instrumentarium, um zu überprüfen, ob die Weiterbildungs-Milliarden sinnvoll eingesetzt werden.

Der Bericht gewinnt seine Brisanz durch die Tatsache, dass die hoch bezahlten Unternehmensberater auch die Weiterbildung optimieren sollten. Offenbar sind sie in diesem Projektbereich ebenfalls gescheitert – und das ist nicht das einzige Feld, auf dem Management und Beratern in der Bundesagentur Versagen auf der ganzen Linie attestiert werden muss. Der gesamte Bereich der Software gilt in Nürnberg und den Regionaldirektionen als Millionengrab.

Nicht nur die sehr präzisen und kenntnisreichen Prüfberichte des Bundesrechnungshofs stellen den Beratern der Bundesagentur ein vernichtendes Zeugnis aus. Ende Dezember 2005 veröffentlichte das *Handelsblatt* Auszüge aus einer wissenschaftlichen Studie, die die Ergebnisse der Gesetzespakete Hartz I bis III unter die Lupe nahm. Das Fazit der Forscher des Wissenschaftszentrums Berlin sowie der Wirtschaftsforschungsinstitute DIW, RWI und ZEW ist auch eine fulminante Abrechnung mit den hoch bezahlten Beratern. Denn sie haben die Instrumente des »Hartz-Debakels« erfunden und die praktische Umsetzung in der Bundesagentur vorangetrieben.

Ende Februar 2006 musste die BA erneut einen herben Rückschlag verkraften: Fast die Hälfte der Stellen, die die Bundesagentur für Arbeit als offen meldet, steht gar nicht zur Verfügung. Das ZDF-Wirtschaftsmagazin »WISO« berichtete unter Berufung auf eine Studie des Frankfurter Professors Dr. Alfons Schmid vom Institut für Wirtschaft, Arbeit und Kultur im Auftrag der BA: »43 Prozent der Stellen, die bis zu einem halben Jahr als offen registriert sind, sind aber nicht mehr verfügbar.«[13] Die BA reagierte ungewohnt offen auf diesen zweiten großen Statistikskandal. John-Philip Hammersen, der Pressesprecher der BA, erklärte nüchtern und souverän: »Die Arbeitgeber melden ihre Stellen, die sie besetzt haben, nicht wieder in dem Maße ab, wie sie das tun sollten. Zum anderen fragen wir aber auch nicht genug bei ihnen nach. Der Kontakt von unserer Seite zu den Arbeitgebern ist noch nicht intensiv genug.« Sein Fazit: »Bis wir eine stimmige Statistik haben, wird sicherlich ein Jahr ins Land ziehen.« Wenn nicht einmal solch grundlegende Funktionen der größten Behörde Deutschlands verlässlich sind, wirft das allerdings auch ein Licht auf andere Projekte, die wesentlich anspruchsvoller sind.

Noch nie in der Geschichte der Bundesrepublik wurde das Werk der Berater-Elite durch die dokumentierten Berichte des Bundesrechnungshofs im laufenden Beratungsprozess und durch die spätere Evaluierung eines kompetenten Forschungsverbunds so detailliert und präzise analysiert. Noch nie wurde der Beweis des Versagens, der Fehlsteuerung und der Inkompetenz der Berater so unangreifbar und umfassend vorgetragen. Bis heute gibt es zu diesen Analysen von den verantwortlichen Beraterfirmen kein Wort der Erklärung. In solchen Fällen tauchen Berater gern ab, schweigen und überlassen das Feld ihren Auftraggebern.

4. Traurige Bilanz trotz Beratern: Die Ergebnisse der Hartz-Reform

Ein »moderner Dienstleister« sollte es werden, der »Moloch«[1] mit 90 000 Angestellten endlich abgeschafft, die Strukturen verschlankt, der Service kundenfreundlicher, die Vermittlung effizienter. Ex-Kanzler Schröder nannte die Bundesagentur für Arbeit gar seine »größte Baustelle«. Bis heute ist das Vorhaben weder abgeschlossen, noch werden Arbeitslose schneller vermittelt. »Hartz IV kostet bis zu 4 Milliarden mehr. Die Zahl der Langzeitarbeitslosen steigt/Telefonaktion: Ein Drittel der Empfänger ist nicht erreichbar«, titelte die *Frankfurter Allgemeine Zeitung* am 15. April 2006. Die Zusammenlegung von Arbeitslosen- und Sozialhilfe, noch vor kurzem als »wichtigste und umfassendste Reform« (Schröder) und »Durchbruch auf dem Arbeitsmarkt« (Clement) gefeiert, »droht zum schlimmsten Regierungsfall seit dem Missmanagement der deutschen Einheit zu werden«, urteilt der *Spiegel*.[2] Die Bilanz fällt dementsprechend verheerend aus: Vom »Hartz-Horror«[3] ist die Rede, vom »organisierten Chaos«[4] und der »Abseits-Agentur«[5]. Die *Financial Times Deutschland* forderte sogar die »Abschaffung der Arbeitsagentur«.[6] »Eine Einrichtung, die so groß geworden ist, existiert, weil sie da ist«, urteilt Hendrik Leber, Chef einer Anlageberatung, in der *Frankfurter Allgemeinen Zeitung*. Die Hartz-Reform ist ein Milliardengrab. Für das erste Halbjahr 2005 verbuchte die Bundesagentur für Arbeit eine Finanzierungslücke von 3,3 Milliarden Euro.[7]

67 000 Mitarbeiter der Bundesagentur sind nicht in der Vermittlung tätig, das entspricht rund 75 Prozent. Insider der Bundesagentur gehen davon aus, dass nur zehn Prozent des Personals

der Bundesagentur direkt in der Jobvermittlung von Arbeitslosen tätig sind. Es gehört zu den wichtigsten Zielen des BA-Managements, diese Quote rasch und nachhaltig zu erhöhen und gleichzeitig den Kontakt zu den Arbeitgebern zu verbessern. Auch hier gibt es gravierende Defizite; so werden besetzte Stellen von den Arbeitgebern im großen Stil nicht zurückgemeldet. Die Folge: Bereits besetzte Stellen werden von den Arbeitsagenturen als freie Stellen geführt. Bis März 2007 wollte die BA nach eigenen Angaben dieses fundamentale Statistikproblem gelöst haben.

Die Arbeitslosenquote belief sich im März 2006 auf 12,0 Prozent. Trotz aller arbeitsmarktpolitischer Anstrengungen konnte der Sockel von fünf Millionen registrierten Arbeitslosen nicht unterschritten werden. Auffällig, dass die Nürnberger Behörde »Zuversicht am Arbeitsmarkt« registriert: »Bundesagentur beurteilt Entwicklung ›positiv‹, obwohl Zahl der Personen ohne Job gestiegen ist«, schrieb die *Frankfurter Rundschau* am 1. März 2006 nach der Vorstellung der aktuellen Zahlen vom Arbeitsmarkt.

Die Regierung stellte sich auf Mehrausgaben beim Arbeitslosengeld II von zwanzig Milliarden Euro in den Jahren 2005 und 2006 ein. Allein in den ersten vier Monaten 2005 hatte der Bund knapp acht Milliarden Euro für den Unterhalt an Langzeitarbeitslose gezahlt, fast doppelt so viel wie ursprünglich geplant. Die von den Erfindern gepriesenen Instrumente der Jobförderung – von der Ich-AG bis zum Vermittlungsgutschein – erweiterten vor allem die Betätigungsfelder für Fördergeldtrickser und Betrüger, lautet das Fazit des Bundesrechnungshofs in einem internen Zwischenbericht, und »hätten längst eingestellt werden müssen«.[8] Selbst bei »aufwendigen Bemühungen« könnten solche Betrügereien nicht verhindert werden.[9] Auch Bundesagentur-Chef Weise hält »Hartz-IV für nicht mehr erfolgsfähig«.[10]

Peter Clever, Strippenzieher für die CDU und Vertreter der Arbeitgeber im BA-Verwaltungsrat, sieht in den derzeitigen Strukturen »keine Überlebenschancen« für das »Kuddelmuddel«.[11]

Früher waren gleich zwei Behördenzweige für die Betreuung der Langzeitarbeitslosen zuständig: Die Arbeitsämter verwalteten die Bezieher von Arbeitslosenhilfe, die Kommunen kümmerten sich um die Sozialhilfeempfänger, und beide versuchten, sich die ungeliebte Klientel gegenseitig zuzuschieben. Dann wurden die Behörden zu so genannten Arbeitsgemeinschaften zusammengeschlossen, aber wer darin künftig die Entscheidungen treffen sollte, blieb ungeklärt – die Kommunen oder die Bundesagentur? Folge: ein heilloses Durcheinander, das die Arbeitsfähigkeit bis heute extrem beeinträchtigt. Die »Verantwortung wird hin- und hergeschoben«, klagt die stellvertretende DGB-Chefin Ursula Engelen-Kefer, und niemand kontrolliere die Kosten.[12] Die Kommunen bekamen plötzlich die Möglichkeit, sich auf Kosten des Bundes zu bereichern: »Hartz IV geriet wahrscheinlich zum größten kommunalen Entlastungsprogramm aller Zeiten«, resümiert der *Spiegel*.[13] Zehntausende Sozialhilfeempfänger wurden plötzlich angeblich erwerbsfähige Kunden der Arbeitsagentur. Um den Gewinn komplett zu machen, setzen viele Städte und Gemeinden auf Ein-Euro-Jobs. Der Bund kommt für sämtliche Kosten auf: Arbeitslosengeld II, Minilohn und Verwaltungskosten.

Doch der damals zuständige Minister Wolfgang Clement ignorierte einen weiteren Prüfbericht des Rechnungshofs im Herbst 2004[14], der erneut alarmierende Zahlen enthielt. Stichproben ergaben, dass sich die Vermittlungsquoten zwei Jahre nach dem Skandal 2002 weiter verschlechtert hatten: Von 605 Vermittlungsvorschlägen dreier Arbeitsagenturen waren nicht einmal fünf Prozent erfolgreich gewesen.

Das arbeitgeberfinanzierte Institut der deutschen Wirtschaft legte Anfang 2005 noch einmal nach: Die Vermittlungsquote der Behörde habe sich 2004 gegenüber 2002 sogar halbiert.[15] War es im Jahr 2000 noch jeder Fünfte, der erfolgreich von der Arbeitsagentur vermittelt wurde, so habe die Behörde nunmehr nur noch jeden zehnten Mitarbeiter vermittelt.

Auch die von Privatunternehmen eröffneten 857 Zeitarbeitsagenturen erwiesen sich als Fehlschlag: 580 Millionen Euro zahlte der Bund in den Jahren 2004 und 2005. Damit kostete jeder dauerhaft Vermittelte 22 000 Euro. Die Zeitarbeitsagenturen hatten die Aufgabe, Arbeitslose gegen Gebühr an Unternehmen auszuleihen. Bewährten sich die Beschäftigten, so hätten sie gute Chancen, anschließend von den Firmen eingestellt zu werden – so die Wunschvorstellung. Neue Job-Center sollten zudem bürokratische Hürden abbauen. Doch anstatt sich um Arbeitsvermittlung kümmern zu können, bindet die Bearbeitung der Auszahlungen an Leistungsempfänger fast alle Kräfte. »Wir wünschen uns mehr Freiheit, weniger Bürokratie«, klagt ein Angestellter der Arbeitsagentur.[16]

Die Agentur müsse sich dringend selbst reformieren, fordert Peter Clever.[17] »Ein Nachteil der heutigen Konstruktion der BA besteht darin, dass sie keine echte Selbstverwaltung ist – wegen des Bundeszuschusses. Eine Selbstverantwortung der BA für das, was sie ausgibt, gibt es nicht«, erklärt das Mitglied des BA-Verwaltungsrats. »Wir haben keine klare Verantwortungszuweisung, sondern ein Geflecht aus Bundes- und Selbstverwaltungskompetenzen. Der richtige Weg wäre, eine Selbstverwaltung zu installieren mit Arbeitgeber- und Gewerkschaftsvertretern, ohne öffentliche Beteiligung – und auch ohne jeden Bundeszuschuss«, erklärt Clever. »Wir müssen klare Verantwortlichkeiten schaffen, und zwar eindeutig bei den Kommunen.« Die Verwaltungen seien vornehmlich mit sich selbst beschäftigt, so auch DGB-Vizechefin Ursula Engelen-Kefer.[18] »Was wir derzeit sehen, sind nicht nur Anlaufschwierigkeiten, sondern grundlegende Konstruktionsfehler.«

Reformvorschläge gibt es viele: Gefordert wird von Arbeitsmarktexperten und Wirtschaftswissenschaftlern die operative Trennung von beitrags- und steuerfinanzierten Leistungen, teilweise sogar die komplette Auflösung der Agentur und die Errichtung einer reinen Versicherungsagentur für die Beitragszahler.[19] Viele Fachleute sind der Auffassung, die Bundesagentur würde privatwirtschaftlich besser funktionieren. Auch die Betreuung Langzeitarbeitsloser solle aus Steuern finanziert und kommunalen Trägern übergeben werde.[20] Zudem müsse »die BA von vermittlungsfremden Aufgaben wie der Auszahlung des Kindergeldes entlastet«[21] werden.

Erstaunlich ist, dass die Politik sich so schwer tut, Reformvorschläge umzusetzen. Achtzig Prozent aller Weisungen für die Bundesagentur kommen aus dem Bundesarbeitsministerium. »Dort aber werden oft rasch Instrumente geschmiedet, die sich in der Praxis nicht unbedingt bewähren«, analysiert die *Frankfurter Rundschau*.[22] »Diese Hektik speist sich aus der Erkenntnis, dass Arbeitslosenzahlen über Sein und Nichtsein einer Regierung entscheiden. Deswegen wurde und wird die Behörde von der Politik immer am kurzen Band gehalten, zuweilen auf Zickzackkurs gebracht und zum Prellbock für die eigenen Unzulänglichkeiten gemacht.«

Das Scheitern der Hartz-Reformen ist mittlerweile amtlich. Anfang Februar 2006 räumte das Bundeskabinett sogar selbst den Misserfolg der Hartz-Gesetze ein.[23] Die Verantwortung der Berater wird in dem ansonsten sehr gründlichen Evaluationsbericht des Rheinisch-Westfälischen Instituts für Wirtschaftsforschung (RWI Essen) und des Instituts für Sozialforschung und Gesellschaftspolitik (ISG Köln) jedoch nicht markiert. Diese selbstkritische Rolle übernimmt deshalb im folgenden Interview ein Insider aus der Berater-Szene, der allerdings ungenannt bleiben möchte.

»Manchmal gibt es kollektive Irrtümer«

Interview mit einem Insider der Berater-Branche[24]

Gibt es fundamentale Unterschiede in der Kultur zwischen Berger, McKinsey und BCG, und wo sehen Sie sie?

Wenn man die Berater klassifiziert, dann haben McKinsey und Boston Consulting vielleicht mehr Klassenprimusse. Bei Berger spielt die soziale Kompetenz eine größere Rolle.

Boston Consulting hat zum Teil eine sehr kluge Nischenstrategie. Sie haben auch konzeptionell gut gearbeitet. Berger hat ein paar Jahre lang etwas zu wenig in Strategie und Konzeptentwicklung investiert. Das hat sich aber seit zwei, drei Jahren sehr positiv verändert. Boston Consulting hat das immer durchgehalten.

Grob gesagt hat Berger über viele Jahre hinweg ein besonderes Interesse daran gehabt, wie man strategische Neuausrichtung auch mit praxiserprobter Umsetzung verbinden kann. Das heißt, dass Berger nicht nur versucht hat, die kristalline Intelligenz im luftleeren Raum an sich zu ziehen, sondern auch schon erhebliche marktpolitik- und umfeldbedingte Einschätzungen mitliefern zu können. Berger gilt als pragmatisch.

McKinsey unterscheidet sich noch mal dadurch, dass sie ganz gezielt den Stil einer erklärten oder unerklärten Elite bei sich züchten, während Berger immer versucht, eine gewisse Dosis auch gegen Arroganz mitzuliefern. Es gibt böse Kritiker, auch was die Methoden und die Sichtweisen angeht, die dieses kastenmäßig Elitäre – bis hin zu gewissen Methoden der Auseinandersetzung mit Konkurrenten – verurteilen. Die bösartigsten Kommentare behaupten, dass es Methoden gibt, die man auch schon bei den Scientologen beobachtet hat und die sozusagen kulturell adaptiert wurden.

Würde das System nicht dafür sprechen?

Ja, vor allem, dass alle bestraft werden, die im Kundenbereich nicht mitspielen.

McKinsey besitzt eine Macht, die keine der anderen Beratungsfirmen auch nur annähernd in der Form hat: Wenn ein Vorstandsmitglied einer Firma früher bei McKinsey war, und es gibt einen Beratungsauftrag mit Wettbewerbskonkurrenz – zum Beispiel, dass Boston Consulting das Projekt gewinnt und nicht McKinsey –, dann muss sich dieses Vorstandsmitglied schon gut überlegen, ob es aus dem Club »exkommuniziert« werden will. Die Durchschnittszeit in Vorständen beträgt heute fünf Jahre querbeet, und dann ist es nicht ohne Risiko, wenn man aus dem Club geflogen ist. Deswegen wissen wir von Prozessen, in denen eine formale Entscheidung lief und ein anderes Vorstandsmitglied, das vielleicht auch vorher bei McKinsey war, noch mal Gott und die Welt in Bewegung gesetzt hat, um die gefällte Entscheidung zu kippen.

Die Macht, den Club auch bestrafend einsetzen zu können, bis hin zur »Exkommunikation«, ist eine Sondermacht, die erstens nicht unproblematisch ist und zweitens – überall kann man diese Urteile hören – auch insbesondere McKinsey zugeschrieben wird. Eine solche Macht hat keine andere Beratungsfirma.

Warum haben sie diesen besonderen Korpsgeist?

Weil es ein Teil der Unternehmensphilosophie ist und weil sie sehr stark amerikanisch, angelsächsisch geprägt sind – auch was eine gewisse kulturelle Infiltration durch solche Methoden, die man sonst den Scientologen zuschreibt, angeht. Es ist ja nicht so, dass sie Gutes tun wollen für ihre Leute, sondern dass sie Abtrünnige bestrafen.

Auch mit negativen Dossiers, was neue Jobs betrifft?

Ich kann es nicht belegen, aber das ist mir aus vielen Gesprächen mit meinen Partnerkollegen bekannt.

Das haben wir in meiner früheren Firma so nie einreißen lassen, keinesfalls, schon gar nicht das Bestrafen. Wobei McKinsey auch wunderbare Feste für die gibt, die im Club sind, tolle Reisen veranstaltet und alles Mögliche. Wer im Club bleibt, hat auch Vorteile.

Das kann durchaus eine innere Logik haben. Es ist ja kein Widerspruch.

Die Kundenseite ist in zweierlei Hinsicht hochinteressant. Erstens ist sie durchsetzt – das meine ich positiv –, geradezu durchdrungen von Ex-Beratern. Ex-Berater sind glänzende Auftraggeber. Sie kennen den Fuchs auf dem Feld. Wenn man mal vom McKinsey-Club absieht, gibt es später keine bessere Situation, als dass man selbst Berater war, um ein kluger Auftraggeber zu sein.

Zweitens gibt es viele Spekulationen darüber, ob es eine gewisse Kreisförmigkeit im Durchdringen von Management, Globalisierung, Weltwirtschaft oder im öffentlichen Sektor unterschiedliche Konjunkturen und Karrieren von Reformkonzepten gibt. Irgendwo gibt es etwas Rekurrierendes, zumal die Wissenschaftsintensität in den letzten zwanzig Jahren extrem zugenommen hat, gerade im Bereich Public Management.

Was aber den Prozessaspekt von Beratern anheizt: Je mehr Turbulenz und je mehr Veränderungsdruck da ist – durch Fusionen, Marktverlust, durch im öffentlichen Bereich echte Unfinanzierbarkeit –, desto mehr heißt das, dass der Prozess der kontinuierlichen Neuausrichtung nur in einem Zustand gut bewältigt werden kann: der Mischung aus intern und extern. Davon bin ich fest überzeugt. Je mehr das zum Eckpfeiler wird, desto mehr wird dieser Teil weiter wachsen.

Die Beratung hat auch eine hohe Wertschöpfung: Denn was kann eine Organisation machen, die ständig neuen Veränderungen und Fusionen ausgesetzt ist? Ich selbst kenne dreißig deutsche Verwaltungen – mehr, als irgendein Verwaltungsprofessor oder irgendein Verwaltungsmanager kennt. Ich kenne x Landesverwaltungen, Großstädte, nationale Verwaltung. Das kommt aus acht Jahren Erfahrung.

Daraus ergibt sich ein größerer Wissenshorizont.

Ja klar. Aber man darf dem Kundenbereich nicht zu ähnlich werden. Man muss den Kunden verstehen, seine Parameter kennen, seine Branche, seine Denkweise, aber man muss auch ein Stück entrückt sein, damit man den unvoreingenommenen Blick von außen hat und die Makrotrends besser erkennt als er. Deshalb muss es immer auch junge Leute im Beratungsgeschäft geben.

Welche Rolle spielt McKinsey bei der Modernisierung der Bundesagentur für Arbeit?

Abgesehen vom Opportunismusvorwurf haben sie handwerklich vieles gut gemacht. Es waren schon die beiden besten Beratungsfirmen bei der BA. Beide machen nicht nur Gutachten, sondern kennen auch die Transformationsprozesse und den öffentlichen Sektor. Die BA musste die Berater nicht dafür bezahlen, dass sie die Arbeitsmarktpolitik verstehen lernen.

Sie meinen, das Management der Beratungsfirmen war politisch gut gesteuert?

Ja, es war gut besetzt und auch gut gesteuert. Das Schlimmste ist, was sich die Öffentlichkeit so vorstellt: Da kommt eine Bande von Leuten, die vorher für die Industrie oder Autozulieferer gearbeitet haben, und die müssen erst mal eine halbe Million Honorar dafür kriegen, dass sie überhaupt verstehen, was Arbeitsmarktpolitik und öffentliche Verwaltung bedeutet. Das trifft für beide Firmen, die die BA beraten haben, nicht zu.

Trifft diese Kritik auf andere Beratungsprojekte zu?

Die Spitzenfirmen haben einen klaren Anspruch an sich selbst. Gleichzeitig gibt es – gerade in Phasen, wo sehr viel Beratung nachgefragt wird – das Problem, dass man dem eigenen Anspruch nicht gerecht wird.

Der Anspruch ist, gute funktionale Kompetenz und gute Branchenkenner einsetzen zu können, ob das nun Strategie, Operations – die Umsetzung – oder IT ist. Diesen Mix hat man gemeinsam im Team. Problematisch wird es, wenn gute Schlüsselleute zwei oder drei Projekte haben und zu wenig vor Ort sind. Dann lauten die Kritiken: »Da kommen jetzt diese jungen Schnösel. Eigentlich haben die keine richtige Ahnung und wirken dann auch noch arrogant.« Das geht bei McKinsey oder bei anderen mal schief, wird aber intern auch richtig sanktioniert. Es gibt Down- und Feedback, Gespräche mit den Chefkundenvertretern und kritische Auswertungen von nicht gut gelaufenen Projekten.

Umgekehrt finden gute und erfolgreich gelaufene Projekte ihren Weg kaum in die Öffentlichkeit. In der Privatwirtschaft greift selten einer große Themen wie Neupositionierung oder Fusionsvorbereitung ohne Beratung an. Es ist völlig üblich – und das ist keine Kritik –, dass man zwanzig interne Leute, verteilt auf vier Teams plus fünf Berater, an einem Thema arbeiten lässt und sich selbst den Chefberater als Sparringspartner holt. Das ist absoluter Standard. Im Erfolg nach außen ist es dann Spielregel, dass der Berater keine Rolle spielt. Nach außen hat das Müller, Meier oder Schrempp gemacht. Das ist CEO-Machismo.

Aber Misserfolge gibt es auch.

Ja klar, manchmal gibt es auch Misserfolge: wenn Berater nicht ein klar identifiziertes Gutachten erstellen, sondern mit zwei, drei Leuten vom Vorstand zusammenarbeiten. Manchmal gibt es kollektive Irrtümer für Einschätzungen, bei denen man nicht mehr trennen kann, was der Berater-Input war.

Muss er zum Teil nicht auch opportunistisch sein? Wenn der Chef, der CEO, sagt: »Das möchte ich nicht aus verschiedenen Gründen«, dann bleibt ihm doch gar nichts anderes übrig, als an der Stelle X das zu machen, was der Chef möchte.

Prozessberatung heißt: Es geht nicht darum, den Beifall auf der Galerie zu bekommen. Es gibt auch kein Publikum. Das musste ich immer meinen jungen Beratern beibringen. Die öffentliche Seite ist ein ganz anderes Spiel. Öffentliche Verwaltungen sind im Kommunal- und Länderbereich weitgehend offene Systeme.

Hierbei sind erstens die Zusatzrestriktionen, unter welchen Bedingungen Veränderungen überhaupt erfolgreich sein können, zu beachten. Zweitens sind die Diskretionsregeln nicht ganz so eng. In Absprache mit dem Auftraggeber kann man in der öffentlichen Debatte auch einmal selbst ins Risiko gehen. Manchmal kann man sich sogar ein Stück den Weg freischießen. Richtig durchschlagende Erfolge, wo man sich die Hände reibt und sagt: »Klasse«, die gibt es im öffentlichen Bereich natürlich wegen der vielfachen Restriktionen ganz selten. Insofern ist das genaue Auseinanderdividieren – was war Beratungsseite, was war interne Seite – auch im öffentlichen Bereich kaum möglich.

De facto sind die Berater in ihrer eigentlichen Wirkung aber besser als außen wahrgenommen.

Das glauben Sie schon?

Absolut. In der Privatwirtschaft nehmen sie zum Teil eine ganz essenzielle Rolle wahr, aber die wird nicht öffentlich. Im öffentlichen Bereich, wo erfolgreiche Veränderung viel schwieriger ist, ist sie zwar öffentlich, aber nie wirklich erfolgreich.

Ein Unternehmensberater muss ein großer Kommunikator sein.

Kommunikator ist zu wenig. Was er beherrschen muss, ist die Gratwanderung zwischen ehrlicher und autoritativer Kenntlichmachung von Positionen und Konflikten. Dabei muss er sich immer bewusst sein, dass er das als Sparringspartner macht für diejenigen, die die Schlussentscheidung haben. Er muss also die Gleichzeitigkeit von Überzeugungskraft, aber auch die Rücknahme der eigenen Rolle praktizieren können.

Wenn er aus lauter Ehrfurcht vor den jeweiligen Chefs, Ministern, Staatssekretären oder Vorstandsmitgliedern zu vorsichtig ist, wird er dem nicht gerecht. Er muss auf gleiche Augenhöhe kommen, aber immer wissen, dass sie die Schlussverantwortung haben. Und er muss auch ihr persönlicher Berater sein.

Es geht immer um Risiko. Je nach Größe der Veränderung, die man lostreten will, ist es ein erhebliches Risiko. Und es ist immer auch ein persönliches Risiko.

Jeder hat ein begrenztes Potenzial oder einen begrenzten Konflikthaushalt, und jeder muss sich klar werden, wie er mit seiner Konfliktregelungs- und Konsensbildungsfähigkeit umgeht. In dieser Frage – bei der man von der politischen Seite des Ganzen etwas verstehen muss, nicht nur von der Problemlösungsseite – muss ein Berater auch über Erfahrung verfügen. Für mich persönlich war es eine große Hilfe, dass ich auch von der Politikseite etwas verstand, also von Mikropolitik, von unternehmensinternen Intrigen.

Das heißt, ein ganzheitlicher Ansatz ist gefordert.

Ja. Man kann keinen radikalen Reformansatz unter Ausblendung der Konfliktaustragung verfolgen.

Widerspricht diese Kultur nicht dem typischen Beraternachwuchs, der frisch von der Uni rekrutiert wird?

Ja. In einem Beratungsteam existieren aber verschiedene Rollen. Es gibt immer einen Hauptverantwortlichen, meistens einen Partner. Er hat ein Team, und dieses Team arbeitet mit einem noch viel größeren Team von Internen. Die Internen teilen sich noch mal in Teams. Selbst wenn die Beratungsfirma nicht riesig ist, gibt es also drei Teams.

Der Verantwortliche, der die Beratungsrolle auch gegenüber dem Hauptverantwortlichen des Unternehmens wahrnimmt, muss von der Politikrolle eine Menge verstehen.

Stimmt denn die Rekrutierungspraxis? Hauptsache sehr gute Noten, Anpassungsfähigkeit und Belastbarkeit? Brauchen Sie nur »willige Werkzeuge«?

Man kann da Fehler machen. Erstens braucht ein Gesamtteam immer auch die mittlere Kategorie, die Projektmanager. Im Regelfall sind sie schon vier, fünf Jahre im Geschäft. Es tut einer Beratungsfirma gut, neben brillanten Sechsundzwanzigjährigen auch bewusst Beteiligte aus den Industries – den verschiedenen Industriesektoren – zu rekrutieren, die eine gute akademische Grundlage, aber bereits verschiedene Praktika oder Zeitverträge hinter sich haben. Berger beispielsweise strebt das immer an; er geht nie nur danach, die jeweiligen Klassenprimusse zu rekrutieren.

In dieser Hinsicht unterscheidet sich Berger etwas von McKinsey: Sie haben den Typ englischer Jagdhund. Berger sagt: »Wir brauchen neben dem englischen Jagdhund – der am besten auf Rasen rennt und der zum Rasen gefahren werden muss, damit er nicht auf der Straße läuft – auch ein paar Straßenköter, also verschiedene Typen, nicht nur den mit IQ 160, sondern auch den, der das Leben kennt.«

Im öffentlichen Bereich, wo man sowieso noch einen ganz anderen Nerv für Politics haben muss, verfolgt Berger ganz gezielt eine eigene Rekrutierungsstrategie: Die Berater müssen zwar gut genug sein, um in privatwirtschaftlichen Projekten zu arbeiten. Andererseits ist es fast noch anspruchsvoller, gut im öffentlichen Bereich zu arbeiten. Politik- und Unberechenbarkeitskomponenten spielen darin eine größere Rolle.

Witzigerweise muss man in einer Beratungsfirma – als Partner hatte ich immer ein Team zwischen zwanzig und fünfunddreißig Leuten – kaum hierarchische Leistungskontrolle ausüben. Man hält sich an den Projektmanager und die Partner, aber die Teams filtern die Leistungsschwachen selbst aus. Wir arbeiten im Beratungssektor kaum mit aggressiven Kündigungen, sondern die Beteiligten sehen irgendwann selbst ein: »Wir passen da nicht rein.«

Gruppenkohäsion und Gruppendruck spielen eine große Rolle. Der eine, der um acht geht, während die anderen um elf noch Pizza essen, weil sie bis zum nächsten Morgen ein Ding durchziehen müssen, der macht das nicht oft. Entweder er passt nicht rein, oder er hat wirklich einen Grund – zum Beispiel, dass seine Freundin Geburtstag hat.

Das heißt, Sie setzen auf interne Regelungen?

Ja, auf internes Lernen innerhalb der Teams.

Kann man das steuern?

Das wird gefördert. Der Projektmanager wird es fördern. Nicht, dass die Berater sich aggressiv verpetzen oder andere mit negativen Methoden wegbeißen, aber sie filtern sich gegenseitig raus.

Auch eine moderne Form des Sozial-Controllings.

Sehr einfach für den Partner. In Verwaltungen muss ich viel mehr hierarchische Kontrolle ausüben als in der Beratungsbranche.

In manchen Firmen gibt es ein aufwendiges Monitoring: Befragungen der Kunden, aber auch der Mitarbeiter, der Vorgesetzten, der Sekretärin...

Ja, die 360-Grad-Bewertung. Die Berater haben auch uns Partner so bewertet.

Ist diese Kontrolldichte der Normalfall?

Wissen Sie, wie wir die Partner bewertet haben? Neben den Zahlen und den Feedbacks von den Kunden gab es eine Self-Evaluation, eine Bottom-up und eine Peer. Die Peer war freiwillig, also nicht jeder musste jeden anderen Partner bewerten, weil er auch nicht mit jedem zu tun hatte.

Hieraus wurde ein Gesamtbild erstellt, so dass man dann am Ende des Jahres ein Feedback bekam: »Wo ist der Durchschnitt aller vierzig Partner, wo liegen Sie?«, und so weiter. Auf zwölf Dimensionen jeweils mit drei Unterdimensionen, alles, was Sie sich vorstellen können, vom Teamverhalten bis hin zu Markt- und Problemverständnis. Das wiederum spielte natürlich auch eine gewisse Rolle bei der Verteilung der Boni.

Finden Sie das gut?

Ja. In einer Beratungsfirma geht das.

Wie steht es mit dem Sozialverhalten der Berater?

Das wird mitgetestet. Alle Beraterfirmen haben Filterverfahren, die sich im Wesentlichen ähneln. Assessment ist ein Fach. Darin muss ein Fall in einer Diskussion bearbeitet und gelöst werden. Bevor ein Vertrag gemacht wird, muss sich noch ein Kompetenzcenter bereit erklären, die Person zu nehmen.

Was verdienen junge Leute, wenn sie als Berater einsteigen?

Wenn man die ersten zwei Jahre betrachtet und die Person sich gut entwickelt, fangen sie irgendwo bei fünfzigtausend Euro an und gehen relativ schnell hoch auf sechzig-, siebzigtausend Euro. Mit Bonus gibt es noch etwas mehr, da sind sie auch schon mal bei achtzigtausend Euro. Projektmanager bekommen um die hunderttausend Euro. Sie haben dann zwar zwei Gehälter in einem, führen aber auch zwei Leben in einem.

Es wird schon viel verlangt, zeitlich und...

Ja, Lern- und wechselseitiger Anpassungsbedarf. Es ist ein Intensiv-Lernprogramm. Man ist lauter verschiedenen Teamkollegen ausgesetzt, verschiedenen Wirklichkeiten, verschiedenen Methoden.

Aus der Sicht der Beratungsfirma ist es effizienter, jemanden hoch zu bezahlen und ihn vierzehn, mindestens aber zwölf Stunden arbeiten zu lassen – was die auch können in dem Alter, die fallen ja nicht gleich um –, als dass man anderthalb Personen hätte.

Es gibt dabei aber zwei große Verlierer: die junge Familie und das Thema Gender, das heißt also: Wie attraktiv ist das für Frauen in welchem Alter? Wenn man sehr schnell nach dem Studium in eine Beratungsfirma geht, ist das ein wunderbarer Durchlauferhitzer, und wenn man schnell lernt, ist man schon nach einem guten halben Jahr richtig gut einsetzbar.

Wie hoch sind die Kosten durch die häufigen Personalwechsel?

Nicht so hoch. Ein Teil, der sich besonders für die Beraterrolle eignet, bleibt ja auch.

Weil sie in die nächste Stufe aufsteigen?

Ja, das ist eingeplant. Die Vorteile der intensiven Arbeit, die auch intensiv bezahlt wird, kompensieren die Nachteile, dass man weiß, dass ein Teil geht. Bei den Guten ist man natürlich interessiert, dass sie bleiben.

Welche Incentives gibt man denen?

Indem sie deutlich mehr verdienen und auch einen sehr prägenden Einfluss haben. Der Projektmanager ist eine ganz wichtige Person. Er hat Rundumverantwortung. Er muss den Teamgeist, die Methoden aufrechterhalten und inhaltlich der Sparringspartner sein. Er muss auch nachts sitzen, wenn die Präsentationen auf den Punkt gebracht werden. Da kommen wir schon in etwas höhere Altersstufen und in die Konfliktzone Beruf und Familie. Zum Beispiel wird der Kinderwunsch verschoben. Die jungen Berater – das unterscheidet sie von den Partnern – sind am Ort des Projekts. Sie können nicht zwischendurch nach Hause.

Die Partner sind wie Simultanschachspieler. Das heißt, sie haben zwei, drei, vier Projekte und fahren immer hin und her, beschäftigen sich anderthalb Tage mit dem Ganzen und kommen dann nächste oder übernächste Woche wieder. Sie sind zwischendurch auch mal zu Hause. Der Juniorberater oder auch der normale Berater fliegt natürlich nicht hin und her. Das würde selbst mit Air Berlin die Kosten zu hoch treiben. Das heißt, er ist dann richtig von seiner Familie getrennt. Dieser Zustand darf also nicht zu lange anhalten.

Auf keinen Fall könnte man dies in einem Achtstundentag machen – dann hätte man eine Unternutzung. So kompensiert man durch die Intensivnutzung teilweise die Befristetheit.

Rechnet man mit einem gewissen Sockel von Mitarbeitern, die nur drei Jahre bleiben und dann wechseln? Ist das die Kalkulation?

Ja, es ergibt sich so. Man kann die Leute ja nicht hindern. Wenn ich mich in den jüngeren Berater reinversetze, ist es toll, das zwei, drei

Jahre zu machen, weil Sie einen immensen Lerneffekt, Schnellarbeitseffekt, Methodeneffekt und Teamarbeit haben.

Wie schaffen Sie es, den Leuten in der relativ kurzen Zeit so viel beizubringen, dass sie entsprechend der vorgegebenen Handlungslogik funktionieren?

Punkt eins ist ein ganz archaisches Prinzip: Meister – Geselle, deutsches Handwerkerprinzip, Rollenvorbilder und Nachahmung auf der Basis einer sehr hohen Lernkurve. Die Leute unterscheiden sich nicht nur in ihrer Intelligenz, sondern auch im Verlauf ihrer Lernkurve. Außerdem gibt es intensive Pflichtseminare, die jeder in den verschiedenen Funktionen absolvieren muss.

Wie lange dauern diese Seminare?

Manche dauern drei, vier Tage. Manche gehen zwei Tage, aber hintereinander. Jemand, der als Juniorberater anfängt und anschließend die Stufen Berater und Seniorberater nimmt, hat, wenn er im zweiten Jahr angekommen ist, sicher fünf, sechs Seminare gemacht, neben einer intensiven Einführungswoche. Das prallt an Leuten mit mittlerem Lerntempo ab. Aber darin unterscheiden sich die Leute – wie schnell sie sich was reinziehen.

Der andere große Lerneffekt sind wechselnde Teams und das nicht mehr abstrakte, sondern ganz konkrete Lernen am Projekt.

Ist diese Wissensvermittlung hochprofessionell?

Sie ist bei allen Top-Firmen – BCG, McKinsey und so weiter – sehr gut. Es wird viel darin investiert.

Wird das schriftlich unterstützt mit Manuals, die vermitteln, wie man ein »richtiger« McKinsey-, BCG- oder Berger-Berater wird, wie die vorgeschriebene Kultur gelebt werden soll?

Es gibt dazu zwar ein paar Sachen, aber die sind wirkungslos.

Wichtig ist: Wie kundenorientiert sind die Lösungsansätze? Dieser Ansatz macht die Spitzenberatung teuer beziehungsweise – wenn man sie anders macht – auch hochprofitabel. Amerikanische Firmen tendieren dazu, relativ viel Methodik zu standardisieren.

Das Entscheidende – das gilt für den öffentlichen Bereich noch mehr als für die private Industrie – ist Kontextabhängigkeit.

Es gibt ganz wenig, was man einfach eins zu eins über den Fall legt, indem man ein Manual herausholt. Man hat ein Portfolio von methodischen Möglichkeiten und muss dies auf den Kunden, die Situation, die Opportunität, die Konfliktlage runterbrechen.

Ist das ein Idealbild oder ein Realbild?

Das ist erst mal der Anspruch, es sind nicht immer die intellektuell und methodisch brillantesten Lösungen. Hinkriegen kann man das nur, indem es genug im Kontext denkende Projektmanager oder Seniorberater für ein Projekt gibt. Die Aufgabe der Partner ist, dies zu überwachen und den Rahmen zu schaffen, dass so etwas entsteht.

Das heißt Qualitätsmanagement.

Ja. Das geht gelegentlich natürlich auch schief, zum Beispiel, wenn der Kontext zu turbulent ist. Dann kommt auch ein intelligentes Beratungsteam möglicherweise nicht immer richtig hinterher.

Gibt es Situationen, in denen der Auftraggeber Beratungsfirmen nur als Problemlöser sehen will – als Dampflok in Konfliktsituationen?

Ja, die gibt es auch.

Welche Spiele spielen Auftraggeber mit Beratern?

Das Klassische ist, dass man sie nur als Rammbock nimmt, um sie hinterher zu verbrennen. Das Zweite ist, dass man sie für bestimmte Konflikte als Minenhund nimmt. Dazu müssen Berater auch teilweise bereit sein.

Wird das auch so besprochen?

Ja. Das kann man auch rückfragen. Man muss das nicht »Minenhund« nennen, aber zum Beispiel: »Ist es Ihnen recht, dass wir da ins Risiko gehen?« Das kann man schon besprechen.

Es gibt auch etwas abgefeimtere Methoden, Berater auszusaugen und letztlich einer anderen Firma den Auftrag zu geben. Die Industrie muss nicht nach Vergaberecht (VOB) ausschreiben. Das habe ich immer sehr geschätzt. Sie macht erst mal mit drei Beratungsfirmen Workshops, profitiert von allen dreien, kennt die Maßstäbe und bekommt vielleicht zwei adäquate Angebote.

Die öffentliche Seite darf das nicht, ganz schlimm. Und wissen Sie, warum nicht? Sie müsste es mit allen machen. Da sich von der kleinen Beratungsboutique dieser Welt bis zu den Spitzenberatern alle bewerben, müssen sie mit fünfzehn Bewerbern die Vorstellungsrunde machen. Das hält keiner durch. Wenn man es aber nur mit zweien macht, verstößt das gegen das Vergaberecht. Also muss der öffentliche Auftraggeber oft suboptimal ausschreiben, weil er noch überhaupt nicht erarbeitet hat, was er an Problemen hat.

Das ist so, als würde es im Arzt-Patient-Verhältnis eine patientengesteuerte Diagnose geben. Oft kriegen wir Ausschreibungen von der Verwaltung der Verwaltung. Der Staatssekretär hatte eine Grundidee. Sie ist aus seiner Problemwahrnehmung geschrieben, die aber überhaupt nicht die richtige ist. Es ist, als hätten Sie eigentlich ein Problem mit dem Rücken und schreiben aus, dass man Ihre Wade behandeln soll.

Das passiert in der Privatwirtschaft viel seltener. Sie macht im Regelfall schon vorher Workshops mit Beraterfirmen und arbeitet – wenn sie es gut macht – heraus, was sie braucht. Sie muss aber intelligent genug sein, sich von den Beratern nichts aufschwatzen zu lassen. Das Problem ist oftmals, dass Berater überdiagnostizieren – wie vielleicht auch Ärzte. Aber der Patient kann nicht ohne Rücksprache mit dem Arzt für sich selbst definieren, welche Krankheit er hat, und dann ausschreiben, welcher Arzt dafür tätig werden soll. Das ist das Problem im öffentlichen Bereich.

Wenn Sie Ihre Berufspraxis reflektieren, wo sehen Sie die Defizite im Feld Beratung ganz allgemein?

Beratung kann immer besser werden. Zu dem ganzen Feld gehören immer die begleitenden Wissenschaften, auch durchaus praxisorientierte Wissenschaften.

Es geht doch darum: Wie tankt man Wissen über Change-Management bei Großorganisationen auf? Wie tankt man in der internationalen Public-Management-Literatur auf? Wie tankt man immer wieder laufend so gut auf, dass man das, was praxisorientierte Wissenschaft dazu liefern kann, auch mit verarbeitet? Wie organisiert man die Benzinzufuhr, die nicht vom Kunden her kommt, sondern von der eigenen Erfahrung?

Ist das ein Defizit aus Ihrer Sicht?

Das ist eine Geschichte mit offenem Ende nach oben. Man kann sie nicht zum Hauptthema machen, aber man muss genug Boxenstopps einlegen, um immer mal wieder nachzutanken.

Das habe ich selbst übrigens in der Beratung immer wieder gemacht. Ich habe Kontakt mit zehn ernst zu nehmenden Zentren in Europa, die sich mit diesen Fragen beschäftigen.

Kommt ein Berater ohne diese Infrastruktur und Vernetzung im Wettbewerb durch?

Nicht mehr auf unserem Spitzenniveau. Es gibt auf dem Gebiet auch verschiedene Incentives, beispielsweise Preise für jüngere Berater. Das kann der Besuch einer Summerschool in Harvard sein oder das Angebot, nach Stanford zu gehen. Aber noch wichtiger ist, im Kleinen ein Kontaktnetz zur begleitenden Wissenschaft aufzubauen.

Was macht man gegen das grassierende Burn-out?

Für singuläre Fähigkeiten und Begabungen gibt es eine Obergrenze, die bei circa zehn Jahren liegt. Viele scheiden schon mit Mitte vierzig, allerspätestens mit fünfundfünfzig aus.

Stil spielt auch eine wichtige Rolle – Sprache, Habitus, Kleidung. Stört Sie, dass jüngere Leute in diesen Punkten bei den Kunden und deren Mitarbeitern oft unangenehm auffallen?

Man kann da gegensteuern. Wenn Sie sich wie Schaufensterpuppen kleiden, dann ist das ein bisschen penetrant. Aber der Einheitsdress in einer gewissen Bandbreite ist de facto sinnvoll, damit man nicht dem persönlichen Geschmack ausgesetzt ist. Der Grund dafür, dass man als Berater einen einfarbigen Anzug trägt – im Sommer kann er auch heller sein –, ist, dass sich der Kunde dann nicht mit den unterschiedlichen Karo-Präferenzen in den Jacketts der jungen Berater auseinandersetzen muss. Das hat also einen gewissen Sinn.

Frauen haben da eine größere Bandbreite. Beraterinnen sehen meistens in den unterschiedlichen Varianten von Kostümen oder auch mal in Hosen gut aus.

Man muss übrigens darauf achten – da sind die McKinseys noch opportunistischer als andere –, dass es in der Kleidungswahl im Verhältnis zum Kunden keine zu große Diskrepanz gibt. McKinseys beispielsweise gingen – was sie sonst nie tun – in Jacketts und der berühmten grauen Hose in die Meetings bei der BA. Das war ein Versuch, sich anzupassen an das Kundenumfeld – fast ein bisschen kitschig. Aber weder muss das Hemd besonders große Klasse sein noch der Schlips schon vom Aussehen her aus der Kategorie achtzig Euro aufwärts. Darauf kann man schon Einfluss nehmen.

Ist der Dresscode niedergelegt?

Der ist nur grob niedergelegt, indem man unterschiedliche Kombinationen und Karos ausschließt.

Stichwort Powerpointillismus: Welche Rolle spielen die vielen bunten Charts mit den Zusammenfassungen der Ergebnisse?

Der kritische Unterton, der in der Frage mitschwingt, ist nicht ganz unberechtigt. Fokussierung ist gut und hat auch Einfluss auf die Kunden. Auf der einen Seite heißt Beratung, dass Sie einen Anlass bieten wollen für Kommunikation über klar konturierte Aussagen – was erst mal unglaublich effizient und zeitsparend ist. Wenn man klare Aussagen hat, vielleicht auch noch pyramidal mit Headlines gegliedert, dann weiß man genau, womit man sich auseinandersetzen muss. Die Herleitung folgt – wie beim juristischen Urteil – anschließend, aber das Ergebnis kommt zuerst.

Das eine ist der Urteilsstil, das andere der Gutachtenstil. Die Juristen kennen das. Wenn echte Verständnisbarrieren vorhanden sind, dann funktioniert der deduktive Urteilsstil. Doch es gibt Situationen, wo das Heranführen an die Legitimation oder an die Bereitschaft zu einer bestimmten Debatte so wichtig ist, dass man nicht deduktiv aufbaut, sondern induktiv heranführt. An diesem Punkt läuft man Gefahr, dass das Chart manchmal für die Wirklichkeit genommen wird.

Man hat als Berater große Verantwortung für das, was bei Zwischenpräsentationen in den Charts steht. Gerade weil man verkürzt, ist natürlich die Frage, wie man intelligent und passend verkürzt. Deswegen haben *Bild*-Zeitungsredakteure in der Branche durchaus einen guten Ruf, weil sie andauernd Verkürzen lernen müssen. Es kommt auf jedes Wort an, man muss immer wieder nachschleifen.

Das sind die vielen Abendstunden?

Ja. Wenn man mit dieser Verkürzung und im Regelfall auch mit dem deduktiven Argumentationsstil arbeitet, muss man viel Sorgfalt in den Argumentationsfluss und auch in die Abstützung der Argumente legen.

Wer prägt diese Policy?

Wenn die Grundlinie feststeht, ist sie etabliert. Es geht dann darum, wie Berater das lernen. Dafür gibt es zum Teil auch noch mal extra Seminareinheiten beispielsweise für pyramidales Denken und Präsentationstechnik. Wenn man sich einmal der Methode bedient, muss man sie auch richtig praktizieren.

Was sind die Essentials in den Einführungskursen – das Präsentieren, pyramidales Denken?

Da gehört auch Strategie dazu: Wie funktioniert strategisches Management? Was bedeutet IT-Strategie? Was heißt Markenstrategie? Was heißt überhaupt Marketing? Die verschiedenen funktionalen Fähigkeiten eben, die in einem Projekt gebraucht werden.

Aber jetzt kommen wir zum Wesentlichen: Übersteuerung, Chartgläubigkeit. In den Charts kann auch Verführung liegen. Man darf nicht vergessen, dass das Entscheidende der vorangehende Verstehensprozess ist. Bevor man die Charts schreibt, muss man erst mal wissen, wo man hin will, und die Storyline durchkonjugieren. Wenn man die Storyline auf der Grundlage eines noch nicht ausreichenden Verstehens, des eigentlichen Durchdringens, macht, dann wird man Opfer des Zeitdrucks. Die Methode ist also nur dann etwas wert, wenn sie die Spitze, die Kulmination einer sehr sorgfältigen Analyse und eines Auseinandersetzungsprozesses ist.

Ein Beispiel: Eine große Beratungsfirma erstellte für Lufthansa eine Studie über Unzufriedenheit des Bodenpersonals. Das Ergebnis war eine Sammlung von Binsenweisheiten und Banalitäten. Da stellt sich doch die Frage der Qualitätssicherung.

Gute Sozialwissenschaft hat ja immer wieder das inhärente Problem, dass siebzig Prozent davon banal sind. Man weiß nur auf einer besser fundierten Ebene, was man sich ohnehin schon gedacht hat.

Als Berater muss man darauf achten, dass man nicht zu viele Banalitäten aufschreibt. Oder es sind solche, die man mit dem Kunden teilt nach dem Motto: Machen wir einen Haken dran, das sehen wir gemeinsam so. Sonst kommt man als Berater in die blöde Rolle, etwas, das die meisten schon wissen, noch mal neu aufzuschreiben.

Aber dieses landläufige Klischee gibt es ja, dass viele Studien wortreich Banales zutage fördern.

Ja, das darf nicht sein. Aber es ist in dem Moment nicht banal, wo man von vornherein die Grundeinschätzung der klugen Leute – die gibt es ja in jeder Organisation – gleich mit einfängt. So kann man sich auf die Unsicherheitsbereiche konzentrieren und auf die, wo man tatsächlich vor schwierigeren Interpretationsfragen steht und wo Berater einer gewissen Betriebsblindheit und dem Übersehen gewisser Trends entgegenwirken. Das ist der Blick von außen, der manchmal hilft.

Berater sind professionelle Frager und Wissensmanager. Reicht es, vorhandenes Wissen aus ihren Kunden zu saugen, dieses neu zu konfigurieren, anzureichern und daraus Schlüsse zu ziehen?

Ja, vor allem erst mal klug fragen – die sokratische Methode. Wenn es heißt: »Wir haben da ein Problem«, fragt der Berater: »Warum besteht das Problem? Was ist die Vorgeschichte? Welche Alternativen habt ihr schon mal erwogen?« Erst mal alles abfragen.

Es ist ja durchaus eine Leistung, das gut zu machen.

Ja. Aber es gibt noch ein Problem: Kaum ein Kunde ist nicht schon vortherapiert. Das ist wie bei Ärzten: Manchmal hat sich der Patient selbst therapiert, manchmal ist er beim falschen Arzt gewesen – man trifft in der Regel nur auf solche Konstellationen.

Man kann also nicht auf dem freien Feld der neuen Möglichkeiten eine Problemlösung angehen, sondern man muss immer mitreflektieren: Was ist schon erfolgreich versucht worden, was ist davon an Frust oder an Reaktion übrig geblieben? Schon das zeigt, wie komplex es ist. Man findet eine Organisation nicht nur in einem typisierten Zustand, sondern immer schon mit erheblicher Veränderungsvorgeschichte.

Ein zentrales Problem ist die Kommunikation mit den Mitarbeitern, die vor Ort bereits seit Jahren die Arbeit erledigen.

Sie kennen das von Organisationen: Oben sind die formellen Strukturen, die deklarierten Werte, und drunter sind die informellen Beziehungen, eigentlich die reale Kultur, die Vorgeschichte und so weiter. Wenn man den unteren Teil des Eisbergs, der im Wasser ist, auch arbeitsteilig versteht, dann gehört das Biertrinken dazu und das richtige Verständnis dafür, was eigentlich Sache ist in dem Unternehmen...

Es gibt immer Implementierungsdefizite im Beratungsprozess. Man hat vielleicht die Sachen richtig diagnostiziert, aber die großen Defizite liegen darin, dieses Wissen in die nächste Stufe zu transferieren.

Punkt eins ist: Aus der Sicht der Berater sollte die Implementierungsphase mitgeplant und mitberaten werden, wenn es um eine Neuausrichtung geht. Die vielen Veränderungen in Prozessen, Einstellungen und Strukturen, die die Implementierung mit sich bringt, sollten kommuniziert werden. Aber diese Phase dauert lang, sie ist komplex und personenintensiv. Zu den Honorarsätzen, die die Top-Beratungsfirmen nehmen, ist das oft schwer argumentierbar, denn die lange Implementierungsstrecke wird richtig teuer.

Also ist der Idealzustand, dass Topberatungsfirmen mit einem Netzwerk an Satelliten arbeiten, die genug von dem Ersteinstieg einer strategischen Neuausrichtung verstehen, die das Trainieren der Arbeitsgruppen und das Nachhalten der Umsetzungsergebnisse und das Stützen der internen Reformverantwortlichen zu niedrigeren Tagessätzen mit übernehmen. Manche Beraterfirmen haben bereits ein solches Netzwerk. Aber ganz schlecht ist es, wenn der Berater den Kunden nicht gleich zu Beginn darauf hinweist, dass die eigentliche Bewährung nach der Grundentscheidung erst bei der Implementierung kommt.

Wird das so offen, so deutlich gesagt?

Ja. Aber dann stoßen wir oft auf Kunden, die sagen: »Mensch, jetzt haben wir schon so viel Geld für Beratung ausgegeben, damit können wir uns in unseren Aufsichtsgremien nicht mehr sehen lassen.«

Dann heißt es, ein guter Verwaltungsbeamter könne das auch selbst umsetzen. Das ist aber nicht ohne weiteres der Fall, weil er so viele Veränderungen oft gar nicht erlebt hat. Die Aufgabe ist nur lösbar, wenn man ein Netz von kleineren Beratern hat, die qualitativ gut sind, in der Startphase zum Teil schon mit dabei waren und das Begonnene fortführen – Transformationsberatung heißt das im Jargon.

Man hat also erkannt, dass die Umsetzung entscheidend ist?

Ja. Der Vorwurf, dass Berater nicht an die Umsetzung denken, trifft nur auf schlechte Beratungsfirmen zu oder vielleicht auf die Frühphase in den neunziger Jahren, wo man dachte, dass es mit einer Konzeptberatung schon weitgehend getan sei. Aber das ist eine Schwäche, und man kann die Umsetzung nicht mehr zum Dreitausend-Euro-Tagessatz machen. Das heißt in einer großen Organisation: noch mal acht Berater zwei Jahre lang…

Es gibt im öffentlichen Bereich auch Schmerzgrenzen.

Im öffentlichen Bereich sowieso.

Und im privaten?

Weniger, weil man rechnet, was man an Ersparnissen durch Umsetzungsbeschleunigung erhält. Das bekommt man selbst bei den hohen Beratungshonoraren von Berger oder McKinsey immer sehr gut gerechnet. Wenn man mal unterstellt, der ganze Club, die IT-Leute, die Bergers, die McKinseys kosten eine große Behörde wie die BA oder ein großes Unternehmen jedes Jahr zwei Millionen Euro. Wenn man in jedem der folgenden Jahre weit über eine Milliarde spart, dann rechnet sich das. Und so argumentieren auch Politiker: Beratung habe eine katalysierende Funktion für den Apparat, damit er überhaupt in Bewegung kommt, damit es schneller geht. Schnelligkeit ist überall – in der Privatwirtschaft sowieso – ein wichtiger Faktor.

Fazit: Zehn zusammenfassende Thesen zum Beratermarkt – Anatomie des Schattenmanagements

1. Berater scheuen die Öffentlichkeit wie der Teufel das Weihwasser.
Mit perfekt gesteuerter Öffentlichkeitsarbeit gelingt es den Beratungsfirmen, selbst in Qualitätsmedien den Nimbus von »professionellen Wissensmanagern« und »genialen Problemlösern« zu vermitteln. Wenn mehr gesicherte Informationen und Analysen zur tatsächlichen Arbeit der Berater vorlägen, würde die Branche allerdings rasch entmystifiziert.
Intransparenz ist das Schmiermittel der Branche, die Abschottung von der Öffentlichkeit hat System. In den Verträgen mit den Kunden werden die »Nichtveröffentlichung der Ergebnisse« und das absolute »Schweigegebot« für alle Parteien festgeschrieben. Dies hat einen Vorteil für die Berater: Sie können ihre bereits bezahlten, bei der Konkurrenz beschafften Informationen problemlos anderen Kunden weiterverkaufen.
Die Intransparenz ist also die Garantie für das Geschäftsprinzip, das auf den Verkauf von standardisierten Lösungsmodellen und dem Recycling von Wissen für neue Kunden setzt.

2. Berater sind heute vor allem professionelle Wissens-Recycler, geschickte Informationsbeschaffer aus dem Wissensfonds und Erfahrungsschatz ihrer Kunden sowie geniale Vereinfacher von vermeintlich komplizierten Prozessen.
In der Praxis stützen sich Berater auf ihren im Lauf der Jahre entwickelten Datenpool für Vergleichsanalysen der Bran-

chen, die vorgefundenen Dokumente und das Erfahrungswissen ihrer Kunden. Das Wissen zum Untersuchungsgegenstand spielt meist nur eine nachgeordnete Rolle.

Wissen dient vor allem als »Eintrittskarte« zu den Büros der Entscheider, die in Unternehmen und Ministerien die Aufträge vergeben. Am Ende werden Berater für ihre »Vogelperspektive« auf die aufgeworfenen Probleme, für die Strukturierung, Zuspitzung, Verdichtung und Vereinfachung vorgefundener Informationen bezahlt.

Dieses Geschäftsmodell ist in der Praxis nur möglich, weil die jeweiligen Auftraggeber in den Vorständen oder Verwaltungsspitzen den Beratern eine Sonderstellung zuweisen und ihren vermeintlichen Kompetenzvorsprung ungeprüft akzeptieren.

Berater werden vor allem als »rücksichtslose Vereinfacher« eingekauft, die abseits eingefahrener Rollenmuster für die Simplifizierung von Prozessen zuständig sind. Deshalb visualisieren sie – zur Reduzierung von Komplexität – prinzipiell ihre Botschaften.

Die Kunden in der Industrie und dem öffentlichen Sektor haben die Schwächen der Branche zum Teil erkannt und richten deshalb immer häufiger Stabsstellen zur Auftragsprüfung ein. Im Zuge dieser Tendenz zum Berater-Controlling wird sich der Beratermarkt künftig weiter spezialisieren und individualisieren. Immer mehr Spezialaufträge fördern diesen Trend.

3. *Berater für Unternehmen oder den öffentlichen Sektor werden vor allem eingekauft, weil man ihre Hebelfunktion und ihre Rücksichtslosigkeit bei den gewünschten Reformen oder Restrukturierungen nutzen will.*

Es geht *nicht* zuerst um Wissensbeschaffung und um Lösungsansätze. Im Zentrum steht der erhoffte Kultur- und Mentalitätsbruch, den man mit Hilfe der Berater erreichen will. Berater leisten Ersatzdienste für ein überfordertes Management an der Spitze und im Mittelbau von Unternehmen und Behörden. Sie übernehmen Ersatzrollen als Stellvertreter des Managements, dienen als Projektionsflächen oder Blitzableiter.

Beratung ist oft ein Scheinbeleg für unternehmerische oder politische Tatkraft. Berater symbolisieren Tatendrang und Modernitätsversprechen. Sie fügen sich als Dienstleister dem Auftrag der Kunden und übernehmen die Rolle des Erfüllungsgehilfen. Beratung ist daher immer auch die Delegation von unternehmerischer Verantwortung.

Ein Vorteil der Berater ist dabei ihre Position »von außen«. Sie stellen im Lauf ihrer Projekte den Auftraggebern offenbar strategisch aufschlussreiche Fragen, die intern so nicht angesprochen werden. Berater bringen also für die Unternehmen und den öffentlichen Sektor sinnvolle Nebenefekte, indem sie aus der Distanz und frei von interner Konkurrenz Grundorientierungsfragen stellen.

4. *Die Auftraggeber kaufen Akzeptanz, Legitimation und Loyalität. Berater übernehmen oft das Coaching für Manager in den Vorstandsetagen.*

Unternehmensberater übernehmen in der Praxis oft die Funktion des Coachs für »einsame Manager«. Sie wachsen damit meist in die Rolle von »verdeckten Entscheidern« hinein.

Die Kunden erwarten absolute Vertraulichkeit. Die Unternehmen kaufen Loyalität, die die Manager in ihrer Berufspraxis zum Teil auf Grund des zunehmenden Konkurrenzkampfes nicht erfahren. Sie beschaffen sich damit zudem Legitimation für wichtige Entscheidungen. Wenn die Implementierung der Ergebnisse misslingt, können sie sich jederzeit von den Ergebnissen distanzieren und die Verantwortung auf die Berater abwälzen.

5. Das größte Defizit der Berater besteht in der Operationalisierung der erarbeiteten Lösungen.
Bei allen Beratungsgeschäften geht es zunächst um die Akquise von neuen Aufträgen beziehungsweise um die Stabilisierung von Beratungsbeziehungen.
Die Berater sind vor allem an Folgeaufträgen interessiert. Die dauerhafte Installierung von Beratern in den Kundenunternehmen garantiert den geforderten Umsatz. Deshalb ist das enorme Defizit in der Operationalisierung der Projekte ein strukturelles Problem.
Oftmals zielen Aktivitäten auf künftige Aufträge und nicht auf die substanzielle Problemlösung der gerade gestellten Projektaufgabe. Diese wesentliche Schwachstelle des Beratergeschäfts soll durch eine aufwendige Öffentlichkeitsarbeit ausgeglichen werden. Die gesamte PR-Arbeit und die gezielte Veröffentlichung von Studienergebnissen dient immer nur einem Ziel: neue Märkte zu generieren. Probleme – etwa im IT-Bereich – werden zunächst gezielt dramatisiert, um dann die entsprechenden Beraterlösungen zu empfehlen.

6. Zum erfolgreichen Geschäftsmodell gehören der rasche Wechsel der Mitarbeiter innerhalb der Berater-Branche und die Jobrotation in der Wirtschaft.
Neue Aufträge werden oft von Beratern bei einem Jobwechsel »mitgebracht« – als Einstieg in den neuen Berater-Job oder von Beratern, die in die Wirtschaft wechseln.
Um die durch Rotation und Ausstieg verursachten Personallücken zu schließen, investieren die Beraterfirmen in Deutschland intensiv in die Nachwuchsrekrutierung. Das System benötigt auf Grund der gewollten Rotation und des enormen Personalverschleißes ständig Nachschub. Seilschaften, Alumni-Netzwerke und Mentorensysteme gehören deshalb zur aufwendig gepflegten Innenausstattung der Branche.
Die ständige Beschaffung von Nachwuchs ist ein Lebenseli-

xier der Branche, weil das gnadenlose »Up-or-out«-Prinzip nur eine begrenzte Arbeitszeit in den Beratungsunternehmen zulässt.

7. *Die Berater arbeiten mit Nachdruck und Erfolg an der »Magie« der eigenen Branche.*
Den großen Beraterfirmen ist es mit aufwendigen Werbe- und PR-Strategien gelungen, sich öffentlich als hochbezahlte Erfolgsbranche zu positionieren und diesen Erfolgsmythos auch den Kunden zu verkaufen. Das Image der schnellen, effizienten und intelligenten Problemlöser soll sich auf den Kunden übertragen und zudem die aufwendige Nachwuchsrekrutierung erleichtern. Umgekehrt dienen die Rekrutierungsanstrengungen auch dazu, das sorgfältig gepflegte »Exzellenzprinzip« auf die Berater zu projizieren.
Die Berater-Branche ist faktisch unkontrolliert, bedient sich eines eigenen Dresscodes, einer speziellen Sprache und einer besonderen elitären Rekrutierungsmethode. Man setzt vor allem deshalb auf junge, unerfahrene Hochschulabsolventen, um die Imprägnierung der Persönlichkeit durch das Unternehmen möglichst effektiv vorzunehmen. Nur die Absicherung von normierten Rekrutierungsstandards ermöglicht quantitativ ausreichenden Beraternachwuchs.

8. *In den Beratungsfirmen herrscht ein modernes System der Ausbeutung.*
Das Ausbeutungssystem funktioniert: Die eigentliche Basisarbeit machen die jungen Berater. Sie arbeiten bis zu 14 Stunden am Tag. Sie werden mit relativ hohen Einstiegssummen von rund fünfzigtausend Euro (ein Examen) bis rund achtzigtausend Euro (zwei Examina) plus Dienstwagen und attraktiven Zusatzleistungen geködert. Voraussetzung ist, dass sie dem Unternehmen komplett zur Verfügung stehen, rund um die Uhr.

Von diesem System profitieren vor allem die jeweiligen Partner, die auch die neuen Aufträge verhandeln und den Löwenanteil der Beratungssumme kassieren.
Das System funktioniert, weil alle Berater diese extrem lukrative Stufe erreichen wollen. Der »normale« Berater hat nach rund vierzig Arbeitstagen sein Jahresgehalt »eingespielt«.

9. *Das »Up-or-out«-Prinzip ist ein Druck- und Überwachungsinstrument. Jeder wird im engmaschigen Netz der Befragungen potenziell informeller Mitarbeiter.*
Ständig werden die Berater bewertet, um festzustellen, ob sie die nächste Stufe der Karriereleiter erreichen können oder das Unternehmen verlassen müssen. In diesem standardisierten, aber geheimen Überprüfungsverfahren werden alle Mitarbeiter befragt – die Sekretärin, der Pförtner und die Kollegen. Es entsteht ein Klima der Überwachung.
Der Vorteil: Der Überprüfungsdruck erspart alle weiteren Kontrollen und fördert die Anpassung an die vorgegebenen Strukturen. Gleichzeitig soll den Kunden damit indirekt ein »Qualitätszertifikat« sowie der Anspruch der ständigen Personalauslese vermittelt werden.

10. *Der Beratungskomplex in Deutschland ist noch ein perfekt gehütetes Geheimnis, aber der Mythos der Branche bröckelt.*
Die großen Beratungsfirmen leben von der durch sie gesteuerten Kommunikation und dem Schweigekartell. Noch überwiegt die positive Platzierung in der Öffentlichkeit und den Medien durch gezielte PR.
Wenn künftig die Leistungen und Defizite der Beratungsfirmen transparenter werden, wird die Branche realistischer und nüchterner betrachtet werden. Der Berater-Komplex wird dann genauer geprüft und entmystifiziert werden. Erste Tendenzen in diese Richtung sind schon erkennbar. Große Unternehmen prüfen den Beratereinkauf und den Sinn der

Projekte genauer. Die Schwachstellen und Dunkelfelder der »Bluff-Branche« werden im Zuge dieser Entwicklungen künftig immer öfter ans Licht kommen, zum Nutzen aller Beteiligten im heute noch intransparenten Beratungsgeschäft.

Daimler – Schwäbisch

commitment	hemmer ausgmacht
workflow	so wird's gmacht
leadership	dia, wo sagen, wie's gmacht wird
meeting	zammahocka
cluster	a Päckle
clustern	Päckla macha
feedback	sagen, was bassiert isch
fuel economy	Sprit spara
lifecycle	so alt, wie's wird
controlling	nach am Geld gugga
lobbying	romkriega
senior manager	Scheff
chairman	Scheff
chief engineer	Scheff
manager	Scheffle
Teamleiter	Scheffle
executive committee	alle groaße Scheff
aging workforce	alde Kollega
handout	ebbas zom Mitgeba
features	Lombakruscht
after sales	Kondadienscht
benchmark	gugga, was/wie's de andere dend
briefen	saga, was goht
keyless go	ohne Schlissel fahra
air scarf	warms Gnick
cup holder	Tassahalter
airbag	Luftgugg
tire fit	Flickzeug
corporate	mitnander
research	probiera/bästla
development	bästla/probiera
headline	Iberschrift

Eine von Mitarbeitern des Daimler-Konzerns anonym veröffentlichte Übersetzungsliste von Begriffen, die von Unternehmensberatern vorzugsweise genutzt werden.

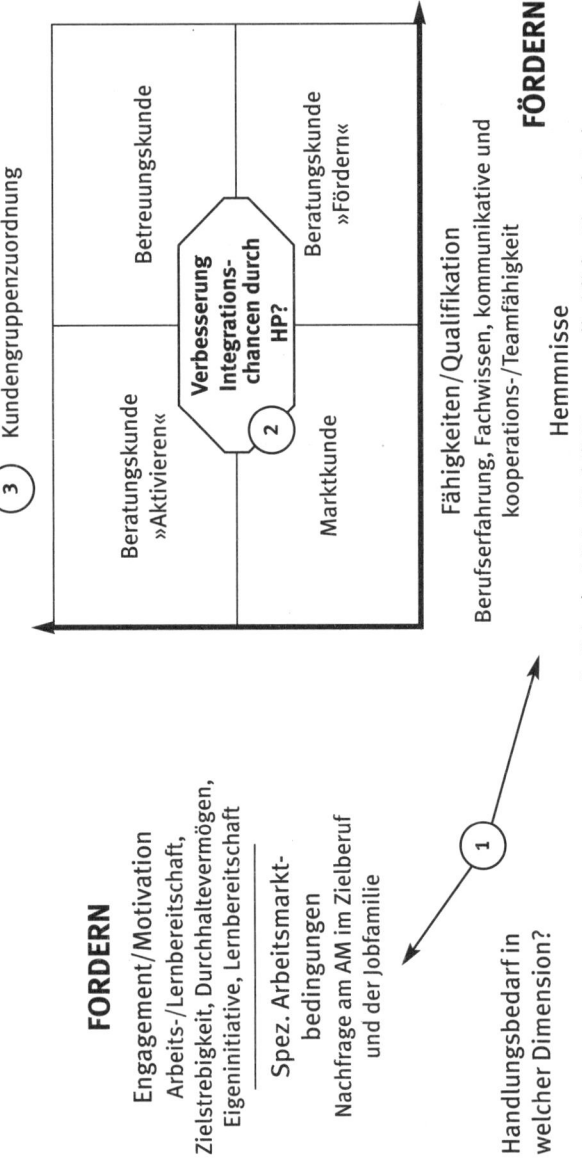

siehe weitere Ausführungen im Anhang — **Bundesagentur für Arbeit**

Leitgedanke und Grundprinzipien der Produktvergabe

Leitgedanke

Produkte werden nur an die Kunden vergeben, bei denen eine Verkürzung der Dauer des Kundenkontaktes* erzielt wird

Grundprinzip ①
Passgenauigkeit

Besteht ein konkretes Problem (z. B. konkretes Qualifikationsdefizit), das nur durch ein Produkt (z. B. Maßnahme) erfolgreich beseitigt werden kann?

➕

Grundprinzip ②
Erfolgssicherheit

Besteht kein anderes Problem (z. B. fehlende Motivation), das den Erfolg der Produktvergabe vereitelt?

➕

Grundprinzip ③
Wirkung

Wird durch das Produkt die Dauer des Kundenkontaktes* verkürzt?
Tritt die Wirkung des Produkteinsatzes mit hoher Wahrscheinlichkeit von Übertritt in SGB II ein?

Alle 3 Grundprinzipien müssen bei einem Produkteinsatz erfüllt sein

* Arbeitslosigkeit inkl. Maßnahmeteilnahme (ohne BBL) u. mit BBL geförderte Erwerbstätigkeit

Bundesagentur für Arbeit

Bedeutung der Kundengruppen für Unterstützungsbedarf und Produkteinsatz

Kundengruppe	Unterstützungsbedarf	Produkteinsatz
Marktkunde	• Vermittlung des Kunden insbes. durch Hilfe zur Selbsthilfe	• Keine kostenintensive Unterstützung erforderlich • Nur bei anhaltenden Misserfolgen Bewerbungshilfe o. ä.
Beratungskunde – Aktivieren	• Beratung und Anleitung des Kunden insbesondere bei der Änderung der Perspektiven	• Mobilitätshilfen oder Maßnahmen zur Förderung der Flexibilität
Beratungskunde – Fördern	• Unterstützung bei der Qualifizierung und beim Aufbau von Hemmnissen	• Kostenintensive Qualifizierungen • Finanzielle Hilfen zum Abbau von Hemmnissen, z. B. EGZ für Ältere
Betreuungskunde	• Betreuung des Kunden, um soziale Integration zu fördern • Mittelfristig keine Vermittlung in den 1. AM mit vertretbarem Aufwand möglich	• Nur akute Intervention, um Zwangslagen zu mildern • Hauptfokus für auftragsfinanzierten Mitteleinsatz inbes. im Hinblick auf Zielgruppenbudgets

Bundesagentur für Arbeit

Leitfaden Ableitung Kundengruppe – Definition Kundengruppen

Beachte: Die Kundengruppe behält in der Regel mind. 6 Monate ihre Gültigkeit

Kundengruppe	Beschreibung	Handlungsbedarf in Dimensionen Standortbestimmung	Integrationschancen
Marktkunde	• Kunde, der sich grundsätzlich selbst vermitteln kann und dabei keine kostenintensive Hilfestellung braucht	• Kein Handlungsbedarf	• Gute Integrationschancen in den 1. AM ohne Unterstützung
Beratungskunde – Aktivieren	• Kunde, der durch eine Perspektivenänderung vermittelt werden kann	• Mindestens Handlungsbedarf in • Engagement/Motivation und/oder • Spez. Arbeitsmarkt	• Deutlich erhöhte Integrationschancen in den 1. AM durch Fordern (HP Perspektivenänderung)
Beratungskunde – Fördern	• Engagierter Kunde, der nur durch eine Qualifizierung und/oder Hemmnisbeseitigung vermittelbar ist	• Mindestens Handlungsbedarf in • Fähigkeiten/Qualifikation und/oder • Hemmnisse	• Deutlich erhöhte Integrationschancen in den 1. AM durch Fördern (HP Qualifizierung oder Abbau Beschäftigungshürden)
Betreuungskunde	• Kunde, der mittelfristig nicht vermittelbar ist • Kunde, bei dem ein Mitteleinsatz aus Wirtschaftserwägungen nicht in Frage kommt	• Handlungsbedarf in mehreren Dimensionen • Engagement/Motivation • Fähigkeiten/Qualifikation • Spez. Arbeitsmarkt • Hemmnisse	• Geringe mittelfristige Integrationschancen in den 1. AM

Bundesagentur für Arbeit

Zieloptionen – Herleitungslogik der Ziele aus Kundenprofil

Grobzuordnung	Zieloptionen	Bsp. Handlungsbedarf aus Standortbestimmung
Primäre Ziele Marktkunden, Beratungskunden – Aktivieren, Beratungskunden – Fördern	• Lokal, **gleiche** Tätigkeit • Überregional, **gleiche** Tätigkeit • Bundesweit, **gleiche** Tätigkeit • International, **gleiche** Tätigkeit • Lokal, **andere** Tätigkeit • Überregional, **andere** Tätigkeit • Bundesweit, **andere** Tätigkeit • International, **andere** Tätigkeit • Übergang in Selbständigkeit • Integration in Midi-Jobs* • Abgang in Ausbildung/Studium**	Kein Hb bei spez. AM-Bed. (reg. Nachfrage Zielberuf) Hb spez. AM-Bed. (reg. Nachfrage Zielberuf) Hb spez. AM-Bed. (reg. Nachfrage Zielberuf) Hb spez. AM-Bed. (reg. Nachfrage Zielberuf) Hb spez. AM-Bed. (bw. Nachfrage Zielberuf) o. Hb Fähigk./Qualif. Hb spez. AM-Bed. (bw. Nachfrage Zielberuf sowie reg. Nachfrage Jobfam) Hb spez. AM-Bed. (bw. Nachfrage Zielberuf sowie reg. Nachfrage Jobfam) Hb spez. AM-Bed. (bw. Nachfrage Zielberuf sowie reg. Nachfrage Jobfam) Kein Hb bei Engagem./Motiv. Hb spez. AM-Bed.; nicht Engagem./Motivation Hb Fähigk./Qualif.
Ziele jenseits des 1. AM Betreuungskunden	• Beschäftigung in Mini-Jobs** ggf. kurzfristige Beschäftigung*** • Ehrenamtliche Tätigkeit • Beschäftigung im 2. Arbeitsmarkt • Übergang in Rente • Abgang in Erwerbsunfähigkeit • Abgang in stille Reserve	Mind. 2 Dimensionen (Fordern + Fördern), nicht Engagem./Motiv. Mind. 2 Dimensionen (Fordern + Fördern) Mind. 2 Dimensionen (Fordern + Fördern), nicht Engagem./Motiv. Mind. 2 Dimensionen (Fordern + Fördern), inkl. Hemmnisse – Alter (>55) Mind. 2 Dimensionen (Fordern + Fördern), inkl. Hemmnisse – gesundh. Einschränkungen Mind. 2 Dimensionen (Forder + Fördern), inkl. Hemmnisse

* Primärziel nur dann, wenn damit Abgang aus Alo verbunden ist; regionale Unterschiede (Ost/West) zu beachten   ** Überwiegend für U25   *** in der Regel bis zu einem Monat   **** ggf. um Bürgerarbeit weiter zu ergänzen

Bundesagentur für Arbeit

Einsatzempfehlung Handlungsprogramm

Beachte: Bis zur Schulung des 2. Moduls soll der nächste Gesprächstermin bei allen Kunden innerh. von 4 Wochen terminiert werden.

Handlungsprogramm	Ziele	Nächster Gesprächstermin	Mindestkontaktdichte**
① **Vermittlung**	Die schnellstmögliche und möglichst nachhaltige Vermittlung der Kunden in den ersten Arbeitsmarkt	Innerhalb von 3 Monaten*	4
② **Perspektivenänderung**	Die Entwicklung von Engagement, Motivation und Erwartungen, um eine schnellstmögliche und möglichst	Innerhalb des nächsten Monats*	6
③ **Abbau Beschäftigungshürden**	Die frühzeitige Ermittlung und Beseitigung objektiver Vermittlungshürden für eine erfolgreiche Vermittlung	Innerhalb der nächsten 2 Monate	5
④ **Qualifizierung**	Die Anpassung von Fähigkeiten und Qualifikationen an die Erfordernisse des Arbeitsmarkts und eine erfolgreiche Vermittlung	Innerhalb der nächsten 2–3 Monate	5***
⑤ **Erhalt Marktfähigkeit**	Die Vermeidung von Passivität und die Bereitstellung eines arbeitsplatzähnlichen Umfelds, d. h. die Schaffung von Beschäftigungsoptionen im zweiten Arbeitsmarkt o. ä.	Innerhalb der nächsten 6 Monate	2
⑥ **Aktivierende Betreuung**	Die Bearbeitung schwerer persönlicher/sozialer Probleme, die einer Integration entgegenstehen und Betreuung bei fehlenden Integrationschancen	Innerhalb der nächsten 6 Monate	2

	Schwach	Stark
Stark	**Beratungskunden Aktivieren** ① Perspektivenänderung	**Betreuungskunden** ⑤ Erhält Marktfähigkeit ⑥ Aktivierende Betreuung
Schwach	**Marktkunden** ① Vermittlung	**Beratungskunden Fördern** ③ Abbau Beschäftigungshürden ④ Qualifizierung

»Fördern«

»Fördern«

* Bei Job-to-Job innerhalb von 4 Wochen ** Anzahl Kontakte pro Jahr (inkl. Erstgespräch) *** Abhängig von durchschnittl. Maßn.dauer

Kontaktdichte Handlungsprogramme (Stand April 2007)

Art	Kundengruppe	Erstgespräch	Folgegespräche (s. Rückseite zu Grundsätze)			
			Art der Kontaktaufnahme wird durch Vermittler festgelegt			
HP 1	Marktkunde	persönlich innerhalb von 10 AT	1. Phase Dauer 2–3 Mon.	2. Phase innerhalb 1 Mon.	3. Phase innerhalb 1–2 Mon.	
			Kontakt			
			innerhalb 1–3 Mon. nach Erstgespräch	ggf. Ergebnisrückmeldung durch Kunden (z. B. schriftl.)	innerhalb 2 Mon. nach letztem Gespräch	
HP 2	Beratungskunde Aktivieren		1. Phase Dauer 1 Mon.	2. Phase Dauer 1–2 Mon.	3. Phase Dauer 3–5 Mon.	
			Kontakt			
			mindestens ein Folgetermin pro Monat nach Erstgespräch		spätestens 3 Mon. nach letztem Gespräch	
HP 3	Beratungskunde Fördern (Hemmnisse)		1. Phase Dauer 2 Mon.	2. Phase Dauer 1–2 Mon.	3. Phase Dauer 3–5 Mon.	
			Kontakt			
			mindestens ein Folgetermin pro Monat nach Erstgespräch		spätestens 3 Mon. nach letztem Gespräch	
HP 4	Beratungskunde Fördern (Qualifizierung)		1. Phase Dauer 2 Mon.	2. Phase Dauer 1–2 Mon.	3. Phase Dauer 1–6 Mon.	4. Phase Dauer 2–6 Mon.
			Kontakt			
			2 Folgetermine innerhalb 3 Mon. nach Erstgespräch		Folgetermin während Maßnahme gem. Absolventenmanagement	Folgegespräch innerhalb 2 Mon. nach letztem Gespräch
HP 5	Betreuungskunde (Markterhalt)		1. Phase Dauer 2–3 Mon.	2. Phase Dauer 2–3 Mon.	3. Phase Dauer 6–12 Mon.	
			Kontakt			
			2 Folgetermine innerhalb 6 Mon. nach Erstgespräch		Folgetermin innerhalb 6 Mon. nach letztem Gespräch	
HP 6	Betreuungskunde (aktivierende Betreuung)		1. Phase Dauer 2–3 Mon.	2. Phase Dauer 2–3 Mon.	3. Phase Dauer 6–12 Mon.	
			Kontakt			
			2 Folgetermine innerhalb 6 Mon. nach Erstgespräch		Folgetermin innerhalb 6 Mon. nach letztem Gespräch	

Kontaktdichte Leitfäden			(Stand April 2007)			
Art	Kundengruppe	Erstgespräch	Folgegespräche (s. Rückseite zu Grundsätze)			
			Art der Kontaktaufnahme wird durch Vermittler festgelegt			
Verfügbarkeit	alle Kundengruppen (Unterbrechung des aktuellen HP unter Beibehaltung Kundengruppe)	persönlich innerhalb von 10 AT	1. Phase Dauer 1–3 Mon.	2. Phase Dauer 1–3 Mon.	3. Phase Dauer offen	EZ/SC
			Kontakt			Kontakt
			1 bis 2 monatl. Vermittlerkontakte			höhere Kontaktdichte durch Festlegung Vermittler (z. B. Eigenbemühungen)
Selbständigkeit	alle Kundengruppen (Unterbrechung des aktuellen HP unter Beibehaltung Kundengruppe)		1. Phase Dauer max. 2 Mon.	2. Phase Dauer max. 3 Mon.	Umsetzung Geschäftsplan durch Kunden	
			Kontakt			
			innerhalb 3 Mon. nach Auftaktgespräch Selbständigkeit		Überwachung Umsetzung ggf. Folgetermin	

Grundsätze	
>>>>>	HP sind auch anzuwenden bei folgenden arbeitslosen bzw. von Arbeitslosigkeit bedrohten Personengruppen unabhängig ob Leistungsempfänger oder nicht aus den ZOT -U25, Reha/SB, Akad. Berufe-
>>>>>	HP sind anzuwenden auf Arbeitslose bzw. von Arbeitslosigkeit Bedrohte unabhängig ob Leistungsempfänger oder nicht
>>>>>	Standortbestimmung/Kundengruppenzuordnung/Zielfestlegung/HP erfolgt im Erstgespräch
>>>>>	Erstgespräch »Bei Zugang Neukunde« bzw. Kundenzugang ab 6 Monate Alo-Unterbrechungszeit
>>>>>	Die vorgegebene Kontaktdichte für Folgegespräche stellt den Mindeststandard dar. Engmaschigere Kontakte können jederzeit durch den ANOV individuell festgelegt werden.
>>>>>	»§37b-Kunden« werden bis zum Ende der angegebenen Beschäftigung geführt. (Überwachung 3-Monatsmeldung, Job2Job Outbound)
>>>>>	Reine »Asu-Kunden« bzw. »Alo-Nicht-LE« werden 3 Monate geführt und bei Nichterneuerung abgemeldet (bei den HP gibt es einen Unterschied zwischen arbeitslosen Nichtleistungsempfängern und Leistungsempfängern)
>>>>>	»Reha-Kunden« werden bis auf weiteres (Einführung HP-Reha) im Status »Z« geführt
>>>>>	U25-Kunden der Arbeitsvermittlung werden ihrer Kundengruppe entsprechend kontaktiert

Ausnahmen: (Dokumentation zwingend notwendig)
1) Standortbestimmung/Kundengruppenzuordnung/HP nicht erforderlich
Ende Arbeitslosigkeit steht in naher Zukunft konkret fest (bis 3 Mon.) z. B. Arbeitsaufnahme, Schwangerschaft, Grundwehrdienst etc., Inanspruchnahme §§ 428 SGB III, 252 SGB VI, Fälle nach §§ 125 SGB III, 126 SGB III, Wiedereinstellungszusage in naher Zukunft (z. B. Saisonbeschäftigte)
2) Standortbestimmung/Kundengruppenzuordnung/HP noch nicht im Erstgespräch erforderlich/möglich
Abschließende Beurteilung erforderlich (maßgebliche Angaben und/oder Unterlagen fehlen). Einschaltung ÄD/PD erforderlich

Der Einsatz von Beratern zur Aufarbeitung der Siemens-Korruptions-Affäre (2007)

We have engaged best-in-class external experts to support our activities

Roles and tasks of involved firms

		What are they doing?
Investigation	Debevoise & Plimpton	■ International law firm engaged by the Audit Committee of Siemens to conduct an independent and comprehensive investigation according to SEC standards ■ Reports to the Audit Committee of Siemens, has been authorized by the Audit Committee to provide certain information to government prosecutors (e.g. SEC[1]/DOJ[2])
	Deloitte Touche Tohmatsu	■ Accounting firm engaged by Debevoise & Plimpton to assist in investigation work
External advisor	Fairfax Group	■ International consulting firm engaged by Siemens to advice the Audit Committee and Managing Board on the future structure of the company's compliance system
Company counsel	Davis Polk & Wardwell	■ International law firm engaged by Siemens as Company Counsel to support Siemens in the course of the investigation and to represent Siemens towards the SEC[1] and DOJ[2]
Remediation support	PriceWaterhouseCoopers	■ International consulting firm engaged by Siemens to support on books and records and internal controls remediation

1) SEC: Securities and Exchange Commission 2) DOJ: United States Department of Justice

The compliance project is driven by a dedicated project organization

Independent investigation

Debevoise/Deloitte

Monthly CEC update

- Audit Committee
- CEC
- Steering Committee

KPMG

Fairfax

Davis Polk & Wardwell
- Company counsel
- Representation towards regulators
- Coordination of external advisors

Weekly

Project Office
Lead: N. Hartwig, CF L2
- Interface to Debevoise
- Coordination of task forces

Compliance Program Sounding Board (~3 BVs, ~5 Regional Heads)
- J. Kaeser
- J. Radomski
- P. Hobeck
- R. Thomas

Independent investigation
Lead: D. Noa, CCO
- Coordination of investigations with Debevoise
- Investigations
- Case inventory
- Personnel remediation

Remediation Task Force
Lead: J. Gebhard, CF FA
- Books & records
- Tax remediation
- 20F/Statutory accts.
- GER
- Internal controls remediation

PwC (Remediation support)

Compliance Program Task Force
Lead: T. Knobloch, CD S
- Comprehensive Compliance Program
- »Tone from the top«
- Compliance Training
- Compliance Helpdesk
- ...

Communication
Lead: P. v. Bestenbostel, CC
- Internal communication
- External communication
  - Press
  - CMedia
  - Financial market

Extended (involved key functions)
- H. Lohneiß, SFS
- H. Kayser, CD S
- V. Matthäus, CIO
- R. Bubendorfer, CD A
- F. Esterer, CF Taxes
- K. Patzak, CFR
- O. Schmitt, CF T 5
- W. Huber, CP
- O. Schmitt, CF T 5

468

Current status: 65 countries are »of interest« to Debevoise, whereof 27 have priority 1

Countries of interest

27 priority 1 countries:

Argentina	**Croatia**	**Italy**	**Russia**
Austria	**France**	**Japan**	**Serbia**
Belgium	**Greece**	**Kazakhstan**	**Singapore**
Bosnia & Herzegovina	**Hungary**	**Malaysia**	**Thailand**
China	**India**	**Mexico**	**Turkey**
Colombia	**Indonesia**	**Nigeria**	**Ukraine**

United Arab Emirates		
United States		
Vietnam		

38 priority 2 countries:

Albania[1]	**Canada**	**Kuwait**	**Poland**
Armenia[1]	**Czech Republic**	**Luxembourg**[1]	**Romania**
Azerbaijan	**Egypt**[1]	**Mali**[1]	**Saudi Arabia**
Bangladesh[1]	**Gabon**[1]	**Morocco**	**Senegal**[1]
Benin[1]	**Ghana**[1]	**Niger**[1]	**Slovakia**[1]
Brazil[1]	**Iran**[1]	**Oman**	**Slovenia**[1]
Bulgaria	**Ivory Coast**[1]	**Pakistan**	**South Africa**
Burkina Faso[1]	**Kenya**[1]	**Philippines**	**South Korea**

Spain	
Switzerland	
Taiwan[1]	
United Kingdom	
Uzbekistan[1]	
Venezuela	

[1] New Priority 2 countries

Ergebnisversprechen der Beratungen an ihre Kunden

Beschreibung der Unternehmen anhand von 14 Varianten – Nennung der 3 wichtigsten Varianten 2007

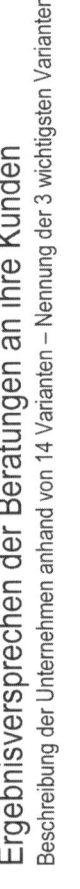

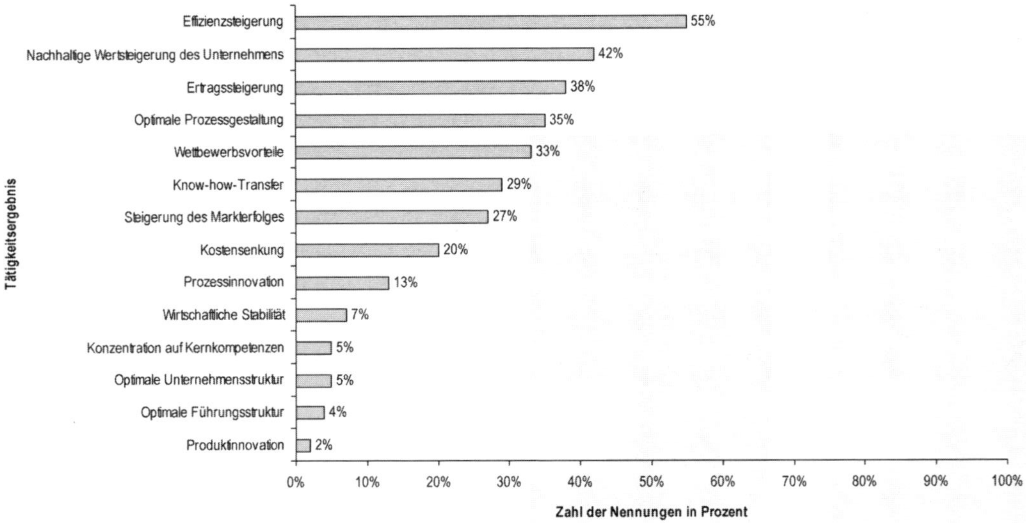

Tätigkeitsergebnis
Effizienzsteigerung 55%
Nachhaltige Wertsteigerung des Unternehmens 42%
Ertragssteigerung 38%
Optimale Prozessgestaltung 35%
Wettbewerbsvorteile 33%
Know-how-Transfer 29%
Steigerung des Markterfolges 27%
Kostensenkung 20%
Prozessinnovation 13%
Wirtschaftliche Stabilität 7%
Konzentration auf Kernkompetenzen 5%
Optimale Unternehmensstruktur 5%
Optimale Führungsstruktur 4%
Produktinnovation 2%
0% 10% 20% 30% 40% 50% 60% 70% 80% 90% 100%
Zahl der Nennungen in Prozent

Quelle: Lünendonk®-Studie 2007 „Führende Managementberatungs-Unternehmen in Deutschland“, Lünendonk GmbH, Kaufbeuren, August 2007

Anmerkungen

Einführung: Annäherung an eine unnahbare Branche
1 Der Spiegel, 17/05

Teil I – Der Beratermarkt
1 FAZ, 1.2.2004: 39

1. Hinter der Chinesischen Mauer:
Aus dem Innenleben der Berater-Szene

2 Wienand von Petersdorff/Thiemo Heeg, FAS, 1.2.2004: 39
3 Hedwig Rudolph, »Arbeit«, Nr. 2, (Herbst) 2002: 26f.
4 Hedwig Rudolph/Jana Okech, Wer anderen einen Rat erteilt... Wettbewerbsstrategien und Personalpolitik von Unternehmensberatungen in Deutschland, Berlin 2004: 81ff.
5 Rudolph 2002: 26f.
6 ebd.
7 von Petersdorff/Heeg, FAS, 1.2.2004: 39
8 Dazu drei Fallbeispiele: vgl. SZ, 13.11.2005. Nach einer PWC-Studie zur IT-Sicherheit erlitten 22 Prozent der Unternehmen Verluste durch IT-Probleme. So hat etwa PWC eine andere Studie zur Korruption in Deutschland anfertigen lassen, die am Ende die Bedrohung der Unternehmen untermauerte – die argumentative Grundlage für PWC, in diesem Feld ihre Dienstleistungen zu platzieren. Vgl. dazu die Zusammenfassung der Ergebnisse: »In den vergangenen Jahren sind 46 Prozent aller deutschen Unternehmen Opfer von Unterschlagung, Betrug, Korruption, Industriespionage und Produktpiraterie geworden.« »Auftragsforschung« zum Zweck der Erschließung neuer Märkte wenden alle großen Beratungsfirmen an. »Der europäische Hightech-Sektor ist abgesehen von wenigen Erfolgsbeispielen akut gefährdet«, fand McKinsey heraus (ots, 15.11.2005).
9 Hedwig Rudolph, Vortrag »Kolonisierungsprozesse über Expertenwissen: Unternehmensberater/-innen«, 32. Kongress der Deutschen Gesellschaft für Soziologie, 2004: 7
10 Rudolph/Okech 2004: 31
11 Hans Sperling/Peter Ittermann, Unternehmensberatung – eine Dienstleistungsbranche im Aufwind, München 1998: 48

12 Rudolph/Okech 2004: 32
13 von Petersdorff/Heeg, FAS, 1.2.2004: 39; vgl. www.luenendonk.de
14 Marcus Rohwetter, Ihr Wort wird Gesetz, Die Zeit, 6.10.2005
15 Jürgen Kohr, Die Auswahl von Unternehmensberatungen, Klientenverhalten – Berater-Marketing, München 2000: 40; »Unternehmensberater werden härter getestet, Konzerne verschärfen ihre Auswahlverfahren«, bilanziert Axel Gloger am 21.2.2006 in der Welt.
16 Sperling/Ittermann 1998: 25f.
17 Rudolph/Okech 2004: 32
18 Kohr 2000: 41
19 Georg Jakobs/Ulric Papendick, manager-magazin, 2/2005: 74ff. (76)
20 Georg Jakobs/Ulric Papendick, manager-magazin, 2/2005: 74ff. (78)
21 Dietmar Student, manager-magazin, 2/2005: 30ff. (37)
22 Rudolph/Okech 2004: 39
23 Die aktuellen Branchendaten werden immer im Mai eines Jahres von dem Informationsdienstleister Lünendonk veröffentlicht.
24 Dietmar Student, manager-magazin, 2/2005: 30ff. (37); das Profil der Beratungsfirma Bain & Company wird sehr anschaulich in dem Porträt der Chefin Orit Gadiesch in der FAS, 19.3.2006: 46 unter dem Titel »Die Strenge« beschrieben. Vgl. auch mm 8/2007: 28ff.
25 von Petersdorff/Heeg, FAS, 1.2.2004: 18
26 Presseinformation, 5.9.2005
27 Presseinformation, 5.12.2005
28 Handelsblatt, 1.3.2006: Consulting-Beilage: 1
29 www.hoeselbarth-lay-index.com, 7.10.2005
30 Die Zeit, 6.10.2005
31 Roland Kirbach, Die Zeit, 5.2.2004: 9
32 Rainer Steppan, Versager im Dreiteiler – Wie Unternehmensberater die Wirtschaft ruinieren, Frankfurt/Main 2003
33 Rudolph/Okech 2004: 39
34 Karl-Heinz Büschemann/Elisabeth Dostert, SZ, 22.1.2004: 2
35 Jochen Bittner/Elisabeth Niejahr, Die Zeit, 5.2.2004: 9
36 Karl-Heinz Büschemann/Elisabeth Dostert, SZ, 22.1.2004: 2
37 ebd.
38 Roland Kirbach, Die Zeit, 5.2.2004: 9
39 von Petersdorff/Heeg, FAS, 1.2.2004: 39
40 ebd.
41 Rudolph/Okech 2004: 33
42 Dietmar Fink befragte 224 Führungskräfte deutscher Unternehmen über Image und Kompetenz von Unternehmensberatern, 2004. Vgl. auch vom selben Autor: Konkurrenz für McKinsey & Co, Handelsblatt, 4.12.2005; vgl. zum gleichen Thema: »Gern zitiert: Roland Berger – Analyse über die PR-Strategien der Berater«, PR-Report, September 2005: 6f.; einen guten Einblick, wie die Berater-Branche ihre Märkte entwickeln will, geben die vier-

seitigen Handelsblatt-Beilagen zum Thema Consulting, zuletzt 1.3.2006. Christoph Lechner und Günter Müller-Stewens, Professoren für Strategisches Management in St. Gallen, sehen »Berater unter Druck«, da Spezialisten den Generalisten Marktanteile wegnehmen und die Aufstiegschancen für junge Berater sich verschlechtern (Harvard Business Manager, August 2005: 7 ff.). Sie analysieren zwei Megatrends der Branche: Differenzierung und Spezialisierung.

43 In der Sendung »Sabine Christiansen« am 25.1.2004. Christian Wulff präzisierte seine Vorwürfe gegen Roland Berger noch einmal wenig später in einem Interview mit der WirtschaftsWoche: »Da wurde viel Geld verbrannt« (WirtschaftsWoche, 5.2.2004: 26 f.).
Die »Seilschaft-Vorwürfe« von Wulff zeigen auch, wie Politiker mit klaren Äußerungen Debatten anregen können. Vgl. Die Zeit, 5.2.2004: 10. Rainer Frenkel schreibt über die »Reizfigur Roland Berger«. Klaus Bölling, der ehemalige Regierungssprecher von Bundeskanzler Helmut Schmidt, veröffentlichte zuvor eine viel beachtete »Außenansicht« in der Süddeutschen Zeitung (SZ, 24.1.2004: 2). Kernaussage: »Der fulminante Aufstieg (mit fulminanten Honoraren) dieser Firmen kann als Armutszeugnis für die Regierenden gedeutet werden.«
Die Frankfurter Rundschau zitiert in diesem Zusammenhang den Berater Christian Gotthardt: »Die (großen Beraterfirmen) sind teuer und werden nur geholt für eine Schlagzeile, einen dicken Bericht – und für ein vorher festgelegtes Ergebnis« (Hermannus Pfeiffer, Viel Geld, zweifelhafter Nutzen, FR, 8.4.2004: 12).

44 von Petersdorff/Heeg, FAS, 1.2.2004: 39
45 Dr. Elke Leonhard (SPD), Zwischenbericht an den Haushaltsausschuss des Deutschen Bundestages 2004: 6 ff.
46 Stuttgarter Nachrichten, 16.2.2005: 1
47 Rudolph/Okech 2004: 112
48 Capital, Nr. 5, 17.2.2005: 86
49 Capital, Nr. 5, 17.2.2005: 86 ff. (88)
50 Capital, Nr. 5, 17.2.2005: 86
51 ebd.
52 Jörg Staute, Der Consulting-Report. Vom Versagen der Manager zum Reibach der Berater, Frankfurt/Main 1996: 167
53 ebd.
54 Rudolph, Vortrag 2004: 5
55 Rudolph, Vortrag 2004: 5
56 Eine verständliche Einführung dazu bietet www.wikipedia.org
57 Vgl.: McKinsey und wir. Eine Berliner Tagung über Literatur und Arbeitswelt, FAZ, 31.1.2006: 35, und Holger Appel/Ursula Kals, Seelsorger und Sanierer, FAZ, 13.8.2005: 11.
Selbst die Fußballnationalspieler bleiben nicht von den Unternehmensberatern verschont. Vor dem Länderspiel in Frankreich wurden die deutschen

Auswahlspieler in Köln von Herbert Henzler, dem ehemaligen Deutschland-Chef von McKinsey, überrascht. Er referierte über »Leistungsoptimierung im Beruf«. – »Wir wollten den Spielern neue Gedanken vermitteln und ihnen aufzeigen, wie man die Karriere gestalten kann«, so Teammanager Oliver Bierhoff.
In jüngster Zeit versucht McKinsey gezielt auch Texte mit journalistischer Anmutung zu platzieren, um das Unternehmen in der Öffentlichkeit sympathischer darzustellen. Vgl.: Die Beraterin. Ein Porträt der 36 Jahre alten Clara Streit, FAS, 21.8.2005: 40, oder die Vorstellung des McKinsey-Trainingszentrums (Alpine University) in Kitzbühel, FAZ, 31.12.2005: 59

58 Rudolph, Vortrag 2004: 5
59 Vgl. Joerg E. Staufenbiel/Thomas Friedenberger, Karriere Inside Consulting. Die 50 wichtigsten Unternehmer für Berater, Köln 2004. Hier sind die Selbstdarstellungen der Unternehmen dokumentiert. Auffällig ist das fast normierte Darstellungsraster der Branche.
60 Auswertung von Rudolph/Okech 2004: 88 ff.
61 WirtschaftsWoche, 3.2.2005: 64
62 Evelyn Roll, Süddeutsche Zeitung, 14./15.2.2004: 3; in der FAS wird Jürgen Kluge als »sanfter Provokateur«, als »Renaissancemensch« und sogar als »typisch deutsches Bildungs-Kraftpaket« porträtiert (FAS, 13.10.2002: 40). Die Aufmerksamkeit für solche PR-Artikel ist bei McKinsey Chefsache. Dazu schreibt das Branchenblatt PR-Report: »Die PR-Manager der Unternehmensberatung McKinsey sind am geschicktesten, wenn es darum geht, Berichte über die eigene Company in den deutschen Wirtschafts-Leitmedien zu initiieren« (PR-Report, September 2005: 6). Der Autor bezieht sich auf die Studie »Medienpräsenz Beratungsunternehmen« (II/2005).
63 WirtschaftWoche, 3.2.2005: 64
64 Pressemitteilung McKinsey, 12.11.2004
65 ots, 1.4.2005
66 Antwort von McKinsey an den Autor, 17.2.2005
67 Rudolph/Okech 2004: 117
68 Christine Resch, Beratergesellschaft oder Wissensgesellschaft?, Münster 2005: 114 ff.
69 Rudolph/Okech 2004: 110, Anm. 10
70 Capital, 17.2.2005: 86 ff. (90)
71 Laut den Vergütungsexperten von personalmarkt.de
72 Rudolph/Okech 2004: 110
73 Steppan 2003
74 Rudolph/Okech 2004: 114
75 Rudolph/Okech 2004: 111
76 Bund Deutscher Unternehmensberatungen (BDU) 1998
77 Matthias Kipping/Thomas Armbrüster, The Content of Consultancy Work. Knowledge Generation, Codification and Dissemination, CEMP-Report 13/2000: 59

78 Rudolph/Okech 2004: 97
79 Kipping/Armbrüster 2000: 59
80 Kipping/Armbrüster 2000: 62f.
81 Rudolph/Okech 2004: 97
82 Rudolph/Okech 2004: 102
83 Der Autor, dessen Identität bis heute nicht aufgedeckt worden ist, hat diese Beobachtungen als Berater gesammelt und unter Pseudonym veröffentlicht.
84 Staute 1996: 102
85 ebd.
86 Rudolph/Okech 2004: 117
87 Robertson et al., Knowledge Creation in Professional Service Firms. Institutional Effects, Organization Studies 6/2003: 850
88 Staute 1996: 104
89 Staute 1996: 106
90 Staute 1996: 137
91 Staute 1996: 138
92 Staute 1996: 182
93 von Petersdorff/Heeg, FAS, 25.5.2005: 39
94 Vgl. Wolfgang Hirn/Henning Krogh, manager-magazin, 11/1994: 202
95 von Petersdorff/Heeg, FAS, 25.5.2005: 39
96 ebd.
97 Um den Informantenschutz zu sichern, wurde der Name des befragten Beraters anonymisiert.

2. McKinsey, der ungeliebte Marktführer

1 Dirk Kurbjuweit, Unser effizientes Leben. Die Diktatur der Ökonomie und ihre Folgen, Reinbek 2003: 7
2 Berufsziel 2/05
3 Westdeutsche Allgemeine, 2.8.2005: 10
4 Staufenbiel/Friedenberger 2004: 260
5 Evelyn Roll, Süddeutsche Zeitung, 14./15.2.2004: 3
6 ebd.
7 Dietmar Student, manager-magazin, 2/2005: 30ff. (36)
8 www.wikipedia.org/wiki/Enron
9 Evelyn Roll, 14./15.2.2004: 3
10 Jochen Bittner/Elisabeth Niejahr, Die Zeit, 5.2.2004: 9
11 Die Tagespost, 22.12.2005: 14
12 Jochen Bittner/Elisabeth Niejahr, Die Zeit, 5.2.2004: 9
13 Jürgen Kluge im Interview, Die Zeit, 27.10.2005: 96
14 ebd.
15 ebd.
16 Der Tagesspiegel, 14.3.2005: 10
17 Die Zeit, 9.6.2005: 25
18 Frankfurter Rundschau, 9.6.2005: 9

19 Die Zeit, 9.6.2005: 25, und Der Spiegel, 48/2005: 106
20 Rüdiger Köhn, Frankfurter Allgemeine Zeitung, 27.5.2005: 22; vgl. weitere Hintergrundinformationen zum Geschäftsmodell der Private-Equity-Investoren: Interview mit Hanns Ostmeier, Der Tagesspiegel, 17.11.2005: 23; Interview mit David J. Haines, Die Welt, 24.8.2005: 16; Interview mit Jim Coulter (Texas Pacific Group), WirtschaftsWoche, 16.2.2006: 75 ff.; sehr guter Überblick: Unter Heuschrecken, manager-magazin, 3/2006: 39 ff.
21 Rüdiger Köhn, Frankfurter Allgemeine Zeitung, 27.5.2005: 22
22 Die Zeit, 9.6.2005: 25
23 ebd.
24 ebd.
25 Capital, 9.6.2005: 12
26 Die Zeit, 9.6.2005: 25
27 Capital, 9.6.2005: 12
28 ebd.
29 Die Zeit, 9.6.2005: 25
30 Capital, 9.6.2005: 12
31 ebd.
32 Frankfurter Rundschau, 9.6.2005: 9
33 ebd.
34 ebd.
35 Klausur DGB-Bundesvorstand, 25.1.2005
36 Die Studie »Turnaround« liegt dem Autor exklusiv vor.
37 DGB-Studie vom 25.1.2005: 5 ff. (5)
38 DGB-Studie vom 25.1.2005: 5 ff. (6)
39 SZ, 25.1.2006
40 DGB-Studie vom 25.1.2005: 5 ff. (5)
41 DGB-Studie vom 25.1.2005: 5 ff. (7)
42 DGB-Studie vom 25.1.2005: 23 ff. (24)
43 SWR-Presseinformation, 24.2.2005
44 ebd.
45 Jonas Viering, SZ, Februar 2005: 4
46 ebd.; vgl. auch den kenntnisreichen Leserbrief zum Thema von Helmut Wagner unter dem Titel »Mehr Ehrlichkeit und Vorbild«, SZ, 16.3.2005; selbst eine gewerkschaftsinterne Diskussion über »Turnaround« hat bis heute nicht stattgefunden.
47 AP, 12.2.2005
48 FR, 25.2.2006; vgl. Jahrbuch für die Gewerkschaften 2007: 11 ff.

3. Im Zentrum der Politik: Roland Berger Strategy Consultants
1 Christian Wulff im Interview, WirtschaftsWoche, 5.2.2004: 26; Roland Berger verteidigte sich in der Bild-Zeitung: »Welcher Frosch legt schon den Teich trocken, in dem er sitzt? Telekom, Post und Lufthansa mussten Millio-

nen für Berater ausgeben, um aus Behörden wettbewerbsfähige Dienstleister zu machen. Unsere Beamten und Soldaten sind hervorragende Fachleute. Aber sie haben weder Erfahrung im Bürokratieabbau noch im Einsparen unserer Steuergelder. Darauf sind seriöse Berater spezialisiert« (Bild, 19.1.2004: 2).

2 Roland Berger im Interview, Der Tagesspiegel, 21.3.2005: 16; in dem Porträt »Der Mann, der alles weiß« von Hans Leyendecker ist zu erfahren, dass Berger in seiner Firma den Namen »Die Machete« trägt. Er gibt sogar Flops zu: Die habe es »überwiegend durch Missverständnisse in der Kommunikation gegeben« (SZ, 19.12.2003: 2).
Solche Missverständnisse schildert Hans Herbert von Arnim ausführlich und kritisch am Beispiel der so genannten »Berger-Kommission«, die Vorschläge zur Abgeordneten-Finanzierung machen sollte, in: Politik, Macht, Geld, München 2001: 130 ff.
Trotz der öffentlichen Kritik wird Roland Berger auch weiterhin »gern zitiert«. In der Analyse »Medienpräsenz Beratungsunternehmen II/2005« wird Berger als meistzitierter Berater ausgewiesen (vgl. PR-Report, September 2005: 6).

3 Arne Storn, Die Zeit, 10.2.2005: 28
4 Karl-Heinz Büschemann, SZ, 22.1.2004: 2
5 ebd.
6 ebd.
7 FAS, 19.2.2006: 43
8 Roland Berger im Interview, Der Tagesspiegel, 21.3.2005: 16
9 ebd.
10 Sven Aufhüppe/Peter Leo Gräf/Konrad Handschuch/Matthias Kamp/Klaus Methfessel/Christian Schaudwet, WirtschaftWoche, 5.2.2004: 26
11 Landtag Niedersachsen, Drucksache 14/3927 vom 12.11.2002: 34
12 ebd.
13 Jochen Bittner/Elisabeth Niejahr, Die Zeit, 5.2.2004: 9
14 ebd.
15 ebd.
16 ebd.
17 ebd.
18 ebd.
19 Christian Wulff im Interview mit der WirtschaftWoche, 5.2.2004: 26
20 Dietmar Student, manager-magazin, 2/2005: 30 ff. (32)
21 Arne Storn, Die Zeit, 10.2.2005: 28
22 Dietmar Student, manager-magazin, 2/2005: 30 ff. (32)
23 Arne Storn, Die Zeit, 10.2.2005: 28
24 Dietmar Student, manager-magazin, 2/2005: 30 ff. (30)
25 Sonja Banze, Welt am Sonntag, 13.3.2005: 52
26 ebd.
27 Arne Storn, Die Zeit, 10.2.2005: 28

28 Sonja Banze, Welt am Sonntag, 13.3.2005: 52
29 ebd. Vgl. auch aktuelle Daten unter www.luenendonk.de

4. Weitere Big Player der Branche

1 10.6.2005
2 Dietmar Student, manager-magazin, 2/2005: 30 ff. (36). Auch BCG arbeitet mit »Studien«, um in der Öffentlichkeit Aufmerksamkeit zu erzeugen. Typisch ist folgendes Fazit einer BCG-Studie: Demnach würden die Branchen Unterhaltungselektronik, Elektrogroßgeräte, Halbleiter und Möbel Deutschland in den kommenden Jahren zu großen Teilen verlassen. Durch neue Arbeitszeitmodelle oder auch Lohnverzicht könne die Verlagerung zwar verlangsamt, aber nicht aufgehalten werden (Süddeutsche Zeitung, 3.8.2005: 21). Diese Grundmelodie klingt auch bei der Konkurrenz von McKinsey nicht anders: vgl. »McKinsey-Papier setzt Daimler unter Druck«, Die Welt, 12.6.2004: 11.
3 FAZ, 11.2.2006; vgl. auch www.luenendonk.de
4 FAZ, Sonderbeilage, 8.8.2005
5 Das Interview wurde aus Gründen des Informantenschutzes anonymisiert.
6 David Craig, Rip-Off! The scandalous inside story of the management consulting money machine, London 2005
7 Craig: 155 f.
8 Craig: 157
9 Craig: 159
10 Craig: 163
11 Craig: 166
12 Craig: 166 f.
13 Craig: 170
14 Craig: 171
15 Craig: 175
16 Craig: 176
17 Craig: 179
18 Craig: 180
19 Craig: 229
20 Craig: 232
21 Craig: 202
22 Malcolm Gladwell, The Talent Myth, in: The New Yorker, 22.7.2002: 28 ff.
23 reform@tiv Februar 2006, 1-2006: 3
24 Detlev J. Hoch/Markus Klimmer/Peter Leukert, Erfolgreiches IT-Management im öffentlichen Sektor. Managen statt verwalten, Wiesbaden 2005: 14
25 Hoch u.a., 2005: 10
  Die Kritik am »schwach aufgestellten IT-Staat« bleibt nicht wirkungslos. Bundeskanzlerin Angela Merkel kündigte bei der Eröffnung der CeBIT Anfang März 2006 in Hannover ein sechs Milliarden teures Programm »Hightech-Strategie Deutschland« an, das das Bundeskabinett gerade beschlossen

habe. Bis zum Sommer sollte daraus ein »Regierungsprogramm« werden. Ein Schwerpunkt sollte der Ausbau der digitalen Infrastruktur sein. Vgl. Handelsblatt, 9.3.2006: Ein Milliardensegen für die gebeutelte IT-Berater-Branche.

26 Behörden Spiegel, 2/2006: 50
27 ebd.
28 Behörden Spiegel, 2/2006: 37
29 Wiesbaden 2005
30 Hoch u.a., 2005: 28
31 Hoch u.a., 2005: 34
32 Behörden Spiegel, 2/2006: 16
33 Handelsblatt, 1.3.2006: B3
34 ebd.
35 Reuters, 14.1.2005

Teil II – Berater, öffentliche Hand und Politik

1 Zitiert nach einer internen Vorlage der niedersächsischen Staatskanzlei zum Berater-Skandal in Niedersachsen

1. Die Berater-Branche und die Ermittlungen des Bundesrechnungshofs

2 Olivia Burkhardt, Juristin in Berlin, beschäftigt sich mit Fragen des Vergaberechts von Beratungsaufträgen in einer Dissertation an der Humboldt-Universität Berlin.
3 Vgl. Julia von Blumenthal, Auswanderung aus den Verfassungsinstitutionen, Kommissionen und Konsensrunden, in: Aus Politik und Zeitgeschichte, B 43/2003: 9 ff.; und dazu im Kontrast: Hans-Peter Meister, Diskursive Politikgestaltung: Von der »Beraterrepublik« zum organisierten Dialog, in: Aus Politik und Zeitgeschichte, B 14/2004: 31 ff.
4 Vgl. Karl-Rudolf Korte, Information und Entscheidung. Die Rolle von Machtmaklern im Entscheidungsprozess von Spitzenakteuren, in: Aus Politik und Zeitgeschichte, B 43/2003: 32
5 Bericht des BRH vom 15. Juni 2004 – Gz.: I 5 – 2004 – 0801: 5; am 19. Dezember 2005 stellte der BRH auf fünf Seiten einige ausgewählte Ergebnisse der 50-seitigen Studie der Herren Dr. Apelt und Rommers auf die eigene Homepage: »Wann guter Rat, wann teurer Rat? Eckpunkte für den wirtschaftlichen Einsatz externer Berater durch die Bundesverwaltung.«
6 BRH 2004: 5
7 Die Tageszeitung, 3.11.2003
8 Frankfurter Rundschau, 9.6.2005: 9
9 Capital, 5.2.2004: 38
10 Der Tagesspiegel, 9.6.2005: 3
11 manager-magazin, 5/2004, 23.4.2004: 40
12 Elisabeth Niejahr, Die Zeit, 5.2.2004: 9

13 Roland Kirbach, Die Zeit, 5.2.2004: 9
14 Die Lünendonk-Rangliste beruht auf Angaben der Unternehmen und ist auf Grund dieser Methodik nicht unumstritten. Es finden dabei nur solche Unternehmen Aufnahme, die mindestens sechzig Prozent ihres Umsatzes mit klassischer Management- und Unternehmensberatung erwirtschaften. Beratungsschwergewichte wie Capgemini, Accenture oder Bearing Point sowie die Beratungssparte von IBM fehlen deshalb.
Roland Berger Strategy Consultants prognostiziert das Wachstum der Beratungsnachfrage global für die Jahre 2006 mit 3,9 Prozent und für 2007 mit 4,5 Prozent. Gründe für die optimistische Prognose seien unter anderem »regelbrechende Wachstums-Strategien«, »Branchenkonsolidierung«, »Markenstrategien« und ein »innovatives Kundenmanagement« (internes Chart, o. D.). Ungewöhnlich ist, dass die Berater in einem anderen Chart »Qualitätsprobleme bei einigen Wettbewerbern« für den weltweit schwächelnden Markt für Strategieberatung einräumen (2006).
15 FAZ, 25.5.2005: 18
16 Capital, 17.2.2005: 86
17 Guido Heinen, Die Welt, 27.6.2005
18 Svenja Falk, Der Beratermarkt auf der Bundesebene, 2004: 4
19 Antwort der Bundesregierung auf die kleine Anfrage der Abgeordneten Dagmar Wöhrl, Karl-Josef Lauman, Dietrich Austermann und weiterer Abgeordneter der Fraktion der CDU/CSU, Drucksache 15/2762 vom 24.3.2004
20 Beratende Äußerung des Rechnungshofs Baden-Württemberg, Januar 2005, Az.: IV-2000 W 18 – 04.39: 1
21 Falk 2004: 4
22 RH Ba-Wü 2005: 1
23 BRH 2004: 5
24 RH Ba-Wü 2005: 1
25 Johano Strasser, SZ-Magazin, 11.3.2005
26 BRH 2004: 9
27 BRH 2004: 9f.
28 BRH 2004: 5
29 RH Ba-Wü: »Vergabe von Gutachten durch Ministerien«, Januar 2005
30 BRH 2004: 6
31 BRH 2004: 11
32 BRH 2004: 11
33 BRH 2004: 7
34 BRH 2004: 12ff.
35 RH Ba-Wü 2005: 1
36 BRH 2004: 14
37 BRH 2004: 7
38 BRH 2004: 13
39 BRH 2004: 13

40 BRH 2004: 13
41 BRH 2004: 13
42 RH Ba-Wü 2005: 5 ff.
43 BRH 2004: 15
44 BRH 2004: 17
45 RH Ba-Wü 2005: 1
46 BRH 2004: 16
47 BRH 2004: 20
48 BRH 2004: 20
49 RH Ba-Wü 2005: 1, 6
50 RH Ba-Wü 2005: 6
51 RH Ba-Wü 2005: 1, 6
52 §§ 6 Abs.1 und 30 HGrG, § 55 BHO und § 97 Abs.1 GWB, §§ 2 ff. VOL/A
53 § 3 Nr. 4 VOL/A; bei Nichtanwendbarkeit der VOL/A mangels Erreichen des Schwellenwerts gelten die Bestimmungen des Haushaltsrechts § 1 zweiter Spiegelstrich VOL/A i. V. m. § 6 Abs. 1 und § 30 HGrG, § 55 BHO. In diesem Fall hat sich die Verwaltung an der VOL/A zu orientieren. Das gilt auch für die dort (§ 3 Nr. 4 VOL/A) geregelten Ausnahmen vom Ausschreibungsgebot.
54 Bundeshaushaltsordnung
55 Landeshaushaltsordnung
56 So auch der Bundesrechnungshof: »Beraterverträge sind – abgesehen von Bagatellfällen – stets auszuschreiben.« (BRH-Bericht 2004: 32)
57 BRH 2004: 32
58 RH Ba-Wü 2005: 1, 6, 10 f. (11)
59 BRH 2004: 36 ff. (36)
60 RH Ba-Wü 2005: 1
61 RH Ba-Wü 2005: 11
62 BRH 2004: 39
63 RH Ba-Wü 2005: 8
64 RH Ba-Wü 2005: 8
65 BRH 2004: 39; RH Ba-Wü 2005: 9
66 RH Ba-Wü 2005: 1
67 RH Ba-Wü 2005: 1,7 f. (8)
68 Offenbar haben die ständigen und trickreichen Verstöße gegen die Regeln des »Vertragsmanagements« in der Praxis keine Folgen. Dies ist auch das Fazit der Grünen im bayerischen Landtag bei einer Pressekonferenz am 15.3.2006. Wie schon in den Jahren zuvor wertete Dr. Martin Runge die fragwürdige Beratungspraxis in Bayern aus und stellte fest: »Überhaupt erfolgten neun von zehn der gesamten Vergaben als freihändige Vergabe bzw. im Verhandlungsverfahren, obwohl diese Vergabearten bei öffentlichen Aufträgen die Ausnahme darstellen sollten« (Tischvorlage 15.3.2006). In den Jahren 2004 und 2005 wurden demnach in Bayern 185 Beratungsaufträge, PR-Aufträge etc. mit einem Gesamtvolumen von 23 Millionen Euro

vergeben. Hier stellten die Grünen die auch vom BRH monierten Defizite erneut fest.
69 BRH 2004: 41 f. (41); zur Analyse der Defizite im Wissensmanagement ist die informative Übersicht in der Reihe »Argumente« des Instituts der deutschen Wirtschaft, IW, 10-2005, zu empfehlen. Hier wird eine Studie zum Thema der PA Consulting Group aus dem Jahr 2004 ausgewertet.
70 Bundesrechnungshof, Drucksache 14/4226, Nr. 84: 253
71 Haushaltsausschuss, 69. Sitzung, einstimmiger Beschluss vom 9.3.2005 (Ausschuss-Drucksache 2890). Das Bundesministerium der Finanzen bekam den Auftrag, einen Weg zu suchen, wie man »die Ausgaben für Beratereinsätze haushaltsmäßig transparenter« machen könnte, und dazu bis Ende 2005 einen Bericht vorzulegen. Das Ministerium erhielt noch einmal Verlängerung für die Erledigung des Arbeitsauftrags bis zum 31.3.2006. Auch der Hauptausschuss des Berliner Abgeordnetenhauses beschäftigte sich mit der Eindämmung der Beraterflut.
Der Verwaltungsreformausschuss (vgl. Brief vom 22.11.2004) beschäftigte sich ebenfalls mit dem Thema, mit folgendem Ergebnis: »Sämtliche Gutachten und Beratungskonzepte, die im Auftrag der Berliner Verwaltung erstellt wurden, werden an einer Stelle elektronisch katalogisiert. Vor einer Auftragsvergabe ist eine Anfrage bei dieser Stelle zwingend erforderlich, um Doppelvergaben oder Mehrfacharbeiten zu vermeiden.«
Die Anfrage der CDU vom 4.2.2004 beantwortete der Senat salopp: »Der Senat ist überzeugt, dass er bei der Vergabe von Gutachten und Beratungsdienstleistungen dem Gebot der Sparsamkeit und Effizienz in vollem Umfang Rechnung trägt« (Senat von Berlin, 920 2287 vom 26.4.2004). Der Senat hatte für 271 Gutachten im Zeitraum 29.11.2001 bis April 2004 insgesamt 35 204 000 Euro ausgegeben.
Der zuständige Finanzsenator Dr. Thilo Sarrazin bestätigte auf Rückfrage des Autors, dass solche Initiativen in der Praxis keine Bedeutung hätten. Er werde auch in Zukunft die Gutachten vergeben, die er für nötig halte.
72 BRH in seinem Bericht vom 15. Juni 2004 – Gz.: I 5 – 2004 – 0801: 7
73 BRH 2004: 7
74 BRH 2004: 31 ff.
75 BRH 2004: 8
76 BRH 2004: 49
77 BRH 2004: 48
78 BRH 2004: 50
79 BRH 2004: 48
80 BRH 2004: 7
81 BRH 2004: 8
82 BRH 2004: 8
83 BRH 2004: 8
84 BRH 2004: 30
85 BRH 2004: 30

86 BRH 2004: 41
87 BRH 2004: 42
88 BRH 2004: 43
89 BRH 2004: 8
90 BRH 2004: 30
91 BRH 2004: 30
92 BRH 2004: 31
93 BRH 2004: 44

2. Immer dabei: Berater auf Landes- und auf Bundesebene

1 Der Spiegel, 44/2004: 22
2 Antwort der Bundesregierung auf die kleine Anfrage der Abgeordneten Dagmar Wöhrl, Karl-Josef Laumann, Hartmut Schauerte und der CDU/CSU-Fraktion, Drucksache 15/2365, Drucksache 15/2458, 4.2.2004: 7ff. (7)
3 Antwort der Landesregierung Rheinland-Pfalz auf die kleine Anfrage des Abgeordneten Franz Bischel/CDU (1641, Drucksache 14/2897, 6.2.2004: 32); vgl. auch die aktuelle kleine Anfrage zur Vergabepraxis von Gutachten, Beratungsaufträgen und Studien des rheinland-pfälzischen Wirtschaftsministeriums im Jahr 2005 (Drucksache 14/4741 vom 6.12.2005) und die Analyse der Beraterverträge in Bayern (Presseinformation der bayerischen Grünen vom 15.3.2006).
4 Landesregierung Rheinland-Pfalz, 6.2.2004: 5
5 Landesregierung Rheinland-Pfalz, 6.2.2004: 30
6 Landesregierung Rheinland-Pfalz, 6.2.2004: 30
7 Landesregierung Rheinland-Pfalz, 6.2.2004: 14
8 Landesregierung Rheinland-Pfalz, 6.2.2004: 14
9 Antwort der Landesregierung Sachsen auf die kleine Anfrage des PDS-Abgeordneten Heiko Hilker, Drucksache 3/9563, 2.12.2003
10 Antwort des Landtags Niedersachsen, Drucksache 14/3927 vom 12.11.2002: 35
11 IHK Wirtschaft, Juni 2005
12 Landtag Niedersachsen, 12.11.2002: 35
13 Landtag Niedersachsen, 12.11.2002: 25
14 Bericht für den Haushaltsausschuss des Finanzministeriums Hessen, Ausschussvorlage HHA 16/23, 26.5.2004, Anlage 2: 1
15 Finanzministerium Hessen, 26.5.2004, Anlage 2: 6
16 Antwort der Landesregierung Baden-Württemberg auf einen Antrag der SPD, Drucksache 13/2882, 4.2.2004: 5
17 Studie »Gender-Mainstreaming in der Dorferneuerung am Beispiel der Gemeinde Jützenbach/Landkreis Eichsfeld«, 30.10.2004
18 ebd.
19 »Gender-Mainstreaming«, 2004: 10
20 »Gender-Mainstreaming«, 2004: 6

21 »Gender-Mainstreaming«, 2004: 9
22 ebd.
23 Gelesen. Gelacht. Gelocht. Film von Thomas Leif, Südwestfernsehen, 30.5. 2005
24 »Gender-Mainstreaming«, 2004: 24
25 »Gender-Mainstreaming«, 2004: 32 ff.
26 Christian Schütte, Financial Times Deutschland, 22.1. 2004: 26
27 Antwort der Bundesregierung auf die kleine Anfrage der Abgeordneten Dagmar Wöhrl, Karl-Josef Lauman, Dietrich Austermann und weiterer Abgeordneter der Fraktion der CDU/CSU, Drucksache 15/2762 vom 24.3. 2004
28 Hans-Jürgen Leersch, Die Welt, 4.2. 2004: 3
29 Bundesregierung, Drucksache 15/2458 vom 4.2. 2004: 23
30 Hans-Jürgen Leersch, Die Welt, 4.2. 2004: 3
31 Alle Statistiken aus: Svenja Falk, Der Beratungsmarkt auf der Bundesebene, 2004. Die Analyse basiert auf der Antwort der Bundesregierung auf die kleine Anfrage der Abgeordneten Dagmar Wöhl, Karl-Josef Lauman, Dietrich Austermann und weiterer Abgeordneter der Fraktion der CDU/CSU, Drucksache 15/2762 vom 24.3. 2004
32 Bundesregierung, Drucksache 15/2762 vom 24.3. 2004
33 Schütte, 22.1. 2004: 26
34 Falk 2004: 6
35 Falk 2004: 7
36 BRH 2004: 31 ff. (32, 34, 36)
37 Falk 2004: 8
38 Falk 2004: 9
39 Bundesregierung, Drucksache 15/2762, 24.3. 2004: 85 ff. (86)
40 Vgl. BVerfGE, 65, 1 (44)
41 Vgl. BVerfGE, 67, 100 (144)
42 Vgl. BVerfGE, 66, 116 (130); 102, 197 (213)
43 Mathias Zschaler, Die Welt, 7.4. 2005
44 Drucksache des saarländischen Landtags, 12/1084 (12/1062), 27.2. 2004 und Medien-Info SPD-Fraktion 6.7. 2004: 1
45 Peter Dausend, Die Welt, 30.7. 2003
46 Gelesen. Gelacht. Gelocht. Film von Thomas Leif, Südwestfernsehen, 30.5. 2005
47 Die Studie »Bundesländer-Ranking« wurde gemeinsam mit der IW Consult GmbH und GWS GmbH erstellt.
48 Studie »Bundesländer-Ranking«, Initiative Neue Soziale Marktwirtschaft, WirtschaftsWoche, IW Consult GmbH und GWS GmbH, Juli 2003: 5
49 Rudolph Speth, »Die politischen und kommunikativen Strategien der Initiative Neue Soziale Marktwirtschaft«, Düsseldorf 2004; viele Hintergrundinformationen in diesem Kapitel hat Rudolf Speth ermittelt, der sich intensiv mit den modernen Thinktanks beschäftigt hat.

Vgl. auch Dietrich Krauß, »Zurücktreten bitte – Journalisten ohne Anstand«, MS vom 21.12.2005. Krauß analysiert in seinem Vortrag die Manipulationstechniken der INSM gegenüber den Medien. Ähnliche Analysen in: Albrecht Müller, Machtwahn. Wie eine mittelmäßige Führungselite uns zugrunde richtet, München 2006: 303–335
50 Ulrike Winkelmann, die tageszeitung, 11.12.2004: 1
51 ebd.
52 Studie »Bundesländer-Ranking«, Juli 2003: 5
53 Rudolph Speth a.a.O.
Vgl. auch Eva Hillebrand, Die großen Einflüsterer. Think Tanks als Lobby der Freien Marktwirtschaft, Bayerischer Rundfunk, MS o. D. (2005), und Brigitte Baetz, Feature im Deutschlandfunk zur Arbeit der Initiative Neue Soziale Marktwirtschaft, MS o. D. (2004)
54 Ulrike Winkelmann, die tageszeitung, 11.12.2004: 1
55 ebd.
56 Landtag des Saarlandes, Antwort auf die Anfrage der SPD-Abgeordneten Monika Beck, 1/459, Drucksache 11/715, 2.5.1996: 3
57 SPD-Medieninfo Saarland, 6.7.2004
58 Landtag des Saarlandes, Antwort auf die Anfrage des Abgeordneten Stephan Toscani, Drucksache 12/1084, 27.2.2004
59 ebd.
60 SPD-Medieninfo Saarland, 6.7.2004
61 Landtag des Saarlandes, Drucksache 12/1084 (12/1062), 27.2.2004
62 ebd.

3. Auf Wachstumskurs: Politikberatung und Politikmanagement
1 Falk 2004: 10
2 Dies teilte das Bundespresseamt auf Anfrage des Abgeordneten Bernhard Kaster mit. Guido Heinen, Die Welt, 27.6.2004
3 Vgl. Falk 2004
4 Guido Heinen, Die Welt, 27.6.2004
5 BRH 2004, 12.12.2002: 11 ff., 18 ff., 22
6 Guido Heinen, Die Welt, a.a.O., 27.6.2004
7 Cerstin Gammelin/Götz Hamann, Die Zeit 50/2002
8 Tobias Kahler/Manuel Lianos, Das Parlament, 25.8.2003: 15
9 Falk 2004: 19
10 Tobias Kahler/Manuel Lianos, Das Parlament, 25.8.2003: 15
11 Falk 2004: 12
12 Manuel Lianos, Politik und Kommunikation, September 2003: 16 ff. (16)
13 Lena Kuder, Politik und Kommunikation, Mai 2003: 54
14 Falk 2004: 15
15 Falk 2004: 28
16 Falk 2004: 21
17 Falk 2004: 23

18 Vgl. Falk 2004: 18
19 Vgl. Falk 2004: 29
20 Vgl. Thomas Leif/Rudolf Speth (Hrsg.), Die fünfte Gewalt. Lobbyismus in Deutschland, Bonn 2006: 302 ff.
Wie das Wechselspiel zwischen Lobbyismus und »wissenschaftlicher« Begleitung in der Praxis funktioniert, hat Prof. Dr. Rolf Kreibisch vom Institut für Zukunftsstudien und Technologiebewertung am Beispiel eines Prognos-Gutachtens bewiesen. Detailliert hat er die Studie »Abschätzung der ökonomischen und ökologischen Effekte einer Pfandpflicht auf bestimmte Getränkeverpackungen« analytisch zerpflückt (Brief, 22.4. 2004).
Der Staatssekretär im Wirtschaftsministerium, Georg Wilhelm Adamowitsch, verteidigte das Gutachten: »Auch wenn die Prognos-Studie, wie im übrigen alle Gutachten, mit gewissen Unsicherheiten behaftet ist, (...) bestanden gegen die Abnahme der Studie im September 2003 keine Bedenken« (Brief, 27.7. 2004).
21 Vgl. Karl-Rudolf Korte/Gerhard Hirscher (Hrsg.), Darstellungspolitik oder Entscheidungspolitik? München 2000: 11 ff.
22 Vgl. Ulrich Sarcinelli/Heribert Schatz (Hrsg.), Mediendemokratie im Medienland, Opladen 2002: 429 ff., und Ulrich Sarcinelli, Demokratie unter Kommunikationsstress? Das parlamentarische Regierungssystem in der Mediengesellschaft, in: Aus Politik und Zeitgeschichte, B 43/2003: 39 ff.
23 Vgl. Vortrag von Klaus Kocks 2003 bei den Mainzer Tagen der Fernsehkritik, April 2003: Journalismus und PR – verfeindete Brüder oder geneigte Schwestern? Vortragsmanuskript 18.2. 2005 (Evangelische Medienakademie, Berlin)
24 Gammelin/Hamann 2005: 132
25 Frankfurter Allgemeine Sonntagszeitung, 20.7. 2003: 31
26 Viele Pro-bono-Aktivitäten verstehen sich als Gemeinwohlbeitrag für die Gesellschaft. In der Regel sind solche Aktivitäten im sozialen oder kulturellen Bereich angesiedelt. Die Werbung für diese Studien dient im Rahmen der Marketingaktivitäten aber den Interessen der Agenturen, sodass eine Gemeinwohlorientierung hier nicht immer zu erkennen ist. Besonders gut ist dies McKinsey bei dem Projekt zur Management-Unterstützung der »Tafeln« in Deutschland gelungen, die bedürftige Menschen mit Nahrungsmitteln versorgen.
27 Prof. Dr. Gerd Langguth hat sich inzwischen wieder zurückgezogen und auf seine Rolle als Professor und Publizist besonnen. Neuer Sprecher für den Bereich Bildung ist Wolf-Dieter Hasenclever, der in den achtziger Jahren bei den Grünen aktiv war.
28 Vgl. Speth 2003: 9 f., und Gerd Langguths Buch über Angela Merkel, München 2005
29 manager-magazin, 1/2006: 24 f., »Ende der Nadelstreifen-Apo«; dieser kenntnisreiche Artikel gibt den besten aktuellen Überblick über die Arbeit der Initiativen.

Vgl. auch Harald Jähner, Die Kampagne »Du bist Deutschland« ist vorbei. Natürlich mit positiver Bilanz, Berliner Zeitung, 22.2.06: 1; weitere Informationen zu der Kampagne, die einen Wert von 32 Millionen Mark hatte, von Silke Kersting, Handelsblatt, 22.2.2006. Demnach wurde die Kampagne von 58 Prozent der Bevölkerung ab 14 Jahren wahrgenommen. 46 Prozent gefällt die Kampagne, 28 Prozent äußerten Kritik, wie die Nürnberger GfK Marktforschung GmbH herausfand.

30 Vgl. Die Welt, 11.1.2006, Die Rheinpfalz, 13.2.2006 und die Presseinformation des Konvents für Deutschland vom 1.3.2006. »Der Konvent warnt deswegen vor dem Trugschluss, die Föderalismusreform werde damit (Anm.: mit der Beschlussvorlage von Bundesregierung und den Ländern) abgeschlossen sein.«

31 Vgl. manager-magazin, 1/2006: 24f.

32 Vgl. Dettling/von Bismarck 2003. Dettling ist Mitbegründer von BerlinPolis, des »politischen Thinktanks der nächsten Generation«.

33 manager-magazin, 1/2006: 24f.

34 Das Bonner Institut Media-Tenor misst durch Medienresonanzanalysen die Präsenz von Personen und Themen auf der Medienbühne. Vgl. die regelmäßigen Studien zur »Medienpräsenz der INSM«, die dem Autor vorliegen. 2005 mit folgenden Ergebnissen: »Die Kritik an der INSM schlägt nicht durch.« – »In der Präsenz 2005 knapp hinter den großen Stiftungen.« – »2005 stark über Bildungsthemen wahrgenommen.« Auch Allensbach und Forsa führten große Befragungen im Auftrag der INSM durch.

35 Zitiert nach: Frankfurter Allgemeine Sonntagszeitung, 20.7.2003, »Marktschreier für den Wettbewerb«.

36 Interview Rudolf Speth mit Tasso Enzweiler, 18.5.2004

37 Interview Rudolf Speth mit Dr. Hans Werner Busch, 24.5.2004

38 manager-magazin, 1/2006: 25

39 Siehe dazu: Hallo Partner! Die 100-Millionen-Kampagne: Gesamtmetall kämpft trickreich für Sozial-Umbau, SZ, 26.11.2004

40 Interview Rudolf Speth mit Oswald Metzger, 14.5.2004

41 Vgl. dazu als Beispiel: Volker Lilienthal, epd medien Nr. 37, 14.5.2003, »Drittmittelfernsehen. Der HR, Günter Ederer und die deutsche Wirtschaft«

42 ebd.

43 Impulse 1/2004, Reformern geht die Luft aus. Und: Die Politik zum Jagen tragen. Deutsche Reform-Bewegungen setzen auf Zusammenarbeit, Die Welt, 31.5.2003

44 INSM, Initiative Aktuell Extra, Mitten im Medienleben: Kooperationen mit der INSM.

45 Vgl. Kocks, Vortrag 2003

46 Vgl. Internetauftritt der Initiative u.a. www.chancenfueralle.de

47 Die beiden Vorstände der Stiftung Marktwirtschaft, Prof. Dr. Michael Eilfort und Prof. Dr. Bernd Raffelhüschen, sind auch als Botschafter der Initiative tätig. Fragen zu solchen Tätigkeiten lehnte Raffelhüschen etwa im

Interview mit dem ARD-Magazin »Monitor« (WDR) in der Sendung vom 16.3.2006 ab.
48 manager-magazin, 1/2006
49 Vgl. Hans-Joachim Lauth, Demokratie und Demokratiemessung, Eine konzeptionelle Grundlegung für den interkulturellen Vergleich, Wiesbaden 2004

4. Medien und Politikberatung
1 FAZ, 25.8.2005
2 Vgl. Der Spiegel, 28.6.2003
3 Klaus-Peter Schmidt-Deguelle, in: Frank Nullmeier/Thomas Saretzki (Hrsg.), Jenseits des Regierungs-Alltags. Strategiefähigkeit politischer Parteien, Frankfurt/Main 2002: 108
4 in einem Interview mit dem Autor
Claus Leggewie sieht die Probleme der Politikberatung so: »Heute sind ›Fakten unsicher, Werte umstritten, der Einsatz hoch und Entscheidungen dringend‹ (Jerome Ravetz). Der doppelte Balanceakt der Politikberater besteht folglich darin, Entscheidung durch Expertise zu unterfüttern, ihr gleichzeitig öffentliche Zustimmung zu sichern und dabei auch noch das Problem des anfälligen Mangels an Wissen zu bearbeiten – bei dringendem, durch mediale Aufregung zusätzlich forciertem Entscheidungszwang« (SZ, 2.12.2005: 15).
Vgl. auch die kritische Würdigung der »etablierten, institutionalisierten Politikberatung« von Karen Horn: »Dicke Wälzer, wenig Inhalt« (FAZ, 23.6.2002: 39) und das mit der Analyse verbundene Interview mit dem Bayreuther Soziologen Michael Zöller: »Die Politikberatung ist zu sehr regierungsorientiert.«
Interessant in diesem Zusammenhang ist die ungewöhnliche Einschätzung des Mainzer Finanzwissenschaftlers Rolf Peffekoven, der seit 1973 dem Beirat des Bundesfinanzministers angehörte und von 1991 bis 2001 »Wirtschaftsweiser« war. Der rheinland-pfälzische CDU-Spitzenkandidat Christoph Böhr hatte Peffekoven in sein Schattenkabinett gerufen. Dessen Motiv für die Mitwirkung im Wahlkampf-Team: »Seit über 30 Jahren bin ich in der wissenschaftlichen Politikberatung tätig und habe festgestellt: Es ist sehr schwierig, Rat von außen in die Politik hineinzutragen. Größere Chancen bestehen wohl direkt in einer Partei« (ddp, 17.3.2006).
5 »Spindoctoring« bezeichnet die Gestaltung des Themen- und Aufmerksamkeits-Managements durch Medienprofis in der Politik; vgl. Stefan Marx, Boulevard Schröder, Boulevard Blair. Warum Spin Doctors nicht tot zu kriegen sind, in: MainzerMedienDisput, Mainz 2004: 210–218.
Ex-McKinsey-Chef Jürgen Kluge fungierte zweifellos als »Spindoctor« für Angela Merkel. Offen bekannte er: »Wir sind beide Physiker und im gleichen Alter. Das verbindet« (Handelsblatt, 30.11.2000: 14). Er hatte u. a. an Merkels Manifest für eine neue CDU-Wirtschaftspolitik mitgeschrieben (vgl. Der lange Marsch der CDU, Capital, 22.2.2001: 104). In der Analyse

»Merkels Zirkel« von Daniela Vates wird Kluge ebenfalls zu den Vertrauten der CDU-Chefin gezählt (Berliner Zeitung, 30.5.2005: 3).
Solche Beratungen bleiben nicht ohne Folgen. Der Politikwissenschaftler Karl-Rudolf Korte analysierte deshalb nach der Bundestagswahl, dass das CDU-Programm auch von McKinsey geschrieben worden sein könnte (Die Tagespost, 22.12.2005: 14).

6 Kuhn 2002: 97
7 ebd.
8 Kochs Rede ist als Manuskript nicht verfügbar; die zuständige Pressestelle wollte es jedenfalls nicht übermitteln.
9 Vgl. Gerd Mielke im Themenheft des Forschungsjournals Neue Soziale Bewegungen, Wiesbaden 3/1999: Ratlose Politiker – Hilflose Berater. Mielkes Thesen lassen sich auch historisch am Beispiel der SPD-Beratung untermauern. So wurde das dem Autor als Zusammenfassung vorliegende, 1997 von Interbrand Zintzmeyer & Lux erstellte Gutachten für den SPD-Parteivorstand mit dem Titel »Auf dem Weg zur modernen Parteizentrale – Das Fundament legen« nicht in die Praxis umgesetzt. Das Gleiche gilt für ein ebenfalls internes Gutachten, das Rudolf Scharping zur Optimierung der SPD-Fraktionsarbeit in Auftrag gegeben hatte.
Wie schwach die Disziplin Politikberatung in Deutschland entwickelt ist, zeigte 2005 auch eine Diskussion unter dem Titel »Möglichkeiten und Grenzen von Politikberatung« der Friedrich-Ebert-Stiftung. Die 100-seitige Dokumentation (o. D.) u. a. mit den Ausführungen von Ex-SPD-Chef Franz Müntefering und Markus Klimmer von McKinsey beschreibt die Distanz der Politik zu Beratern.
Mit den Gründen für die Ablehnung einer wissenschaftlich fundierten Politikberatung durch führende Politiker setzen sich Gerd G. Wagner und Wolfgang Wiegard auseinander: »Stattdessen bevorzugt er (Anm.: Ex-Staatssekretär Alfred Tacke) die von wissenschaftlichen Skrupeln ungetrübten, dafür aber leicht verdaulichen und auf einen kurzen Punkt gebrachten Expertisen privater Beratungsfirmen à la Berger oder McKinsey« (Welt am Sonntag, 21.11. 2004: 28).
10 Vgl. Teil II, Kap. 1: Ermittlungen des Bundesrechnungshofs
11 Vgl. FAZ, 14.6.2003: Vitamin B ist ihr Kapital. Die Berliner Republik hat mit dem Berater für Public Affairs ein neues Berufsbild hervorgebracht.
12 Vgl. Elisabeth Niehahr/ Rainer Pörtner, Joschka Fischers Pollenflug. Wie Politik wirklich funktioniert, Frankfurt/Main 2002: 69 ff.
13 SWR/NDR, Strippenzieher und Hinterzimmer. Film von Thomas Leif und Julia Salden, SWR, 6.3.2006
14 ebd.
15 ebd.
16 ebd.
17 Stern Media Business, 6/2005

Teil III – Die Reform von staatlichen Einrichtungen
1 Focus, 2/2004

1. Die Beratung der Berater oder: Die Privatisierung der Bundeswehr
2 Stefan Berg/Michael Fröhlingsdorf/Felix Kurz/Gunther Latsch/Cordula Meyer/Harald Schumann, Der Spiegel 6/2004: 60 ff. (60)
3 g.e.b.b., Präsentation »Beitrag zur Reform der Bundeswehr. Ziele, Status, Perspektiven«, 2005: 4; Berg u. a., Der Spiegel 6/2004: 60 ff. (60)
4 Dietrich Austermann, AP, 4.2. 2004
5 AP-Meldung vom 20.2. 2004
6 Exemplarisch: Verträge »Feinkonzept Simulationsgeländedatenbasis« (Volumen: 380 000 Euro), Rheinmetal Defense Electronics; »Komplementärsoftware zu SAP R/3 zur Unterstützung des Vergabeprozesses« (Volumen: 495 000 Euro), CSC Ploenzke AG; 2004 erhielt die Bundeswehr 128 Millionen Euro für IT-Dienstleistungen.
7 Berg u. a., Der Spiegel 6/2004: 60 ff. (60)
8 2. Änderungsvertrag vom 1.2. 2002, Vertragslaufzeit vom 31.1. 2002 auf den 31.5. 2002 verlängert
9 Berg u. a., Der Spiegel 6/2004: 60 ff. (60)
10 BMVg, Bericht über die Inanspruchnahme externer Beratungsleistungen im Zusammenhang mit der Modernisierung der Bundeswehr, 2004
11 BMVg, Bericht 2004
12 Berg u. a., Der Spiegel 6/2004: 60 ff. (60); BMVg, Bericht 2004
13 Interview in »Frontal 21« mit Dr. Ulrich Horsmann, Geschäftsführer der g.e.b.b., 5.12. 2002
14 Markus Krah, Reuters, 10.3. 2004.
15 Dr. Elke Leonhard MdB, Bundeswehr-Beraterverträge. Zwischenbericht an den Haushaltsausschuss des Deutschen Bundestags 2004: 13
16 S. Borst, J. Hirzel, S. Sammet, O. Wilke, Focus, 26.1. 2004: 138 ff. (138)
17 Leonhard, Zwischenbericht an den Haushaltsausschuss 2004: 13
18 ebd.
19 Darin haben private Partner die Mehrheit
20 Recherche von Ulrike Hinrichs für »Frontal 21«, 2004
21 Berg u. a., Der Spiegel 6/2004: 60 ff. (60)
22 ebd.
23 Brief des Abteilungsleiters Haushalt an Minister Scharping vom 8.8. 2001
24 Schreiben des BMVg (ausgew. Abt.) zur Bewertung der Wirtschaftlichkeit der g.e.b.b. vom 7.8. 2001 – Vorlage für Min. Scharping und die Staatssekretäre
25 Gemeint ist ein Papier des BMVg, das den Zwischenstand der g.e.b.b.-Planungen im Bereich der Liegenschaften wiedergibt und dem Haushaltsausschuss zugegangen war
26 Brief des niedersächsischen Finanzministers Heinrich Aller an den Vorsitzenden des Haushaltsausschusses des Bundestags, Hans-Georg Wagner, vom 2.7. 2002.

27 Berg u.a., Der Spiegel 6/2004: 60 ff. (60)
28 ebd.
29 ebd.
30 Brief des Staatssekretärs Klaus-Günther Biederbick an betroffene Abteilungen im Ministerium vom 4.10.2002
31 Leonhard, Zwischenbericht an den Haushaltsausschuss 2004: 11
32 BMVg, Bericht 2004: 5
33 Berg u.a., Der Spiegel 6/2004: 60 ff. (60)
34 BMVg, Bericht 2004: 5
35 Vertrag vom 27.8.2003, Vertragsvolumen: 998 057 Euro, Vertragslaufzeit bis 28.11.2003
36 1. Änderungsvertrag vom 22.7.2003, Vertragsverlängerung bis 28.2.2004
37 1. Änderungsvertrag vom 19.2.2003, Vertragsverlängerung bis 31.12.2003
38 Es handelt sich um den Vertrag zur »Einrichtung eines Beteiligungscontrollings«, BMVg, Bericht 2004: 7
39 in einem Interview mit dem Autor
40 Leonhard, Zwischenbericht an den Haushaltsausschuss 2004: 5
41 Dietrich Austermann, Presseinformation 2004
42 dpa, 24.2.2004
43 ebd.
44 Interview mit dem Autor
45 Handelsblatt, 15.8.2005 und BT-Drucksache 16/987 vom 6.4.2006
46 Bericht des BRH nach § 88 Abs. 2 BHO über die Haushalts- und Wirtschaftsführung der g.e.b.b. mbH, 10.3.2004
47 Stellungnahme des BRH, Beratung des BMVg über die Haushalts- und Wirtschaftsführung der g.e.b.b. mbH, 6.8.2004
48 Bericht des BRH, 10.3.2004: 8
49 Prüfungsamt des Bundes, München, »Mitteilung an das Bundesministerium der Verteidigung über die Prüfung Einführung des Neuen Flottenmanagements des Bundeswehr«, 13.12.2004: 8
50 Prüfungsamt, Mitteilung, 13.12.2004: 7
51 Prüfungsamt, Mitteilung, 13.12.2004: 8
52 ebd.
53 ebd.
54 Prüfungsamt, Mitteilung, 13.12.2004: 7
55 VBB Magazin, Mai 2004: 4
56 Leonhard, Zwischenbericht an den Haushaltsausschuss 2004: 12
57 Erkenntnisse des BRH zum Privatisierungsvorhaben des Bundesministeriums der Verteidigung, Neues Bekleidungsmanagement, Anlage 4.1, 2004: 3
58 g.e.b.b., Präsentation, Januar 2005: 8
59 Prüfungsamt, Mitteilung, 13.12.2004: 8
60 Erkenntnisse des BRH, Anlage 4.1, 2004: 3
61 Alle Zahlen aus VBB Magazin, Mai 2004: 3

62 BMVg Stellungnahme zum Bericht des BRH vom 10.3.2004, 17.6.2004: 18
63 BRH Stellungnahme 6.8.2004
64 BRH Bericht 10.3.2004: 7, 64ff. (64/65)
65 BRH Bericht 10.3.2004: 7, 68ff.
66 BRH Bericht 10.3.2004: 7, 72ff.
67 Reuters vom 12.8.2004
68 BRH Bericht 10.3.2004: 6
69 BRH Bericht 10.3.2004: 5
70 ebd.
71 ebd.
72 BRH Bericht 10.3.2004: 6
73 BRH Bericht 10.3.2004: 5
74 Leonhard, Zwischenbericht an den Haushaltsausschuss 2004: 5
75 g.e.b.b., Präsentation 2005: 24
76 g.e.b.b., Präsentation 2005: 5
77 dpa, 20.10.2004
78 Markus Krah, Reuters, 10.3.2004
79 ebd.
80 Vgl. Originalberichte und Die Welt, 4.2.2006
81 Reuters, 10.3.2004
82 g.e.b.b., Präsentation 2005: 6
83 Alle Zitate aus: Gelesen. Gelacht. Gelocht. Film von Thomas Leif, Südwestfernsehen, 30.5.2005
84 Brief des Abteilungsleiters Haushalt im Verteidigungsministerium vom 21.7.2004. Interessant ist, dass die Mahnungen der Dienstvorgesetzten und des Bundesrechnungshofs das g.e.b.b.-Management nicht davon abhalten, ihre »Jubelmeldungen« auch weiterhin auf der Homepage der g.e.b.b. offensiv zu vertreten. Vermutlich gibt es hier eine abgesprochene Arbeitsteilung, weil diese Art der Öffentlichkeitsarbeit anders nicht zu erklären ist.

2. Berater bei der Arbeit: Das Consulter-Paradies in der Bundesagentur für Arbeit

1 Der Begriff »Skandalaufdecker«, englisch: Whistleblower, bezeichnet einen Informanten der demokratischen Öffentlichkeit, der Missstände, illegales Handeln (z.B. Korruption, Insiderhandel) oder Gefahren für Land und Leute aufdeckt. Im negativen Sinn steht der Begriff für einen so genannten »Nestbeschmutzer«, der Interna seines Arbeitsumfelds »ausplaudert«.
2 Handelsblatt, 6.2.2002
3 Der Spiegel, 23.05.2005, 24ff. (29)
4 im Gespräch mit dem Autor im Jahr 2005
5 E-Mail eines ehemaligen leitenden Mitarbeiters des vormaligen Landesarbeitsamts Rheinland-Pfalz-Saarland vom 16.3.2003 an einen angehenden Verwaltungswissenschaftler, der um ein Interview mit Erwin Bixler bat.

6 Der Spiegel, 23.5.2005: 24 ff. (29)
7 Christine Trampusch, »Sozialpolitik in Post-Hartz-Germany«, WeltTrends, Nr. 47, April 2005, »Arbeitspolitik in Europa«: 2
8 ebd.
9 Dazu gehören u.a. Norbert Blüm, Rudolf Dressler, Dieter-Julius Cronenberg, Hermann Rappe, Werner Tegtmeier, Horst Seehofer und Hermann-Josef Arentz.
10 Trampusch 2005: 13
11 manager-magazin, 2/2005: 30 ff. (32)
12 Das vollständige Interview ist auf den Seiten 431 bis 449 abgedruckt.
13 Bundesagentur für Arbeit/Der Vorstand, Beratungsunterlage des Verwaltungsrats 151/2005 – Darstellung des Einsatzes externer Berater im Rahmen der Reform, 16.9.2005: 10
14 ebd.: 11
15 ebd.: 3 ff.
16 Bundesagentur für Arbeit/Der Vorstand, 2005: 3
17 ebd.
18 Bundesagentur für Arbeit/Der Vorstand, 2005: 4
19 Bundesagentur für Arbeit/Der Vorstand, 2005: 5
20 ebd.
21 Bundesagentur für Arbeit/Der Vorstand, 2005: 7
22 ebd.
23 Vgl. Porträt in der SZ, 25.10.2005: 4. Um was es McKinsey bei der Umgestaltung der BA wirklich geht, hat der damalige Deutschland-Chef Jürgen Kluge bereits im Februar 2002 verkündet. Im Nachrichtensender n-tv empfahl er einen »drastischen Personalabbau«. Man solle »unter 50 Prozent nicht anfangen, nachzudenken« (ddp, 24.2.2002). Dies würde eine Freisetzung von mindestens 45 000 Menschen bedeuten, für die »individuelle Lösungen« gefunden werden müssten.

3. Der Bundesrechnungshof durchleuchtet den »virtuellen Arbeitsmarkt«

1 Begründeter Vermerk für die Vergabe vom 27.5.2002 -Ic1- 1431 (B): 2 (siehe auch Alt, Veröffentlichung zum D21-Jahreskongress 2003, »Neue Jobs durchs Internet – Impulse für Wachstum und Wettbewerbsfähigkeit in der Innovationsgesellschaft«: 16)
2 Mitteilung des Bundesrechnungshofs an den Vorstand der Bundesagentur für Arbeit über die Prüfung der Funktionalität des virtuellen Arbeitsmarkts der BA, Gz.: VI 3 -2004-1240, 7.10.2004; vgl. auch die Pressemeldungen der BA dazu vom 11.3.2005, 24.2.2005 und 3.11.2004
3 Mitteilung des BRH: 4 und in der abschließenden Würdigung: 22
4 ebd.: 3
5 ebd.: 3
6 ebd.: 11

7 ebd.: 3
8 ebd.: 4
9 ebd.: 6
10 ebd.: 3 ff.
11 GZ: VI 2-2004-0925 vom 21.7. 2005
12 GZ: VI 3-2005-0239 vom 26.10. 2005
13 ZDF-Presseinformation, 27.2. 2006

4. Traurige Bilanz trotz Beratern: Die Ergebnisse der Hartz-Reform

1 Katharina Sperber, Am Gängelband der Politik, in: Frankfurter Rundschau, 30.6. 2005: 2
2 Der Spiegel, 23.5. 2005: 25
3 ebd.
4 SZ, 29.6. 2005: 2
5 Bild am Sonntag, 5.6. 2005
6 Financial Times Deutschland, 9.6. 2005
7 siehe auch: Bild, 19.7. 2005: 2
8 Der Spiegel, 23.5. 2005: 26
9 Der Spiegel, 23.5. 2005: 38
10 Der Spiegel, 23.5. 2005: 26 f.
11 WirtschaftsWoche, 28.7. 2005
12 Der Spiegel, 23.5. 2005: 33
13 ebd.
14 Financial Times Deutschland, 9.6. 2005: 3
15 ebd.
16 SZ, 29.6. 2005
17 in einem Interview mit der WirtschaftsWoche, 28.7. 2005
18 Die Welt, 23.6. 2005
19 Financial Times Deutschland, 9.6. 2005: 31
20 ebd.
21 Peter Clever in einem Interview in der WirtschaftsWoche, 28.7. 2005
22 Sperber, Am Gängelband der Politik: 2
23 Handelsblatt, 2.2. 2006; »Rechnungsprüfer attackieren Mammutbehörde«, schrieb der Spiegel (11/2006: 19) Mitte März 2006 mit Bezug auf ein neues 24-seitiges Gutachten des Bundesrechnungshofs zur Neuorganisation der Großbehörde. »Mehr als ein Viertel der fast 630 Geschäftsstellen der Nürnberger Agentur sollten geschlossen oder zusammengelegt, ein Großteil der Bezirke neu zugeschnitten werden.« (GZV12–2005–1226 vom 14.2. 2006)
24 Die interviewte Person wurde aus Gründen des Informantenschutzes anonymisiert.

Literaturverzeichnis

Althaus, Marco/Meier, Dominik, Politikberatung. Praxis und Grenzen, Münster 2004
Althaus, Marco/Cecere, Vito (Hrsg.), Kampagne! 2: Neue Strategien für Wahlkampf, PR und Lobbying, Münster 2003
Anderson Consulting/Arthur D. Little/Schitag, Ernst&Young/Young&Rubicam, Modell Deutschland 21. Wege in das nächste Jahrhundert, Reinbek 1998
Berlinpolis/Vodafone (Hrsg.), Kann die Demokratie die Medien überleben? Zum Verhältnis von Medien und Politik, Berlin 2005
Block, Peter, Erfolgreiches Consulting. Das Berater-Handbuch, Frankfurt/Main 1997
Bower, Marvin, Perspective on McKinsey. McKinsey & Company. Inc (Hrsg.), o. O. 1979 (»Written and Privately Printed for Readership by only the Personnel of McKinsey & Company. Inc.«)
Bundeszentrale für politische Bildung (Hrsg.), Inszenierte Politik, Aus Politik und Zeitgeschichte, 7/2006
Cassel, Susanne, Politikberatung und Politikerberatung, Bern 2001
Craig, David, Rip-Off! The scandalous inside story of the management consulting money machine, London 2005
Dettling Daniel/von Bismarck, Max (Hrsg.), Marke D. Das Projekt der nächsten Generation, Opladen 2003
Deutsche Shell (Hrsg.), Jugend. Zwischen pragmatischem Idealismus und robustem Materialismus, Frankfurt/Main 2002
Fassbender, Heino/Kluge, Jürgen, Perspektive Deutschland. Was die Deutschen wirklich wollen, Berlin 2006
Fincham, Robin, »The Agent's Agent – Power, Knowledge, and Uncertainty in Management Consultancy«, in: International Studies on Management and Organization, Vol. 32, No. 4, 2002, S. 67–86
Gammelin, Cerstin/Hamann, Götz, Die Strippenzieher. Manager, Minister, Medien – wie Deutschland regiert wird, Berlin 2005
Hartenstein, Martin/Billing, Fabian/Schawel, Christian/Grein, Michael, Karriere machen. Der Weg in die Unternehmensberatung 2005/2006. Consulting Case Studies erfolgreich bearbeiten, Wiesbaden 2004
Hoch, Detlev J./Klimmer, Markus/Leukert, Peter, Erfolgreiches IT-Management im öffentlichen Sektor. Managen statt verwalten, Wiesbaden 2005

Kipping, Matthias/Armbrüster, Thomas, The Content of Consultancy Work: Knowledge Generation, Codification, and Dissemination. CEMP-Report No. 13, Oktober 2000

Kluge, Jürgen/Stein, Wolfram/Licht, Thomas/Kloss, Michael/Bendler, Alexandra, Wissen entscheidet. Wie erfolgreiche Unternehmen ihr Know-how managen. Eine internationale Studie von McKinsey, Frankfurt/Main 2003

Kocks, Klaus, »Das neue Lobbyinstrument – PR im Journalismus«, in: Thomas Leif/Rudolf Speth (Hrsg.), Die stille Macht. Lobbyismus in Deutschland, Wiesbaden 2004, S. 350–353

Kohr, Jürgen, Die Auswahl von Unternehmensberatungen. Klientenverhalten – Beratermarketing, München/Mehring 2000

Korte, Karl-Rudolf/Hirscher, Gerhard (Hrsg.), Darstellungspolitik oder Entscheidungspolitik? Über den Wandel von Politikstilen in den westlichen Demokratien, München 2000

Kümmel, Gerhard (Hrsg.), Wissenschaft, Politik und Politikberatung, Frankfurt/Main 2004

Kurbjuweit, Dirk, Unser effizientes Leben. Die Diktatur der Ökonomie und ihre Folgen, Reinbek 2003

Leif, Thomas/Speth, Rudolf (Hrsg.), Die stille Macht. Lobbyismus in Deutschland, Wiesbaden 2004

Leif, Thomas/Speth, Rudolf (Hrsg.), Die fünfte Gewalt. Lobbyismus in Deutschland, Wiesbaden 2006

Leif, Thomas, »Wer bewegt welche Ideen? Medien und Lobbyismus in Deutschland«, in: Ulrich Müller/Sven Giegold/Malte Arhelger (Hrsg.), Gesteuerte Demokratie? Wie neoliberale Eliten Politik und Öffentlichkeit beeinflussen, Hamburg 2004, S. 84–89

Lütgenbruch, Udo, Kampf um Talente. Führungskräfte finden, fördern, binden, München 2001

Marx, Stefan, »Boulevard Schröder, Boulevard Blair. Warum Spin Doctors nicht tot zu kriegen sind«, in: MainzerMedienDisput, Mainz 2004, S. 210–218

McKinsey & Company (Hrsg.), McK Wissen 13, Public Sector, Juni 2005

Müller, Albrecht, Machtwahn. Wie eine mittelmäßige Führungselite uns zugrunde richtet, München 2006

Nicolai, Alexander T., Die Strategie-Industrie. Systemtheoretische Analyse des Zusammenspiels von Wissenschaft, Praxis und Unternehmensberatung, Wiesbaden 2000

Nuernbergk, Christian, Die Mutmacher. Eine explorative Studie über die Öffentlichkeitsarbeit der Initiative Neue Soziale Marktwirtschaft, Münster 2005 (Magisterarbeit)

Nullmeier, Frank/Saretzki, Thomas (Hrsg.), Jenseits des Regierungsalltags. Strategiefähigkeit politischer Parteien, Frankfurt/Main 2002

Oetinger, Bolko von, Das Boston Consulting Group Strategie-Buch. Die wichtigsten Management-Konzepte für den Praktiker, Düsseldorf 2000

Resch, Christine, Berater-Kapitalismus oder Wissensgesellschaft? Zur Kritik der neoliberalen Produktionsweise, Münster 2005

Rudolph, Hedwig/Okech, Jana, Wer anderen einen Rat erteilt... Wettbewerbsstrategien und Personalpolitik von Unternehmensberatungen in Deutschland, herausgegeben vom Wissenschaftszentrum Berlin für Sozialforschung, Berlin 2004

Rügemer, Werner, Der Berater-Staat. Wie McKinsey, Price Waterhouse Coopers und die globale Beraterbranche den Staat privatisieren. In: Junge Welt vom 23.10.2004

Rügemer, Werner, Die Berater. Ihr Wirken in Staat und Gesellschaft, Bielefeld 2004

Sarcinelli, Ulrich, »Parteien und Politikvermittlung. Von der Parteien- zur Mediendemokratie?«, in: ders. (Hrsg.), Politikvermittlung und Demokratie in der Mediengesellschaft, Wiesbaden 1998, S. 273–296

Sarcinelli, Ulrich/Heribert Schatz (Hrsg.), Mediendemokratie im Medienland? Opladen 2002

Scherm, Martin (Hrsg.), 360-Grad-Beurteilungen, Göttingen 2005

Schützeichel, Rainer/Brüsemeister, Thomas (Hrsg.), Die beratene Gesellschaft. Zur gesellschaftlichen Bedeutung von Beratung, Wiesbaden 2004

Sommerlatte, Tom/Mirow, Michael/Niedereichholz, Christel u.a. (Hrsg.), Handbuch der Unternehmensberatung, Berlin 2005

Speth, Rudolf, Der BürgerKonvent. Kampagnenprotest von oben ohne Transparenz und Bürgerbeteiligung, Düsseldorf 2003 (Arbeitspapier der Hans-Böckler-Stiftung Nr. 71, www.boeckler.de)

Sperling, Hans Joachim/Ittermann, Peter, Unternehmensberatung – eine Dienstleistungsbranche im Aufwind, München/Mehring 1998

Staufenbiel, Joerg E./Friedenberger, Thomas, Karriere Inside: Consulting. Die 50 wichtigsten Unternehmen für Bewerber, Köln 2004

Staute, Jörg, Der Consulting-Report. Vom Versagen der Manager zum Reibach der Berater, Frankfurt/Main/New York 1996

Steinmeier, Frank-Walter/Machnig, Matthias, Made in Germany '21. Innovationen für eine gerechte Zukunft, Hamburg 2004

Steppan, Rainer, Versager im Dreiteiler. Wie Unternehmensberater die Wirtschaft ruinieren, Frankfurt/Main 2003

Szöllösi-Janze, Margit, »Wissensgesellschaft in Deutschland. Überlegungen zur Neubestimmung der deutschen Zeitgeschichte über Verwissenschaftlichungsprozesse«, in: Geschichte und Gesellschaft, Bd. 30, 2004, S. 277–313

Personenregister

Abele, Jon 243
Anda, Bela 347
Antrecht, Rolf 28, 83, 99
Arnim, Dr. Hans Herbert von 175
Arnold, Rainer 381
Austermann, Dietrich 291 ff., 307 f.

Bannas, Günter 346
Battis, Prof. Dr. Ulrich 291 f.
Beck, Kurt 358, 364
Berger, Roland 14, 43, 54, 76, 174 f., 181 ff., 264, 314, 331, 375
Bernhard, Wolfgang 46, 82
Bialecki, Martin 360
Biederbick, Günther 380
Bierhoff, Oliver 335
Bilges, Hans-Erich 322
Bill, Holger 270 ff.
Birt, John 236
Bixler, Erwin 401–408
Blair, Tony 347
Bodewig, Kurt 40, 45
Breitzke, Eric 390
Brodhun, Nancy 305
Brüderle, Rainer 352
Brunner, Manfred 331
Buitenen, Paul van 406

Christenson, Ginka 218
Christiansen, Sabine 44, 98, 180, 323, 349, 352
Claassen, Prof. Dr. Utz 29
Clement, Wolfgang 175, 323, 341, 356, 426, 428
Clever, Peter 427, 429

Craig, David 234–239

Dahrendorf, Lord 335
Däubler-Gmelin, Herta 81
Denia, Wolfgang 273
Dettling, Daniel 333
Domsch, Michael 46
Donges, Juergen B. 314

Ehmann, Herr 417
Eichel, Hans 82, 348 ff., 354, 360, 362
Eickenboom, Peter 379 f.
Engelen-Kefer, Ursula 323, 428 f.
Enzweiler, Tasso 334, 342

Fels, Gerhard 314
Fiedler, Jobst 45, 103, 177 f., 410
Finck, August von 331
Fink, Dietmar 33, 42 f., 51, 182 f.
Fischer, Joschka 27, 355 f., 367
Forster, Carl 44
Freimuth, Angela 301
Friedrichs, Julia 50, 15, 216
Fritzenkötter, Andreas 353

Gabriel, Sigmar 177 ff.
Galbraith, John Kenneth 66
Gatzemeier, Daniel 305
Genscher, Hans-Dietrich 322
Gerster, Florian 41, 314, 322 f., 409
Glogowski, Gerhard 177, 180
Gotto, Klaus 348
Groß-Selbeck, Stefan 46
Grüttner, Stefan 239 f.

Haake, Sabine 216 ff.
Habbel, Franz-Reinhard 241
Haines, David 107 ff.
Haller, Michael 337
Hammersen, Philip 425
Hanson, Lord 235
Hartz, Peter 103, 137, 409
Hauff, Volker 45
Haussmann, Helmut 357
Heinzmann, Werner 380
Henzler, Herbert 54
Herzog, Roman 103, 329, 331
Heuskel, Dieter 43, 61, 211–215
Hlubek, Mathias 46
Hoch, Detlev J. 242
Höfer, Max A. 334
Höhn, Bärbel 301
Höll, Susanne 368
Horsmann, Dr. Ulrich 387, 391 ff., 394 f.
Höselbarth, Dr. Frank 39

Inacker, Michael 368

Jagoda, Bernhard 409
Jung, Dr. Michael 111
Jung, Franz-Josef 40
Justus, Philipp 218

Kannegiesser, Martin 314, 339
Kelly, David 408
Kieser, Alfred 32, 47
Kirchhof, Prof. Paul 314, 340, 362
Klaeden, Eckart von 367
Klimmer, Markus 242
Kluge, Jürgen 15, 42 f., 51, 83 f., 89 f., 98 f., 104 f., 111, 126, 153
Koch, Roland 241, 348, 352
Köcher, Renate 330
Kocks, Prof. Dr. Klaus 327, 339
Kohl, Dr. Helmut 26, 39, 313, 329, 348, 353
Körfer-Schün, Peter 107

Korte, Prof. Dr. Dr. Karl-Rudolf 15, 104
Kraljic, Peter 103, 410
Kuhlo, Karl-Ulrich 330
Kuhn, Fritz 350 f.
Kult, Gabriele 240 f.
Kurbjuweit, Dirk 84, 138

Lachmann, Dr. Peter 304
Lafontaine, Oskar 311
Langguth, Prof. Dr. Gerd 330
Laumann, Karl-Josef 308
Lauterbach, Prof. Dr. Karl 370
Lawall, Karin 312, 316, 318
Lay, Rupert 39
Leber, Hendrik 426
Lehmann, Kardinal 335
Lemke, Harald 240, 242 f.
Lenin 84
Leonhard, Elke 381, 389
Leukert, Peter 242
Lübke, Rolf 392 f.
Lührmann, Dr. Harald 245–269

Machnig, Matthias 45, 321 f., 359
Malik, Fredmund 89
Meng, Richard 356
Merkel, Angela 15, 26, 76, 104, 124, 128, 244, 340, 348, 363
Mertes, Michael 348
Merz, Friedrich 81, 104, 352
Metzger, Oswald 314, 336
Meyer, Laurenz 359
Meyerding, Wolfgang 178 f.
Miegel, Prof. Dr. Meinhard 330
Mikfeld, Benjamin 321 f.
Mörsdorf, Stefan 318
Müller, Herbert 348
Müller, Peter 311 ff.
Müller, Werner 380
Müntefering, Franz 352
Muscheid, Dietmar 113

Nuernbergk, Christian 339

Palmer, Christoph 45
Panke, Helmut 46
Paulokat, Peter 109
Perillieux, René 42
Petzold, Andreas 367

Rath, Dieter 334, 337
Reiners, Klaus 42
Richard (McKinsey-Insider) 90–95, 98
Rickens, Christian 330
Rickert, Dieter 332
Riester, Walter 403, 408 f.
Ringbek, Jürgen 61
Rodenstock, Randolf 314
Rohwetter, Markus 40
Rudolph, Hedwig 33, 49
Rüttgers, Jürgen 84

Samland, Detlev 80, 321
Schänzer, Dr.-Ing. Gunther 303
Scharping, Rudolf 39 f., 367, 375–378
Scheel, Christine 341
Schimmelmann, Wulf von 44
Schiphorst, Bernd 322
Schmidt-Deguelle, Klaus-Peter 348 ff., 354, 360
Schmidt, Christian 382
Schmidt, Felix 316
Schmidt, Helmut 373
Schmidt, Ulla 78
Schneider, Manfred 331
Schneiderhan, Wolfgang 380
Schoeler, Andreas 45, 396 f.
Schrempp, Jürgen 435
Schröder, Gerhard 26, 174 f., 180, 276, 307, 309, 321, 329, 341, 347, 353, 362 f., 365, 409 f., 426
Schulte, Thorolf 381 f., 388, 394 f.
Schütze, Richard 323
Schwarz, Günther 243
Schwenker, Burkhard 61, 181 ff., 194–210, 264

Seehofer, Horst 103, 357, 370
Seidensticker, Franz-Josef 35
Simon, Hermann 42 f.
Sommer, Michael 113 f.
Späth, Lothar 330
Speth, Rudolph 313
Spreng, Michael 357
Staute, Jörg 57, 60
Steg, Thomas 360
Steinbrück, Peer 354
Steppan, Rainer 41, 54
Stiegler, Ludwig 81
Stoiber, Edmund 174 f., 341, 357, 361 f.
Strasser, Johano 280
Streicher, Heinz 41
Struck, Peter 375, 379 f., 382
Strunz, Claus 330
Strutz, Eric 46, 218

Tacke, Alfred 278
Teichmann-Schulz, Frau 416
Tiedje, Hans-Hermann 322
Tietmeyer, Hans 314, 336, 338
Turner, Sebastian 330, 344 f.

Walgenbach, Ewald 46
Weck, Roger de 363
Weise, Frank-Jürgen 59, 427
Wend, Rainer 341
Wendroth, Hannes 375
Wenzel, Stefan 180
Westerwelle, Guido 352
Winkhaus, Hans-Dietrich 314
Wissmann, Matthias 81
Wittig, Martin 181
Wöhrl, Dagmar 308
Wulff, Christian 43 f., 174, 179 f.
Wulf-Mathies, Monika 331

Zitzelsberger, Heribert 82
Züll, Johannes 46
Zumwinkel, Klaus 44

Sachregister

»3-R-Methode« 304

A.T. Kearney (Unternehmensberatung) 16, 35f., 38, 59, 151
Abels & Grey, Agentur 330
Abhängigkeit(strukturen) 18, 75, 238, 241, 300, 366f., 441
Ablasshandel, moderner 279
Accenture 35, 47f., 241, 245–272, 317, 325, 396, 415, 417 *siehe auch* Andersen Consulting
Achieving, Anforderungsprofil Unternehmensberater (McKinsey) 144f.
Agenda-Kommunikation 79, 114, 335, 347, 360
Agenturen-Netzwerk, Politiker 320–326
Akquise/Akquisition 55, 92, 176, 203, 205, 223, 453
Aktionäre, Interessen 235
»Aktionsgemeinschaft Deutschland« (Initiative) 332f.
Akzeptanz kaufen 63f., 417f., 452
ALG II *siehe* Arbeitslosengeld II
Alix Partners 35
Alumni-Network/-Netzwerk 44–47, 72, 200f., 453
Analyse, fundierte (Bundesrechnungshof) 20, 291, 300
Andersen Consulting (jetzt: Accenture) 35, 101, 303, 317, 396
Anforderungsprofil, Unternehmensberater 93
– McKinsey 144

»Arbeitsamt-Skandal« 405, 409, 415, 425
Arbeitslosengeld II 399, 411, 427f.
Arbeitsmarkt, virtueller (VAM) 396, 243, 265, 415ff.
Arbeitsweisen, Unternehmensberatung 255
Arge 325
Arthur D. Little (Unternehmensberatung) 36, 38, 70
Aufbruch jetzt! (Initiative) 332
Auftragsvergabe
– Gutachten 77, 81, 179, 269, 272, 294, 306, 313
– Politik 278
Auftreten 56f., 71, 89, 333
Ausbeutung, System der 132, 454
Auskunftspflicht, Datenschutz 310f.
Ausschreibungen 63, 76, 137, 179, 205f., 265, 283, 287ff., 295, 309, 317, 321, 375f., 384, 389, 398, 443
Autobahnmaut siehe LKW-Maut-System
Axel-Springer-Verlag 352

Bain & Company (Unternehmensberatung) 35f.
»Banalisierung« 67
BASF 34, 82
Batten, Barton, Durstine & Osborn (BBDO; Agentur) 45, 321f.
Bayer AG 331
BBC (Britisch Broadcasting Coorporation) 236f., 408

BBDO *siehe* Batten, Barton, Durstine & Osborn
BCG-Roadshow 216–220
BDI *siehe* Bundesverband der Deutschen Industrie
BDU *siehe* Bund deutscher Unternehmer
Bearing Point 35, 243 *siehe auch* KPMG
Beiten/Burkhardt/Goerdeler, Anwaltskanzlei 308
Beraterauswahl, Kriterien 38
Berater-Controlling 419, 451
Berater
– Idealtypus 270
– Sozialverhalten 439
Beratereinsatz 296, 298, 414
–, fehleranfälliger 282 f.
–, sinnvoller 283 ff.
Beratererfolg, Messbarkeit 42 f.
Beraterleben 139
Beratermarkt, Deutschland 207, 268, 271, 282
– Anatomie 307 f.
– Thesen 450–456
Beraterverträge 45, 62, 178, 307, 376
– Staatskanzlei, saarländische 316 ff.
Beratung, externe 60, 279–282, 284, 286, 388, 412
–, der Berater 375–396
–, persönliche 198
Beratungshonorar 19, 24, 33, 39, 51, 54, 56, 91, 98, 103, 127, 176, 228 f., 236, 252, 287, 290, 296, 298, 308 f., 316, 321, 377, 420, 434, 448 f. *siehe auch* Tagessätze, Unternehmensberatung
– Reduzierung 229 f.
Beratungsprozess, Defizite/Schwachstellen 231, 271, 398, 448
Beratungstrends 39, 55, 64 f., 80 f., 115, 160, 182, 204, 269, 275, 271, 327 f., 337, 342 f., 345 f.349, 399, 433, 447, 451
Berger-Kommission 175, 276
Berliner Thinktanks 314, 326–333
Berlin-Netzwerk 325
BerlinPolis (Initiative) 332
Best-Practice-Lösungen 264
Bewerbungsverfahren, interaktives (McKinsey) 144
Bewertungen 86, 93, 95, 202, 220, 230 f. *siehe auch* »Up-or-out«-Prinzip
Big Five 48
Bildung, McKinsey 105
Biografie/Karriere, Dieter Heuskel 211–215
BITCOM *siehe* Bundesverband Informationswirtschaft, Telekommunikation und neue Medien
BKA *siehe* Bundeskriminalamt
Bluff 232 f., 245, 249, 253 f., 278, 456 *siehe auch* Consultant-Sprache
BMW 44, 90
Bonus(systeme) 74, 439
Booz, Allen & Hamilton (Unternehmensberatung) 35 f., 42, 61, 303
Boston Consulting (BCG) 25, 35 f., 42 f., 46, 61, 72, 116, 151, 174, 182, 211–220, 244, 431 f., 441
British Telecom 236
Budgetreduzierung, Unternehmen 236
Bund deutscher Unternehmersberater (BDU) 54, 325
Bundesagentur für Arbeit 15, 20, 41, 59, 75, 175, 204, 243, 265, 307, 314, 322, 396, 400–427, 429, 433 f., 445, 449
– Beratungsbedarf, externer 388 f., 412, 418
– Online-Portal 415
– PR 422

Bundesbehörden, Personalqualifikation 283f.
Bundesebene, Berater auf 300–311
Bundeskriminalamt (BKA) 25, 240, 243, 265, 396
Bundespresseamt 78, 321, 348
Bundesrechnungshof 15, 41, 75, 77, 81, 242, 275–299, 321, 348, 382f., 386, 388f., 391–394, 399, 400, 403, 415–425, 427
Bundesverband Informationswirtschaft, Telekommunikation und neue Medien (BITKOM) 325
Bundesverband der Deutschen Industrie (BDI) 333f.
Bundesverfassungsgericht 311
Bundeswehr
– Fuhrpark 303, 377, 383, 391ff.
– Inhouse-Firma *siehe* g.e.b.b.
– Personalkosten 385f.
– Privatisierung 375–396
Bundeswehrreform 39, 44, 206, 375f., 380, 391 *siehe auch* Bundeswehr, Privatisierung
BürgerKonvent 330ff., 444
Burn-out 98, 256f., 444
BwFuhrparkService GmbH 377, 383, 391f.

»Caroline-Urteil« 346
»Case Study«, Recruiting 145ff., 152, 154f., 156f., 158f., 163, 291
Celerant Consulting 38
Charakter, Berater 71, 239, 248f.
Clifford, Chance, Pünder, Anwaltskanzlei 302
»Cluster-Bildung«/-Kampagnen« 115, 410
Coachfunktion 226
Commerzbank 46, 218
Consultant-Sprache 57ff.
Consulting-Report, Der – Vom Versagen der Manager zum Reibach der Berater (J. Staute) 57

Controller/Controlling 61, 255, 270, 275, 282, 289, 297, 344, 380, 384, 391, 404, 412, 414, 419, 451
Corporate Identity 120, 209f.
Cost-Cutting 58, 236
Credit Suisse First Boston Private Equity (CSFB) 106f., 109
CSC Ploenzke AG (IT-Unternehmen; ehemals: Isic 21) 45, 381, 396f.

Daimler-Chrysler 14, 46, 72, 175, 457
Datenschutz, Auskunftspflicht 310f.
»Debt-to-Equity-Swap« 34
Defizite, Beratung(sprozess) 67, 76, 79, 88, 203, 231, 240, 243, 249, 265, 267, 344, 398, 443, 445
degepol *siehe* Deutsche Gesellschaft für Politikberatung
Degussa 34
Deloitte 35f., 38, 48
Demoskopen/Demoskopie 330, 359, 365, 367
Deutsche Bahn AG 15, 69, 377
Deutsche Börse 64, 107, 245
Deutsche Gesellschaft für Politikberatung (degepol) 324
Deutsche Gesellschaft für Publik Relations (DPRG) 325
Deutsche Post AG 16, 44, 102, 331
Deutscher Gewerkschaftsbund *siehe* DGB
D-fine (Unternehmensberatung) 36
DGB (Deutscher Gewerkschaftsbund) 48, 82, 110–115, 428f.
Dienstleistungsbewusstsein, Berater 221
DIW (Wirtschaftsforschungsinstitut) 424
Dornier Consulting 36, 38
DPRG *siehe* Deutsche Gesellschaft für Publik Relations
Dresdner Bank 107

Dresscode 62, 72, 445, 454 *siehe auch* Kleidung
Droege & Company 35
Dussmann, Bundeswehrverpflegung 392

EADS (Rüstungskonzern) 381
ECC Public Affairs, Kohtes & Klewes 80, 321
Ein-Euro-Jobs 59, 428
Einsatz, persönlicher (Berater) 200, 218, 224
Einschätzung des Partners, grundlegende (Originaldokument, Roland Berger Strategy Consultants) 186–192
Enron(-Skandal) 41, 101 f.
Entlassungen, Unternehmen 21, 61
Erfolgreiches IT-Management im öffentlichen Sektor. Managen statt verwalten (D. J. Hoch, M. Klimmer, P. Leukert) 242
Erfolgskontrollen 280-287, 294, 296, 423 *siehe auch* Controller/Controlling
Erfolgsmythos, Beraterfirmen 454
Ernst & Young 377
Erstkontakt, Nachwuchsberater 216–220
Europäische Kommission (EU-Kommission) 406
Evaluation/Evaluierung 201 f., 230, 303, 412, 422, 425, 430, 438
Exklusivität, Marketinginstrument 62 f., 368 f.
Expertenkommission 111
Expo-Gutachten 44

Fachliteratur, Beraterindustrie 80, 271, 345, 399
Familie, Raum für 133, 155, 214, 228, 440
Fehlbeurteilungen 256
»Feindbeobachtung« 356

Finanzdienstleister 34, 38
Fink-Umfrage 14, 22, 28
Firmenkultur, dynamisch-amerikanische 218
Fluktuation im Beraterunternehmen 54, 199 ff., 262
Fortbildung, Berater 94, 199
Forum Junge Lobby 325
Freihändige Vergabe, Beraterleistungen (externe) 179, 287 ff., 309, 316 f., 389, 418
Friedrich Grohe AG 106–110
»Für ein attraktives Deutschland« (Initiative) 332

g.e.b.b. 307, 376–389
– Bundesrechnungshof 382–389
– Gründung 376
– Motto 391
– Selbstdarstellung 391–396
Gefälligkeitsgutachten 44, 61, 312
Gender-Mainstreaming 304 ff.
Granada (US-Firma) 238
Greenpeace 342
Grundgehalt, Berater 93
Grundhaltungen, politische 73 f.
Grundsätze/-werte, McKinsey *siehe* McKinsey-Motto
Gutachten, Merkwürdiges/Kurioses 300–304

Habgier 234 f.
Hartz-Kommission 40, 63, 103, 113, 137, 175, 205, 359, 369, 409 f., 418
Hartz-Reformen 15, 124, 166, 181, 329, 347, 359, 409 ff., 420, 426–430
Haushaltsausschuss 76, 292 f., 310
Hellmann Worldwide Logistics 377
Henkel AG 314
Hering Schuppener, Kommunikationsberatung 334

Herzog-Kommission 103
Hierarchie 25, 53, 55, 85, 199, 202, 218, 222, 231, 392
Honorar(sätze/-summen), Beratung *siehe auch* Beratungshonorar
- Reduzierung 229 f.
Horváth AG (Unternehmensberatung) 36
Hunzinger, Kontaktmakelei 323
HypoVereinsbank 107

IBM 127, 307, 381
Ich-AG 410, 427
IDS-Scheer AG 217
IG Metall 110, 114, 410 *siehe auch* DGB
Image, Berater(branche) 31, 51, 99, 109 f.
Implementieren/-ung 88, 108, 203, 249, 254, 260, 266 f., 271, 345, 399, 448, 452
Implementierungsdefizite 203, 448
Incentives 94, 246, 440, 444
Informationsbeschaffer (Berater) 450 f.
Informationstechnik/-technologie 239–244, 307, 381, 399
Informationstechnologie *siehe* IT
Informationszugang 368 f.
»Inhouse-Beratung« 34
Initiative Neue Soziale Marktwirtschaft *siehe* INSM
Innovation 21, 47 ff., 85, 175, 245, 271, 376
INSM (Initiative Neue Soziale Marktwirtschaft) 311–315, 328 f., 331, 334–343, 366
INSM-Partnerschaften, Zeitungen/Zeitschriften 337 f.
Institut für Wirtschaft und Gesellschaft (IWG) 330
Institut für Demoskopie Allensbach 330, 334
»Integriertes Reformmanagement der Bundeswehr« (IRM) 44, 376, 380
Intransparenz *siehe auch* Transparenz/Intransparenz
Investition, Schulung 105, 295
ipse communication (Agentur) 323
IRM *siehe* »Integriertes Reformmanagement der Bundeswehr«
Irrtümer, kollektive 431–449
Isic 21 *siehe* CSC Ploenzke AG
IT (Informationstechnologie) 208, 211, 238–244, 265 f., 269, 294 f., 297, 308 f., 381, 396, 415 f., 434, 446, 449, 453
IWG *siehe* Institut für Wirtschaft und Gesellschaft

Jahresverdienst, Jungberater/Partner 53, 68, 135
Jenoptik AG 330
Job-Floater 59, 410
Job-Rotation 45, 69, 453
Journalismus/Politik 357, 364
Jungberater, Jahresverdienst 53, 68, 135

K+S 46
Kapitalfondsgesellschaft BC Partners 106 f.
Karriere Inside Consulting 146
Karrierestufen 55
Karstadt-Quelle 64, 182
Käthe Kruse 218
Kienbaum Management Consultants 36, 386
Kienbaum-Vergütungsstudie 386
»Klarheit in die Politik« (Initiative) 332
Kleidung (Dresscode) 56 f., 210, 385, 444
Know-how(-Management), Berater 55 ff., 63, 66, 69 f., 81, 182, 200, 208, 226, 231, 242, 270 f., 278, 295, 334

Kodex, Mediatoren 324
Kolonisierung 47 f.
Kommodifizierung 47
Kommunikation 14, 23, 79 f., 95, 129, 134, 145, 209, 235, 240, 244, 247, 254, 297, 312 f., 320, 324-327, 334, 337, 339, 342, 347, 348-351, 354 f., 358, 360, 363, 368, 370, 381, 445, 448, 455
Kompetenz, Berater 196 ff., 226, 242, 344, 431, 434
Kompetenzzentrum Modernisierung 379-382
Komplexitätsfalle 66
Konkurrenz 21 f., 33 f., 39, 69, 178, 182, 204, 211, 224, 238, 258, 260 ff., 266 f., 350, 352, 357, 368, 410, 418, 450, 452 *siehe auch* Wettbewerb
Konkurrenzsituation, McKinsey/Roland Berger 204
Kontaktnetze 72, 348, 444
Kontrollnetz, Berger-Management 183
– Originaldokumente 184-193
KPMG (jetzt: Bearing Point) 32, 35, 39, 45, 48, 60, 303, 307, 377
Krisenanfälligkeit 276
Kunden, Unzufriedenheit 92, 229, 254
Kurt Salmon Associates (Unternehmensberatung) 38

Landesebene, Berater auf 300-319
Leadership, Anforderungsprofil Unternehmensberater (McKinsey) 130 f., 140, 144 f.
Legitimation 24, 49, 61, 64-82, 113, 241, 339, 341, 445, 452
– kaufen 452
Leistungscontrolling *siehe* Controlling
Leistungsorientierung 201

Leistungsvergleich, Weiterbildungsmarkt 423 ff.
Leitmedien 353, 366
Leitspruch, McKinsey 59 *siehe auch* McKinsey-Motto
LH Bundeswehr Bekleidungsgesellschaft (LHBw) 377, 384, 396
Linde 269
Lion Apparel 377
LKW-Maut-System 40, 265, 309, 396, 399
Lobbyismus/-arbeit (Lobbying) 79 ff., 292, 308, 320, 323, 326-333, 342 f.
Lösungen, Operationalisierung 453
Loyalität 63 f., 66, 76, 80, 89, 225, 344, 452
– kaufen 452
»Ludwig-Erhard-Lectures« 335
Lufthansa 119, 151, 246, 446

Macht 20 f., 31, 33, 142, 228, 256, 298, 310, 327 f., 331, 335, 340, 346 f., 350-355, 359, 362, 408, 432 *siehe auch* Medienmacht
»Made in Germany« 332
Management, Entscheidungslegitimation 56, 60 f.
Management Engineers (ME) 36, 108
Managementberatungs-Unternehmen, Deutschland 2004 36
Manchester-Kapitalismus 67, 132
Markenname 31, 98
Marktwirtschaft 26, 104, 177, 244, 252, 340
»Marktwirtschaftspapier« (A. Merkel) 104
MC Marketing Corporation AG 36
McKinsey & Company 18 ff., 26, 35 ff., 41-44, 46 f., 49-52, 54, 59 f., 69, 83-173, 174, 176, 182, 200, 205, 211 f., 236 ff., 241 f., 264, 278, 302 f., 307, 318, 337,

341, 344f., 349, 392f., 409,
410–414, 418ff., 422, 431–434,
437, 441, 444f., 449
McKinsey-Dinner 148, 152
McKinsey-Motto 51, 54, 59, 61, 105
Mediatoren, Kodex 120, 141, 178,
180
Medien 84, 281f., 288, 301, 313f.,
316, 320, 323ff., 326ff.,
330–343, 346-371, 401, 423, 455
– Rolle 346–361
Medienberichte, Timing 368
Mediendemokratie 327, 362, 365
Medienmacht 350–355 *siehe auch*
Macht
MEETINGplus (Netzwerk) 325
Mercer Consulting 35f.
Metallindustrie, Sprachrohr 339ff.
Methodenkenntnis/-kompetenz/-präsentation 24, 31f., 34, 38, 196ff.,
204, 220, 226, 231, 234, 245,
255, 258, 265, 270, 342, 344
Ministerialbürokratie 76f., 81, 292,
300, 325, 354
Mitgliederschwund, DGB 112
Monitor Group 36
Monitoring 438
Motivation 76, 91, 130, 218, 222,
229, 391
Mummert + Partner Consulting 36,
317

Nachbesserungen, Beraterprojekte
92, 206, 296
Nachwuchs, Beraterfirmen siehe
Rekrutierung(skultur/-prozess/
-strategie/-system)
Networking 132 *siehe auch* Alumni-
Network/-Netzwerk
Neues Bekleidungsmanagement
(NBM) 385
Neutralität 194–315
Normierungen 209
n-tv 46, 330

Objektivität 194–215
Odeon Zwo (Agentur) 321
Öffentlichkeit, Berater 450
Öffentlichkeitsarbeit/-steuerung 25,
43, 61f., 240, 279, 312, 320, 326,
349, 353, 422f., 450, 453 *siehe
auch* PR (Public Relations)
Opel 44
Operationalisierung, Lösungen 453
Outsourcen/-sourcing 65, 269, 272

Partnerberufung 201f.
Partner-Ebene, Beraterfirma 225
– Jahresverdienst 53
– Selbstbeurteilung (Originaldokument, Roland Berger Strategy
Consultants) 184f.
Personal Impact, Anforderungsprofil
Unternehmensberater (McKinsey)
144f., 161
Personalbindung/-entwicklung
208
Personalsteuerung, McKinsey 89
Politik
– Beratung/-management 275ff.,
309, 320–343, 346, 348 *siehe
auch* Politiker und Berater
– Veränderungen 332f.
Politiker und Berater 20, 23f., 26,
43f., 76f., 79, 81, 99, 103, 137f.,
174, 244, 249f., 266, 278, 299,
313, 320, 324f., 336, 341, 351,
353–359, 364f., 370, 405
Postbank 44, 46
Powerpointillismus 445
PR (Public Relations) 23ff., 43,
78–81, 89, 106, 212, 264, 276,
308, 313, 320ff., 325ff., 330ff.,
334–343, 355f., 364f., 422,
453ff. *siehe auch* Öffentlichkeitsarbeit/steuerung
– Bundesagentur für Arbeit 422
Präsentationen (Powerpoint) 19, 51,
59, 70f., 85, 125, 179, 209f., 217,

224, 229, 247, 318, 327, 346, 375, 440, 446
Price Waterhouse Coopers (PWC) 32, 35, 39, 48
Private Equity-Firmen 34
PR-Journalisten 328, 364
Problem solving, Anforderungsprofil Unternehmensberater (McKinsey) 144f.
»Profit Linked Perpetual« 302
Projekte
- Arbeitslosengeld II 399, 411, 427f.
- »DeutschlandOnline« 242
- »Herkules« 243, 308, 381
- Hightech-Strategie Deutschland 244
- »Inpol neu« 243, 265, 396
- IT-Projekte 242f., 308
- Lkw-Maut 40, 265, 309, 396, 399
- Neue Wege 332
- »Niedersachsen-Projekt« 303
Projektleiteraufgaben, McKinsey 91
ProSieben(/Sat 1-Gruppe) 46, 352
Prosoz (Software-Anbieter) 411

QAHR-Konzept 146
Qualitätsmanagement 201, 208, 270ff., 442

Rechtschreibreform 346
Recruiting *siehe auch* Rekrutierung(skultur/-prozess/-strategie/-system)
- Aufwand 199
Reduktion 17, 23, 67, 91
Reformen, Rücksichtslosigkeit 451
Reformimpulse, Bundesrechnungshof 294–299
Reformkongress, BDI 333
Rekrutierung(skultur/-prozess/-strategie/-system, Recruiting) 50ff., 88, 98, 115f., 136, 138f., 195, 208, 216, 228, 270, 344, 363, 398, 437, 453f.
Rekrutierungstreffen, McKinsey (Erfahrungsbericht) 115–142
Reputation 31, 39, 43, 50, 56f.
Research-Abteilung, Unternehmensberatung 232, 256, 261
Rip-Off! (D. Craig) 234
Roland Berger Strategy Consultants 33–39, 42, 45, 59, 61, 67, 69f., 75f., 103, 174–210, 302, 307, 316, 322, 331, 375f., 380, 411, 418f.
Rotation, Jobs 45, 69, 453
Routine, Berater 221
Rücksichtslosigkeit, Reformen 451
Rürup-Kommission 175, 410
RWE Systems Consulting 27
RWI (Wirtschaftsforschungsinstitut) 424

Sat 1 46, 352
Schnelligkeit, Unternehmensberatung 248f., 256f.
Scholz & Friends (PR-Agentur) 313, 344f.
Schwachstellen, Beratungsprozess 231, 271, 398
Schwarz-Pharma AG 314
Selbstverständnis, Berater 99, 194, 220, 245, 270, 342, 344, 397, 402
Selbstzweck, Beratung als 304ff., 354
Selbstzweifel, Berater 259, 318
Sicherheit(sdenken) 66, 162, 253, 305, 343
Siemens 66, 162, 253
Simon, Kucher & Patners (Unternehmensberatung) 36, 38, 42
»Soft Skills«, Berater 195, 270, 344, 397
Sozial-Controlling 438
Spesen 135, 176, 224

Spindoctor(ing) 347–350, 371
Standardware 17, 24, 63 ff., 203, 227, 252
Steuerzahler 44, 176, 278, 292, 307, 387, 393
Stiftung liberales Netzwerk 332
»Stimmungsbarometer«, Medien 359
Störfaktoren, Beratungsprozess 271, 344, 398
Strategieberatungen, große 38, 42, 198, 204, 206, 215, 229, 275
Streamlinen 71
Stringenz 197
Strukturvertrieb 19
Swissair 41
SWOT-Analyse 146

Tagessätze, Unternehmensberatung 19, 54 f., 74, 76, 94, 122, 180, 287, 421, 448 *siehe auch* Beratungshonorar
Telekom 16 f., 102, 244, 262, 381, 411
Texas Pacific Group (TPG) 106 f., 109
Towers Perrin Inc. (Unternehmensberatung) 36
TPG *siehe* Texas Pacific Group
Transparenz/Intransparenz 14, 17 f., 25, 61, 83, 201, 221, 230, 280, 288, 290, 292, 324, 422, 450
Treuarbeit 39 *siehe auch* Price Waterhouse Coopers (PWC)
Treuhandanstalt 39
TV21, Produktionsfirma 349

UMGIS, Ingenieurbüro 302
Unabhängigkeit 176, 194, 197, 221, 227, 277, 315, 336
Unbestechlich für Europa (P. van Buitinen) 406
Unser effizientes Leben (D. Kurbjuweit) 84, 138

Unternehmenskultur 18, 52–56, 69, 71, 84, 199, 222
»Up-or-out«-Prinzip 55, 68, 89, 90, 93, 122, 223, 454 f.
Urlaub, Berater 167, 224, 257
US-Beratergeschäft 234–239

VAM *siehe* Arbeitsmarkt«, »virtueller
ver.di 273
Verdienststaffelung, Berater 90, 93, 167, 245 f., 253
Verfahrensroutinen 32
Vergewisserungsrunde 251
Versager im Dreiteiler – Wie Unternehmensberater die Wirtschaft ruinieren (R. Steppan) 41
Vertragsangebot, McKinsey 168 ff.
Vertraulichkeit 59 f., 64, 207, 233, 354, 369, 452
Verwaltungsführung, Beratung von 275 ff.
Visa-Skandal 367
»Vogelgrippe« 363
VW 46, 60, 69, 82, 327, 409

Wahlkampf 320 f., 329, 343, 355, 361–365
Wahlnacht 2005 365 ff.
Weg in die Unternehmensberatung, Der 146
Weiterbildungsmarkt, Leistungsvergleich 423 f.
Wettbewerb 26, 33, 35, 38, 105, 108, 117, 176, 182, 198, 204, 206, 208, 214, 224, 244, 247, 257, 260, 262, 269 f., 283, 287 ff., 296, 309, 321, 324, 338, 340 f., 345, 389, 418 ff., 432, 444 *siehe auch* Konkurrenz
Whistleblower/-blowing 27, 400–409
Wirtschaftlichkeit, Gutachterwesen 277, 280 ff., 286 f., 295 f., 303,

378 ff., 382, 385, 388, 390, 392, 416, 421
Wirtschaftsforschungsinstitute 424
Wissensmanager/management 61, 297, 289
Wissens-Recycler (Berater) 260, 450
WMP EuroCom 41, 322 f.
Wohlfahrtsstaat 340

Zeitplanung 285
Zeitungen/Zeitschriften, INSM-Partnerschaften 337 f.
ZEW (Wirtschaftsforschungsinstitut) 424
Zum Goldenen Hirschen (Agentur) 321

Kultbuch für Querdenker

15451

»Eines der originellsten Wirtschaftsbücher.«
Financial Times Deutschland

Mehr Information unter www.goldmann-verlag.de

GOLDMANN

Einen Überblick über unser lieferbares Programm
sowie weitere Informationen zu unseren Titeln und
Autoren finden Sie im Internet unter:

www.goldmann-verlag.de

Monat für Monat interessante und fesselnde
Taschenbuch-Bestseller

Literatur deutschsprachiger und internationaler Autoren

∞

Unterhaltung, Kriminalromane, Thriller,
Historische Romane und Fantasy-Literatur

∞

Klassiker mit Anmerkungen, Anthologien
und Lesebücher

∞

Aktuelle Sachbücher und Ratgeber

∞

Bücher zu Politik, Gesellschaft, Naturwissenschaft
und Umwelt

∞

Alles aus den Bereichen Esoterik, ganzheitliches Heilen
und Psychologie

Die ganze Welt des Taschenbuchs
Goldmann Verlag • Neumarkter Straße 28 • 81673 München